人工智能与
人类未来丛书

FUNDAMENTALS OF
CALCULUS FOR
ARTIFICIAL INTELLIGENCE

人工智能
微积分基础

王圣强　薛栋　段兆阳　周涛　著

北京大学出版社
PEKING UNIVERSITY PRESS

内 容 提 要

本书系统地阐述了微积分在人工智能领域的核心作用,从基础理论到实际应用,内容丰富且深入。全书共13章,涵盖微积分概述、函数与极限、导数与微分、积分及其应用、多元微积分等基础知识,同时深入探讨了数据预处理、构建网络模型、模型优化、模型评估与解释等核心技术,并延伸至自然语言处理、计算机视觉、推荐系统和强化学习等前沿应用场景。通过理论讲解、模型分析和代码实践,本书将深入剖析微积分在算法建模、性能优化和结果解释中的关键作用。

本书配有丰富的案例分析、课后练习及可视化示例,适合人工智能从业者、研究人员及相关领域学生学习和参考,为迈向更高水平的AI研究与开发奠定坚实基础。

图书在版编目(CIP)数据

人工智能微积分基础 / 王圣强等著. -- 北京:北京大学出版社, 2025.8. -- ISBN 978-7-301-36404-8

Ⅰ.TP18

中国国家版本馆CIP数据核字第20252AU650号

书　　名	人工智能微积分基础 RENGONG ZHINENG WEIJIFEN JICHU
著作责任者	王圣强　等　著
责任编辑	刘　云　吴秀川
标准书号	ISBN 978-7-301-36404-8
出版发行	北京大学出版社
地　　址	北京市海淀区成府路205号　100871
网　　址	http://www.pup.cn　新浪微博:@北京大学出版社
电子邮箱	编辑部 pup7@pup.cn　总编室 zpup@pup.cn
电　　话	邮购部 010-62752015　发行部 010-62750672　编辑部 010-62570390
印　刷　者	北京宏伟双华印刷有限公司
经　销　者	新华书店
	787毫米×1092毫米　16开本　26印张　661千字 2025年8月第1版　2025年8月第1次印刷
印　　数	1-4000册
定　　价	159.00元

未经许可,不得以任何方式复制或抄袭本书之部分或全部内容。
版权所有,侵权必究
举报电话:010-62752024　电子邮箱:fd@pup.cn
图书如有印装质量问题,请与出版部联系,电话:010-62756370

夯实智能基石
共筑人类未来

推荐序

人工智能正在改变当今世界。从量子计算到基因编辑，从智慧城市到数字外交，人工智能不仅重塑着产业形态，还改变着人类文明的认知范式。在这场智能革命中，我们既要有仰望星空的战略眼光，也要具备脚踏实地的理论根基。北京大学出版社策划的"人工智能与人类未来"丛书，恰如及时春雨，无论是理论还是实践，都对这次社会变革有着深远影响。

该丛书最鲜明的特色在于其能"追本溯源"。当业界普遍沉迷于模型调参的即时效益时，《人工智能大模型数学基础》等基础著作系统梳理了线性代数、概率统计、微积分等人工智能相关的计算脉络，将卷积核的本质解构为张量空间变换，将损失函数还原为变分法的最优控制原理。这种将技术现象回归数学本质的阐释方式，不仅能让读者的认知框架更完整，还为未来的创新突破提供可能。书中独创的"数学考古学"视角，能够带读者重走高斯、牛顿等先贤的思维轨迹，在微分流形中理解Transformer模型架构，在泛函空间里参悟大模型的涌现规律。

在实践维度，该丛书开创了"代码即理论"的创作范式。《人工智能大模型：动手训练大模型基础》等实战手册摒弃了概念堆砌，直接使用PyTorch框架下的100多个代码实例，将反向传播算法具象化为矩阵导数运算，使注意力机制可视化为概率图模型。在《DeepSeek源码深度解析》中，作者团队细致剖析了国产大模型的核心架构设计，从分布式训练中的参数同步策略，到混合专家系统的动态路由机制，每个技术细节都配有工业级代码实现。这种"庖丁解牛"式的技术解密，使读者既能把握技术全貌，又能掌握关键模块的实现精髓。

该丛书着眼于中国乃至全世界人类的未来。当全球算力竞赛进入白热化阶段，《Python大模型优化策略：理论与实践》系统梳理了模型压缩、量化训练、稀疏计算等关键技术，为突破"算力围墙"提供了方法论支撑。《DeepSeek图解：大模型是怎样构建的》则使用大量的可视化图表，将万亿参数模型的训练过程转化为可理解的动力学系统，这种知识传播方式极大地降低了技术准入门槛。这些创新不仅呼应了"十四五"规划中关于人工智能底层技术突破的战略部署，还为构建自主可控的技术生态提供了人才储备。

作为人工智能发展的见证者和参与者，我非常高兴看到该丛书的三重突破：在学术层面构建了贯通数学基础与技术前沿的知识体系，在产业层面铺设了从理论创新到工程实践的转化桥梁，在战略层面响应了新时代科技自立自强的国家需求。该丛书既可作为高校培养复合型人工智能人才的立体化教材,又可成为产业界克服人工智能技术瓶颈的参考宝典,此外,还可成为现代公民了解人工智能的必要书目。

　　站在智能时代的关键路口,我们比任何时候都更需要这种兼具理论深度与实践智慧的启蒙之作。愿该丛书能点燃更多探索者的智慧火花,共同绘制人工智能赋能人类文明的美好蓝图。

于　剑

北京交通大学人工智能研究院院长
交通数据分析与挖掘北京市重点实验室主任
中国人工智能学会副秘书长兼常务理事
中国计算机学会人工智能与模式识别专委会荣誉主任

随着人工智能（AI）的迅猛发展，微积分作为其核心基础理论之一，正发挥着不可或缺的作用。从自动驾驶汽车的路径规划到语音助手的语音识别，从推荐系统的精准推荐到强化学习的智能决策，无论是算法设计、模型优化还是性能评估，微积分的概念与方法贯穿始终。

微积分是现代数学的基石之一，它为人工智能提供了强大的数学工具，用于描述和分析复杂系统的动态变化、优化目标函数及处理多维数据。导数与微分帮助我们理解函数的变化率和局部行为，是优化算法（如梯度下降法）的核心；积分则用于计算面积、体积和概率，是处理连续数据和累积效应的基础。在人工智能的应用场景中，微积分不仅在传统的机器学习和深度学习中占据核心地位，还广泛融入自然语言处理、计算机视觉、推荐系统和强化学习等多个前沿领域，帮助研究者应对复杂的优化问题和多维数据的挑战。

本书旨在系统梳理和讲解微积分在人工智能中的应用，搭建从基础理论到实际应用的桥梁。全书结合经典案例和代码实践，不仅帮助读者深入理解微积分的理论内涵，还展示了如何在实际AI场景中运用这些工具进行建模、优化和决策。通过丰富的案例分析、课后练习和可视化示例，读者能够掌握微积分在人工智能中的关键应用，并为进一步探索AI领域的高级主题奠定坚实的数学基础。

◆ 本书的特色

全面系统的内容覆盖：本书系统梳理了微积分在人工智能中的核心知识，从基础概念（如函数、极限、导数）到高级应用（如多元微积分、数值积分、优化算法），涵盖数据预处理、网络模型构建、模型优化、自然语言处理、计算机视觉、推荐系统和强化学习等多个领域，内容全面，层次清晰。

◆ **理论与实践并重**：本书注重将微积分理论与人工智能实际应用相结合，通过详细的数学推导和具体的案例分析，帮助读者理解理论背后的逻辑，同时展示如何将理论应用于算法设计与建模、性能优化和模型结果解释中。

◆ **丰富的代码示例**：每章都配备了基于Python的代码实例，结合常用的人工智能和数学工具（如NumPy、SciPy、SymPy等），让读者能够快速动手实践，将理论知识内化为实际技能。

◆ **专注AI领域应用**：本书紧扣人工智能前沿领域，重点讲解微积分在深度学习、优化算法、数据预处理、自然语言处理、计算机视觉、推荐系统和强化学习等领域的应用，帮助读者理解这些技术背后的数学原理。

◆ **循序渐进的学习路径**：本书按照知识难度由浅入深编排章节，逐步引导读者从理解基础概念到掌握高级应用，适合初学者入门，也适合进阶学习者夯实理论基础。

◆ **课后练习与项目驱动**：每章配备针对性的课后练习题，通过编程实践和开放性问题激发读者思考，锻炼动手能力，并通过真实案例巩固所学内容。

◆ **面向多元读者需求**：无论是人工智能领域的研究人员、数据科学家、工程师，还是对AI基础知识感兴趣的学生或爱好者，都能从本书中找到适合自己的学习内容与实践指导。

◆ 赠送资源

博雅读书社

本书附赠全书案例源代码，读者可以扫描右侧二维码关注"博雅读书社"微信公众号，输入本书77页的资源下载码，即可获得本书的下载学习资源。

◆ 致谢

首先，要向所有支持与鼓励我完成这本书的朋友和家人致以最诚挚的感谢。他们的理解、支持与关爱为我提供了无穷的动力。其次，我要向我的同事与学生们致以特别的感谢。他们在学术研究与知识求索中，为我提供了珍贵的指导与建议——这些智慧的火花启发我对人工智能的数学根基展开深入且系统的思考。最后，本书在编写过程中，得到了北京大学出版社编辑团队的大力支持，正是各位编辑的严谨、高效的支持，才使得本书能够在这么短的时间内出版。

必须申明，限于作者水平，书中难免存在纰漏，诚请读者提出宝贵的意见或建议，发送至邮箱sqwang@ecust.edu.cn，以便修订，使之更臻完善。

感谢您购买本书，希望本书能成为您学习AI数学基础的实用指南，祝您阅读快乐！

编者

第1章 微积分概述

1.1 微积分的历史背景与发展 002
- 1.1.1 微积分的起源 002
- 1.1.2 代表性数学家的贡献 003
- 1.1.3 微积分在现代科学中的应用 006

1.2 微积分的基本概念 010
- 1.2.1 函数与极限的基本定义 010
- 1.2.2 导数与微分的基本思想 011
- 1.2.3 积分与面积的基本概念 011

1.3 微积分的核心理论 011
- 1.3.1 牛顿–莱布尼茨公式 011
- 1.3.2 连续性与可导性的概念 012
- 1.3.3 无穷小与无穷大的应用 012

1.4 课后练习 012

第2章 函数与极限

2.1 函数的基本概念 014
- 2.1.1 函数的定义与分类 014
- 2.1.2 常见的函数类型 014
- 2.1.3 绘制不同类型的函数图像 015

2.2 函数的性质 018
- 2.2.1 函数的单调性与凹凸性 018
- 2.2.2 极值、驻点与拐点分析 018
- 2.2.3 查找函数的极值和拐点并绘制图像 019

2.3 极限的概念 022
- 2.3.1 极限的定义与基本性质 022
- 2.3.2 左极限、右极限与无穷极限 024
- 2.3.3 无穷小与无穷大的比较与应用 026

2.4 极限的求解方法 029
- 2.4.1 代入法与因式分解法 029
- 2.4.2 分母有理化与洛必达法则 030
- 2.4.3 利用 SymPy 求解函数的极限并验证结果 031

2.5 连续性与可导性 031
- 2.5.1 函数的连续性与间断点 031
- 2.5.2 可导函数的条件、性质与应用 032
- 2.5.3 用 Python 分析函数的连续性与可导性 033

2.6 课后练习 034

第3章 导数与微分

3.1 导数的基本概念 036
- 3.1.1 导数的定义与几何意义 036
- 3.1.2 导数的物理意义与在速度、加速度中的应用 036
- 3.1.3 Python 实例：利用 SymPy 计算函数的导数并绘制切线与速度图 037

3.2 导数的计算规则 039
- 3.2.1 和差、乘积与商的求导法则 039
- 3.2.2 链式法则与隐函数求导法 040
- 3.2.3 Python 实例：使用 SymPy 实现复杂函数的求导并分析 040

3.3 常见函数的导数 042
- 3.3.1 多项式函数的导数 042
- 3.3.2 指数与对数函数的导数 043
- 3.3.3 三角函数与反三角函数的导数 043
- 3.3.4 Python 实例：绘制常见函数的导数图像并分析其变化趋势 044

3.4 高阶导数 049
- 3.4.1 高阶导数的定义与应用 049
- 3.4.2 函数的凹凸性、拐点与泰勒级数展开 049
- 3.4.3 Python 实例：利用高阶导数与泰勒级数分析函数行为 050

3.5 微分的概念 052
- 3.5.1 微分的定义、几何意义与线性近似 053
- 3.5.2 微分在误差估计与近似计算中的应用 053
- 3.5.3 Python 实例：使用微分法近似计算函数值与误差分析 054

3.6 课后练习 056

第4章 积分及其应用

4.1 积分的基本概念 058

4.1.1 不定积分的定义与性质 058
4.1.2 积分的几何意义与物理意义 058
4.1.3 利用 SymPy 计算简单函数的不定积分 059

4.2 定积分 059

4.2.1 定积分的定义与基本性质 059
4.2.2 定积分的计算方法 060
4.2.3 使用 SciPy 计算定积分并进行数值验证 061

4.3 积分与面积、体积 062

4.3.1 积分在求平面图形面积中的应用 062
4.3.2 积分在求旋转体体积中的应用 062
4.3.3 Python 实例：计算复杂图形的面积与体积并进行可视化 063

4.4 积分与概率与统计 066

4.4.1 概率密度函数与积分的关系 066
4.4.2 积分在期望、方差与协方差计算中的应用 067
4.4.3 利用积分求解连续型随机变量的期望与方差 067

4.5 微积分基本定理 069

4.5.1 牛顿–莱布尼茨公式 069
4.5.2 微积分基本定理的推导与应用 070
4.5.3 利用数值积分验证牛顿–莱布尼茨公式 071

4.6 积分在人工智能中的应用 074

4.6.1 损失函数的积分表示 074
4.6.2 积分在正则化与模型复杂度控制中的应用 075
4.6.3 利用积分计算正则化项并分析模型复杂度 076

4.7 数值积分 078

4.7.1 数值积分方法 078
4.7.2 数值积分的误差分析与改进 079
4.7.3 实现并比较不同数值积分方法的效果 079

4.8 课后练习 082

第5章 多元微积分

5.1 多元函数 084

5.1.1 多元函数的定义与表示方法 084
5.1.2 多元函数的连续性与可微性 084
5.1.3 绘制多元函数并观察其连续性与可微性 085

5.2 偏导数 088

5.2.1 偏导数的定义与几何意义 088
5.2.2 高阶偏导数、混合偏导数与雅可比矩阵 089
5.2.3 利用 SymPy 计算多元函数的偏导数 091

5.3 方向导数与梯度 093

5.3.1 方向导数的定义与计算方法 093
5.3.2 梯度向量、方向导数与其几何意义 094
5.3.3 计算多元函数的方向导数与梯度 095

5.4 多元函数的极值 097

5.4.1 驻点、临界点与鞍点的概念 097
5.4.2 二次型在极值判定中的作用 098
5.4.3 利用梯度下降法求多元函数的极值并分析收敛性 099

5.5 拉格朗日乘数法 103

5.5.1 拉格朗日乘数法的原理与推导 103
5.5.2 拉格朗日乘数法在约束优化中的应用 104
5.5.3 用拉格朗日乘数法求解约束优化问题 106

5.6 多重积分 108

5.6.1 二重积分与三重积分的定义与计算 108
5.6.2 多重积分在计算体积、质量与重心中的应用 110
5.6.3 利用多重积分计算复杂几何体的体积与重心 111

5.7 课后练习 112

第6章 数据预处理

6.1 特征选择和降维 114

6.1.1 特征选择的微积分方法 114
6.1.2 主成分分析 116

6.2 缺失值处理 121

6.2.1 缺失值处理介绍 121
6.2.2 插补方法中的微积分应用 122

6.3 数据平滑与去噪 125

6.3.1 数据平滑 125

6.3.2 去噪算法中的微积分方法 129

6.4 数据转换与特征工程 131

6.4.1 数据转换的微积分方法 131

6.4.2 特征工程 134

6.5 数据预处理中的微积分优化 136

6.5.1 优化方法的基本概念 137

6.5.2 梯度下降法 137

6.5.3 牛顿法 139

6.6 课后练习 141

第7章 构建网络模型

7.1 网络模型介绍 143

7.1.1 机器学习和深度学习 143

7.1.2 网络模型的定义与分类 145

7.2 构建机器学习模型 146

7.2.1 构建线性回归模型 146

7.2.2 构建逻辑回归模型 157

7.2.3 支持向量机 160

7.2.4 决策树 165

7.2.5 随机森林 169

7.2.6 K-近邻算法模型 172

7.3 构建深度学习模型 174

7.3.1 前馈神经网络 174

7.3.2 CNN在计算机视觉中的应用 178

7.3.3 循环神经网络 181

7.3.4 长短期记忆网络 185

7.3.5 生成对抗网络 188

7.4 课后练习 192

第8章 模型优化

8.1 模型优化介绍 195

8.2 梯度下降算法 195

8.2.1 梯度下降法介绍 196

8.2.2 微积分在梯度计算中的应用 196

8.2.3 随机梯度下降 200

8.2.4 动量法 203

8.2.5 自适应学习率算法 205

8.3 优化算法 208

8.3.1 牛顿法与拟牛顿法 208

8.3.2 自适应优化算法 212

8.4 正则化技术 217

8.4.1 正则化介绍 217

8.4.2 L1正则化 218

8.4.3 L2正则化 221

8.4.4 Dropout 224

8.4.5 弹性网 227

8.5 超参数优化 230

8.5.1 超参数的定义与选择 230

8.5.2 贝叶斯优化 231

8.6 课后练习 234

第9章 模型评估与解释

9.1 模型评估的基本概念 236

9.1.1 评估指标的定义与选择 236

9.1.2 评估指标的数学基础 236

9.2 性能度量与损失函数 240

9.2.1 损失函数与性能度量的关系 240

9.2.2 微积分在性能度量中的应用 241

9.3 模型解释性 244

9.3.1 模型解释性的基本概念 244

9.3.2 微积分在模型解释中的应用：梯度的角色 245

9.4 灵敏度分析与梯度检查 248

9.4.1 灵敏度分析 248

9.4.2 梯度检查 252

9.5 特征重要性分析 256

9.6 误差分析与模型诊断 258

9.6.1 误差分析介绍 259

9.6.2 模型诊断 261

9.7 课后练习 265

第10章 自然语言处理和微积分

10.1 自然语言处理基础 267

10.1.1 NLP的基本概念与应用领域 267

10.1.2 微积分在NLP中的作用概述 268

10.2 词嵌入 268

10.2.1 词嵌入介绍 268

10.2.2 词嵌入模型 269

10.3 表示学习 272

10.3.1 表示学习介绍 272

10.3.2 微积分在表示学习中的应用 273

10.4 语言模型与序列建模 275

10.4.1 语言模型的定义与作用 275
10.4.2 微积分在语言模型中的应用 276
10.5 注意力机制与Transformer 279
10.5.1 微积分在注意力机制中的应用 279
10.5.2 Transformer的基本概念和微积分的应用 281
10.6 情感分析与文本分类 285
10.6.1 情感分析与文本分类的基本方法 286
10.6.2 微积分在情感分析与文本分类中的应用 286
10.7 课后练习 292

第11章 人工智能视觉技术和微积分

11.1 计算机视觉基础 294
11.1.1 计算机视觉的定义与应用领域 294
11.1.2 微积分在计算机视觉中的作用 294
11.2 图像处理与变换 295
11.2.1 常用的图像处理技术 295
11.2.2 梯度计算与边缘检测 295
11.2.3 图像增强 298
11.2.4 几何变换和图像变换 300
11.2.5 图像分割 303
11.3 特征提取与描述 306
11.3.1 特征提取的基本方法 306
11.3.2 微积分在特征提取中的应用 307
11.4 卷积神经网络（CNN）314
11.4.1 CNN的基本结构与应用 315
11.4.2 微积分在CNN中的应用 315
11.5 目标检测与分割 318
11.5.1 目标检测的基本方法 318
11.5.2 目标分割的基本方法 322
11.6 图像生成与变换 325
11.6.1 图像生成模型的基本概念 325
11.6.2 微积分在图像生成中的应用 326
11.7 课后练习 331

第12章 推荐系统和微积分

12.1 推荐系统概述 334
12.1.1 推荐系统的定义与分类 334
12.1.2 推荐系统的应用领域 335
12.1.3 微积分在推荐系统中的作用概述 335

12.2 推荐算法基础 336
12.2.1 基于内容的推荐 336
12.2.2 基于协同过滤的推荐 339
12.3 基于标签的推荐 342
12.3.1 获取用户的标签 343
12.3.2 基于用户兴趣标签的推荐算法 343
12.3.3 基于物品标签的推荐算法 346
12.4 基于神经网络的推荐模型 349
12.4.1 深度学习在推荐系统中的应用 349
12.4.2 基于多层感知器的推荐模型 350
12.4.3 基于卷积神经网络的推荐模型 353
12.4.4 基于循环神经网络的推荐模型 356
12.4.5 基于自注意力机制的推荐模型 361
12.5 课后练习 365

第13章 强化学习和微积分

13.1 强化学习基础 367
13.1.1 强化学习的核心特点 367
13.1.2 强化学习与其他机器学习方法的区别 368
13.1.3 微积分在强化学习中的作用 368
13.2 马尔可夫决策过程 369
13.2.1 MDP的核心思想 369
13.2.2 MDP的形式化定义 370
13.2.3 贝尔曼方程 373
13.3 蒙特卡洛方法 379
13.3.1 蒙特卡洛预测的核心思想 379
13.3.2 探索与策略改进 383
13.4 Q学习与贝尔曼方程 385
13.4.1 Q-learning的动作值函数 385
13.4.2 强化学习中的Q-learning 389
13.5 深度Q网络算法 392
13.5.1 DQN算法介绍 392
13.5.2 双重深度Q网络算法 397
13.6 竞争深度Q网络算法 402
13.6.1 Dueling DQN网络架构 402
13.6.2 微积分在Dueling DQN中的作用 402
13.7 课后练习 406

第 1 章 微积分概述

　　微积分作为数学领域的重要分支,在众多学科中扮演着关键角色。其发展历史悠久,早期主要用于解决几何和物理问题。众多著名数学家,如牛顿、莱布尼茨等,为微积分的创立和完善做出了卓越贡献,他们的理论为现代科学奠定了坚实基础。如今,微积分广泛应用于现代科学的诸多领域,是推动科学进步的核心工具。

　　本章对微积分的历史背景与发展、微积分的基本概念、微积分的核心理论、微积分在科学与工程中的应用、微积分在人工智能中的重要性等进行了简要介绍。

1.1 微积分的历史背景与发展

微积分是数学史上最伟大的成就之一，它不仅是现代科学与工程学的基石，更是人类理解自然规律的核心工具。其发展历程跨越数千年，凝聚了无数数学家的智慧。本文将从微积分的起源、代表性数学家的贡献，以及微积分在现代科学中的应用三个维度，系统梳理微积分的历史脉络，并探讨其深远影响。

1.1.1 微积分的起源

微积分的思想萌芽可以追溯到古代文明。在古希腊，数学家们对几何图形的深入研究为微积分的诞生奠定了基础。阿基米德（Archimedes）在计算圆的面积和球的体积时，运用了"穷竭法"（Method of Exhaustion），这一方法通过不断逼近的方式，将复杂的几何图形分割成无数个简单的部分，再通过对这些部分的求和来近似计算图形的面积或体积。例如，在计算圆的面积时，阿基米德通过不断增加圆内接正多边形的边数，使其越来越接近圆，从而得出圆面积的近似值。这种方法虽然没有明确提出极限的概念，但已蕴含微积分的核心思想——极限与无穷小。几乎在同一时期，中国古代数学家也展现出了卓越的智慧。魏晋时期刘徽的"割圆术"（Circle Division Method）堪称古代极限思想的经典之作。他在《九章算术注》中提出："割之弥细，所失弥少，割之又割以至于不可割，则与圆周合体而无所失矣。"刘徽从圆内接正六边形开始，不断倍增边数，依次计算出正十二边形、正二十四边形等的面积，随着边数的无限增加，正多边形的面积越来越接近圆的面积，从而成功地计算出了较为精确的圆周率。"割圆术"不仅体现了中国古代数学家对极限思想的深刻理解，也展示了他们在数学计算方面的高超技艺。无论是古希腊的"穷竭法"，还是中国的"割圆术"，都反映了古代数学家对极限思想的初步探索，这些早期的思想和方法虽然简单朴素，但为微积分的发展提供了重要的思想源泉，犹如星星之火，点燃了后世数学家对微积分深入研究的热情。

进入17世纪，欧洲科学革命的需求推动了微积分的诞生。伽利略·伽利雷（Galileo Galilee）通过对运动学的研究揭示了变量之间的动态关系，而约翰内斯·开普勒（Johannes Kepler）在行星轨道计算中需要处理不规则的面积问题。与此同时，勒内·笛卡尔（René Descartes）的解析几何将几何问题转化为代数方程，为微积分提供了符号基础。皮埃尔·德·费马（Pierre de Fermat）和艾萨克·巴罗（Isaac Barrow，牛顿的老师）则在研究曲线的切线问题时，提出了"微分"的初步概念。这一时期的数学家们意识到，解决瞬时速度、曲线斜率、面积和体积等问题需要一种统一的方法。这些看似不同的问题，背后隐藏着深刻的联系——微分与积分的互逆性，而这一关键发现最终由艾萨克·牛顿（Isaac Newton）和戈特弗里德·威廉·莱布尼茨（Gottfried Wilhelm Leibniz）完成。

从历史发展来看，微积分的起源可以分为如下四个阶段。

（1）古代数学的萌芽

古埃及人通过几何学解决土地测量问题，巴比伦人则用代数计算天文周期。尽管未形成系统理论，但他们的实践为"无限分割"和"近似计算"提供了早期范例。公元前3世纪，阿基米德在《论球与圆柱》（On the Sphere and Cylinder）中提出"穷竭法"，通过无限逼近计算圆和抛物线下的面积。例如，他用内接和外切多边形逼近圆，得出圆周率π的近似值。这一方法被视为积分的雏形。

（2）中世纪的积累与突破

9世纪的阿拉伯学者伊本·阿尔海森姆（Ibn al-Haytham）在《光学之书》(*Book of Optics*)中通过几何方法研究光的反射路径，涉及积分思想。14世纪，印度数学家马德哈瓦（Madhava）提出无穷级数展开，如正弦函数的泰勒级数，为微积分提供了关键工具。16世纪，伽利略研究自由落体运动时，发现了速度与时间的函数关系，启发了"瞬时速度"的概念。开普勒在计算行星轨道时提出了"无限小量"的几何应用，进一步推动了微积分思想的形成。

（3）牛顿与莱布尼茨的划时代突破

1671年，牛顿在躲避瘟疫期间撰写了《流数法与无穷级数》，提出了"流数"（fluxion）概念，并用符号"ẋ"表示变量随时间的变化率（即导数）。他还建立了微分与积分互为逆运算的关系。与此同时，莱布尼茨独立发明了微分符号"dx"和积分符号"∫"，其符号系统更加直观，便于推广。1684年，莱布尼茨发表《新方法》，首次系统阐述微积分理论，引发数学界的革命。尽管牛顿与莱布尼茨的优先权之争持续数十年，但两人殊途同归：牛顿从物理运动出发，莱布尼茨从几何问题切入，最终共同构建了微积分的理论框架。

（4）后续的发展与完善

牛顿和莱布尼茨创立的微积分虽然取得了巨大成功，但在理论基础上仍存在一些不完善的地方，例如，无穷小量的定义不明确，导致了一些逻辑上的矛盾，这引发了数学史上著名的"第二次数学危机"。为了解决这些问题，18世纪的数学家，如奥古斯丁·路易斯·柯西（Augustin Louis Cauchy）、卡尔·魏尔斯特拉斯（Carl Weierstrass）、伯恩哈德·黎曼（Bernhard Riemann）等对微积分进行了深入的研究和完善。亨利·勒贝格（Henri Lebesgue）则在20世纪初对积分论进行了革命，提出了勒贝格积分的概念，进一步拓展了积分的理论和应用。这些数学家的工作使得微积分逐渐发展成为一门逻辑严密、体系完整的学科，为现代科学和工程技术的发展提供了强大的数学工具。

1.1.2 代表性数学家的贡献

微积分的完善离不开一代代数学家的严谨化与拓展。以下是几位关键人物的里程碑式贡献。

1. 阿基米德与穷竭法

阿基米德，这位古希腊的伟大数学家、物理学家和工程师，他的贡献犹如璀璨星辰，对现代科学产生了深远影响。在数学领域，阿基米德的穷竭法堪称微积分学的早期雏形，为后世微积分的发展奠定了坚实基础。穷竭法的基本思想是通过无限逼近的方式求解那些无法直接计算的问题。以计算圆的面积为例，阿基米德巧妙地将圆分割成多个小扇形。他先从圆内接正六边形开始，此时正六边形的面积与圆的面积存在一定差距。接着，他将边数翻倍，得到正十二边形，正十二边形的面积更加接近圆的面积。随着边数不断增加，正多边形的面积与圆的面积的差值越来越小。当边数趋近于无穷大时，正多边形几乎与圆完全重合，其面积也就无限逼近圆的真实面积。这种无限逼近的思想正是微积分中极限概念的早期体现。

在阿基米德的时代，没有现代的数学符号和工具，但他凭借着卓越的智慧和严密的逻辑，运用穷竭法解决了许多复杂的几何问题。他不仅计算出了圆的面积，还成功地求出了球体、圆柱体等多种立体图形的体积和表面积。他的工作展示了古代数学家对数学的深刻理解和高超的计算技巧，为后来的数学家提供了宝贵的启示。

2. 牛顿

牛顿的贡献横跨多个领域，而微积分的创立更是他卓越数学成就的巅峰之作。牛顿在剑桥大学三一学院求学期间，潜心钻研笛卡尔、约翰·沃利斯（John Wallis）以及他的老师艾萨克·巴罗等先驱者的著作，这些前辈们的思想为他的微积分研究奠定了坚实的基础。牛顿将变量视为时间的函数，创新性地引入了"流数"的概念，以此来描述变量的瞬时变化率。在研究物体运动时，他将物体的位移看作时间的函数，通过对时间取无穷小，精确地求得流数（即变化率），进而建立起了微分学。他还发明了反微分法，通过求解微分方程的逆过程，成功地找到了原函数，从而构建起了积分学的框架。

牛顿在微积分领域的贡献还不止于此。他在广义二项展开式方面取得了重要成果，将某些表达式巧妙地转换为无穷级数的广义二项展开式。他还发展了求无穷级数逆级数的方法，以及确定曲线之下面积的求积法则。例如，他通过独特的方法得到了一个角的正弦的级数展开，这一成果在数学和物理学中都有着广泛的应用。牛顿的微积分研究成果为解决各种复杂的科学问题提供了强大的工具，极大地推动了科学技术的发展。

3. 莱布尼茨

莱布尼茨这位德国的自然科学家、哲学家、数学家，与牛顿几乎同时独立地发明了微积分，他的贡献同样不可磨灭。在 1672 年前往巴黎担任外交官之前，莱布尼茨对数学的了解还相对有限，但他凭借着强烈的求知欲和非凡的天赋，开始大量阅读数学文献，从古代的欧几里得到当时的布莱士·帕斯卡（Blaise Pascal）、巴罗以及克里斯蒂安·惠更斯（Christian Huygens）等数学家的著作，如饥似渴地汲取知识的养分。在巴黎，莱布尼茨接触到了当时最前沿的数学思想，他的数学研究取得了突飞猛进的发展。他从几何问题入手，深入研究曲线的切线和面积问题，通过引入无穷小量的概念，建立起了微分学的基本定理和公式。莱布尼茨将求曲线下的面积问题巧妙地转化为求微分的逆过程，从而创立了积分学，并给出了积分的基本性质和计算方法。他还独具匠心地发明了一套简洁而实用的微积分符号，如"dx"表示微分，"∫"表示积分，这些符号的使用使得微积分的表达更加清晰、简洁，极大地促进了微积分的传播和应用。

与牛顿从物理力学角度出发不同，莱布尼茨更多地从哲学角度思考微积分问题。他认为微积分是一种对无限和连续的深刻理解，这种独特的视角为微积分的发展注入了新的活力。尽管牛顿和莱布尼茨的微积分理论在方法和符号上存在差异，但他们都抓住了微积分的核心——微分与积分的互逆关系，这一关系的发现是微积分诞生的关键。

4. 其他数学家的推动

在微积分发展的漫长历程中，除了阿基米德、牛顿和莱布尼茨这几位关键人物，还有许多数学家也做出了重要贡献，他们共同推动了微积分的发展。

开普勒在研究天文学时，为了计算行星轨道的面积和体积，运用了类似于积分的方法。他将轨道分割成无数个小扇形，通过对这些小扇形面积的求和来近似计算轨道的总面积，这种方法为后来积分学的发展提供了重要的思路。

卡瓦列里（Bonaventura Cavalieri）提出了"不可分量法"，认为线是由无限多个点组成，面是由无限多条线组成，体是由无限多个面组成。他利用这一原理来计算几何图形的面积和体积，推动了微积分的发展。例如，他通过将平行四边形分割成无数个小平行四边形，证明了平行四边形的面积等于底乘以高，这种方法体现了对无限概念的初步应用。

笛卡尔的解析几何为微积分的发展提供了重要的工具。他将几何问题转化为代数问题，通过建立坐标系，使得曲线和方程之间建立了联系。这一思想为微积分中函数的概念和导数的计算提供了基础，使得数学家们能够更加方便地研究曲线的性质和变化规律。

费马在求曲线的切线和极值问题方面做出了重要贡献。他通过引入"无穷小量"的概念，提出了一种求切线的方法，即通过作曲线的割线，然后让割线的两个交点逐渐靠近，当交点重合时，割线就变成了切线。他还提出了求函数极值的方法，为微积分的发展提供重要的思路。

巴罗是牛顿的老师，他在微分三角形方面的研究为牛顿的微积分理论提供了重要的启示。他通过构造微分三角形，将曲线的切线问题与函数的导数联系起来，为微积分的发展做出了重要贡献。

沃利斯在《无穷算术》中首次提出了极限的概念，他通过对无穷级数的研究发现了许多重要的数学规律。他的工作为微积分的极限理论奠定了基础，使得微积分的理论更加严密和完善。

这些数学家的研究成果虽然各有侧重，但都为微积分的发展提供重要的铺垫和启示。他们的工作相互影响、相互促进，共同推动了微积分从萌芽走向成熟。

5. 伯努利家族与欧拉的传承发展

伯努利家族（Bernoulli Family）堪称数学史上的传奇，这个家族中涌现出了多位杰出的数学家，他们对微积分的发展起到了重要的传承和推动作用。在莱布尼茨发明微积分后，伯努利家族迅速掌握了这一新兴的数学工具，并将其广泛应用于各个领域。

雅各布·伯努利（Jacob Bernoulli）在微积分的应用方面做出了许多重要贡献。他研究了悬链线问题，通过运用微积分的方法，成功地解决了这一复杂的力学问题。他还对概率论和变分法进行了深入研究，为这些领域的发展奠定了基础。例如，他在概率论中提出了大数定律，这一定律在统计学和概率论中有着广泛的应用。

约翰·伯努利（Johann Bernoulli）在微积分的教学和传播方面发挥了重要作用。他培养了许多优秀的数学家，其中包括欧拉。他还通过与其他数学家的交流和合作，推动了微积分在欧洲大陆的广泛传播。他在研究最速降线问题时，运用微积分的方法找到了最速降线的方程，这一成果不仅解决了一个实际问题，也展示了微积分在解决复杂问题方面的强大能力。

莱昂哈德·欧拉（Leonhard Euler），这位被誉为"分析学的化身"的伟大数学家，对微积分的完善和扩展做出了卓越的贡献。他在微积分的各个领域都取得了丰硕的成果，将微积分的应用范围拓展到了数学、物理学、天文学等多个领域。欧拉在函数理论方面做出了重要贡献。他引入了函数的概念，并对函数的性质进行了深入研究。他提出了著名的欧拉公式，将三角函数和指数函数联系起来，这一公式在数学和物理学中都有着广泛的应用。他还对无穷级数进行了深入研究，证明了许多重要的级数收敛性定理，为微积分的理论完善提供了重要的支持。在微分方程领域，欧拉也取得了重要成果。他提出了求解常微分方程的多种方法，如分离变量法、积分因子法等，这些方法至今仍然是求解微分方程的重要工具。他还研究了偏微分方程，为这一领域的发展奠定了基础。

6. 柯西与魏尔斯特拉斯的完善

柯西和魏尔斯特拉斯是微积分发展史上的重要人物，他们的工作使得微积分的理论更加严密和完善，为微积分的进一步发展奠定了坚实的基础。

柯西在19世纪初对微积分的基本概念进行了严格的定义，他采用极限的概念来定义无穷小量，认为无穷小量是一个以零为极限的变量，而不是一个固定的数。这一定义消除了无穷小量在逻辑上的矛盾，使得微积分的理论更加严密。他还定义了函数的连续性、导数和积分等概念，将导数定义为差商的极限，即当自变量的增量趋近于零时，函数值的增量与自变量增量之比的极限。他将积分定义为和的极限，通过对区间进行无限细分，将曲边梯形的面积表示为无穷多个小矩形面积之和的极限。

柯西的这些定义和论述使得微积分的运算更加精确和规范，他的工作向分析的全面严格化迈进了关键的一步。他的许多定义和论述已经相当接近于微积分的现代形式，为后来数学家的研究提供了重要的基础。魏尔斯特拉斯进一步完善了微积分的理论，他提出了著名的"$\varepsilon-\delta$"语言，对极限的概念进行了更加精确的描述。他认为，对于任意给定的正数ε，总存在正数δ，使得当自变量x满足$0<|x-a|<\delta$时，函数值$f(x)$与极限值A的差的绝对值小于ε，即$|f(x)-A|<\varepsilon$。这一描述使得极限的概念更加精确和严格，避免了以往极限定义中的模糊性和不确定性。魏尔斯特拉斯还对函数的连续性、可微性等概念进行了深入研究，证明了闭区间上连续函数的最大值和最小值定理、介值定理等。他的工作使得微积分的理论更加完善，为现代数学的发展奠定了基础。

1.1.3 微积分在现代科学中的应用

在现代科学的宏大版图中，微积分犹如一把万能钥匙，开启了众多领域的探索之门。它的应用无处不在，深刻地影响了我们对世界的认知和改造方式。从物理学中对宇宙万物运动规律的精确描述，到工程学里对复杂系统的设计与优化，从计算机科学中推动人工智能的飞速发展，到经济学中为经济决策提供坚实的理论支持，从生物学中对生命现象的深入研究，到医学中助力疾病的诊断与治疗，微积分都发挥着不可或缺的关键作用。它不仅为科学家们提供了强大的数学工具，帮助他们揭示自然现象背后的奥秘，还在实际应用中推动了技术的进步和创新，为人类社会的发展做出了巨大贡献。

1. 在物理学中的核心地位

微积分在物理学中占据着核心地位，是描述物理现象、推导物理定律的重要工具。在经典力学中，它为我们精确描述物体的运动提供了可能。通过微积分，我们可以将物体的运动轨迹视作时间的函数，位移对时间的一阶导数为速度，它描述了物体位置变化的快慢；速度对时间的一阶导数则是加速度，反映了速度变化的快慢。例如，在研究自由落体运动时，根据牛顿第二定律$F=ma$（其中F是力，m是物体质量，a是加速度），结合重力$F=mg$（g为重力加速度），可以得到$a=g$。再通过对加速度进行积分，$v=\int a\mathrm{d}t=\int g\mathrm{d}t=gt+v_0$（$v_0$为初始速度），这就是速度随时间的变化公式；继续对速度积分，$x=\int v\mathrm{d}t=\int(gt+v_0)\mathrm{d}t=\frac{1}{2}gt^2+v_0t+x_0$（$x_0$为初始位置），得到位移随时间的变化公式。这些公式清晰地展示了物体在自由落体过程中的运动规律，为我们理解和预测物体的运动提供了依据。

在天体力学领域，微积分更是发挥了关键作用。行星的运动轨迹是一个复杂的曲线，而牛顿利用微积分成功地推导了万有引力定律，并通过求解微分方程，精确地描述了行星绕太阳的椭圆轨道运动。根据万有引力定律 $F = G\dfrac{Mm}{r^2}$（G为引力常量，M和m分别为两个物体的质量，r为它们之间的距离），结合牛顿第二定律 $F = ma$，可以建立行星运动的微分方程。通过求解这些方程，我们能够预测行星在不同时刻的位置和速度，这对于天文学的研究和航天探索具有重要意义。例如，在发射人造卫星时，需要精确计算卫星的轨道，以确保它能够准确地进入预定轨道并完成各种任务。

电磁学是物理学的另一个重要分支，微积分在其中有着广泛的应用。麦克斯韦方程组是电磁学的基本方程组，它描述了电场、磁场以及它们之间的相互关系。这些方程组中包含了大量的微积分运算，如散度、旋度等概念。通过对麦克斯韦方程组进行求解，可以得到电场和磁场的分布情况，进而解释各种电磁现象，如电磁波的传播、电磁感应等。例如，在研究天线的辐射问题时，需要根据麦克斯韦方程组计算天线周围的电磁场分布，从而设计出高效的天线。

2. 在工程学中的关键作用

在工程学的各个领域，微积分都发挥着关键作用，它是工程师们进行设计、分析和优化的重要工具。在航空航天领域，微积分被广泛应用于飞行器的设计和轨道计算。飞行器在飞行过程中受到多种力的作用，如重力、空气阻力、发动机推力等，这些力的相互作用使得飞行器的运动轨迹变得复杂。通过运用微积分，工程师们可以建立飞行器的动力学模型，将飞行器的运动方程表示为微分方程，然后通过求解这些方程，得到飞行器在不同时刻的位置、速度和加速度等参数。例如，在计算卫星的轨道时，需要考虑地球的引力、太阳的引力以及其他天体的干扰等因素，通过精确的微积分计算，才能确保卫星能够按照预定的轨道运行。此外，在飞行器的结构设计中，微积分也用于计算结构的应力和应变分布，以确保飞行器在各种工况下的安全性和可靠性。

机械工程中，微积分同样不可或缺。在机械零件的设计中，需要考虑零件的强度、刚度和耐磨性等因素。通过微积分，可以计算零件在受力情况下的应力和应变分布，从而优化零件的形状和尺寸，提高零件的性能。例如，在设计发动机的曲轴时，需要精确计算曲轴在不同工况下的受力情况，通过微积分分析，可以确定曲轴的最佳形状和尺寸，以提高其强度和耐久性。在机械运动的分析中，微积分也用于计算物体的运动轨迹、速度和加速度等参数，为机械系统的设计和优化提供依据。例如，在设计机器人的运动控制系统时，需要根据机器人的任务要求，通过微积分计算出机器人各个关节的运动轨迹和速度，从而实现机器人的精确控制。

在电气工程领域，微积分在电路分析和信号处理中有着广泛的应用。在电路分析中，通过运用微积分，可以求解电路中的电流、电压和功率等参数。例如，对于一个包含电阻、电容和电感的电路，根据基尔霍夫定律和欧姆定律，可以建立电路的微分方程，通过求解这些方程，得到电路中各个元件的电流和电压随时间的变化规律。在信号处理中，微积分用于对信号进行滤波、调制和解调等操作。例如，在通信系统中，需要对信号进行调制，将低频信号加载到高频载波上，以便于信号的传输。通过运用微积分，可以实现对信号的精确调制和解调，提高通信系统的性能。

3. 在计算机科学中的创新应用

随着计算机技术的飞速发展，微积分在计算机科学中的应用日益广泛，为计算机科学的创新发展提供了强大的动力。在人工智能和机器学习领域，微积分是优化算法的核心基础。例如，在神经网络中，梯度下降算法是一种常用的优化算法，用于调整神经网络的权重，使得神经网络的预测结果与实际结果之间的误差最小化。梯度下降算法的核心思想就是利用微积分中的梯度概念，通过计算损失函数对权重的梯度，来确定权重的更新方向和步长。具体来说，对于一个损失函数 $L(\theta)$（θ 表示神经网络的权重），梯度 $\nabla L(\theta)$ 表示损失函数在当前权重下的变化率，权重的更新公式为 $\theta_{new} = \theta_{old} - \alpha \nabla L(\theta)$，其中 α 是学习率，控制权重更新的步长。通过不断地迭代更新权重，使得损失函数逐渐减小，从而提高神经网络的性能。

在计算机图形学中，微积分用于曲线和曲面的绘制和处理。通过运用微积分，可以精确地描述曲线和曲面的形状和性质，实现对图形的高效绘制和编辑。例如，在绘制贝塞尔曲线时，通过对贝塞尔曲线的参数方程进行求导，可以得到曲线在任意点的切线方向，从而实现对曲线的精确绘制和控制。在计算机动画中，微积分也用于模拟物体的运动和变形，通过对物体的运动方程和变形方程进行求解，实现对物体运动和变形的逼真模拟。

此外，在计算机视觉中，微积分用于图像的边缘检测和特征提取。通过对图像的灰度值进行求导，可以检测出图像中的边缘信息，从而实现对图像的分割和识别。例如，在利用Sobel算子进行边缘检测时，通过对图像在水平和垂直方向上的灰度值进行求导，计算出图像的梯度幅值和方向，从而确定图像中的边缘位置。在机器学习中的聚类算法中，微积分也用于计算数据点之间的距离和相似度，从而实现对数据的聚类和分类。

4. 在经济学中的深度融合

微积分在经济学中有着广泛而深入的应用，为经济分析和决策提供了重要的理论支持和方法工具。在微观经济学中，微积分用于边际分析，这是一种重要的经济分析方法。边际成本是指每增加一单位产量所增加的成本，边际收益是指每增加一单位销售量所增加的收益。通过对成本函数 $C(q)$ 和收益函数 $R(q)$ 求导，可以得到边际成本 $\mathrm{MC} = \dfrac{\mathrm{d}C(q)}{\mathrm{d}q}$ 和边际收益 $\mathrm{MR} = \dfrac{\mathrm{d}R(q)}{\mathrm{d}q}$ 的表达式。企业在进行生产决策时，通常会根据边际成本和边际收益的关系来确定最优的产量水平，当边际成本等于边际收益时，企业的利润达到最大化。

在宏观经济学中，微积分用于经济增长模型的构建和分析。例如，索洛增长模型是一种常用的经济增长模型，它通过对资本、劳动和技术等因素的分析，探讨经济增长的长期趋势。在索洛增长模型中，通过运用微积分，可以建立资本积累方程和生产函数，从而分析经济增长的动态过程和影响因素。此外，在宏观经济政策的制定和评估中，微积分也用于对经济变量的变化进行预测和分析，为政策的制定提供依据。

在金融领域，微积分在投资组合优化和期权定价等方面有着重要的应用。在投资组合优化中，马科维茨的均值-方差模型利用微积分来确定最优投资组合的权重分配，以实现风险和收益的平衡。通过对资产收益率的均值和方差进行计算，并运用微积分求解最优化问题，可以得到在给定风险水平下收益最大的投资组合。在期权定价中，布莱克-斯科尔斯模型是一种经典的期权定价模型，它运用微积分和概率论的知识，通过对期权的价值进行建模和求解，得到期权的理论价格。该模型的出现极大地推动了金融衍生品市场的发展，为投资者提供了重要的风险管理工具。

5. 在生物学与医学中的崭露头角

微积分在生物学和医学领域的应用也逐渐崭露头角，为这两个领域的研究和发展带来了新的思路和方法。在生物学中,微积分用于构建生物种群增长模型,以研究种群的动态变化。例如,逻辑斯蒂增长模型是一种常见的种群增长模型,它考虑了种群增长过程中的资源限制和种内竞争等因素。该模型的微分方程为 $\frac{dN}{dt} = rN\left(1 - \frac{N}{k}\right)$,其中 N 表示种群数量,t 表示时间,r 是种群的内禀增长率,k 是环境容纳量。通过求解这个微分方程,可以得到种群数量随时间的变化规律,从而预测种群的增长趋势和变化情况。

在医学中,微积分在药物动力学研究中发挥着重要作用。药物动力学主要研究药物在体内的吸收、分布、代谢和排泄等过程,通过运用微积分,可以建立药物在体内的浓度-时间曲线模型,从而确定药物的最佳剂量和给药方案。例如,对于一个简单的一室模型,药物在体内的浓度变化可以用微分方程 $\frac{dC}{dt} = -kC$ 来描述,其中 C 是药物浓度,t 是时间,k 是消除速率常数。通过求解这个方程,可以得到药物浓度随时间的变化规律,为临床用药提供依据。

此外,在医学图像处理领域,微积分用于图像的增强、分割,以及医学影像三维重建中的二维图像处理分析等任务。例如,在图像增强中,通过对图像的灰度值进行求导,可以增强图像的边缘和细节信息,提高图像的清晰度。在图像分割中,利用微积分的方法可以将图像中的不同组织和器官分割出来,为医学诊断提供帮助。在医学影像的三维(3D)重建中,微积分也用于对二维图像进行处理和分析,实现对人体内部结构的三维可视化,有助于医生更准确地诊断疾病。

6. 对科学发展的深远影响

微积分对科学发展的影响犹如一场波澜壮阔的革命,它贯穿于数学、物理、工程等众多学科领域,成为推动现代科学进步的核心动力。在数学领域,微积分的创立是一个重要的里程碑,它开启了变量数学的新时代。微积分中的极限、导数、积分等概念,为数学研究提供了全新的视角和方法,使得数学家能够深入研究函数的性质、曲线的变化以及空间的几何结构。以微分方程为例,它是微积分的重要应用分支,通过建立描述自然现象和工程问题的数学模型,为解决各种实际问题提供了有力的工具。

微积分所带来的极限、无穷等概念,犹如一场思维的风暴,深刻地拓展了人类的思维方式,引发了一场认知革命。在传统的思维模式中,人们习惯用有限的、静态的观点去看待世界,而微积分中的极限概念,让人们认识到事物的变化是连续的、无限的,从而打破了这种局限。例如,在求曲线的切线时,通过极限的方法,我们可以将切线视作割线在两个交点无限接近时的极限位置,这种思维方式让我们能够从动态的角度去理解曲线的性质。无穷的概念也挑战了人们的传统认知,它让我们意识到世界上存在着无限的可能性和变化。在微积分中,无穷级数的求和问题,让我们看到了无限项的和可以收敛到一个有限的值,这一现象颠覆了人们对"无穷"的直观理解,拓展了我们的思维边界。

微积分所蕴含的辩证思想,也对哲学思考产生了深远的影响。它揭示了事物之间的对立统一关系,如微分与积分的互逆关系,体现了矛盾双方相互依存、相互转化的哲学原理。在求解曲边梯形的面积时,我们通过将其分割成无数个小矩形,然后对这些小矩形的面积进行求和,这一过程体现了"化整为零"与"积零为整"的辩证思维。这种辩证思想不仅丰富了哲学的内涵,也为人们认识世界和解决问题提供了新的思维方式。它让我们明白,在面对复杂的问题时,我们可以通过分析问题的各个方面,找到它们之间的联系和矛盾,从而实现问题的解决。

展望未来，微积分在新兴领域如量子计算、人工智能等方面，展现出了巨大的应用潜力。在量子计算中，微积分可用于描述量子比特的演化和量子门操作的设计，为量子算法的优化提供数学支持。量子比特的状态随时间的变化可以用微分方程来描述，通过求解这些方程，我们可以预测量子比特的行为，从而实现高效的量子计算。在人工智能领域，微积分在机器学习算法中发挥着关键作用，如梯度下降算法利用微积分中的梯度概念来优化模型的参数，提高模型的性能。随着人工智能的不断发展，对更高效、更精确的优化算法的需求也日益增加，微积分将在这一过程中发挥更加重要的作用。

然而，微积分在未来的发展中也面临着一些挑战。在理论研究方面，随着数学的不断发展，对微积分基础理论的深入研究变得越发重要。例如，如何进一步完善极限理论，使其更加严密和精确，仍然是数学家们关注的焦点。在实际应用中，如何将微积分与其他学科更好地融合，解决复杂的实际问题，也是需要解决的难题。例如，在生物学和医学领域，虽然微积分已经开始应用于生物模型的建立和药物动力学的研究，但如何将微积分与生物学、医学的专业知识相结合，实现更准确的预测和诊断，还需要进一步的探索和研究。

为了应对这些挑战，未来的研究方向可以聚焦于拓展微积分的理论体系，开发新的算法和方法，以满足不同领域的需求。加强跨学科的合作与交流，促进微积分与其他学科的深度融合，也是未来发展的重要趋势。通过与物理学、工程学、计算机科学等学科的合作，微积分将在解决实际问题中发挥更大的作用，为人类社会的发展做出更加卓越的贡献。

从阿基米德的穷竭法到阿尔伯特·爱因斯坦（Albert Einstein）的场方程，微积分始终是人类探索宇宙的核心工具。它不仅重塑了数学的面貌，更彻底改变了科学研究的范式。今天，微积分的应用已渗透至人工智能、量子计算等前沿领域，其生命力历久弥新。正如数学家亨利·庞加莱（Jules Henri Poincaré）所言："微积分是描述自然的字母表。"未来这一字母表将继续书写人类认知的新篇章。

1.2 微积分的基本概念

微积分作为数学的基础分支，主要围绕函数的极限、导数、微分和积分展开，这些概念共同构成了分析变化和累积的基础框架。其中，极限描述了函数在某点附近的行为趋势，导数和微分用于刻画函数的变化率，而积分则关注函数在区间上的累积效果，如面积或体积。

1.2.1 函数与极限的基本定义

函数是微积分的核心概念之一，它描述了两个变量之间的对应关系。设 x 和 y 是两个变量，D 是一个非空实数集，如果对于 D 中的每一个 x 值，按照某种确定的对应法则 f，都有唯一确定的 y 值与之对应，则称 y 是 x 的函数，记作 $y = f(x)$，其中 x 称为自变量，y 称为因变量，D 称为函数的定义域。极限则是微积分的另一个重要基础概念。对于函数 $y = f(x)$，如果当 x 无限趋近于某个值 x_0（$x \neq x_0$）时，$f(x)$ 无限趋近于一个确定的常数 A，则称当 x 趋近于 x_0 时，函数 $f(x)$ 的极限为 A，记作 $\lim_{x \to x_0} f(x) = A$。极限的概念为后续导数和积分的定义奠定了基础。

1.2.2 导数与微分的基本思想

导数反映了函数在某一点处的变化率。对于函数 $y=f(x)$，在点 x_0 处的导数定义为 $f'(x_0)=\lim_{\Delta x\to 0}\dfrac{f(x_0+\Delta x)-f(x_0)}{\Delta x}$，它表示函数在 x_0 点处切线的斜率，刻画了函数在该点附近的变化快慢程度。例如，在物理学中，位移函数对时间的导数就是速度，速度函数对时间的导数就是加速度。微分则是与导数密切相关的概念，对于可微函数 $y=f(x)$，在点 x 处的微分 $\mathrm{d}y=f'(x)\mathrm{d}x$，其中 $\mathrm{d}x$ 称为自变量微分，$\mathrm{d}y$ 称为函数微分。微分可以用来近似计算函数值的微小变化，当 Δx 很小时，$\Delta y\approx \mathrm{d}y$。

1.2.3 积分与面积的基本概念

积分可分为定积分和不定积分。不定积分是求导的逆运算，若 $F'(x)=f(x)$，则 $\int f(x)\mathrm{d}x=F(x)+C$，其中 C 为任意常数，$\int f(x)\mathrm{d}x$ 称为 $f(x)$ 的不定积分。定积分则与面积的计算紧密相关。设 $f(x)$ 是定义在区间 $[a,b]$ 上的有界函数，将区间 $[a,b]$ 任意分割成 n 个小区间 $[x_{i-1},x_i]$，$i=1,2,\cdots,n$，在每个小区间 $[x_{i-1},x_i]$ 上任取一点 ξ_i，作和式 $\sum_{i=1}^{n}f(\xi_i)\Delta x_i$，其中 $\Delta x_i=x_i-x_{i-1}$。当 n 无限增大且每个小区间的长度 $\lambda=\max\{\Delta x_1,\Delta x_2,\cdots,\Delta x_n\}$ 趋近于 0 时，如果和式的极限存在，且极限值与区间 $[a,b]$ 的分法及点 ξ_i 的取法无关，则称此极限为函数 $f(x)$ 在区间 $[a,b]$ 上的定积分，记作 $\int_a^b f(x)\mathrm{d}x$。从几何意义上看，当 $f(x)\geq 0$ 时，$\int_a^b f(x)\mathrm{d}x$ 表示由曲线 $y=f(x)$、直线 $x=a$、$x=b$ 以及 x 轴所围成的曲边梯形的面积。

1.3 微积分的核心理论

微积分的核心定理是牛顿-莱布尼茨公式，它严格建立了微分与积分之间的深刻联系，揭示了变化率与累积量之间的互逆关系。同时，连续性与可导性概念为函数的性质提供了严格的数学描述，而无穷小与无穷大的应用则进一步拓展了微积分在极限分析和复杂问题求解中的强大功能。

1.3.1 牛顿-莱布尼茨公式

牛顿-莱布尼茨公式是微积分学中重要的公式之一，它揭示了定积分与不定积分之间的内在联系。如果函数 $F(x)$ 是连续函数 $f(x)$ 在区间 $[a,b]$ 上的一个原函数，即 $F'(x)=f(x)$，那么 $\int_a^b f(x)\mathrm{d}x=F(b)-F(a)$。这个公式为定积分的计算提供了一种简便而有效的方法，它将定积分的计算转化为求原函数在区间端点处的函数值之差，大大简化了定积分的计算过程。例如，对于 $\int_1^2 x^2\mathrm{d}x$，由于 x^2 的一个原函数是 $\dfrac{1}{3}x^3$，根据牛顿-莱布尼茨公式可得 $\int_1^2 x^2\mathrm{d}x=\dfrac{1}{3}\times 2^3-\dfrac{1}{3}\times 1^3=\dfrac{7}{3}$。

1.3.2 连续性与可导性的概念

函数的连续性描述了函数在某区间内的不间断性质。对于函数 $y = f(x)$，如果 $\lim_{x \to x_0} f(x) = f(x_0)$，则称函数 $f(x)$ 在点 x_0 处连续。直观地说，函数在某点连续意味着函数图像在该点没有间断。函数的可导性与连续性密切相关，可导函数一定连续，但连续函数不一定可导。例如，函数 $y = |x|$ 在 $x = 0$ 处连续，但在该点不可导，因为其在 $x = 0$ 处的左右导数不相等。连续性和可导性的概念在微积分的理论推导和实际应用中都具有重要意义，它们为研究函数的性质和变化规律提供了基础。

1.3.3 无穷小与无穷大的应用

无穷小是指在某个变化过程中，极限为0的变量；无穷大则是指在某个变化过程中，绝对值无限增大的变量。在微积分中，无穷小和无穷大有着广泛的应用。例如，在求极限的过程中，利用等价无穷小的替换可以简化极限的计算。当 $x \to 0$ 时，若 $\lim_{x \to 0} \frac{\sin x}{x} = 1$，则称 $\sin x$ 与 x 是等价无穷小，在一些复杂极限的计算中，可以用 x 替换 $\sin x$ 来简化计算。无穷大在研究函数的渐近线等问题中也起着重要作用。例如，对于函数 $y = \frac{1}{x}$，当 $x \to 0$ 时，y 趋近于无穷大，$x = 0$ 就是该函数的一条垂直渐近线。

1.4 课后练习

1. 物理应用

在物理学中，已知物体的运动方程为 $s(t) = t^3 - 2t^2 + 5t$（其中 s 表示位移，单位为米；t 表示时间，单位为秒）。请回答下面的问题：

①根据导数与微分的基本思想，求物体在 $t = 2$ 秒时的瞬时速度。

②运用牛顿－莱布尼茨公式，计算物体在 $t = 1$ 秒到 $t = 3$ 秒这段时间内的位移变化量。

③简述在这个运动模型中，无穷小与无穷大的概念可能在哪些方面有所体现（例如在极限情况分析时），并举例说明。

2. 机器学习应用

在机器学习的线性回归模型中，我们通过最小化损失函数 $L(w,b) = \frac{1}{n}\sum_{i=1}^{n}(y_i - (wx_i + b))^2$ 来确定模型参数 w 和 b（其中 n 是样本数量，x_i 和 y_i 是样本数据）。请回答下面的问题：

①从微积分在机器学习中的作用角度，解释为什么要对损失函数求关于 w 和 b 的偏导数，这与函数与极限的基本定义有什么联系？

②简述在优化算法中，连续性与可导性的概念对于寻找损失函数最小值的重要性，结合本题中的线性回归模型损失函数进行说明。

第 2 章 函数与极限

本章主要围绕函数与极限展开，系统性地介绍了相关理论知识，并通过 Python 实例和课后练习加深理解与应用。在函数的基本概念部分，介绍了常见函数类型，如幂函数、指数函数等，还通过 Python 实例绘制不同类型的函数图像。在函数的性质方面，探讨了单调性、凹凸性，以及极值、驻点与拐点等概念，结合 Python 定位关键点并绘图，提升对函数性质的分析效率与直观认识。极限是微积分的基础概念，本章深入剖析了极限的定义、基本性质，以及左极限、右极限和无穷极限，阐述了无穷小与无穷大的比较及应用，为理解函数的连续性和变化趋势奠定基础。极限的求解方法中介绍了代入法、因式分解法、分母有理化和洛必达法则，并借助 SymPy 库求解并验证极限。连续性与可导性部分，区分了函数的连续与间断情况，介绍了可导函数的条件、性质及应用，通过 Python 分析并验证函数的连续性与可导性。

2.1 函数的基本概念

函数是一种特殊的关系,它将一个集合中的每个元素(自变量)唯一地映射到另一个集合中的元素(因变量),是数学中描述变量之间依赖关系的基本工具。函数的基本性质包括定义域、值域、单调性、奇偶性、周期性等,这些性质可以帮助我们理解和分析函数的性质和图像特征。

2.1.1 函数的定义与分类

在数学领域中,函数是一种至关重要的概念,它描述了两个集合之间的对应关系。给定两个非空集合X和Y,如果按照某种确定的对应关系f,使得对于集合X中的任意一个元素x,在集合Y中都有唯一确定的元素与之对应,那么就称$f: X \rightarrow Y$为从集合X到集合Y的一个函数,记作$y = f(x)$,$x \in X$。其中,x被称为自变量,x的取值范围就是函数的定义域;与x值相对应的y值被称作函数值,函数值的集合$\{f(x) | x \in X\}$则是函数的值域。

从函数的性质和形式上,可以对其进行多种分类。按照函数的单调性,可分为单调递增函数和单调递减函数。对于定义域内的某个区间D上的任意两个自变量的值x_1、x_2,当$x_1 < x_2$时,$f(x_1) < f(x_2)$,则称函数$f(x)$在区间D上严格单调递增;反之,若$f(x_1) > f(x_2)$,则函数$f(x)$在区间D上单调递减。

依据函数的奇偶性,函数可分为奇函数、偶函数和非奇非偶函数。若对于函数$f(x)$的定义域内任意一个x,若$f(-x) = -f(x)$,则称$f(x)$为奇函数,奇函数的图像关于原点对称,例如$y = x^3$;若$f(-x) = f(x)$,则称$f(x)$为偶函数,偶函数的图像关于y轴对称,如$y = x^2$。如果一个函数既不满足奇函数的定义,也不满足偶函数的定义,那它就是非奇非偶函数。

另外,根据函数的周期性,可分为周期函数和非周期函数。对于函数$y = f(x)$,如果存在一个不为零的常数T,使得当x取定义域内的每一个值时,$f(x+T) = f(x)$都成立,则称$y = f(x)$为周期函数,不为零的常数T叫作这个函数的周期。其中,最小的正数周期称为最小正周期,如正弦函数$y = \sin x$,其最小正周期是2π。

2.1.2 常见的函数类型

幂函数: 一般地,形如$y = x^\alpha$(α为常数)的函数称为幂函数。例如,$y = x$、$y = x^2$、$y = x^{\frac{1}{2}} = \sqrt{x}$等。当$\alpha > 0$时,幂函数在$(0, +\infty)$上严格单调递增;当$\alpha < 0$时,幂函数在$(0, +\infty)$上严格单调递减。幂函数的图像根据$\alpha$值的不同呈现出不同的形状,$y = x^2$的图像是开口向上的抛物线,顶点在原点;$y = x^{-1} = \frac{1}{x}(x \neq 0)$的图像是双曲线,分别位于一、三象限。

指数函数: 函数形式为$y = a^x$($a > 0$且$a \neq 1$),其中a为底数,x是指数。指数函数的定义域为R,值域是$(0, +\infty)$。当$a > 1$时,函数在R上单调递增,如$y = 2^x$;当$0 < a < 1$时,函数在R上单调递减,例如$y = (\frac{1}{2})^x$。指数函数的图像恒过点$(0,1)$,随着x趋向于正无穷,当$a > 1$时,y趋向于正无穷,

当 $0<a<1$ 时，y 趋向于 0；随着 x 趋向于负无穷，当 $a>1$ 时，y 趋向于 0，当 $0<a<1$ 时，y 趋向于正无穷。

对数函数：对数函数是指数函数的反函数，形式为 $y=\log_a x$（$a>0$ 且 $a\neq 1$），其定义域是 $(0,+\infty)$，值域为 $\mathbf{R}$。当 $a>1$ 时，函数在 $(0,+\infty)$ 上单调递增；当 $0<a<1$ 时，函数在 $(0,+\infty)$ 上单调递减。对数函数的图像恒过点 $(1,0)$。以对数函数 $y=\log_{10}x$（简记为 $y=\lg x$）和自然对数函数 $y=\log_e x$（简记为 $y=\ln x$，其中 $e\approx 2.71828$）最为常见。

三角函数：三角函数包括正弦函数（$y=\sin x$）、余弦函数（$y=\cos x$）、正切函数（$y=\tan x$）等。正弦函数和余弦函数的定义域都是 $\mathbf{R}$，值域为 $[-1,1]$。正弦函数的图像是一条波浪线，周期为 2π，关于原点对称；余弦函数图像同样是波浪线，周期也是 2π，但关于 y 轴对称。正切函数 $y=\tan x$ 的定义域是 $\{x|x\neq k\pi+\frac{\pi}{2},k\in\mathbf{Z}\}$，值域为 $\mathbf{R}$，它的图像是不连续的，具有无数条渐近线 $x=k\pi+\frac{\pi}{2}$，$k\in\mathbf{Z}$，周期为 π。

反函数：从定义上讲，如果给定一个函数 $y=f(x)$，它将定义域内的每一个 x 值对应到值域中唯一的 y 值。那么，若存在另一个函数 $x=g(y)$，能把原函数的值域中的每一个 y 值对应回原函数定义域中唯一的 x 值，此时函数 $g(y)$ 就是函数 $f(x)$ 的反函数，通常记作 $f^{-1}(x)$。反函数具有诸多独特性质。首先，原函数与它的反函数的图像关于直线 $y=x$ 对称，这一几何特征直观地展现了两者之间的紧密联系。例如，指数函数 $y=a^x$（$a>0$ 且 $a\neq 1$）与其反函数对数函数 $y=\log_a x$（$a>0$ 且 $a\neq 1$）的图像就关于直线 $y=x$ 呈对称分布。其次，原函数的定义域是其反函数的值域，原函数的值域则是其反函数的定义域。最后，若原函数在某区间上单调递增（或递减），那么它的反函数在相应区间上也单调递增（或递减）。

2.1.3 绘制不同类型的函数图像

Python 拥有强大的科学计算和数据可视化库，借助这些库可以轻松绘制各种函数图像，帮助我们更直观地理解函数的性质和形态。下面以 Matplotlib 库和 NumPy 库为例，展示如何绘制上述常见函数类型的图像。

实例2-1 绘制不同类型的函数图像（源码路径：codes\2\chap2.1.py）

本实例通过绘制幂函数、指数函数、对数函数、正弦函数和余弦函数的图像，展示了微积分中常见函数的形态和性质。这些函数在微积分中具有重要作用，是研究变化率、积分和周期性现象的基础工具。

```python
# 定义幂函数
def power_function(x, alpha):
    return x ** alpha


x = np.linspace(-5, 5, 400)   # 在-5到5之间生成400个点
alpha = 2
y = power_function(x, alpha)
plt.plot(x, y, label=f'y = x^{alpha}')
```

```python
plt.xlabel('x')
plt.ylabel('y')
plt.title('Power Function')
plt.legend()
plt.grid(True)
plt.show()

# 定义指数函数
def exponential_function(x, a):
    return a ** x

x = np.linspace(-3, 3, 400)
a = 2
y = exponential_function(x, a)
plt.plot(x, y, label=f'y = {a}^x')
plt.xlabel('x')
plt.ylabel('y')
plt.title('Exponential Function')
plt.legend()
plt.grid(True)
plt.show()

# 定义对数函数
def logarithmic_function(x, a):
    return np.log(x) / np.log(a)

x = np.linspace(0.1, 10, 400)
a = 2
y = logarithmic_function(x, a)
plt.plot(x, y, label=f'y = log_{a}x')
plt.xlabel('x')
plt.ylabel('y')
plt.title('Logarithmic Function')
plt.legend()
plt.grid(True)
plt.show()

# 定义正弦函数
def sine_function(x):
    return np.sin(x)

# 定义余弦函数
def cosine_function(x):
    return np.cos(x)

x = np.linspace(-2 * np.pi, 2 * np.pi, 400)
y_sin = sine_function(x)
```

```
y_cos = cosine_function(x)
plt.plot(x, y_sin, label='y = sin(x)')
plt.plot(x, y_cos, label='y = cos(x)')
plt.xlabel('x')
plt.ylabel('y')
plt.title('Trigonometric Functions')
plt.legend()
plt.grid(True)
plt.show()
```

通过这些 Python 代码，我们能够清晰地看到不同类型函数的图像特征，直观地感受函数随着自变量变化的规律，这对于深入理解函数概念和性质具有重要意义。执行效果如图2-1所示。

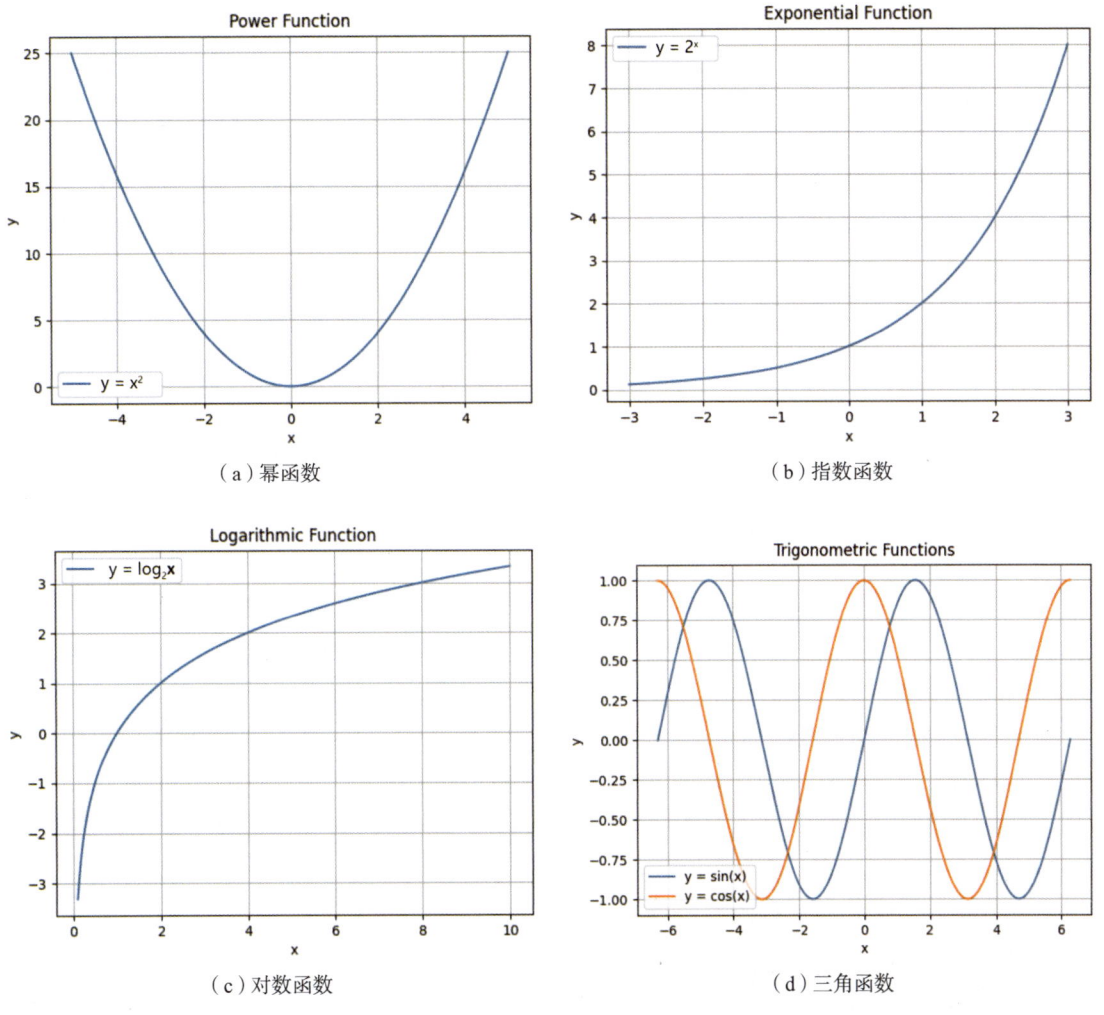

（a）幂函数　　　　　　　　　　　（b）指数函数

（c）对数函数　　　　　　　　　　（d）三角函数

图 2-1　执行效果

在实际应用中，还可以根据需求进一步调整图像的参数，如颜色、线条样式等，以获得更美观和实用的可视化效果。同时，利用 Python 绘制函数图像的方法也为解决数学问题、工程计算以及数据分析等领域提供了有力的工具支持。

2.2 函数的性质

函数作为数学领域的核心概念，其性质的研究对于理解数学模型、解决实际问题具有关键作用。在这部分内容中，我们将深入探讨函数的单调性与凹凸性、极值、驻点与拐点分析，并通过 Python 实例来直观展示如何查找函数的极值、驻点与拐点并绘制图像，从而深化对函数性质的理解和应用。

2.2.1 函数的单调性与凹凸性

函数的单调性描述了函数在定义域内的变化趋势，它是函数的重要性质之一。从几何角度来看，单调递增函数的图像是随着自变量的增大而上升的曲线，而单调递减函数的图像则是随着自变量的增大而下降的曲线。例如，一次函数 $y=2x+1$，其斜率为 $2>0$，在整个实数域 $\mathbf{R}$ 上单调递增；而函数 $y=-3x+5$，斜率为 $-3<0$，在 $\mathbf{R}$ 上单调递减。

函数单调性的判断方法有多种，常见的是利用导数来判断。如果函数 $f(x)$ 在区间 I 内可导，且 $f'(x)>0$，则 $f(x)$ 在区间 I 上单调递增；若 $f'(x)<0$，则 $f(x)$ 在区间 I 上单调递减。例如，对于函数 $f(x)=x^3-3x$，其导数 $f'(x)=3x^2-3$。令 $f'(x)=0$，解得 $x=\pm 1$。当 $x\in(-\infty,-1)$ 和 $(1,+\infty)$ 时，$f'(x)>0$，函数 $f(x)$ 单调递增；当 $x\in(-1,1)$ 时，$f'(x)<0$，函数 $f(x)$ 单调递减。

函数的凹凸性进一步刻画了函数曲线的弯曲方向。设函数 $f(x)$ 在区间 I 上连续，如果对于 I 上任意两点 x_1、x_2，恒有 $f(\frac{x_1+x_2}{2})<\frac{f(x_1)+f(x_2)}{2}$，那么称函数 $f(x)$ 在区间 I 上是凹函数；反之，如果恒有 $f(\frac{x_1+x_2}{2})>\frac{f(x_1)+f(x_2)}{2}$，则称函数 $f(x)$ 在区间 I 上是凸函数。从几何直观上看，凹函数的图像向上凸，类似于一个碗的形状；而凸函数的图像向下凸，类似于一个倒扣的碗的形状。例如，二次函数 $y=x^2$，对于任意两点 x_1、x_2，有 $f(\frac{x_1+x_2}{2})=(\frac{x_1+x_2}{2})^2=\frac{x_1^2+2x_1x_2+x_2^2}{4}$，$\frac{f(x_1)+f(x_2)}{2}=\frac{x_1^2+x_2^2}{2}$，显然 $\frac{x_1^2+2x_1x_2+x_2^2}{4}<\frac{x_1^2+x_2^2}{2}$，所以 $y=x^2$ 是凹函数。

利用二阶导数可以方便地判断函数的凹凸性。如果函数 $f(x)$ 在区间 I 内二阶可导，且 $f''(x)>0$，则 $f(x)$ 在区间 I 上是凹函数；若 $f''(x)<0$，则 $f(x)$ 在区间 I 上是凸函数。对于函数 $f(x)=x^3$，其一阶导数 $f'(x)=3x^2$，二阶导数 $f''(x)=6x$。当 $x>0$ 时，$f''(x)>0$，函数 $f(x)$ 在 $(0,+\infty)$ 上是凹函数；当 $x<0$ 时，$f''(x)<0$，函数 $f(x)$ 在 $(-\infty,0)$ 上是凸函数。

2.2.2 极值、驻点与拐点分析

函数的极值是指函数在某一点处取得的局部最大值或最小值。设函数 $f(x)$ 在点 x_0 的某个邻域内有定义，如果对于该邻域内的任意一点 x（$x\neq x_0$），都有 $f(x)<f(x_0)$，则称 $f(x_0)$ 是函数 $f(x)$ 的一个极大值，x_0 称为极大值点；如果都有 $f(x)>f(x_0)$，则称 $f(x_0)$ 是函数 $f(x)$ 的一个极小值，x_0 称为极小值点。极大值和极小值统称为极值，极大值点和极小值点统称为极值点。

例如，对于函数$f(x)=x^3-3x$，前面已求得其导数$f'(x)=3x^2-3$。令$f'(x)=0$，得到$x=\pm1$。当$x\in(-\infty,-1)$时，$f'(x)>0$，函数单调递增；当$x\in(-1,1)$时，$f'(x)<0$，函数单调递减。所以$x=-1$是函数的极大值点，极大值为$f(-1)=(-1)^3-3\times(-1)=2$；$x=1$是函数的极小值点，极小值为$f(1)=1^3-3\times1=-2$。

驻点是函数导数为零的点。对于函数$y=f(x)$，若$f'(x_0)=0$，则称x_0为函数$f(x)$的驻点。驻点与极值点有着密切的关系，可导函数的极值点一定是驻点，但驻点不一定是极值点。例如，对于函数$f(x)=x^3$，$f'(x)=3x^2$，令$f'(x)=0$，得$x=0$，$x=0$是驻点，但在$x=0$两侧，函数的单调性不变，所以$x=0$不是极值点。

拐点是函数凹凸性发生改变的点。设函数$f(x)$在区间I上连续，x_0是区间I内的一点，如果函数$f(x)$在x_0两侧的凹凸性不同，则称点$(x_0,f(x_0))$是函数$f(x)$的一个拐点。如前面提到的函数$f(x)=x^3$，$f''(x)=6x$，当$x<0$时，$f''(x)<0$，函数$f(x)$为凸函数；当$x>0$时，$f''(x)>0$，函数$f(x)$为凹函数。所以点$(0,0)$是函数$f(x)=x^3$的拐点。

判断拐点通常通过二阶导数来进行。若函数$f(x)$在点x_0处二阶可导，且$f''(x_0)=0$，在x_0两侧$f''(x)$异号，则点$(x_0,f(x_0))$是函数$f(x)$的拐点。

2.2.3 查找函数的极值和拐点并绘制图像

在 Python 中，可以利用 NumPy 和 Matplotlib 库来实现查找函数的极值、驻点与拐点并绘制图像的功能。此外，Scipy 库中的优化和数值计算模块也能帮助我们更高效地完成相关任务。

实例2-2 查找函数的极值、驻点与拐点（源码路径：codes\2\chap2.2.py）

以函数$f(x)=x^3-3x$为例，使用Scipy库中的minimize_scalar函数查找函数的极小值；使用Scipy库中的root函数查找函数的驻点和拐点；使用Matplotlib库绘制该函数的图像，并标记出极值点、驻点和拐点。

```python
import numpy as np
import matplotlib.pyplot as plt
from scipy.optimize import minimize_scalar

# 定义函数
def func(x):
    return x ** 3 - 3 * x

# 查找极小值
res_min = minimize_scalar(func)
min_x = res_min.x
min_y = func(min_x)
print(f"极小值点：x = {min_x}, y = {min_y}")

# 查找极大值，由于minimize_scalar只能找极小值，我们通过对函数取负来找极大值
def neg_func(x):
```

```
        return -func(x)

res_max = minimize_scalar(neg_func)
max_x = res_max.x
max_y = func(max_x)
print(f"极大值点: x = {max_x}, y = {max_y}")
```

驻点是导数为零的点，我们可以通过求解导数方程来找到驻点。对于函数$f(x)=x^3-3x$，其导数$f'(x)=3x^2-3$。我们使用Scipy库中的root函数来求解方程$f'(x)=0$。

```
from scipy.optimize import root

# 定义原函数
def func(x):
    return x ** 3 - 3 * x

# 定义导数函数
def derivative(x):
    return 3 * x ** 2 - 3

# 查找驻点
result = root(derivative, 0)
stationary_points = result.x

for point in stationary_points:
    print(f"驻点: x = {point}, y = {func(point)}")
```

对于拐点，我们需要先求出二阶导数，然后找到二阶导数为零的点，并检查这些点两侧二阶导数的符号。对于函数$f(x)=x^3-3x$，其二阶导数$f''(x)=6x$。

```
# 定义二阶导数函数
def second_derivative(x):
    return 6 * x

# 查找二阶导数为零的点
result_inflection = root(second_derivative, 0)
inflection_points = result_inflection.x

for point in inflection_points:
    print(f"可能的拐点: x = {point}, y = {func(point)}")

# 检查两侧二阶导数符号来确认拐点
confirmed_inflection_points = []
for point in inflection_points:
    left_second_derivative = second_derivative(point - 0.01)
    right_second_derivative = second_derivative(point + 0.01)
    if left_second_derivative * right_second_derivative < 0:
        confirmed_inflection_points.append(point)
```

最后，我们使用Matplotlib库来绘制函数图像，并标记出极值点、驻点和拐点。

```python
# 绘制函数图像
x = np.linspace(-3, 3, 400)
y = func(x)
plt.plot(x, y, label='f(x)=x^3 - 3x')

# 标记极小值点
plt.scatter(min_x, min_y, color='red', label='极小值点')

# 标记极大值点
plt.scatter(max_x, max_y, color='red', label='极大值点')

# 标记驻点
for point in stationary_points:
    plt.scatter(point, func(point), color='green', label='驻点' if point ==
                stationary_points[0] else "")

# 标记确认的拐点
for point in confirmed_inflection_points:
    plt.scatter(point, func(point), color='blue', label='拐点' if point ==
                confirmed_inflection_points[0] else "")

plt.xlabel('x')
plt.ylabel('y')
plt.title('Function Properties Visualization')
plt.legend()
plt.grid(True)
plt.show()
```

执行效果如图2-2所示。

通过上述Python代码，我们能够清晰地找到函数的极值、驻点与拐点，并通过图像直观地展示函数的性质。在实际应用中，我们可以根据不同的函数形式和需求，灵活调整代码来分析各种函数的性质。通过对函数的单调性与凹凸性、极值、驻点与拐点的理论分析，以及Python实例的实践，我们对函数的性质有了更深入的理解和掌握。这些知识不仅在数学领域有着广泛的应用，在物理、工程、经济等其他学科中也发挥着重要的作用。

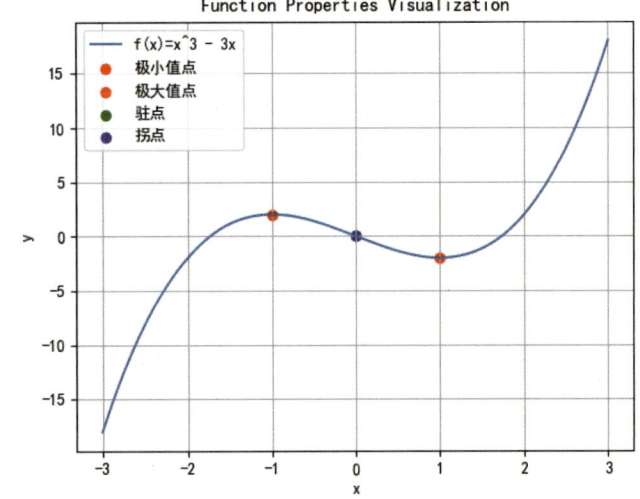

图2-2 极值点、驻点和拐点的可视化图

2.3 极限的概念

极限是数学中描述函数或数列在某一点附近或趋于无穷大时的变化状态的一种工具，它反映了函数或数列值的趋向性。极限的核心思想是通过无限逼近的方式，确定一个确定的值或趋势，是微积分和数学分析的基础概念。

2.3.1 极限的定义与基本性质

极限是微积分中非常重要的概念，用于描述函数或数列在某个过程中的变化趋势。极限可分为数列极限和函数极限。

数列极限： 设 $\{a_n\}$ 为一个数列，a 为一个常数。如果对于任意给定的正数 ϵ（无论它多么小），总存在正整数 N，使得当 $n > N$ 时，不等式 $|a_n - a| < \epsilon$ 都成立，那么就称常数 a 是数列 $\{a_n\}$ 的极限，或者称数列 $\{a_n\}$ 收敛于 a，记作 $\lim_{n \to \infty} a_n = a$。

例如，数列 $\{a_n\} = \{\frac{1}{n}\}$，当 n 无限增大时，$\frac{1}{n}$ 的值会越来越接近 0。对于任意给定的正数 ϵ，比如 $\epsilon = 0.01$，要使 $|\frac{1}{n} - 0| = \frac{1}{n} < 0.01$，只需要 $n > 100$。所以，当 n 足够大时，$\frac{1}{n}$ 与 0 的距离可以小于任意给定的正数，即 $\lim_{n \to \infty} \frac{1}{n} = 0$。

函数极限： 在自变量的某个变化过程中，如果对应的函数值无限接近于某个确定的数，那么这个确定的数就叫作在这一变化过程中函数的极限。以 $x \to x_0$ 为例，设函数 $f(x)$ 在点 x_0 的某一去心邻域内有定义，如果存在常数 A，对于任意给定的正数 ϵ（无论它多么小），总存在正数 δ，使得当 x 满足不等式 $0 < |x - x_0| < \delta$ 时，对应的函数值 $f(x)$ 都满足不等式 $|f(x) - A| < \epsilon$，那么常数 A 就叫作函数 $f(x)$ 当 $x \to x_0$ 时的极限，记作 $\lim_{x \to x_0} f(x) = A$。

例如，对于函数 $f(x) = 2x + 1$，当 $x \to 1$ 时，我们来分析它的极限。对于任意给定的正数 ϵ，比如 $\epsilon = 0.1$，要使 $|(2x+1) - 3| = |2x - 2| = 2|x - 1| < 0.1$，即 $|x - 1| < 0.05$，我们可以取 $\delta = 0.05$。当 $0 < |x - 1| < 0.05$ 时，$|(2x+1) - 3| < 0.1$，所以 $\lim_{x \to 1}(2x + 1) = 3$。

极限的基本性质如下。

有界性： 如果数列 $\{a_n\}$ 收敛，那么它一定是有界的。即存在正数 M，使得对于所有的正整数 n，都有 $|a_n| \leq M$。例如，数列 $\{\frac{1}{n}\}$ 收敛于 0，对于所有的 n，都有 $|\frac{1}{n}| \leq 1$，这里 $M = 1$。对于函数极限，如果 $\lim_{x \to x_0} f(x)$ 存在，那么存在正数 δ 和 M，使得当 $0 < |x - x_0| < \delta$ 时，$|f(x)| \leq M$。

单调性： 对于单调递增（或递减）且有上界（或下界）的数列，一定存在极限。例如，数列 $\{a_n\} = \{1 - \frac{1}{n}\}$，$a_{n+1} - a_n = (1 - \frac{1}{n+1}) - (1 - \frac{1}{n}) = \frac{1}{n(n+1)} > 0$，所以数列单调递增，且 $a_n < 1$，有上界，所以该数列极限存在，$\lim_{n \to \infty}(1 - \frac{1}{n}) = 1$。

常数极限： 常数 C 的极限就是它本身，即 $\lim\limits_{x \to x_0} C = C$，$\lim\limits_{n \to \infty} C = C$。例如，$\lim\limits_{x \to 2} 5 = 5$。

四则运算： 若 $\lim\limits_{x \to x_0} f(x) = A$，$\lim\limits_{x \to x_0} g(x) = B$，则

加法：$\lim\limits_{x \to x_0}[f(x) + g(x)] = A + B$；

减法：$\lim\limits_{x \to x_0}[f(x) - g(x)] = A - B$；

乘法：$\lim\limits_{x \to x_0}[f(x) \cdot g(x)] = A \cdot B$；

除法：当 $B \neq 0$ 时，$\lim\limits_{x \to x_0} \dfrac{f(x)}{g(x)} = \dfrac{A}{B}$。

例如，已知 $\lim\limits_{x \to 1} x = 1$，$\lim\limits_{x \to 1} 2 = 2$，那么 $\lim\limits_{x \to 1}(x + 2) = \lim\limits_{x \to 1} x + \lim\limits_{x \to 1} 2 = 1 + 2 = 3$；$\lim\limits_{x \to 1}(2x) = 2 \cdot \lim\limits_{x \to 1} x = 2 \times 1 = 2$；当 $x \to 1$ 时，$\lim\limits_{x \to 1} \dfrac{x}{2} = \dfrac{\lim\limits_{x \to 1} x}{\lim\limits_{x \to 1} 2} = \dfrac{1}{2}$。

夹逼准则： 对于数列，如果存在正整数 N，当 $n > N$ 时，有 $a_n \leq b_n \leq c_n$，且 $\lim\limits_{n \to \infty} a_n = \lim\limits_{n \to \infty} c_n = L$，那么 $\lim\limits_{n \to \infty} b_n = L$。对于函数，如果在 x_0 的某一去心邻域内有 $f(x) \leq g(x) \leq h(x)$，且 $\lim\limits_{x \to x_0} f(x) = \lim\limits_{x \to x_0} h(x) = A$，那么 $\lim\limits_{x \to x_0} g(x) = A$。

例如，求 $\lim\limits_{n \to \infty} \dfrac{n}{n^2 + 1}$。因为 $\dfrac{n}{n^2 + n} \leq \dfrac{n}{n^2 + 1} \leq \dfrac{n}{n^2}$，而 $\lim\limits_{n \to \infty} \dfrac{n}{n^2 + n} = \lim\limits_{n \to \infty} \dfrac{1}{n + 1} = 0$，$\lim\limits_{n \to \infty} \dfrac{n}{n^2} = \lim\limits_{n \to \infty} \dfrac{1}{n} = 0$，根据夹逼准则，$\lim\limits_{n \to \infty} \dfrac{n}{n^2 + 1} = 0$。

唯一性： 如果 $\lim\limits_{x \to x_0} f(x)$ 存在，那么这个极限是唯一的。

用反证法证明，假设 $\lim\limits_{x \to x_0} f(x) = A$ 且 $\lim\limits_{x \to x_0} f(x) = B$（$A \neq B$）。不妨设 $A > B$，取 $\epsilon = \dfrac{A - B}{2}$。因为 $\lim\limits_{x \to x_0} f(x) = A$，所以存在 $\delta_1 > 0$，当 $0 < |x - x_0| < \delta_1$ 时，$|f(x) - A| < \epsilon = \dfrac{A - B}{2}$，即 $\dfrac{A + B}{2} < f(x) < \dfrac{3A - B}{2}$；又因为 $\lim\limits_{x \to x_0} f(x) = B$，所以存在 $\delta_2 > 0$，当 $0 < |x - x_0| < \delta_2$ 时，$|f(x) - B| < \epsilon = \dfrac{A - B}{2}$，即 $\dfrac{3B - A}{2} < f(x) < \dfrac{A + B}{2}$。取 $\delta = \min\{\delta_1, \delta_2\}$，当 $0 < |x - x_0| < \delta$ 时，这两个不等式同时成立，就会出现矛盾，所以极限是唯一的。

复合函数极限： 设函数 $y = f(u)$，$u = g(x)$，如果 $\lim\limits_{x \to x_0} g(x) = u_0$，且在 x_0 的某去心邻域内 $g(x) \neq u_0$，$\lim\limits_{u \to u_0} f(u) = A$，那么 $\lim\limits_{x \to x_0} f(g(x)) = A$。

例如，设 $f(u) = \dfrac{1}{u}$，$u = x^2 + 1$，当 $x \to 1$ 时，$\lim\limits_{x \to 1}(x^2 + 1) = 2$，$\lim\limits_{u \to 2} \dfrac{1}{u} = \dfrac{1}{2}$，所以 $\lim\limits_{x \to 1} \dfrac{1}{x^2 + 1} = \dfrac{1}{2}$。

零极限法则： 如果 $\lim\limits_{x \to x_0} f(x) = 0$，且函数 $g(x)$ 在 x_0 的某去心邻域内有界，那么 $\lim\limits_{x \to x_0}[f(x) \cdot g(x)] = 0$。

例如，$\lim\limits_{x \to 0} x = 0$，$g(x) = \sin \dfrac{1}{x}$ 在 $x = 0$ 的某去心邻域内有界，所以 $\lim\limits_{x \to 0} x \sin \dfrac{1}{x} = 0$。

无穷大极限： 若 $\lim\limits_{x \to x_0} f(x) = \infty$，$\lim\limits_{x \to x_0} g(x) = A \neq 0$，则 $\lim\limits_{x \to x_0}[f(x) \cdot g(x)] = \infty$；若 $\lim\limits_{x \to x_0} f(x) = \infty$，$\lim\limits_{x \to x_0} g(x) =$

∞，则 $\lim\limits_{x \to x_0}[f(x)+g(x)]=\infty$。

例如，当 $x \to 0$ 时，$\lim\limits_{x \to 0}\dfrac{1}{x^2}=\infty$，$\lim\limits_{x \to 0}3=3\neq 0$，则 $\lim\limits_{x \to 0}\dfrac{3}{x^2}=\infty$。

2.3.2 左极限、右极限与无穷极限

在函数极限的研究中，左极限和右极限是两个重要的概念。当我们考虑函数在某一点 x_0 的极限时，不仅要关注 x 从两侧趋近于 x_0 时函数的整体趋势，还要分别研究 x 从 x_0 的左侧和右侧趋近时函数的变化情况。

左极限： 设函数 $f(x)$ 在点 x_0 的左半邻域 $(x_0-\delta, x_0)$ 内有定义。如果存在常数 A，对于任意给定的正数 ϵ（无论它多么小），总存在正数 δ，使得当 x 满足不等式 $x_0-\delta<x<x_0$ 时，对应的函数值 $f(x)$ 满足不等式 $|f(x)-A|<\epsilon$。那么常数 A 称为函数 $f(x)$ 当 x 趋于 x_0 时的左极限，记作 $\lim\limits_{x \to x_0^-}f(x)=A$。

右极限： 设函数 $f(x)$ 在点 x_0 的右半邻域 $(x_0, x_0+\delta)$ 内有定义。如果存在常数 A，对于任意给定的正数 ϵ（无论它多么小），总存在正数 δ，使得当 x 满足不等式 $x_0<x<x_0+\delta$ 时，对应的函数值 $f(x)$ 满足不等式 $|f(x)-A|<\epsilon$。那么常数 A 称为函数 $f(x)$ 当 x 趋于 x_0 时的右极限，记作 $\lim\limits_{x \to x_0^+}f(x)=A$。

极限存在的必要条件是左极限等于右极限，即 $\lim\limits_{x \to x_0}f(x)=A$ 的充要条件是

$$\lim_{x \to x_0^-}f(x)=\lim_{x \to x_0^+}f(x)=A$$

例如，对于绝对值函数 $f(x)=|x|$，当 $x \to 0^-$ 时，$x<0$，$f(x)=-x$，那么 $\lim\limits_{x \to 0^-}|x|=\lim\limits_{x \to 0^-}(-x)=0$；当 $x \to 0^+$ 时，$x>0$，$f(x)=x$，所以 $\lim\limits_{x \to 0^+}|x|=\lim\limits_{x \to 0^+}x=0$。因为左极限等于右极限，所以 $\lim\limits_{x \to 0}|x|=0$。

再看一个分段函数 $f(x)=\begin{cases}x+1, & x<0 \\ 2, & x=0 \\ x-1, & x>0\end{cases}$，当 $x \to 0$ 时，左极限 $\lim\limits_{x \to 0^-}f(x)=\lim\limits_{x \to 0^-}(x+1)=1$；右极限 $\lim\limits_{x \to 0^+}f(x)=\lim\limits_{x \to 0^+}(x-1)=-1$。由于左极限 1 不等于右极限 -1，所以 $\lim\limits_{x \to 0}f(x)$ 不存在。

在函数极限中，除了考虑自变量趋近于有限值时的极限，还需要研究自变量趋于无穷大时函数的极限情况，即无穷极限。

自变量趋于正无穷大时的极限： 设函数 $f(x)$ 当 x 大于某一正数时有定义。如果存在常数 A，对于任意给定的正数 ϵ（无论它多么小），总存在正数 X，使得当 $x>X$ 时，对应的函数值 $f(x)$ 满足不等式 $|f(x)-A|<\epsilon$，那么常数 A 称为函数 $f(x)$ 当 x 趋于正无穷大时的极限，记作 $\lim\limits_{x \to +\infty}f(x)=A$。

例如，对于函数 $f(x)=\dfrac{1}{x}$，当 $x \to +\infty$ 时，随着 x 不断增大，$\dfrac{1}{x}$ 的值越来越接近 0。对于任意给定的正数 ϵ，比如 $\epsilon=0.01$，要使 $|\dfrac{1}{x}-0|=\dfrac{1}{x}<0.01$，只需要 $x>100$。所以 $\lim\limits_{x \to +\infty}\dfrac{1}{x}=0$。从函数图像上看，当 x 沿着 x 轴正方向无限延伸时，函数 $f(x)=\dfrac{1}{x}$ 的图像会越来越接近 x 轴，也就是 $y=0$ 这条水平直线。

自变量趋于负无穷大时的极限： 设函数 $f(x)$ 当 x 小于某一负数时有定义。如果存在常数 A，对

于任意给定的正数 ϵ（无论它多么小），总存在正数 X，使得当 $x<-X$ 时，对应的函数值 $f(x)$ 满足不等式 $|f(x)-A|<\epsilon$，那么常数 A 称为函数 $f(x)$ 当 x 趋于负无穷大时的极限，记作 $\lim\limits_{x\to-\infty}f(x)=A$。

同样以函数 $f(x)=\dfrac{1}{x}$ 为例，当 $x\to-\infty$ 时，随着 x 的绝对值不断增大且 x 为负数，$\dfrac{1}{x}$ 的值也越来越接近 0。对于任意给定的正数 ϵ，要使 $|\dfrac{1}{x}-0|=\dfrac{1}{x}<\epsilon$，此时 $x<-\dfrac{1}{\epsilon}$。所以 $\lim\limits_{x\to-\infty}\dfrac{1}{x}=0$。从图像上直观地看，当 x 沿着 x 轴负方向无限延伸时，函数 $f(x)=\dfrac{1}{x}$ 的图像同样越来越接近 x 轴，即 $y=0$ 这条水平渐近线。

自变量趋于无穷大时的极限：如果 $\lim\limits_{x\to+\infty}f(x)=A$ 且 $\lim\limits_{x\to-\infty}f(x)=A$，那么就称 $\lim\limits_{x\to\infty}f(x)=A$。也就是说，当 x 趋于正无穷和负无穷时函数的极限都存在且相等，x 趋于无穷大时函数的极限存在。

例如，对于函数 $f(x)=\dfrac{2x^2+1}{x^2}$，当 $x\to\pm\infty$ 时，$f(x)=\dfrac{2x^2+1}{x^2}=2+\dfrac{1}{x^2}$。因为 $\lim\limits_{x\to\pm\infty}\dfrac{1}{x^2}=0$，所以 $\lim\limits_{x\to\pm\infty}f(x)=2$，进而 $\lim\limits_{x\to\infty}f(x)=2$。

在许多函数极限的求解和分析中，区分左右无穷的情况至关重要，以下是一些常见的需要区分左右无穷的情形。

指数函数：对于函数 $y=\mathrm{e}^x$，当 $x\to+\infty$ 时，e^x 的值会随着 x 的增大而迅速增大，即 $\lim\limits_{x\to+\infty}\mathrm{e}^x=+\infty$；而当 $x\to-\infty$ 时，e^x 的值会趋近于 0，即 $\lim\limits_{x\to-\infty}\mathrm{e}^x=0$。例如，在求极限 $\lim\limits_{x\to\infty}\dfrac{\mathrm{e}^x-1}{\mathrm{e}^x+1}$ 时，需要分别考虑 $x\to+\infty$ 和 $x\to-\infty$ 的情况。当 $x\to+\infty$ 时，分子分母同时除以 e^x，得到 $\lim\limits_{x\to+\infty}\dfrac{1-\mathrm{e}^{-x}}{1+\mathrm{e}^{-x}}=1$；当 $x\to-\infty$ 时，$\mathrm{e}^{-x}\to+\infty$，此时极限为 $\lim\limits_{x\to-\infty}\dfrac{\mathrm{e}^x-1}{\mathrm{e}^x+1}=-1$，因为左右极限不相等，所以 $\lim\limits_{x\to\infty}\dfrac{\mathrm{e}^x-1}{\mathrm{e}^x+1}$ 不存在。

幂函数：当 $x\to 0^+$ 时，$\dfrac{1}{x}$ 的值趋于正无穷大，即 $\lim\limits_{x\to 0^+}\dfrac{1}{x}=+\infty$；当 $x\to 0^-$ 时，$\dfrac{1}{x}$ 的值趋于负无穷大，即 $\lim\limits_{x\to 0^-}\dfrac{1}{x}=-\infty$。例如，在研究函数 $f(x)=\dfrac{\sin x}{x}$ 在 $x=0$ 处的极限时，虽然 $\lim\limits_{x\to 0}\dfrac{\sin x}{x}=1$，但如果考虑函数 $g(x)=\dfrac{1}{x}\sin\dfrac{1}{x}$，当 $x\to 0$ 时，由于 $\dfrac{1}{x}$ 在 $x\to 0^+$ 和 $x\to 0^-$ 时分别趋于正无穷和负无穷，而 $\sin\dfrac{1}{x}$ 在 $x\to 0$ 时在 $[-1,1]$ 之间振荡，所以 $\lim\limits_{x\to 0}\dfrac{1}{x}\sin\dfrac{1}{x}$ 不存在。

反三角函数：$\arctan x$ 的值域是 $(-\dfrac{\pi}{2},\dfrac{\pi}{2})$，当 $x\to+\infty$ 时，$\lim\limits_{x\to+\infty}\arctan x=\dfrac{\pi}{2}$；当 $x\to-\infty$ 时，$\lim\limits_{x\to-\infty}\arctan x=-\dfrac{\pi}{2}$。例如，在求极限 $\lim\limits_{x\to\infty}\dfrac{\arctan x}{x}$ 时，因为当 $x\to\pm\infty$ 时，$\arctan x$ 分别趋于 $\pm\dfrac{\pi}{2}$，而分母 x 趋于无穷大，所以 $\lim\limits_{x\to\infty}\dfrac{\arctan x}{x}=0$。

分段函数的分段点处：如前面提到的分段函数 $f(x)=\begin{cases}x+1, & x<0 \\ 2, & x=0 \\ x-1, & x>0\end{cases}$，在分段点 $x=0$ 处，必须分

别计算左极限 $\lim_{x \to 0^-} f(x)$ 和右极限 $\lim_{x \to 0^+} f(x)$，通过比较它们是否相等来判断函数在该点的极限是否存在。

绝对值函数： 对于绝对值函数 $f(x) = |x|$，在 $x \to 0$ 时，从 $x \to 0^-$ 和 $x \to 0^+$ 两个方向来分析函数的变化，进而确定极限。当 $x \to 0^-$ 时，$f(x) = -x$，左极限为 0；当 $x \to 0^+$ 时，$f(x) = x$，右极限为 0，从而得出函数在 $x \to 0$ 时极限为 0。

在这些情况下，区分左右无穷能够更准确地把握函数在特定点或无穷远处的行为和性质，对函数极限的求解和分析起着关键作用，避免因忽略左右极限的差异而导致错误的结论。

2.3.3 无穷小与无穷大的比较与应用

无穷小和无穷大是极限理论中的重要概念，它们描述了函数在自变量趋近于某个值或无穷大时的特殊变化趋势。

在自变量的某个变化过程中，如果函数 $f(x)$ 的极限为零，即 $\lim_{x \to x_0} f(x) = 0$（或 $\lim_{x \to \infty} f(x) = 0$），那么称函数 $f(x)$ 为当 $x \to x_0$（或 $x \to \infty$）时的无穷小量，简称无穷小。

例如，当 $x \to 0$ 时，函数 $f(x) = x$、$g(x) = x^2$、$h(x) = \sin x$ 等都是无穷小，因为 $\lim_{x \to 0} x = 0$、$\lim_{x \to 0} x^2 = 0$、$\lim_{x \to 0} \sin x = 0$。

需要注意的是，无穷小是一个变量，它的值随着自变量的变化而趋近于零，而不是一个很小的固定数值。零是唯一可以作为无穷小的常数，因为常数函数 $y = 0$，无论自变量如何变化，其函数值始终为零，满足无穷小的定义。

设函数 $f(x)$ 在 x_0 的某一去心邻域内有定义（或 $|x|$ 大于某一正数时有定义）。如果对于任意给定的正数 M（无论它多么大），总存在正数 δ（或正数 X），使得当 x 满足不等式 $0 < |x - x_0| < \delta$（或 $|x| > X$）时，对应的函数值 $f(x)$ 总满足不等式 $|f(x)| > M$，那么称函数 $f(x)$ 当 $x \to x_0$（或 $x \to \infty$）时为无穷大量，简称无穷大，记作 $\lim_{x \to x_0} f(x) = \infty$（或 $\lim_{x \to \infty} f(x) = \infty$）。当 $\lim_{x \to x_0} f(x) = +\infty$ 时，表示函数值在 x 趋近于 x_0 时无限增大；当 $\lim_{x \to x_0} f(x) = -\infty$ 时，表示函数值在 x 趋近于 x_0 时无限减小。

例如，当 $x \to 0$ 时，函数 $f(x) = \dfrac{1}{x^2}$，对于任意给定的正数 M，要使 $|\dfrac{1}{x^2}| > M$，即 $x^2 < \dfrac{1}{M}$，只要取 $\delta = \dfrac{1}{\sqrt{M}}$，当 $0 < |x| < \dfrac{1}{\sqrt{M}}$ 时，就有 $|\dfrac{1}{x^2}| > M$，所以 $\lim_{x \to 0} \dfrac{1}{x^2} = +\infty$。又如，当 $x \to +\infty$ 时，函数 $f(x) = e^x$，随着 x 的不断增大，e^x 的值也会无限增大，对于任意大的正数 M，总存在一个正数 $X = \ln M$，当 $x > \ln M$ 时，$e^x > M$，所以 $\lim_{x \to +\infty} e^x = +\infty$。无穷大同样是一个变量，它描述的是函数值在自变量的某种变化过程中无限增大的趋势，而不是一个具体的很大的数。

当我们研究无穷小和无穷大时，不仅要了解它们的定义，还需要对不同的无穷小和无穷大进行比较，以深入理解它们在极限过程中的性质和行为。

设 α 和 β 是在自变量的同一变化过程中的两个无穷小，且 $\alpha \neq 0$。如果 $\lim \dfrac{\beta}{\alpha} = 0$，则称 β 是比 α 高阶的无穷小，记作 $\beta = o(\alpha)$。如果 $\lim \dfrac{\beta}{\alpha} = \infty$，则称 β 是比 α 低阶的无穷小。如果 $\lim \dfrac{\beta}{\alpha} = c \neq 0$，则

称 β 与 α 是同阶无穷小。

例如，当 $x \to 0$ 时，x 是比 x^2 低阶的无穷小，因为 $\lim\limits_{x \to 0} \dfrac{x}{x^2} = \lim\limits_{x \to 0} \dfrac{1}{x} = \infty$，$x^2$ 是比 x 高阶的无穷小，因为 $\lim\limits_{x \to 0} \dfrac{x^2}{x} = \lim\limits_{x \to 0} x = 0$，可以表示为 $x^2 = o(x)$（$x \to 0$）。这意味着在 x 趋近于 0 的过程中，x^2 趋近于 0 的速度比 x 更快。$1 - \cos x$ 与 x^2 是同阶无穷小，因为 $\lim\limits_{x \to 0} \dfrac{1 - \cos x}{x^2} = \lim\limits_{x \to 0} \dfrac{2\sin^2 \dfrac{x}{2}}{x^2} = \dfrac{1}{2}$。

如果 $\lim \dfrac{\beta}{\alpha} = 1$，则称 β 与 α 是等价无穷小，记作 $\alpha \sim \beta$。

等价无穷小在极限计算中有着重要的应用，常见的等价无穷小在 $x \to 0$ 时有：$\sin x \sim x$，$\tan x \sim x$，$\ln(1 + x) \sim x$，$e^x - 1 \sim x$，$1 - \cos x \sim \dfrac{1}{2}x^2$ 等。例如，求 $\lim\limits_{x \to 0} \dfrac{\sin x}{x}$，因为 $\sin x \sim x$（$x \to 0$），所以 $\lim\limits_{x \to 0} \dfrac{\sin x}{x} = 1$；再如求 $\lim\limits_{x \to 0} \dfrac{e^x - 1}{x}$，由于 $e^x - 1 \sim x$（$x \to 0$），则 $\lim\limits_{x \to 0} \dfrac{e^x - 1}{x} = 1$。

类似于无穷小的比较，无穷大也有相应的比较概念。在考研范围内，常见的无穷大类型有对数函数 $\ln x$、幂次函数 x^n（$n > 0$）、指数函数 a^x（$a > 1$）、阶乘函数 $n!$ 和幂指函数 x^x。当 $x \to +\infty$ 时，按照阶数从低到高的顺序为：$\ln x$，x^n（$n > 0$），a^x（$a > 1$），x^x，即后者依次为前者的高阶无穷大。

例如，对于 $\lim\limits_{x \to +\infty} \dfrac{\ln x}{x}$，利用洛必达法则，$\lim\limits_{x \to +\infty} \dfrac{\ln x}{x} = \lim\limits_{x \to +\infty} \dfrac{\dfrac{1}{x}}{1} = 0$，说明 x 是比 $\ln x$ 高阶的无穷大；对于 $\lim\limits_{x \to +\infty} \dfrac{x^n}{a^x}$（$n > 0$，$a > 1$），多次使用洛必达法则后可以得到极限为 0，表明 a^x 是比 x^n 高阶的无穷大。

无穷大也存在等价无穷大的概念，一般在求极限时遵循"抓大头"原则。例如，求 $\lim\limits_{x \to +\infty} \dfrac{3x^3 + 2x^2 + 1}{2x^3 + 5x + 3}$，当 $x \to +\infty$ 时，分子分母中起主导作用的是最高次项 $3x^3$ 和 $2x^3$，根据"抓大头"原则，该极限就近似等于 $\lim\limits_{x \to +\infty} \dfrac{3x^3}{2x^3} = \dfrac{3}{2}$。

无穷小和无穷大在数学、物理、经济学等多个领域都有着广泛而重要的应用，它们为解决各种实际问题和理论研究提供了有力的工具。

（1）在数学中的应用

极限理论： 无穷小是极限理论的基础，许多极限的计算和性质的推导都依赖于无穷小的概念和性质。例如，函数极限与无穷小的关系定理：$\lim\limits_{x \to x_0} f(x) = A$ 的充要条件是 $f(x) = A + \alpha$，其中 α 是当 $x \to x_0$ 时的无穷小。这个定理将一般的极限问题转化为特殊的无穷小问题，为极限的研究提供了便利。在求极限的过程中，利用等价无穷小替换可以简化复杂的极限计算，如前面提到的 $\lim\limits_{x \to 0} \dfrac{\sin x}{x}$，通过等价无穷小 $\sin x \sim x$（$x \to 0$），轻松得出极限值为 1。

在导数的定义中，对于 $\lim\limits_{\Delta x \to 0} \dfrac{f(x_0 + \Delta x) - f(x_0)}{\Delta x}$，当 $\Delta x \to 0$ 时，$\dfrac{f(x_0 + \Delta x) - f(x_0)}{\Delta x}$ 的极限就是函数 $f(x)$ 在 x_0 处的导数，这里 Δx 就是一个无穷小量。在积分学中，定积分的定义是通过分割、近似、求

和、取极限的过程得到的，其中取极限的过程就涉及无穷小的概念。例如，将区间 $[a,b]$ 进行 n 等分，每个小区间的长度 $\Delta x = \dfrac{b-a}{n}$，当 $n \to \infty$ 时，$\Delta x \to 0$，是无穷小，通过对每个小区间上的函数值进行近似求和并取极限，得到定积分的值。

（2）在物理中的应用

连续介质力学： 无穷小量被用来描述物质点的运动和变形。例如，在研究弹性体的微小变形时，将物体视作由无数个无穷小的微元组成，通过分析这些微元在受力情况下的变形，进而研究其位移变化，利用微积分的方法来建立弹性力学的基本方程，从而解决实际的工程问题，如桥梁、建筑结构等的力学分析。

描述物体运动： 在描述物体的运动时，无穷小和无穷大的概念也经常被用到。当研究物体在某一时刻的瞬时速度时，通过让时间间隔 Δt 趋近于无穷小，用位移的增量 Δs 与时间增量 Δt 的比值在 $\Delta t \to 0$ 时的极限来定义瞬时速度，即 $v = \lim\limits_{\Delta t \to 0} \dfrac{\Delta s}{\Delta t}$。在分析天体的运动轨迹时，当研究时间趋于无穷大时天体的运动趋势以及轨道的稳定性等问题，就需要运用无穷大的概念来深入探讨。

（3）在经济学中的应用

边际分析： 无穷小量被用来描述经济变量的微小变化，用于进行边际分析。例如，边际成本是指每增加一单位产量所增加的成本，通过让产量的增量 ΔQ 趋近于无穷小，用成本的增量 ΔC 与产量增量 ΔQ 的比值在 $\Delta Q \to 0$ 时的极限来定义边际成本，即 $MC = \lim\limits_{\Delta Q \to 0} \dfrac{\Delta C}{\Delta Q}$。企业可以通过分析边际成本与边际收益的关系，来确定最优的生产规模，实现利润最大化。

供需分析： 在分析市场供需关系的变化时，无穷小和无穷大的概念也有应用。当研究价格的微小变化对需求量和供给量的影响时，利用无穷小的概念来分析这种变化趋势，从而得出需求弹性和供给弹性等重要的经济指标，帮助企业和政府制定合理的经济政策，优化资源配置。

无穷大与无穷小比较的具体应用主要在以下几个方面。

1．极限计算

在极限计算中，无穷小与无穷大的性质是重要工具。例如，当计算 $\lim\limits_{x \to 0} \dfrac{\sin x}{x}$ 时，利用等价无穷小 $\sin x \sim x (x \to 0)$，可直接得出该极限值为 1，极大简化了计算过程。又如，对于 $\lim\limits_{x \to \infty} \dfrac{3x^2 + 2x}{x^3 - 1}$，当 $x \to \infty$ 时，分子分母同时除以 x^3，分子变为 $\dfrac{3}{x} + \dfrac{2}{x^2}$，这两项在 $x \to \infty$ 时都是无穷小，分母变为 $1 - \dfrac{1}{x^3}$，$\dfrac{1}{x^3}$ 也是无穷小，所以极限值为 0。通过分析无穷小和无穷大在函数中的变化趋势，能快速准确地求出复杂函数的极限。

2．微积分领域

导数定义： 导数的定义基于无穷小的概念。函数 $y = f(x)$ 在点 x_0 处的导数为：

$$f'(x_0) = \lim\limits_{\Delta x \to 0} \dfrac{f(x_0 + \Delta x) - f(x_0)}{\Delta x}$$

这里 $\Delta x \to 0$ 是无穷小量。通过研究函数在无穷小的自变量变化下的函数值变化，得到函数的变化率（即导数）。例如，对于函数 $y=x^2$，求其在 $x=1$ 处的导数，代入定义式并化简计算，可得出导数为 2。

积分计算：积分是无穷多个无穷小量的累加。在定积分 $\int_a^b f(x)\mathrm{d}x$ 中，将区间 $[a,b]$ 分割成无数个小区间，每个小区间的长度 $\Delta x \to 0$（无穷小），每个小区间上的函数值 $f(\xi_i)$ 与 Δx 的乘积 $f(\xi_i)\Delta x$（无穷小）累加，即得定积分的值。如计算 $\int_0^1 x^2\mathrm{d}x$，利用积分公式和无穷小累加的思想，可得出积分结果为 $\frac{1}{3}$。

3. 物理领域

瞬时速度：在研究物体运动时，无穷小的概念用于定义瞬时速度。假设物体的位移函数为 $s(t)$，则 t 时刻的瞬时速度为：$v(t)=\lim\limits_{\Delta t \to 0}\dfrac{s(t+\Delta t)-s(t)}{\Delta t}$，其中 $\Delta t \to 0$，通过这种方式，从平均速度过渡到瞬时速度，能更精确地描述物体在某一时刻的运动状态。例如，自由落体运动中，位移 $s(t)=\dfrac{1}{2}gt^2$，根据上述公式可求出瞬时速度 $v=gt$。

电场强度：在电场研究中，对于连续分布的电荷产生的电场，需要将带电体分割成无穷多个电荷元，每个电荷元产生的电场强度为微小量，通过对这些微小量积分（累加）得总电场强度。如求均匀带电圆环轴线上一点的电场强度，就利用了这种无穷小累加的思想。

4. 工程与科学计算

在数值计算中，无穷小和无穷大的概念用于误差分析。例如在迭代算法中，每次迭代的误差可以视作无穷小量，随着迭代次数增加，误差逐渐减小，当误差趋于 0 时，迭代结果收敛到精确解。在模拟复杂物理过程时，如流体力学中模拟流体的流动，将流体分割成无数个微元，每个微元的物理量变化视作无穷小，通过对这些无穷小变化的计算和累加模拟整个流体的宏观行为。

2.4 极限的求解方法

极限的求解方法主要包括代入法、因式分解法、分母有理化、洛必达法则等，这些方法针对不同类型的极限问题提供了有效的解决策略。通过这些方法，可以将复杂的极限问题转化为简单形式，从而求解极限值或判断其是否存在。

2.4.1 代入法与因式分解法

代入法是求解极限的基础方法之一。当函数在极限点处连续时，可直接将极限点代入函数表达式来计算极限。例如，对于函数 $f(x)=3x+5$，求 $\lim\limits_{x\to 2}f(x)$，由于一次函数在定义域内处处连续，所以直接将 $x=2$ 代入函数，可得 $\lim\limits_{x\to 2}(3x+5)=3\times 2+5=11$。然而，代入法并非适用于所有情况。当函数在极限点处无定义或者出现如 $\dfrac{0}{0}$、$\dfrac{\infty}{\infty}$ 等未定式时，代入法就失效了。比如 $\lim\limits_{x \to 1} \dfrac{x^2-1}{x-1}$，若直接代入 $x=1$，会得到 $\dfrac{0}{0}$ 的未定式，此时就需要其他方法来求解。

因式分解法常用于处理分子分母为多项式且出现 $\dfrac{0}{0}$ 型的极限。以刚才的 $\lim\limits_{x \to 1} \dfrac{x^2-1}{x-1}$ 为例，对分子进行因式分解：$x^2-1=(x+1)(x-1)$，则原极限可化为 $\lim\limits_{x \to 1} \dfrac{(x+1)(x-1)}{x-1}$，因为 $x \to 1$ 但 $x \neq 1$，所以可以约去分子分母的 $(x-1)$，得到 $\lim\limits_{x \to 1}(x+1)$，再使用代入法，将 $x=1$ 代入，结果为 2。

再看一个复杂例子，$\lim\limits_{x \to -2} \dfrac{x^3+8}{x^2+5x+6}$。先对分子分母因式分解，$x^3+8=(x+2)(x^2-2x+4)$，$x^2+5x+6=(x+2)(x+3)$，原极限化为 $\lim\limits_{x \to -2} \dfrac{(x+2)(x^2-2x+4)}{(x+2)(x+3)}$，约去 $(x+2)$ 后得到 $\lim\limits_{x \to -2} \dfrac{x^2-2x+4}{x+3}$，代入 $x=-2$，计算得 $\dfrac{(-2)^2-2\times(-2)+4}{-2+3}=12$。

2.4.2 分母有理化与洛必达法则

分母有理化主要用于极限表达式中分母含有根式的情况。例如，计算 $\lim\limits_{x \to 0} \dfrac{\sqrt{1+x}-1}{x}$，此时分子分母同乘 $\sqrt{1+x}+1$ 进行分母有理化，得到 $\lim\limits_{x \to 0} \dfrac{(\sqrt{1+x}-1)(\sqrt{1+x}+1)}{x(\sqrt{1+x}+1)}$。根据平方差公式 $(a-b)(a+b)=a^2-b^2$，分子变为 $1+x-1=x$，则原极限化为 $\lim\limits_{x \to 0} \dfrac{x}{x(\sqrt{1+x}+1)}$，约去 x 后并代入 $x=0$，得到 $\lim\limits_{x \to 0} \dfrac{1}{\sqrt{1+x}+1}=\dfrac{1}{2}$。

洛必达法则是求解未定式极限的有力工具，适用于 $\dfrac{0}{0}$ 型和 $\dfrac{\infty}{\infty}$ 型未定式。若函数 $f(x)$ 和 $g(x)$ 满足：$\lim\limits_{x \to a} f(x)=0$，$\lim\limits_{x \to a} g(x)=0$（或 $\lim\limits_{x \to a} f(x)=\infty$，$\lim\limits_{x \to a} g(x)=\infty$），且在点 a 的某去心邻域内 $f'(x)$ 和 $g'(x)$ 都存在，$g'(x) \neq 0$，$\lim\limits_{x \to a} \dfrac{f'(x)}{g'(x)}$ 存在（或为无穷大），则 $\lim\limits_{x \to a} \dfrac{f(x)}{g(x)} = \lim\limits_{x \to a} \dfrac{f'(x)}{g'(x)}$。

例如，求 $\lim\limits_{x \to 0} \dfrac{e^x-1}{x}$，这是 $\dfrac{0}{0}$ 型极限，对分子分母分别求导，$f'(x)=e^x$，$g'(x)=1$，则 $\lim\limits_{x \to 0} \dfrac{e^x-1}{x} = \lim\limits_{x \to 0} \dfrac{e^x}{1} = 1$。

再如，求解 $\lim\limits_{x \to +\infty} \dfrac{\ln x}{x}$，这是 $\dfrac{\infty}{\infty}$ 型极限，对分子分母分别求导：$f'(x)=\dfrac{1}{x}$，$g'(x)=1$，所以 $\lim\limits_{x \to +\infty} \dfrac{\ln x}{x} = \lim\limits_{x \to +\infty} \dfrac{\dfrac{1}{x}}{1} = 0$。

不过，使用洛必达法则时需要注意，必须先判断是否满足未定式类型，且多次使用时要每次都检查条件是否依然成立，否则可能得到错误结果。

2.4.3 利用 SymPy 求解函数的极限并验证结果

在使用 SymPy 求解极限前，需确保已安装该库。若未安装，可通过 pip install sympy 命令进行安装。安装完成后，在 Python 代码中导入 SymPy 库。

实例2-3 利用 SymPy 求解函数的极限（源码路径：codes\2\chap2.3.py）

在本实例中，我们使用SymPy库来分别求解初等函数和复合函数的极限。

```python
from sympy import symbols, limit, sin, cos, exp
x = symbols('x')
# 计算极限 lim(x->0) sin(x)/x
result = limit(sin(x) / x, x, 0)
print(f"简单函数极限 lim(x->0) sin(x)/x 的结果：{result}")
# 运行上述代码，输出结果为 1，与前面理论计算结果一致


# 求解复杂函数极限
# 计算极限 lim(x->+oo) (x**2 + 3*x + 1)/(2*x**2 - 5*x + 3)
result = limit((x**2 + 3*x + 1) / (2*x**2 - 5*x + 3), x, float('inf'))
print(f"复杂函数极限 lim(x->+oo) (x**2 + 3*x + 1)/(2*x**2 - 5*x + 3) 的结果：
{result}")
# 运行代码后输出结果为1/2，通过对分子分母同时除以 x**2，再分析无穷小量也能得到相同结果，
验证了 SymPy 计算的正确性

# 验证洛必达法则结果，先使用洛必达法则理论计算得到结果为 1，再用 SymPy 验证：
# 计算极限 lim(x->0) (exp(x) - 1)/x
result = limit((exp(x) - 1) / x, x, 0)
print(f"验证洛必达法则，lim(x->0) (exp(x) - 1)/x 的结果：{result}")
# 输出结果同样为 1，验证了洛必达法则计算结果的准确性，也展示了 SymPy 在求解极限和验证结
果方面的便捷性
```

2.5 连续性与可导性

连续性是函数在某一点或区间内没有间断点的性质，即函数的图像可以不离开纸面而画出，它保证了函数在该点或区间内的极限与函数值相等。可导性是函数在某一点存在导数的性质，即函数在该点的切线斜率存在，可导性要求函数在该点连续且图像在该点没有尖点或断点。

2.5.1 函数的连续性与间断点

从直观上看，连续函数的图像是一条无间断的曲线。从数学定义来讲，设函数 $y = f(x)$ 在点

x_0 的某邻域内有定义，如果 $\lim\limits_{x \to x_0} f(x) = f(x_0)$，那么就称函数 $f(x)$ 在点 x_0 连续。例如，对于函数 $f(x) = x^2$，在任意一点 x_0 处，$\lim\limits_{x \to x_0} x^2 = x_0^2 = f(x_0)$，所以 $f(x) = x^2$ 在整个实数域上连续。

连续性包含三个要素：函数在 x_0 处有定义，极限 $\lim\limits_{x \to x_0} f(x)$ 存在，且极限值等于函数值 $f(x_0)$。这三个要素缺一不可，若有一个不满足，则函数在该点不连续。

关于函数连续性的判定方法可直接根据连续性的定义，通过计算极限判断函数在某点是否连续。例如判断函数 $f(x) = \begin{cases} x+1, & x \neq 1 \\ 3, & x = 1 \end{cases}$ 在 $x=1$ 处的连续性。先计算 $\lim\limits_{x \to 1} f(x) = \lim\limits_{x \to 1}(x+1) = 2$，而 $f(1) = 3$，因为 $\lim\limits_{x \to 1} f(x) \neq f(1)$，所以函数在 $x=1$ 处不连续。

若函数 $f(x)$ 和 $g(x)$ 在点 x_0 连续，则它们的和、差、积、商（分母不为0）也在该点连续。例如，$f(x) = \sin x$ 和 $g(x) = \cos x$ 在实数域上处处连续，因此 $f(x) + g(x) = \sin x + \cos x$ 也在实数域上处处连续。

间断点是函数不连续的点，可分为第一类间断点和第二类间断点。第一类间断点包括可去间断点和跳跃间断点。

可去间断点：若 $\lim\limits_{x \to x_0} f(x)$ 存在，但 $f(x)$ 在 x_0 处无定义，或者虽有定义但 $f(x_0)$ 不等于极限值。例如函数 $f(x) = \dfrac{x^2 - 1}{x - 1}$，$x = 1$ 时函数无定义，但 $\lim\limits_{x \to 1} \dfrac{x^2 - 1}{x - 1} = \lim\limits_{x \to 1}(x+1) = 2$，$x = 1$ 就是可去间断点，补充定义 $f(1) = 2$，则函数连续。

跳跃间断点：函数在 x_0 处的左极限和右极限都存在，但不相等。如函数 $f(x) = \begin{cases} x, & x < 0 \\ x+1, & x \geq 0 \end{cases}$，在 $x = 0$ 处，$\lim\limits_{x \to 0^-} f(x) = \lim\limits_{x \to 0^-} x = 0$，$\lim\limits_{x \to 0^+} f(x) = \lim\limits_{x \to 0^+}(x+1) = 1$，左右极限不相等，$x = 0$ 是跳跃间断点。

第二类间断点：函数在 x_0 处的左极限和右极限至少有一个不存在。比如函数 $f(x) = \dfrac{1}{x}$，在 $x = 0$ 处，$\lim\limits_{x \to 0^+} \dfrac{1}{x} = +\infty$，$\lim\limits_{x \to 0^-} \dfrac{1}{x} = -\infty$，极限不存在，$x = 0$ 是第二类间断点，也称为无穷间断点。

2.5.2 可导函数的条件、性质与应用

函数 $y = f(x)$ 在点 x_0 可导的定义为 $f'(x_0) = \lim\limits_{\Delta x \to 0} \dfrac{f(x_0 + \Delta x) - f(x_0)}{\Delta x}$ 存在。这意味着函数在该点的变化率是确定的。从几何意义上讲，函数在某点可导表示函数图像在该点有切线，切线斜率为导数值。

函数在某点可导的必要条件是在该点连续，但连续不一定可导。例如，函数 $y = |x|$ 在 $x = 0$ 处连续但不可导：$\lim\limits_{\Delta x \to 0} \dfrac{|0 + \Delta x| - |0|}{\Delta x}$，当 $\Delta x \to 0^+$ 时，极限为 1；当 $\Delta x \to 0^-$ 时，极限为 -1。左右极限不相等，所以函数在 $x = 0$ 处不可导。例如魏尔斯特拉斯函数，处处连续但无处可导。

（1）可导函数的运算性质

线性性质：若函数 $u(x)$ 和 $v(x)$ 在点 x 可导，c_1、c_2 为常数，则 $(c_1 u(x) + c_2 v(x))' = c_1 u'(x) + c_2 v'(x)$。

乘积法则：$(u(x)v(x))' = u'(x)v(x) + u(x)v'(x)$。

商法则（ $v(x) \neq 0$ ）：$(\dfrac{u(x)}{v(x)})' = \dfrac{u'(x)v(x) - u(x)v'(x)}{v^2(x)}$。

（2）可导函数的应用

求函数的极值与最值：通过求导找到函数的驻点（$f'(x) = 0$）和不可导点，再结合函数的单调性判断这些点是否为极值点，进而求出函数在某个区间上的最值。

例如，求函数 $f(x) = x^3 - 3x$ 在区间 $[-2, 2]$ 上的最值。先求导 $f'(x) = 3x^2 - 3 = 3(x+1)(x-1)$，令 $f'(x) = 0$，得 $x = -1$ 和 $x = 1$。通过分析单调性可知，$x = -1$ 是极大值点，$x = 1$ 是极小值点，再计算端点值和极值，可得最大值为 $f(-1) = 2$，最小值为 $f(1) = -2$。

曲线的切线与法线方程：已知函数在某点的导数，可得该点切线的斜率，进而求出切线方程。切线斜率为 $k = f'(x_0)$，切线方程为 $y - f(x_0) = f'(x_0)(x - x_0)$。法线与切线垂直，法线斜率为 $-\dfrac{1}{f'(x_0)}$（$f'(x_0) \neq 0$），法线方程为 $y - f(x_0) = -\dfrac{1}{f'(x_0)}(x - x_0)$。

例如，对于函数 $y = x^2$ 在点 $(1, 1)$ 处，导数 $y' = 2x$，$f'(1) = 2$，切线方程为 $y - 1 = 2(x - 1)$，即 $y = 2x - 1$；法线方程为 $y - 1 = -\dfrac{1}{2}(x - 1)$，即 $y = -\dfrac{1}{2}x + \dfrac{3}{2}$。

在物理中的应用：在物理学中，速度是位移对时间的导数，加速度是速度对时间的导数。

例如，已知物体的位移函数 $s(t) = t^3 - 2t^2 + 3t$，则速度函数 $v(t) = s'(t) = 3t^2 - 4t + 3$，加速度函数 $a(t) = v'(t) = 6t - 4$，通过这些导数可以分析物体的运动状态。

2.5.3 用 Python 分析函数的连续性与可导性

在 Python 中，可使用 SymPy 库分析函数的连续性与可导性。确保已安装 SymPy 库，若未安装，通过 pip install sympy 命令安装。安装完成后，在 Python 代码中导入相关模块。

实例2-4 绘制不同类型的函数图像（源码路径：codes\2\chap2.4.py）

本实例通过具体例子展示如何利用 SymPy 计算函数在给定点处的极限，判别函数在给定点的连续性和可导性。

```python
from sympy import symbols, limit, diff, simplify, pprint
# 定义符号变量
x = symbols('x')
# 定义函数，分析函数的连续性
f = (x**2 - 1) / (x - 1)
# 计算 x 趋近于 1 时的极限
lim_value = limit(f, x, 1)
# 检查函数在 x = 1 处的连续性
try:
    func_value_at_1 = f.subs(x, 1)
    if lim_value == func_value_at_1:
        print(f" 函数在 x = 1 处连续，极限值为：{lim_value}")
    else:
        print(f" 函数在 x = 1 处不连续，极限值为：{lim_value}")
```

```
except ZeroDivisionError:
    print(f" 函数在 x = 1 处无定义，极限值为：{lim_value}，是可去间断点 ")
```

运行上述代码，会输出函数在 $x=1$ 处不连续及极限值，因为函数在 $x=1$ 处无定义，但极限存在，验证了前面理论分析中该函数在 $x=1$ 处是可去间断点的结论。

```
# 分析函数的可导性
# 定义函数
f = x**2
# 求函数的导数
df = diff(f, x)
# 打印导数
print(f" 函数 f(x) = {f} 的导数为：")
pprint(df)
# 计算函数在 x = 2 处的导数
value_at_2 = df.subs(x, 2)
print(f" 函数在 x = 2 处的导数值为：{value_at_2}")
```

运行代码后，会输出函数的导数表达式及在 $x=2$ 处的导数值，通过与理论计算的导数 $2x$ 及在 $x=2$ 处导数值为 4 对比，验证了 SymPy 库求导的正确性，展示了利用 Python 分析函数可导性的过程。

2.6 课后练习

1. 对勾函数的图像绘制

请使用 Python 的 Matplotlib 库来进行绘图，NumPy 库来生成对勾函数。该函数的一般形式是 $y = ax + \dfrac{b}{x}$，下面以 $y = x + \dfrac{1}{x}$ 为例给出练习题：使用 Python 绘制对勾函数 $y = x + \dfrac{1}{x}$ 在区间 $[-5,5]$（$x \neq 0$）上的图像，要求使用 Matplotlib 库和 NumPy 库，标注坐标轴标签和图像标题，并设置合适的线条颜色和样式。

2. 用 SymPy 库分析函数的连续性与可导性并验证结果

现在有一个分段函数 $f(x)$ 定义如下：$f(x) = \begin{cases} x^2 + 1, & x < 0 \\ 2x + 1, & 0 \leq x < 2 \\ x^3 - 3x + 5, & x \geq 2 \end{cases}$，请你编写一个 Python 程序，完成以下任务：

①连续性分析：分别计算函数在 $x=0$ 和 $x=2$ 处的左极限和右极限。判断函数在 $x=0$ 和 $x=2$ 处是否连续，并输出判断结果。

②可导性分析：分别计算函数在 $x=0$ 和 $x=2$ 处的左导数和右导数。判断函数在 $x=0$ 和 $x=2$ 处是否可导，并输出判断结果。

③结果验证：手动计算函数在 $x=0$ 和 $x=2$ 处的连续性和可导性，与程序输出结果进行对比验证。

第 3 章 导数与微分

本章围绕导数与微分，首先从导数的定义、几何及物理意义入手，利用 SymPy 库计算导数、绘制切线与速度图，实现理论与实践结合。其次介绍导数计算规则，包括四则运算、链式法则、隐函数求导法，借助 SymPy 求解复杂函数导数。然后探讨常见函数导数，绘制图像分析其变化趋势。接着阐述高阶导数，通过 Python 实例分析其与函数凹凸性、拐点、泰勒级数展开的联系。最后讲解微分，从定义、几何意义到线性近似，借助 Python 用微分法近似计算函数值并分析误差，展现其在实际问题中的应用价值。

3.1 导数的基本概念

在科学与工程的广袤领域中,导数作为微积分的核心概念之一,宛如一座桥梁,连接着静态与动态、常量与变量,为我们理解函数的变化规律、解决各类实际问题提供了强大的工具。无论是探索物体运动的奥秘,还是分析经济数据的趋势,抑或优化工程设计的参数,导数都发挥着不可或缺的作用。它不仅在数学理论体系中占据着举足轻重的地位,更是打开现代科学技术大门的一把关键钥匙。接下来,让我们深入探寻导数的奥秘,领略其独特的魅力与广泛的应用。

3.1.1 导数的定义与几何意义

在数学的世界里,函数是描述变量之间关系的重要工具。而导数,则是对函数变化率的精确刻画。设函数 $y=f(x)$ 在点 x_0 的某个邻域内有定义,当自变量 x 在 x_0 处取得增量 Δx(点 $x_0+\Delta x$ 仍在该邻域内)时,相应地,函数取得增量 $\Delta y=f(x_0+\Delta x)-f(x_0)$。倘若 Δy 与 Δx 之比当 $\Delta x \to 0$ 时的极限存在,那么我们就称函数 $y=f(x)$ 在点 x_0 处可导,并且将这个极限定义为函数 $y=f(x)$ 在点 x_0 处的导数,记作 $f'(x_0)$,用数学表达式表示为 $f'(x_0)=\lim\limits_{\Delta x \to 0}\frac{\Delta y}{\Delta x}=\lim\limits_{\Delta x \to 0}\frac{f(x_0+\Delta x)-f(x_0)}{\Delta x}$。

为了更直观地理解这一抽象的定义,我们不妨以一个简单的实例来说明。假设我们有一个函数 $f(x)=x^2$,现在我们来计算它在 $x=2$ 处的导数。当 x 从 2 变化为 $2+\Delta x$ 时,函数值的增量为 $\Delta y=f(2+\Delta x)-f(2)=(2+\Delta x)^2-2^2=4\Delta x+(\Delta x)^2$。那么 $\frac{\Delta y}{\Delta x}=\frac{4\Delta x+(\Delta x)^2}{\Delta x}=4+\Delta x$。当 $\Delta x \to 0$ 时,$\lim\limits_{\Delta x \to 0}(4+\Delta x)=4$,所以函数 $f(x)=x^2$ 在 $x=2$ 处的导数为 $f'(2)=4$。

函数 $y=f(x)$ 在点 x_0 处的导数 $f'(x_0)$ 具有鲜明的几何意义,它代表着曲线 $y=f(x)$ 在点 $(x_0,f(x_0))$ 处的切线斜率。想象一下,在平面直角坐标系中,有一条蜿蜒的曲线,而在曲线上的某一点 $(x_0,f(x_0))$ 处,我们希望找到一条直线,它能够最贴切地描述曲线在该点的局部变化趋势,这条直线就是切线。而过点 $(x_0,f(x_0))$ 且斜率为 $f'(x_0)$ 的直线方程可以通过点斜式得到,即 $y-f(x_0)=f'(x_0)(x-x_0)$,此直线即为曲线在该点的切线。

例如,对于函数 $f(x)=\sin x$,当 $x=\frac{\pi}{4}$ 时,$f(\frac{\pi}{4})=\sin\frac{\pi}{4}=\frac{\sqrt{2}}{2}$。通过求导公式,我们可以得到 $f'(x)=\cos x$,所以 $f'(\frac{\pi}{4})=\cos\frac{\pi}{4}=\frac{\sqrt{2}}{2}$。那么在点 $(\frac{\pi}{4},\frac{\sqrt{2}}{2})$ 处的切线方程为 $y-\frac{\sqrt{2}}{2}=\frac{\sqrt{2}}{2}(x-\frac{\pi}{4})$。从几何图形上看,这条切线在该点与曲线 $\sin x$ 紧密贴合,准确地反映了曲线在这一点的倾斜程度和变化方向。

3.1.2 导数的物理意义与在速度、加速度中的应用

导数在物理学的舞台上同样扮演着至关重要的角色,它赋予了我们洞察物体运动本质的能力。对于做变速直线运动的物体而言,其位移函数 $s=s(t)$ 对时间 t 的导数 $s'(t)$ 精确地表示了物

体在时刻 t 的瞬时速度。用数学语言来描述，瞬时速度 $v(t)$ 定义为位移函数 $s(t)$ 对时间 t 的导数：$v(t) = s'(t) = \lim\limits_{\Delta t \to 0} \dfrac{s(t+\Delta t) - s(t)}{\Delta t}$。这意味着，当时间的变化量 Δt 趋近于无穷小时，位移的变化量与时间变化量的比值就是物体在该瞬间的速度。

比如，我们假设有一辆汽车在笔直的公路上行驶，其位移随时间的变化关系为 $s(t) = 3t^2 + 2t$（其中，s 的单位是米，t 的单位是秒）。当 $t=1$ 秒时，计算汽车的瞬时速度。首先，计算 $\Delta s = s(1+\Delta t) - s(1) = 8\Delta t + 3(\Delta t)^2$。然后，求平均速度 $\dfrac{\Delta s}{\Delta t} = \dfrac{8\Delta t + 3(\Delta t)^2}{\Delta t} = 8 + 3\Delta t$。当 $\Delta t \to 0$ 时，$\lim\limits_{\Delta t \to 0}(8 + 3\Delta t) = 8$ 米/秒，所以汽车在 $t=1$ 秒时的瞬时速度为 8 米/秒。

若我们已知物体的位移函数，通过求导这一数学操作，就能够轻松得到速度函数。而速度函数 $v(t)$ 对时间 t 的导数 $v'(t)$，则进一步揭示了物体在时刻 t 的加速度，即 $a(t) = v'(t) = s''(t)$。加速度描述了速度变化的快慢，它在研究物体的运动状态和动力学问题中起着关键作用。

继续以上述汽车为例，我们已经得到速度函数 $v(t) = s'(t) = 6t + 2$。现在计算加速度函数，对 $v(t)$ 求导，$a(t) = v'(t) = 6$ 米/秒^2。这表明汽车在整个运动过程中，加速度保持恒定，为 6 米/秒^2，即每秒钟速度增加 6 米/秒。在实际应用中，了解物体的加速度对于分析交通场景、设计交通工具的制动系统等都具有重要意义。例如，在设计汽车的刹车系统时，工程师需要根据车辆的最大速度和期望的制动距离，结合加速度的概念，精确计算出刹车所需的制动力，以确保车辆能够安全及时地停下来。

在天体力学中，行星的运动轨迹和速度变化也可以通过导数进行深入研究。行星绕太阳的运动可以用复杂的函数来描述，通过对位移函数求导得到速度函数，再对速度函数求导得到加速度函数，科学家就能准确预测行星在不同时刻的位置、速度和加速度，从而为天文观测、卫星发射等提供坚实的理论基础。

3.1.3 Python 实例：利用 SymPy 计算函数的导数并绘制切线与速度图

在利用 Python 进行导数相关的计算和绘图之前，我们首先需要安装 SymPy 库。SymPy 是一个强大的 Python 符号计算库，能够处理各种数学符号运算，包括求导、积分、解方程等。我们可以通过 pip install SymPy 命令完成安装。

实例3-1 计算函数的导数并绘制切线与速度图（源码路径：codes\3\chap3.1.py）

本实例通过具体例子展示如何利用 SymPy 计算函数的导数，并利用 plot 函数绘制切线与速度图。

```python
from sympy import symbols, diff, plot

# 定义符号变量 x，它可以参与后续的各种符号运算
x = symbols('x')

# 计算函数的导数
# 定义函数 f(x) = x^3 + 2*x^2 + 1
```

```
f = x**3 + 2*x**2 + 1
# 使用 diff 函数对 f 关于 x 求导，结果存储在 df 变量中
df = diff(f, x)
# 输出函数 f(x) 的导数表达式
print(f"函数 f(x) 的导数为：{df}")

# 绘制切线图
# 确定一个点 x0 = 1
x0 = 1
# 通过 subs 方法将 x0 代入原函数 f 中，得到 y0，即 f(x0) 的值
y0 = f.subs(x, x0)
# 将 x0 代入导数 df 中，得到 df0，即 f'(x0) 的值
df0 = df.subs(x, x0)
# 根据点斜式方程 y - y0 = f'(x0) * (x - x0)，构建切线方程 tangent
tangent = df0 * (x - x0) + y0
# 使用 plot 函数绘制原函数 f，x 的取值范围是 -5 到 5，不立即显示图像，曲线颜色为蓝色
p1 = plot(f, (x, -5, 5), show=False, line_color='b')
# 使用 plot 函数绘制切线方程 tangent，x 的取值范围是 -5 到 5，不立即显示图像，曲线颜色为红色
p2 = plot(tangent, (x, -5, 5), show=False, line_color='r')
# 将绘制切线的图像 p2 合并到绘制原函数的图像 p1 中
p1.extend(p2)
# 显示合并后的图像
p1.show()
```

在这段代码中，首先我们定义了函数$f(x)$，然后使用diff函数对$f(x)$关于x求导，得到的结果存储在df变量中。最后，通过print函数输出导数的表达式。运行这段代码，我们将得到函数$f(x)$的导数为$3x^2+4x$。为了绘制切线图，首先我们确定了点$x_0=1$，然后通过subs方法将$x=1$代入原函数$f(x)$中，得到$f(1)$的值；再将$x=1$代入得到$f'(1)$的值。根据点斜式方程，我们构建了切线方程tangent。接着，使用plot函数分别绘制原函数$f(x)$和切线方程tangent，并将两个图像合并显示，如图3-1所示。通过这样的方式，我们可以直观地看到函数在某一点处的切线与原函数的关系。

若要绘制速度图，假设位移函数是x的函数，我们按照求导和绘图的思路，先求出速度函数（导数），再用plot函数绘制速度随时间x的变化图，就可以直观地展示速度的变化情况。例如，假设位移函数为$s(x)=x^2+3x$，我们可以通过以下代码绘制速度图。

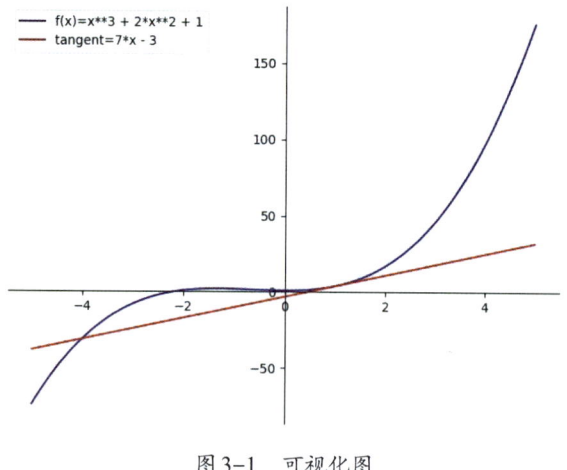

图3-1　可视化图

```
# 绘制速度图
```

```
# 定义位移函数 s(x) = x^2 + 3*x
s = x**2 + 3*x
# 对位移函数 s 求导得到速度函数 v
v = diff(s, x)
# 使用 plot 函数绘制速度函数 v, x 的取值范围是 0 到 10, 不立即显示图像, 曲线颜色为绿色
p3 = plot(v, (x, 0, 10), show=False, line_color='g')
# 显示速度函数的图像
p3.show()
```

在这段代码中,我们首先定义了位移函数$s(x)$,然后对其求导得到速度函数$v(x)$,最后使用plot函数绘制速度函数$v(x)$在x取值范围为$0\sim10$的图像。通过这个速度图,我们可以清晰地看到速度随时间x的变化趋势,帮助我们更好地理解物体的运动状态。

3.2 导数的计算规则

在深入理解了导数的基本概念之后,掌握导数的计算规则就成为进一步运用导数解决各种数学问题及实际应用问题的关键。导数的计算规则为我们提供了一套系统且有效的方法,使我们能够对各种复杂的函数进行求导运算,从而揭示函数的变化特性。这一部分,我们将详细探讨和差、乘积与商的求导法则,以及链式法则与隐函数求导法,并通过 Python 实例,利用强大的 SymPy 库来实现复杂函数的求导并进行深入分析。

3.2.1 和差、乘积与商的求导法则

对于两个可导函数$u(x)$和$v(x)$,它们的和(差)的导数等于这两个函数导数的和(差),即$(u(x)\pm v(x))'=u'(x)\pm v'(x)$。

例如,已知$u(x)=x^2$,$v(x)=3x$,根据求导公式$(x^n)'=nx^{n-1}$,可得$u'(x)=2x$,$v'(x)=3$。那么函数$y=u(x)+v(x)=x^2+3x$的导数为$y'=u'(x)+v'(x)=2x+3$。

若函数$u(x)$和$v(x)$都可导,则它们乘积的导数为$(u(x)v(x))'=u'(x)v(x)+u(x)v'(x)$。

例如,对于函数$y=x^2\sin x$,令$u(x)=x^2$,$v(x)=\sin x$,则$u'(x)=2x$,$v'(x)=\cos x$。根据乘积求导法则,$y'=u'(x)v(x)+u(x)v'(x)=2x\sin x+x^2\cos x$。

设函数$u(x)$和$v(x)$都可导,且$v(x)\neq 0$,则它们商的导数为$\left(\dfrac{u(x)}{v(x)}\right)'=\dfrac{u'(x)v(x)-u(x)v'(x)}{v^2(x)}$。

例如,对于函数$y=\dfrac{\ln x}{x}$,令$u(x)=\ln x$,$v(x)=x$,$u'(x)=\dfrac{1}{x}$,$v'(x)=1$。根据商求导法则,$y'=\dfrac{\dfrac{1}{x}\cdot x-\ln x\cdot 1}{x^2}=\dfrac{1-\ln x}{x^2}$。

3.2.2 链式法则与隐函数求导法

如果 y 是 u 的函数，$y = f(u)$，而 u 又是 x 的函数，$u = g(x)$，且 $f(u)$ 与 $g(x)$ 都可导，则复合函数 $y = f(g(x))$ 的导数为 $\dfrac{\mathrm{d}y}{\mathrm{d}x} = \dfrac{\mathrm{d}y}{\mathrm{d}u} \cdot \dfrac{\mathrm{d}u}{\mathrm{d}x}$。也就是说，复合函数对自变量的导数，等于已知函数对中间变量的导数，乘以中间变量对自变量的导数。

例如，对于函数 $y = (2x+1)^3$，我们可以令 $u = 2x+1$，则 $y = u^3$。根据链式法则，$\dfrac{\mathrm{d}y}{\mathrm{d}x} = \dfrac{\mathrm{d}y}{\mathrm{d}u} \cdot \dfrac{\mathrm{d}u}{\mathrm{d}x}$。因为 $\dfrac{\mathrm{d}y}{\mathrm{d}u} = 3u^2$，$\dfrac{\mathrm{d}u}{\mathrm{d}x} = 2$，将 $u = 2x+1$ 代回，得到 $\dfrac{\mathrm{d}y}{\mathrm{d}x} = 3(2x+1)^2 \cdot 2 = 6(2x+1)^2$。

链式法则在处理多层复合函数时显得尤为重要。比如对于函数 $y = \sin(\cos(x^2))$，令 $u = x^2$，$v = \cos u$，$y = \sin v$，则 $\dfrac{\mathrm{d}y}{\mathrm{d}x} = \dfrac{\mathrm{d}y}{\mathrm{d}v} \cdot \dfrac{\mathrm{d}v}{\mathrm{d}u} \cdot \dfrac{\mathrm{d}u}{\mathrm{d}x}$。$\dfrac{\mathrm{d}y}{\mathrm{d}v} = \cos v$，$\dfrac{\mathrm{d}v}{\mathrm{d}u} = -\sin u$，$\dfrac{\mathrm{d}u}{\mathrm{d}x} = 2x$，将 $u = x^2$，$v = \cos(x^2)$ 代回，可得 $\dfrac{\mathrm{d}y}{\mathrm{d}x} = \cos(\cos(x^2)) \cdot (-\sin(x^2)) \cdot 2x = -2x\sin(x^2)\cos(\cos(x^2))$。

在许多数学问题中，函数的表达式并非总是以显式 $y = f(x)$ 的形式给出，而是以方程 $F(x, y) = 0$ 的形式给出，这种函数称为隐函数。例如，方程 $x^2 + y^2 = 1$ 就确定了一个关于 x 和 y 的隐函数。

对于隐函数求导，基本思路是将方程两边同时对 x 求导，在求导过程中把 y 看作 x 的函数，利用链式法则进行计算。然后通过移项、化简等操作，解出 $\dfrac{\mathrm{d}y}{\mathrm{d}x}$。

以方程 $x^2 + y^2 = 1$ 为例，方程两边同时对 x 求导：$\dfrac{\mathrm{d}}{\mathrm{d}x}(x^2 + y^2) = \dfrac{\mathrm{d}}{\mathrm{d}x}(1)$。根据和差求导法则，$\dfrac{\mathrm{d}}{\mathrm{d}x}(x^2) + \dfrac{\mathrm{d}}{\mathrm{d}x}(y^2) = 0$。由求导公式 $(x^n)' = nx^{n-1}$ 可得 $2x + 2y \cdot \dfrac{\mathrm{d}y}{\mathrm{d}x} = 0$。移项可得 $2y \cdot \dfrac{\mathrm{d}y}{\mathrm{d}x} = -2x$，解出 $\dfrac{\mathrm{d}y}{\mathrm{d}x} = -\dfrac{x}{y}$（这里 $y \neq 0$）。

再如方程 $\mathrm{e}^{xy} + y^3 - 5x = 0$，两边同时对 x 求导：$\dfrac{\mathrm{d}}{\mathrm{d}x}(\mathrm{e}^{xy}) + \dfrac{\mathrm{d}}{\mathrm{d}x}(y^3) - \dfrac{\mathrm{d}}{\mathrm{d}x}(5x) = 0$。对于 $\dfrac{\mathrm{d}}{\mathrm{d}x}(\mathrm{e}^{xy})$，根据链式法则，令 $u = xy$，则 $\dfrac{\mathrm{d}}{\mathrm{d}x}(\mathrm{e}^{xy}) = \mathrm{e}^{xy} \cdot \dfrac{\mathrm{d}}{\mathrm{d}x}(xy) = \mathrm{e}^{xy} \cdot (y + x\dfrac{\mathrm{d}y}{\mathrm{d}x})$；$\dfrac{\mathrm{d}}{\mathrm{d}x}(y^3) = 3y^2 \cdot \dfrac{\mathrm{d}y}{\mathrm{d}x}$；$\dfrac{\mathrm{d}}{\mathrm{d}x}(5x) = 5$。所以原方程变为 $\mathrm{e}^{xy} \cdot (y + x\dfrac{\mathrm{d}y}{\mathrm{d}x}) + 3y^2 \cdot \dfrac{\mathrm{d}y}{\mathrm{d}x} - 5 = 0$。

展开并移项得 $\mathrm{e}^{xy}y + \mathrm{e}^{xy}x\dfrac{\mathrm{d}y}{\mathrm{d}x} + 3y^2\dfrac{\mathrm{d}y}{\mathrm{d}x} = 5$，提取 $\dfrac{\mathrm{d}y}{\mathrm{d}x}$ 得 $\dfrac{\mathrm{d}y}{\mathrm{d}x}(\mathrm{e}^{xy}x + 3y^2) = 5 - \mathrm{e}^{xy}y$，解出 $\dfrac{\mathrm{d}y}{\mathrm{d}x} = \dfrac{5 - \mathrm{e}^{xy}y}{\mathrm{e}^{xy}x + 3y^2}$。

3.2.3 Python 实例：使用 SymPy 实现复杂函数的求导并分析

在使用 Python 的 SymPy 库进行复杂函数求导之前，我们需要先导入相关的库，并定义所需的符号变量。

实例3-2　求函数的导数（源码路径：codes\3\chap3.2.py）

本实例展示了使用 SymPy 库求导的基本功能，包括和差、乘积、商和链式法则的求导示例。通过定义符号变量和函数，代码分别计算了不同函数形式的导数，并利用 simplify 函数对结果进行化简，最后输出导数表达式。

```python
from sympy import symbols, diff, simplify, sin, log

# 定义符号变量
# 定义了符号变量 x 和 y，它们将在后续的求导运算中发挥作用
x, y = symbols('x y')

# 和差求导示例
# 定义函数 u 和 v
u = x**2
v = 3 * x
# 计算 u + v 的导数
result_sum_diff = diff(u + v, x)
print(f"函数 u + v = {u + v} 的导数为：{result_sum_diff}")
# 在这段代码中，我们首先定义了函数 u 和 v，然后使用 diff 函数对 u + v 关于 x 求导，最
后输出结果

# 乘积求导示例
# 定义函数 u 和 v
u = x**2
v = sin(x)
# 计算 u * v 的导数
result_product = diff(u * v, x)
# 化简结果
simplified_product = simplify(result_product)
print(f"函数 u * v = {u * v} 的导数为：{simplified_product}")
# 我们定义了 u 和 v，使用 diff 函数求 u * v 的导数，并通过 simplify 函数对结果进行化简

# 商求导示例
# 定义函数 u 和 v
u = log(x)
v = x
# 计算 u / v 的导数
result_quotient = diff(u / v, x)
# 化简结果
simplified_quotient = simplify(result_quotient)
print(f"函数 u / v = {u / v} 的导数为：{simplified_quotient}")
# 在这个示例中，我们定义 u 和 v，对 u / v 进行求导并化简

# 链式法则求导示例
# 定义函数 u 和 y
```

```
u = 2 * x + 1
y = u**3
# 计算复合函数 y 对 x 的导数
result_chain_rule = diff(y, x)
# 化简结果
simplified_chain_rule = simplify(result_chain_rule)
print(f"复合函数 y = {y} 对 x 的导数为：{simplified_chain_rule}")
```

执行后会输出最终结果。

```
函数 u + v = x**2 + 3*x 的导数为：2*x + 3
函数 u * v = x**2*sin(x) 的导数为：2*x*sin(x) + x**2*cos(x)
函数 u / v = log(x)/x 的导数为：(1 - log(x))/x**2
复合函数 y = (2*x + 1)**3 对 x 的导数为：24*x**2 + 24*x + 6
```

3.3　常见函数的导数

在数学分析和应用领域中，对常见函数导数的掌握是解决各种问题的重要基础。无论是在物理中描述物体的运动状态，在工程中进行优化设计，还是在经济领域分析数据变化趋势，常见函数的导数都发挥着关键作用。本节我们将深入探讨多项式函数、指数与对数函数、三角函数与反三角函数的导数，并通过 Python 实例绘制这些常见函数的导数图像，进而分析其变化趋势。

3.3.1　多项式函数的导数

多项式函数是数学中最为常见的函数类型之一，其一般形式为 $f(x) = a_n x^n + a_{n-1} x^{n-1} + \cdots + a_1 x + a_0$，其中 n 为非负整数，$a_n, a_{n-1}, \cdots, a_1, a_0$ 为常数。

根据求导的基本定义 $f'(x) = \lim\limits_{\Delta x \to 0} \dfrac{f(x+\Delta x) - f(x)}{\Delta x}$，对于多项式函数的每一项 $a_k x^k$，我们推导其导数：$\lim\limits_{\Delta x \to 0} \dfrac{a_k (x+\Delta x)^k - a_k x^k}{\Delta x} = a_k \lim\limits_{\Delta x \to 0} \dfrac{(x+\Delta x)^k - x^k}{\Delta x}$，利用二项式定理 $(a+b)^n = \sum\limits_{i=0}^{n} C_n^i a^{n-i} b^i$，将 $(x+\Delta x)^k$ 展开为 $x^k + k x^{k-1} \Delta x + \cdots + (\Delta x)^k$，可得

$$a_k \lim\limits_{\Delta x \to 0} \dfrac{(x^k + k x^{k-1} \Delta x + \cdots + (\Delta x)^k) - x^k}{\Delta x} = a_k \lim\limits_{\Delta x \to 0} (k x^{k-1} + \cdots + (\Delta x)^{k-1}) = a_k \cdot k x^{k-1}$$

所以多项式函数 $f(x)$ 的导数为 $f'(x) = n a_n x^{n-1} + (n-1) a_{n-1} x^{n-2} + \cdots + a_1$。

例如，对于多项式函数 $f(x) = 3x^3 - 2x^2 + 5x - 1$，根据上述求导公式，$f'(x) = 9x^2 - 4x + 5$。

从几何意义上看，原函数 $f(x)$ 表示一条曲线，其导数 $f'(x)$ 在某点的值就是曲线在该点的切线斜率。当 $x = 1$ 时，$f(1) = 5$，$f'(1) = 10$。这意味着曲线 $y = f(x)$ 在点 $(1, 5)$ 处的切线斜率为 10。

3.3.2 指数与对数函数的导数

指数函数的一般形式为 $y = a^x$（$a > 0$ 且 $a \neq 1$）。根据导数的定义有，

$$y' = \lim_{\Delta x \to 0} \frac{a^{x+\Delta x} - a^x}{\Delta x} = \lim_{\Delta x \to 0} \frac{a^x \cdot a^{\Delta x} - a^x}{\Delta x} = a^x \lim_{\Delta x \to 0} \frac{a^{\Delta x} - 1}{\Delta x}$$

令 $t = a^{\Delta x} - 1$，则 $\Delta x = \log_a(1+t)$，当 $\Delta x \to 0$ 时，$t \to 0$，则

$$y' = a^x \lim_{t \to 0} \frac{t}{\log_a(1+t)} = a^x \lim_{t \to 0} \frac{1}{\frac{1}{t}\log_a(1+t)} = a^x \lim_{t \to 0} \frac{1}{\log_a(1+t)^{\frac{1}{t}}}$$

根据重要极限 $\lim_{t \to 0}(1+t)^{\frac{1}{t}} = e$，可得 $y' = a^x \ln a$。

特别地，当 $a = e$ 时，指数函数 $y = e^x$ 的导数为 $y' = e^x$，这是指数函数非常重要的性质，e^x 的导数就是其本身，这使得 e^x 在数学和物理等领域有着广泛的应用。

对于对数函数 $y = \log_a x$（$a > 0$ 且 $a \neq 1$，$x > 0$），根据导数定义 $y' = \lim_{\Delta x \to 0} \frac{\log_a(x+\Delta x) - \log_a x}{\Delta x} =$
$\lim_{\Delta x \to 0} \frac{\log_a \frac{x+\Delta x}{x}}{\Delta x} = \lim_{\Delta x \to 0} \frac{\log_a(1+\frac{\Delta x}{x})}{\Delta x}$，令 $t = \frac{\Delta x}{x}$，则 $\Delta x = xt$，当 $\Delta x \to 0$ 时，$t \to 0$，则 $y' = \lim_{t \to 0} \frac{\log_a(1+t)}{xt} =$
$\frac{1}{x}\lim_{t \to 0}\frac{\log_a(1+t)}{t} = \frac{1}{x \ln a}$。特别地，当 $a = e$ 时，自然对数函数 $y = \ln x$ 的导数为 $y' = \frac{1}{x}$。

对于指数函数 $y = 2^x$，其导数 $y' = 2^x \ln 2$。当 $x = 0$ 时，$y(0) = 2^0 = 1$，$y'(0) = 2^0 \ln 2 = \ln 2 \approx 0.693$。这表明函数 $y = 2^x$ 在 $x = 0$ 处的切线斜率约为 0.693。对于对数函数 $y = \log_3 x$，其导数 $y' = \frac{1}{x \ln 3}$。当 $x = 3$ 时，$y(3) = \log_3 3 = 1$，$y'(3) = \frac{1}{3 \ln 3} \approx 0.3$，即函数 $y = \log_3 x$ 在 $x = 3$ 处的切线斜率约为 0.3。

3.3.3 三角函数与反三角函数的导数

正弦函数的导数：对于 $y = \sin x$，根据导数定义，$y' = \lim_{\Delta x \to 0} \frac{\sin(x+\Delta x) - \sin x}{\Delta x}$。

利用三角函数的和差公式 $\sin(A+B) = \sin A \cos B + \cos A \sin B$，则

$$y' = \lim_{\Delta x \to 0} \frac{\sin x \cos \Delta x + \cos x \sin \Delta x - \sin x}{\Delta x} = \lim_{\Delta x \to 0}(\sin x \frac{\cos \Delta x - 1}{\Delta x} + \cos x \frac{\sin \Delta x}{\Delta x})$$

根据重要极限，$\lim_{\Delta x \to 0}\frac{\cos \Delta x - 1}{\Delta x} = 0$，$\lim_{\Delta x \to 0}\frac{\sin \Delta x}{\Delta x} = 1$，因此 $y' = \cos x$。

余弦函数的导数：对于 $y = \cos x$，$y' = \lim_{\Delta x \to 0} \frac{\cos(x+\Delta x) - \cos x}{\Delta x}$。

利用三角函数的和差公式 $\cos(A+B) = \cos A \cos B - \sin A \sin B$，则

$$y' = \lim_{\Delta x \to 0} \frac{\cos x \cos \Delta x - \sin x \sin \Delta x - \cos x}{\Delta x} = \lim_{\Delta x \to 0}(\cos x \frac{\cos \Delta x - 1}{\Delta x} - \sin x \frac{\sin \Delta x}{\Delta x})$$

可得 $y' = -\sin x$。

正切函数的导数： $y = \tan x = \dfrac{\sin x}{\cos x}$，根据商的求导法则 $\left(\dfrac{u}{v}\right)' = \dfrac{u'v - uv'}{v^2}$，$u = \sin x$，$u' = \cos x$，$v = \cos x$，$v' = -\sin x$。

$$y' = \dfrac{\cos x \cdot \cos x - \sin x \cdot (-\sin x)}{\cos^2 x} = \dfrac{\cos^2 x + \sin^2 x}{\cos^2 x} = \dfrac{1}{\cos^2 x} = \sec^2 x$$

反正弦函数的导数： 设 $y = \arcsin x$，则 $x = \sin y$，且 $y \in [-\dfrac{\pi}{2}, \dfrac{\pi}{2}]$。$x = \sin y$ 两边同时对 x 求导，$1 = \cos y \cdot y'$，则 $y' = \dfrac{1}{\cos y}$。

因为 $\sin^2 y + \cos^2 y = 1$，所以 $\cos y = \sqrt{1 - \sin^2 y} = \sqrt{1 - x^2}$（$y \in [-\dfrac{\pi}{2}, \dfrac{\pi}{2}]$，$\cos y \geq 0$），则 $y' = \dfrac{1}{\sqrt{1 - x^2}}$。

反余弦函数的导数： 设 $y = \arccos x$，则 $x = \cos y$，则 $y \in [0, \pi]$。$x = \cos y$ 两边同时对 x 求导，$1 = -\sin y \cdot y'$，则 $y' = -\dfrac{1}{\sin y}$。又因为 $\sin y = \sqrt{1 - \cos^2 y} = \sqrt{1 - x^2}$（$y \in [0, \pi]$，$\sin y \geq 0$），所以 $y' = -\dfrac{1}{\sqrt{1 - x^2}}$。

反正切函数的导数： 设 $y = \arctan x$，则 $x = \tan y$。$x = \tan y$ 两边同时对 x 求导，$1 = \sec^2 y \cdot y'$，则 $y' = \dfrac{1}{\sec^2 y}$。又因为 $\sec^2 y = 1 + \tan^2 y = 1 + x^2$，所以 $y' = \dfrac{1}{1 + x^2}$。

3.3.4　Python 实例：绘制常见函数的导数图像并分析其变化趋势

首先，我们需要导入用于科学计算和绘图的库，如 NumPy 和 matplotlib.pyplot，同时还需要 SymPy 库进行符号计算。

实例3-3　计算函数的导数并绘制图像（源码路径：codes\3\chap3.3.py）

在本实例中，计算多项式函数、指数函数、对数函数、正弦函数和反正切函数的导函数，并对这些常见函数的导数图像进行绘制与分析。

```python
# 定义符号变量 x
x = symbols('x')

# 定义多项式函数
# 原代码中表达式缺少运算符，这里补充完整
f = 3 * x**3 - 2 * x**2 + 5 * x - 1
# 对多项式函数 f 求导
df = diff(f, x)
# 将符号表达式 df 转换为可使用 numpy 计算的函数
df_func = lambdify(x, df, 'numpy')
# 生成 -2 到 2 之间的 400 个均匀分布的 x 值
x_vals = np.linspace(-2, 2, 400)
# 计算导数在这些 x 值处的值
y_vals = df_func(x_vals)
```

```python
# 创建一个新的图形窗口,设置图形大小为 10×6 英寸
plt.figure(figsize=(10, 6))
# 绘制导数曲线,并添加标签
plt.plot(x_vals, y_vals, label='Derivative of f(x)')
# 设置 x 轴标签
plt.xlabel('x')
# 设置 y 轴标签
plt.ylabel("f'(x)")
# 设置图形标题
plt.title('Derivative of Polynomial Function')
# 显示图例
plt.legend()
# 显示网格线
plt.grid(True)
# 显示图形
plt.show()

# 从图像可以看出,多项式函数的导数仍然是一个多项式函数
# 在取值较小时,导数的值随着 x 的变化较为平缓
# 当 x 的绝对值逐渐增大时,导数的值变化加快,这反映了原多项式函数曲线的切线斜率变化情况


# 指数函数
x = symbols('x')
y_exp = 2**x
# 对指数函数 y_exp 求导
dy_exp = diff(y_exp, x)
# 将符号表达式 dy_exp 转换为可使用 numpy 计算的函数
dy_exp_func = lambdify(x, dy_exp, 'numpy')
# 生成 -2 到 2 之间的 400 个均匀分布的 x 值
x_vals_exp = np.linspace(-2, 2, 400)
# 计算导数在这些 x 值处的值
y_vals_exp = dy_exp_func(x_vals_exp)

# 创建一个新的图形窗口,设置图形大小为 10×6 英寸
plt.figure(figsize=(10, 6))
# 绘制指数函数导数曲线,并添加标签
plt.plot(x_vals_exp, y_vals_exp, label='Derivative of y = 2^x')
# 设置 x 轴标签
plt.xlabel('x')
# 设置 y 轴标签
plt.ylabel("y'")
# 设置图形标题
plt.title('Derivative of Exponential Function')
# 显示图例
plt.legend()
# 显示网格线
plt.grid(True)
```

```python
# 显示图形
plt.show()

# 从绘制的导数图像可以看出，导数的值始终大于 0，这表明函数在整个定义域内是单调递增的
# 并且随着 x 的增大，导数的值增长得越来越快，这意味着函数的增长速度在不断加快

# 对数函数
# 重新定义符号变量 x
x = symbols('x')
y_log = log(x, 3)
# 对对数函数 y_log 求导
dy_log = diff(y_log, x)
# 将符号表达式 dy_log 转换为可使用 numpy 计算的函数
dy_log_func = lambdify(x, dy_log, 'numpy')
# 生成 0.1 到 5 之间的 400 个均匀分布的 x 值
x_vals_log = np.linspace(0.1, 5, 400)
# 计算导数在这些 x 值处的值
y_vals_log = dy_log_func(x_vals_log)

# 创建一个新的图形窗口，设置图形大小为 10×6 英寸
plt.figure(figsize=(10, 6))
# 绘制对数函数导数曲线，并添加标签
plt.plot(x_vals_log, y_vals_log, label='Derivative of y = log3(x)')
# 设置 x 轴标签
plt.xlabel('x')
# 设置 y 轴标签
plt.ylabel("y'")
# 设置图形标题
plt.title('Derivative of Logarithmic Function')
# 显示图例
plt.legend()
# 显示网格线
plt.grid(True)
# 显示图形
plt.show()

# 在导数图像中，当 x 从接近 0 逐渐增大时，导数的值逐渐减小，说明函数的增长速度越来越慢
# 当 x 趋近于正无穷时，导数趋近于 0，这也符合对数函数增长缓慢且逐渐趋于平缓的特性

# 正弦函数
x = symbols('x')
y_sin = sin(x)
# 对正弦函数 y_sin 求导
dy_sin = diff(y_sin, x)
# 将符号表达式 dy_sin 转换为可使用 numpy 计算的函数
dy_sin_func = lambdify(x, dy_sin, 'numpy')
# 生成 -2π 到 2π 之间的 400 个均匀分布的 x 值
x_vals_sin = np.linspace(-2 * np.pi, 2 * np.pi, 400)
```

```python
# 计算导数在这些 x 值处的值
y_vals_sin = dy_sin_func(x_vals_sin)

# 创建一个新的图形窗口，设置图形大小为 10×6 英寸
plt.figure(figsize=(10, 6))
# 绘制正弦函数导数曲线，并添加标签
plt.plot(x_vals_sin, y_vals_sin, label='Derivative of y = sin(x)')
# 设置 x 轴标签
plt.xlabel('x')
# 设置 y 轴标签
plt.ylabel("y'")
# 设置图形标题
plt.title('Derivative of Sine Function')
# 显示图例
plt.legend()
# 显示网格线
plt.grid(True)
# 显示图形
plt.show()


# 反正切函数
x = symbols('x')
y_arctan = arctan(x)
# 对反正切函数 y_arctan 求导
dy_arctan = diff(y_arctan, x)
# 将符号表达式 dy_arctan 转换为可使用 numpy 计算的函数
dy_arctan_func = lambdify(x, dy_arctan, 'numpy')
# 生成 -10 到 10 之间的 400 个均匀分布的 x 值
x_vals_arctan = np.linspace(-10, 10, 400)
# 计算导数在这些 x 值处的值
y_vals_arctan = dy_arctan_func(x_vals_arctan)

# 创建一个新的图形窗口，设置图形大小为 10×6 英寸
plt.figure(figsize=(10, 6))
# 绘制反正切函数导数曲线，并添加标签
plt.plot(x_vals_arctan, y_vals_arctan, label='Derivative of y = arctan(x)')
# 设置 x 轴标签
plt.xlabel('x')
# 设置 y 轴标签
plt.ylabel("y'")
# 设置图形标题
plt.title('Derivative of Arctangent Function')
# 显示图例
plt.legend()
# 显示网格线
plt.grid(True)
# 显示图形
plt.show()
```

执行效果如图3-2所示。

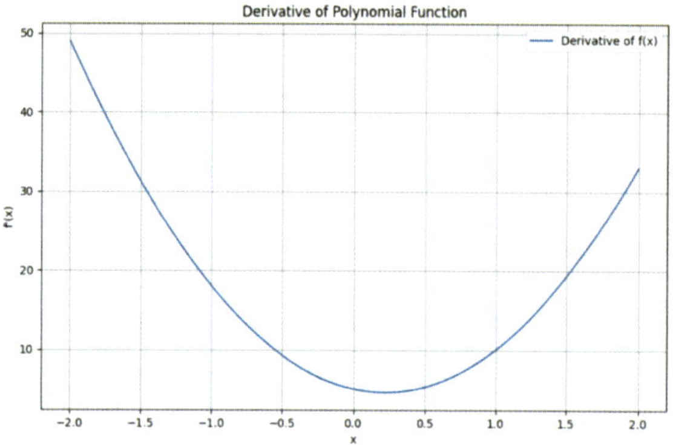

（a）多项式函数$y = 3x^3 - 2x^2 + 5x - 1$的导数

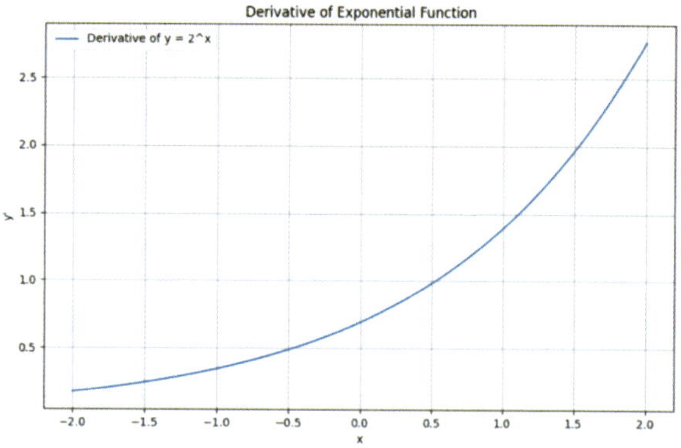

（b）指数函数$y = 2^x$的导数

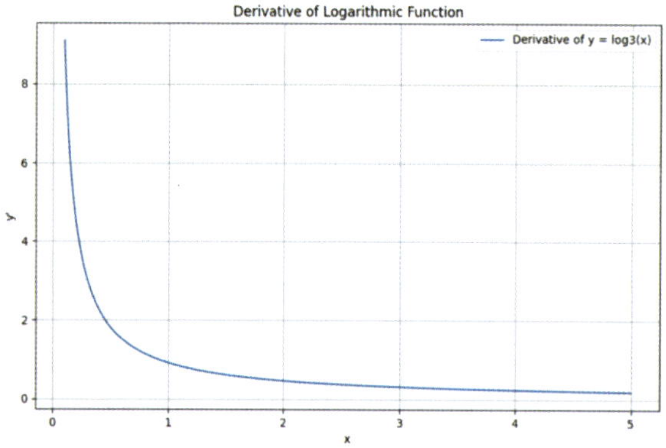

（c）对数函数$y = \log_3 x$的导数

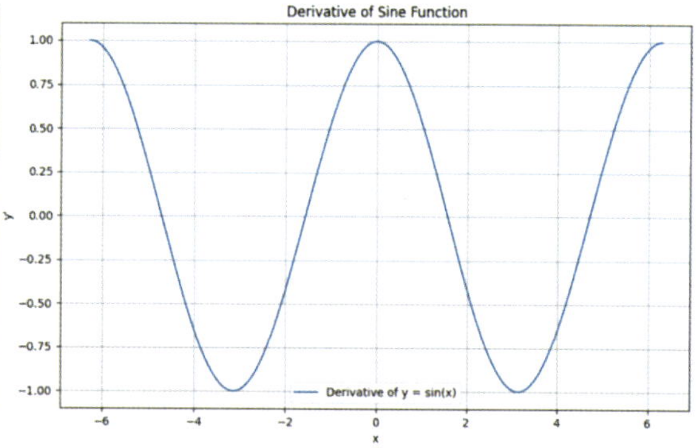

（d）正弦函数$y = \sin x$的导数

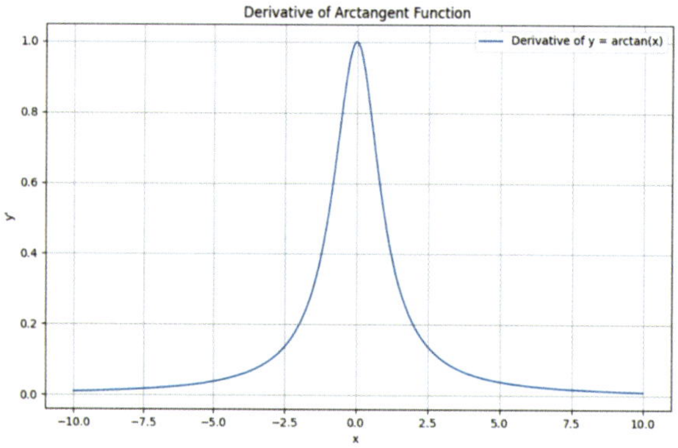

（e）反正切函数$y = \arctan x$的导数

图3-2 函数导数的可视化图

对于正弦函数$y = \sin x$，其导数为$y' = \cos x$。从导数图像可以看到，$\cos x$的值在$[-1,1]$之间周期性变化。这表明$y = \sin x$的切线斜率在$[-1,1]$之间周期性改变。当$\cos x = 1$时，$\sin x$在对应点处的切线斜率最大，函数上升最快；当$\cos x = -1$时，切线斜率最小，函数下降最快。

对于反正切函数$y = \arctan x$，其导数为$y' = \dfrac{1}{1 + x^2}$。从导数图像可知，导数的值始终大于0，说明$y = \arctan x$在定义域内单调递增，并且随着x绝对值的增大，导数的值逐渐趋近于0，这意味着函数在两端的增长速度逐渐变缓，函数图像逐渐趋于水平。

通过对这些常见函数导数图像的绘制与分析，我们能更直观地理解函数的变化趋势，这对于解决各种数学问题及在实际应用中分析函数的性质具有重要意义。

3.4 高阶导数

在对函数的研究过程中，一阶导数为我们揭示了函数的变化率，而高阶导数则能够从更深层次剖析函数的特性。高阶导数不仅在数学理论的发展中占据重要地位，在物理、工程、经济等多个领域也有着广泛且关键的应用。接下来，我们将深入探讨高阶导数的定义、应用，以及它与函数的凹凸性、拐点和泰勒级数展开之间的紧密联系，并通过 Python 实例，利用高阶导数与泰勒级数来深入分析函数的行为。

3.4.1 高阶导数的定义与应用

若函数 $y = f(x)$ 的导数 $y' = f'(x)$ 仍然可导，那么 $f'(x)$ 的导数就称为 $y = f(x)$ 的二阶导数，记作 y''、$f''(x)$ 或 $\dfrac{d^2 y}{dx^2}$。同理，二阶导数的导数称为三阶导数，记作 y'''、$f'''(x)$ 或 $\dfrac{d^3 y}{dx^3}$。一般地，$n-1$ 阶导数的导数称为 n 阶导数，记作 $y^{(n)}$、$f^{(n)}(x)$ 或 $\dfrac{d^n y}{dx^n}$。

例如，对于函数 $y = x^3$，其一阶导数 $y' = 3x^2$，二阶导数 $y'' = 6x$，三阶导数 $y''' = 6$，从四阶导数开始，$y^{(4)} = y^{(5)} = \cdots = 0$。

在物理学中的应用：在物理学中，高阶导数有着直观而重要的应用。以物体的直线运动为例，若位移函数为 $s = s(t)$，其一阶导数 $v = s'(t)$ 表示物体的瞬时速度，描述了位移随时间的变化快慢；二阶导数 $a = s''(t)$ 则表示加速度，反映了速度随时间的变化率。例如，自由落体运动中，位移函数 $s(t) = \dfrac{1}{2} g t^2$（$g$ 为重力加速度），则速度 $v(t) = s'(t) = gt$，加速度 $a(t) = s''(t) = g$，这里加速度为常数，体现了自由落体运动是匀加速直线运动。

在工程学中的应用：在材料力学中，高阶导数用于分析梁的弯曲变形。梁在受力作用下，其挠度函数 $y = y(x)$（x 为梁的位置坐标）的一阶导数与梁的转角相关，二阶导数与梁的弯矩成正比。通过对挠度函数求高阶导数，工程师可以准确计算梁在不同位置的受力情况，从而进行合理的结构设计，确保工程结构的安全性和稳定性。

3.4.2 函数的凹凸性、拐点与泰勒级数展开

函数的凹凸性：设函数 $f(x)$ 在区间 I 上连续。如果对 I 上任意两点 x_1、x_2，恒有 $f\left(\dfrac{x_1 + x_2}{2}\right) < \dfrac{f(x_1) + f(x_2)}{2}$，那么称 $f(x)$ 在区间 I 上的图形是凹的（或凹弧）；如果对 I 上任意两点 x_1、x_2，恒有

$f(\frac{x_1+x_2}{2}) > \frac{f(x_1)+f(x_2)}{2}$,那么称$f(x)$在区间$I$上的图形是凸的（或凸弧）。

函数的凹凸性与二阶导数密切相关。如果在区间I上$f''(x)>0$，则$f(x)$在区间I上是凹的；如果在区间I上$f''(x)<0$，则$f(x)$在区间I上是凸的。例如，对于函数$y=x^2$，$y'=2x$，$y''=2>0$，所以函数$y=x^2$在$(-\infty,+\infty)$上是凹的。

拐点：连续曲线$y=f(x)$上凹弧与凸弧的分界点称为曲线的拐点。在拐点处，函数的二阶导数$f''(x)$的值为0或者不存在。但需要注意的是，$f''(x)=0$的点不一定是拐点，还需要判断在该点两侧二阶导数的符号是否发生改变。例如，对于函数$y=x^4$，$y'=4x^3$，$y''=12x^2$，当$x=0$时，$y''(0)=0$，但在$x=0$两侧$y''(x)$均大于0，函数的凹凸性没有改变，所以$(0,0)$不是该函数的拐点。

泰勒级数是用一个函数在某点的各阶导数值作为系数，构建的一个幂级数来近似表示该函数。对于函数$f(x)$，如果它在点x_0的某一邻域内具有直到$n+1$阶的导数，那么在该邻域内$f(x)$可以表示为：

$f(x) = f(x_0) + f'(x_0)(x-x_0) + \frac{f''(x_0)}{2!}(x-x_0)^2 + \cdots + \frac{f^{(n)}(x_0)}{n!}(x-x_0)^n + R_n(x)$，其中$R_n(x)$是余项，称为拉格朗日型余项，$R_n(x) = \frac{f^{(n+1)}(\xi)}{(n+1)!}(x-x_0)^{n+1}$，$\xi$是介于$x$与$x_0$之间的某个值。

当$x_0=0$时，泰勒级数称为麦克劳林级数，即$f(x) = f(0) + f'(0)x + \frac{f''(0)}{2!}x^2 + \cdots + \frac{f^{(n)}(0)}{n!}x^n + R_n(x)$。例如，对于函数$e^x$，它的各阶导数均为$e^x$，在$x_0=0$处，$f(0)=e^0=1$，$f'(0)=e^0=1$，$f''(0)=1$，$\cdots$，$f^{(n)}(0)=e^0=1$，则$e^x$的麦克劳林级数为$e^x = 1 + x + \frac{x^2}{2!} + \frac{x^3}{3!} + \cdots + \frac{x^n}{n!} + R_n(x)$。泰勒级数在数值计算、函数逼近、求解微分方程等方面有着广泛的应用。通过选取合适的n值，可以用泰勒级数的前$n+1$项部分和来近似计算函数值，并且随着n的增大，近似的精度会越来越高。

3.4.3 Python实例：利用高阶导数与泰勒级数分析函数行为

在 Python 中，我们需要导入SymPy库进行符号计算，导入NumPy和matplotlib.pyplot库来进行数值计算和绘图。

实例3-4 计算函数的高阶导数、观察其凹凸性，并与其泰勒多项式进行图像对比（源码路径：codes\3\chap3.4.py）

以多项式函数为例，利用diff计算它的高阶导数，得到拐点坐标。通过计算它在0点处的泰勒多项式，可以发现多项式函数和它的泰勒多项式是相同的。

```python
# 定义符号变量 x
x = symbols('x')

# 定义函数
f = x**3 + 2 * x**2 + 3 * x + 1

# 计算一阶导数
```

```python
df1 = diff(f, x)
# 计算二阶导数
df2 = diff(df1, x)
# 计算三阶导数
df3 = diff(df2, x)

# 打印函数的一阶、二阶和三阶导数
print(f"函数 f(x) = {f} 的一阶导数为：{df1}")
print(f"函数 f(x) = {f} 的二阶导数为：{df2}")
print(f"函数 f(x) = {f} 的三阶导数为：{df3}")
# 在这段代码中，我们定义了函数 f(x)=x^3 + 2x^2 + 3x + 1,
# 然后使用 SymPy 库中的 diff 函数依次计算了它的一阶、二阶和三阶导数，并将结果打印输出

# 另一种计算二阶导数的方式
df2 = diff(f, x, 2)
# 求解二阶导数为 0 的点
critical_points = solve(df2, x)
print(f"函数 f(x) 的可能拐点横坐标为：{critical_points}")

# 分析凹凸性
for point in critical_points:
    # 在可能的拐点左侧取一个点
    left_point = point - 0.01
    # 在可能的拐点右侧取一个点
    right_point = point + 0.01
    # 计算左侧点的二阶导数值
    left_value = df2.subs(x, left_point)
    # 计算右侧点的二阶导数值
    right_value = df2.subs(x, right_point)
    if left_value * right_value < 0:
        print(f"点 ({point}, {f.subs(x, point)}) 是函数 f(x) 的拐点")
    elif left_value > 0:
        print(f"在 x < {point} 区间，函数 f(x) 是凹的")
    else:
        print(f"在 x < {point} 区间，函数 f(x) 是凸的")
# 这段代码首先计算了函数的二阶导数，然后通过 solve 函数求解二阶导数为 0 的点，得到可能
的拐点横坐标
# 接着，通过在每个可能拐点的左右两侧取点，计算二阶导数的值，根据二阶导数的正负来判断函数
在该点附近的凹凸性及是否为拐点

# 计算函数在 x = 0 处的泰勒级数展开，取前 3 项
taylor_series = series(f, x, 0, 3)
print(f"函数 f(x) 在 x = 0 处的泰勒级数展开（前 3 项）为：{taylor_series}")

# 将泰勒级数转换为可计算的函数
taylor_func = lambdify(x, taylor_series.removeO(), 'numpy')
```

```python
# 生成 x 值，范围从 -10 到 10，共 400 个点
x_vals = np.linspace(-10, 10, 400)
# 注意：这里需要重新定义一个可计算的原函数
f_func = lambdify(x, f, 'numpy')
# 计算原函数值
y_vals = f_func(x_vals)
# 计算泰勒级数近似值
taylor_y_vals = taylor_func(x_vals)
# 创建一个新的图形窗口，设置图形大小为 10×6 英寸
plt.figure(figsize=(10, 6))
# 绘制原函数曲线，并添加标签 # 绘制泰勒级数近似曲线，并添加标签
plt.plot(x_vals, y_vals, label='Original Function')
plt.plot(x_vals, taylor_y_vals, label='Taylor Series Approximation')
plt.xlabel('x')
plt.ylabel('y')
plt.title('Function Approximation using Taylor Series')
plt.legend()
plt.grid(True)
plt.show()
```

在这段代码中，我们使用 series 函数计算了函数 $f(x)$ 在 $x=0$ 处的泰勒级数展开，截取前 3 项（即二阶泰勒多项式）。然后将泰勒级数转换为可计算的函数，通过 np.linspace 生成 x 的取值区间，分别计算原函数值和泰勒级数近似值，最后使用 matplotlib 绘制两者的图像进行对比，直观展示泰勒级数对原函数的逼近效果。如图 3-3 所示。

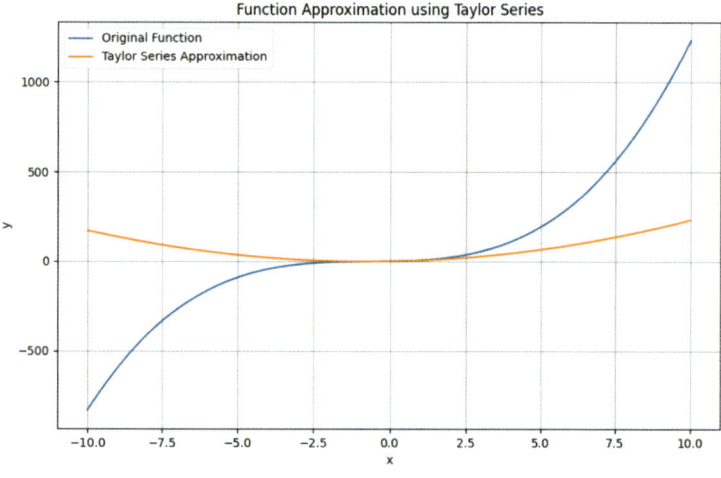

图 3-3　图像对比可视化图

通过以上 Python 实例，我们可以更直观、深入地理解高阶导数与泰勒级数在函数分析中的应用，为解决实际问题提供有力的工具。

3.5 微分的概念

在数学分析的领域中，微分是一种至关重要的概念，它与导数密切相关，共同构成了微积分学的核心内容。微分的引入，不仅提供了理解函数变化的全新视角，还在解决实际问题中发挥着不可替代的作用。从几何意义的直观呈现到线性近似的巧妙应用，再到误差估计与近似计算的实际操作，微分贯穿于数学及其应用的各个层面。本节将逐步揭开微分的神秘面纱，深入探究其定义、几何意义及其应用，并结合 Python 实例进行分析。

3.5.1 微分的定义、几何意义与线性近似

设函数 $y=f(x)$ 在区间 I 内有定义，x_0 及 $x_0+\Delta x$ 在此区间内。如果函数的增量 $\Delta y=f(x_0+\Delta x)-f(x_0)$ 可表示为 $\Delta y=A\Delta x+o(\Delta x)$（其中 A 是不依赖 Δx 的常数），那么称函数 $y=f(x)$ 在点 x_0 是可微的，而 $A\Delta x$ 叫作函数 $y=f(x)$ 在点 x_0 相应于自变量增量 Δx 的微分，记作 $\mathrm{d}y$，即 $\mathrm{d}y=A\Delta x$。

由函数可微的定义可知，若函数 $y=f(x)$ 在点 x_0 可微，则 $\lim\limits_{\Delta x\to 0}\dfrac{\Delta y-A\Delta x}{\Delta x}=0$，即 $\lim\limits_{\Delta x\to 0}\dfrac{\Delta y}{\Delta x}=A$。这表明函数在点 x_0 可微的充要条件是函数在该点可导，且 $A=f'(x_0)$。所以，通常我们将函数 $y=f(x)$ 在点 x 的微分记为 $\mathrm{d}y=f'(x)\Delta x$。又因为当 $y=x$ 时，$\mathrm{d}y=\mathrm{d}x=\Delta x$，所以微分也可写成 $\mathrm{d}y=f'(x)\mathrm{d}x$。

例如，对于函数 $y=x^2$，其导数 $y'=2x$。在点 $x=1$ 处，当 Δx 很小时，函数的增量 $\Delta y=(1+\Delta x)^2-1^2=2\Delta x+(\Delta x)^2$。这里 $A=2$（$y'|_{x=1}=2$），$o(\Delta x)=(\Delta x)^2$，所以函数 $y=x^2$ 在 $x=1$ 处可微，微分 $\mathrm{d}y=2\Delta x$。

为了更好地理解微分的几何意义，我们在平面直角坐标系中考虑函数 $y=f(x)$ 的图像。设点 $M(x_0,y_0)$ 是曲线 $y=f(x)$ 上的一点，当自变量 x 有增量 Δx 时，得到曲线上另一点 $N(x_0+\Delta x,y_0+\Delta y)$。过点 M 作曲线的切线 MT，其斜率 $k=f'(x_0)$。根据直线的点斜式方程，切线 MT 的方程为 $Y-y_0=f'(x_0)(X-x_0)$。当 $X=x_0+\Delta x$ 时，切线上对应的纵坐标为 $y_0+f'(x_0)\Delta x$，记为 Y。

此时，$\Delta y=f(x_0+\Delta x)-f(x_0)$ 表示曲线 $y=f(x)$ 上点 M 到点 N 的纵坐标的增量，而 $\mathrm{d}y=f'(x_0)\Delta x$ 表示曲线在点 M 处的切线上点的纵坐标的增量。当 $|\Delta x|$ 很小时，$|\Delta y-\mathrm{d}y|$ 比 $|\Delta x|$ 小得多，也就是说，在点 M 附近，我们可以用切线段来近似代替曲线段，这就是微分的几何意义。

例如，对于函数 $y=\sin x$，在点 $x=0$ 处，$y'=\cos x$，$y'|_{x=0}=1$。曲线 $y=\sin x$ 在点 $(0,0)$ 处的切线方程为 $y=x$。当 Δx 很小时，$\sin\Delta x$ 的值可以近似用 Δx 来表示，这正是因为在 $x=0$ 附近，曲线 $y=\sin x$ 与它的切线 $y=x$ 非常接近，体现了微分的几何意义。

基于微分的概念，我们可以得到函数的线性近似公式。当函数 $y=f(x)$ 在点 x_0 可微时，对于 $x=x_0+\Delta x$，有 $f(x)=f(x_0+\Delta x)\approx f(x_0)+f'(x_0)\Delta x$。

这个公式表明，在 x_0 附近，我们可以用一个线性函数 $L(x)=f(x_0)+f'(x_0)(x-x_0)$ 来近似表示函数 $f(x)$，$L(x)$ 称为 $f(x)$ 在点 x_0 的线性近似或切线近似。

例如，计算 $\sqrt{4.02}$ 的近似值。设 $f(x)=\sqrt{x}$，$x_0=4$，$\Delta x=0.02$。$f'(x)=\dfrac{1}{2\sqrt{x}}$，$f'(4)=\dfrac{1}{4}$，$f(4)=2$。根据线性近似公式，$\sqrt{4.02}=f(4+0.02)\approx f(4)+f'(4)\times 0.02=2+\dfrac{1}{4}\times 0.02=2.005$。通过与精确值 $\sqrt{4.02}\approx 2.005$ 对比，可以发现线性近似在一定范围内能较好地逼近函数值。

3.5.2 微分在误差估计与近似计算中的应用

在实际测量和计算中，误差是不可避免的，微分可以帮助我们对误差进行有效的估计。

设 x 为测量值，x_0 为准确值，$\Delta x=x-x_0$ 为测量误差。若函数 $y=f(x)$ 在 x_0 可微，那么由 x 计算 y 时产生的误差 $\Delta y=f(x)-f(x_0)$ 可以近似用微分 $\mathrm{d}y=f'(x_0)\Delta x$ 来估计。

绝对误差：$|\Delta y|\approx|dy|=|f'(x_0)||\Delta x|$，$|f'(x_0)||\Delta x|$ 称为 y 的绝对误差限，记为 δ_y，即 $\delta_y = |f'(x_0)|\delta_x$，其中 δ_x 是 x 的绝对误差限。

例如，测量一个圆的半径 r，其测量值为 $r = 5\pm 0.01$（$\delta_r = 0.01$），计算圆的面积 $S = \pi r^2$。$S' = 2\pi r$，当 $r = 5$ 时，$S'(5) = 10\pi$。则面积 S 的绝对误差限 $\delta_S = |S'(5)|\delta_r = 10\pi \times 0.01 = 0.1\pi$。

相对误差是绝对误差与近似值的比值，$\dfrac{|\Delta y|}{|y_0|} \approx \dfrac{|dy|}{|y_0|} = \left|\dfrac{f'(x_0)}{f(x_0)}\right||\Delta x|$，$\left|\dfrac{f'(x_0)}{f(x_0)}\right||\Delta x|$ 称为 y 的相对误差限，记为 $\dfrac{\delta_y}{|y_0|}$。

对于上述圆面积的例子，当 $r = 5$ 时，$S(5) = 25\pi$，则面积 S 的相对误差限 $\dfrac{\delta_S}{|S(5)|} = \dfrac{0.1\pi}{25\pi} = 0.4\%$。

微分在近似计算中有着广泛的应用，除了前面提到的线性近似，还可以用于各种复杂函数的近似求值。

例如，计算 $\sin 31°$ 的近似值。首先将角度转化为弧度，$31° = \dfrac{31\pi}{180}$，设 $x_0 = \dfrac{\pi}{6}$（$30°$），$\Delta x = \dfrac{31\pi}{180} - \dfrac{\pi}{6} = \dfrac{\pi}{180}$。已知 $y = \sin x$，$y' = \cos x$，$y'|_{x=\frac{\pi}{6}} = \cos\dfrac{\pi}{6} = \dfrac{\sqrt{3}}{2}$，$y|_{x=\frac{\pi}{6}} = \sin\dfrac{\pi}{6} = \dfrac{1}{2}$。

根据线性近似公式 $\sin x \approx \sin x_0 + \cos x_0 (x - x_0)$，可得

$$\sin 31° = \sin\left(\dfrac{\pi}{6} + \dfrac{\pi}{180}\right) \approx \sin\dfrac{\pi}{6} + \cos\dfrac{\pi}{6} \times \dfrac{\pi}{180} \approx 0.5151$$

3.5.3　Python 实例：使用微分法近似计算函数值与误差分析

在 Python 中，我们主要使用 SymPy 库进行符号计算，NumPy 库用于数值计算，matplotlib.pyplot 库用于绘图展示。

实例3-5　计算平方根函数的微分近似公式并对比（源码路径：codes\3\chap3.5.py）

以幂函数为例，通过作图直观地展示微分近似的效果及误差情况。

```python
# 以计算 √4.02 为例，使用微分法进行近似计算
# 定义符号变量 x
x = symbols('x')
# 定义函数 f(x) = √x
f = x**0.5
# 计算函数 f(x) 的导数
df = diff(f, x)
# 将符号表达式 f 转换为可在 numpy 中计算的函数
f_func = lambdify(x, f, 'numpy')
# 将符号表达式 df 转换为可在 numpy 中计算的函数
df_func = lambdify(x, df, 'numpy')
# 设定 x0 = 4
x0 = 4
# 设定 dx = 0.02
```

```python
dx = 0.02
# 根据微分近似公式 f(x0 + dx) ≈ f(x0) + f'(x0) * dx 计算近似值
approx_value = f_func(x0) + df_func(x0) * dx
print(f"sqrt(4.02) 的近似值为：{approx_value}")
# 在这段代码中，通过 lambdify 函数将符号表达式转换为可在 numpy 中计算的函数
# 设定 x0 = 4，dx = 0.02，根据微分近似公式计算 √4.02 的近似值。

# 为了分析近似计算的误差，我们可以计算近似值与精确值的差值
# 计算 √4.02 的精确值
exact_value = np.sqrt(4.02)
# 计算近似值与精确值的误差，使用绝对值确保误差为非负数
error = np.abs(exact_value - approx_value)
print(f"近似计算的误差为：{error}")
# 这段代码计算了 √4.02 的精确值，并与前面计算得到的近似值作差，得到近似计算的误差

# 为了更直观地展示微分近似的效果，我们可以绘制函数图像及其在某点的切线（线性近似）
# 生成 x 值，范围从 3 到 5，共 400 个点
x_vals = np.linspace(3, 5, 400)
# 计算函数 f(x) 在这些 x 值处的函数值
y_vals = f_func(x_vals)
# 计算在 x = x0 处的线性近似值，线性近似公式为 y = f(x0) + f'(x0) * (x - x0)
linear_approx = f_func(x0) + df_func(x0) * (x_vals - x0)

# 创建一个新的图形窗口，设置图形大小为 10×6 英寸
plt.figure(figsize=(10, 6))
# 绘制函数 y = √x 的曲线，并添加标签
plt.plot(x_vals, y_vals, label='y = sqrt(x)')
# 绘制在 x = 4 处的线性近似曲线，并添加标签
plt.plot(x_vals, linear_approx, label='Linear Approximation at x = 4')
# 绘制近似点（4.02，近似值），颜色为红色，并添加标签
plt.scatter([4.02], [approx_value], color='red', label='Approximated Point')
# 绘制精确点（4.02，精确值），颜色为绿色，并添加标签
plt.scatter([4.02], [exact_value], color='green', label='Exact Point')
# 设置 x 轴标签
plt.xlabel('x')
# 设置 y 轴标签
plt.ylabel('y')
# 设置图形标题
plt.title('Differential Approximation of sqrt(x)')
# 显示图例
plt.legend()
# 显示网格线
plt.grid(True)
# 显示图形
plt.show()
```

在这段代码中，通过np.linspace生成x值，计算原函数值和线性近似值。使用Matplotlib绘制原函数图像、线性近似图像，并标记出近似点和精确点，直观地展示微分近似的效果及误差情况，如图3-4所示。

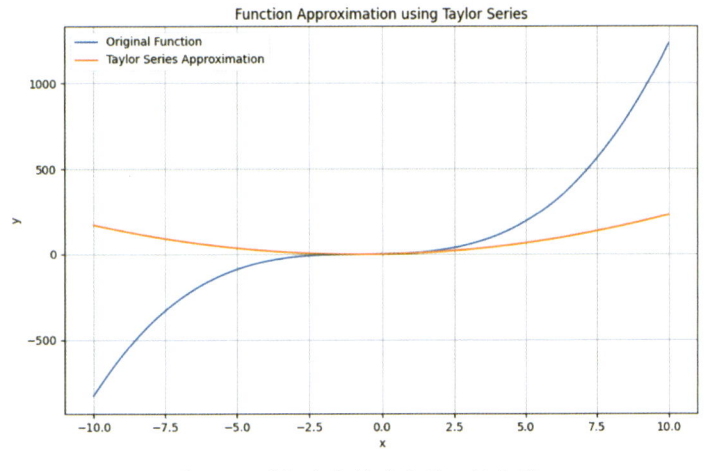

图3-4 近似点和精确点的可视化图

3.6 课后练习

1. 请计算函数的近似值并进行误差分析

请计算函数$f(x) = \ln(1+x)$在$x = 0.05$处的近似值，并进行误差分析。要求使用Python实现，步骤如下：

- 导入必要的库，使用SymPy进行符号计算，使用NumPy进行数值计算。
- 定义函数$f(x)$并计算其导数$f'(x)$。
- 将符号表达式转换为可在NumPy中计算的函数。
- 选择合适的x_0值，计算$x = 0.05$处的近似值。
- 计算精确值，并求出近似值与精确值之间的误差。

2. 利用高阶导数与泰勒级数分析函数的行为

给定函数$y = e^x$，请借助Python，利用高阶导数与泰勒级数分析其函数行为，具体要求如下：

- 导入SymPy库进行符号计算，导入NumPy和matplotlib.pyplot库用于数值计算和绘图。
- 使用SymPy计算函数$y = e^x$的前5阶导数，并打印输出。
- 计算函数$y = e^x$在$x = 0$处的五阶泰勒级数展开式，并将其转换为可在NumPy中计算的函数。
- 生成x值范围为$[-2, 2]$的数组，分别计算原函数$y = e^x$和五阶泰勒级数展开式对应的函数值。
- 利用matplotlib.pyplot绘制原函数和泰勒级数展开式的函数图像，对比两者在给定区间内的逼近程度。
- 选择$x = 1$，计算原函数值与5阶泰勒级数展开式在该点的函数值，计算两者的误差，并分析误差产生的原因。

第 4 章 积分及其应用

本章系统探讨积分及其应用。首先介绍积分基本概念,并给出借助 SymPy 计算简单函数不定积分,以及用 SciPy 计算定积分并进行数值验证的具体示例,通过 Python 实例演示求解连续型随机变量期望与方差的方法。其次,围绕牛顿–莱布尼茨公式详细讲解了微积分基本定理的推导与应用。接着,在具体应用方面,介绍积分在人工智能中的三类典型场景:损失函数、正则化与模型复杂度控制,借助 Python 比较不同数值积分法(如梯形法、辛普森法)的效果。最后,回顾多重积分的定义及其在几何与物理中的应用(如体积、质量、重心计算),并利用 Python 计算复杂几何体的体积与重心。

4.1 积分的基本概念

积分是微积分学中的重要概念，与导数互为逆运算，在数学理论和实际应用中占据着关键地位。通过积分，我们能够解决许多涉及求和、累积以及求曲线下面积等问题，为各个领域的研究提供有力的数学工具。本节将深入探讨积分的基本概念，包括不定积分的定义与性质、积分的几何与物理意义，并通过 Python 实例展示如何利用 SymPy 库计算简单函数的不定积分。

4.1.1 不定积分的定义与性质

如果在区间 I 上，可导函数 $F(x)$ 的导函数为 $f(x)$，即对任意 $x \in I$，都有 $F'(x) = f(x)$ 或 $dF(x) = f(x)dx$，那么函数 $F(x)$ 就称为 $f(x)$（或 $f(x)dx$）在区间 I 上的一个原函数。例如，因为 $(x^2)' = 2x$，所以 x^2 是 $2x$ 的一个原函数。

函数 $f(x)$ 在区间 I 上的全体原函数称为 $f(x)$ 在区间 I 上的不定积分，记作 $\int f(x)dx$。如果 $F(x)$ 是 $f(x)$ 在区间 I 上的一个原函数，那么 $\int f(x)dx = F(x) + C$，其中 C 为任意常数，称为积分常数。这表明一个函数的不定积分不是唯一的，它们之间相差一个常数。

不定积分具有如下性质：

线性性质：$\int (k_1 f(x) + k_2 g(x))dx = k_1 \int f(x)dx + k_2 \int g(x)dx$，其中 k_1、k_2 为常数。这意味着积分运算对函数的线性组合具有分配律，例如 $\int (2x + 3x^2)dx = 2\int xdx + 3\int x^2dx$。

与求导的互逆性：$\left(\int f(x)dx\right)' = f(x)$，即对一个函数先求不定积分再求导，结果为原函数；$\int F'(x)dx = F(x) + C$，即对一个函数先求导再求不定积分，结果为原函数加一个常数 C。这体现了求导与不定积分是互逆的运算关系。

4.1.2 积分的几何意义与物理意义

从几何角度来看，对于在区间 $[a,b]$ 上的连续函数 $y = f(x)$（且 $f(x) \geq 0$），定积分 $\int_a^b f(x)dx$ 表示由曲线 $y = f(x)$、直线 $x = a$、$x = b$ 以及 x 轴所围成的曲边梯形的面积。若 $f(x)$ 在区间 $[a,b]$ 上有正有负，则定积分 $\int_a^b f(x)dx$ 的值等于 x 轴上方的曲边梯形面积减去 x 轴下方的曲边梯形面积。

例如，函数 $y = x^2$ 在区间 $[0,1]$ 上的积分 $\int_0^1 x^2 dx$ 表示由曲线 $y = x^2$、$x = 0$、$x = 1$ 和 x 轴围成的曲边梯形的面积，通过计算 $\int_0^1 x^2 dx = [\frac{1}{3}x^3]_0^1 = \frac{1}{3}$，得出该曲边梯形的面积为 $\frac{1}{3}$。

在物理学中，积分有着广泛的应用。例如，在变速直线运动中，如果已知物体的速度函数为 $v = v(t)$，那么在时间区间 $[t_1, t_2]$ 内，物体的位移 s 可以通过定积分 $\int_{t_1}^{t_2} v(t)dt$ 来计算。这是因为速度对时间的积分表示了速度在时间上的累积效果，即位移。再如，在计算变力做功时，如果力 $F = F(x)$ 是位移 x 的函数，那么力在区间 $[x_1, x_2]$ 上所做的功 W 可以用定积分 $\int_{x_1}^{x_2} F(x)dx$ 来求解。

4.1.3 利用 SymPy 计算简单函数的不定积分

在 Python 中,我们使用 SymPy 库进行符号积分计算。在本实例中,利用 SymPy 计算幂函数的不定积分,展示 SymPy 库在处理较为复杂函数不定积分时的便捷性——它能够快速准确地得出积分结果,帮助我们更直观地理解积分运算。

实例4-1 计算简单函数的不定积分(源码路径:codes\4\chap4.1.py)

实例的具体实现代码如下所示。

```python
from sympy import symbols, integrate, cos

# 例如,我们要计算函数 f(x) = x^3 的不定积分
# 定义符号变量 x
x = symbols('x')
# 使用 integrate 函数计算 x^3 关于 x 的不定积分
result = integrate(x**3, x)
# 打印 x^3 的不定积分结果
print(f"x^3 的不定积分是:{result}")
# 上述代码中,通过 symbols 定义符号变量 x,然后使用 integrate 函数计算 x^3 关于 x
# 的不定积分。
# 运行结果会显示 x^3 的不定积分表达式,即 x^4/4 + C(在代码中 C 不会显示,因为 sympy
# 默认省略积分常数)

# 再比如计算函数 2x + 3cos(x) 的不定积分
# 使用 integrate 函数计算 2*x + 3*cos(x) 关于 x 的不定积分
result2 = integrate(2 * x + 3 * cos(x), x)
# 打印 2x + 3*cos(x) 的不定积分结果
print(f"2x + 3*cos(x) 的不定积分是:{result2}")
# 这里计算出的结果为 x^2 + 3*sin(x),同样省略了积分常数 C
```

4.2 定积分

在积分学体系中,定积分是极为重要的部分,它不仅完善了积分的理论架构,还在众多科学与工程领域有着不可或缺的应用。定积分能够解决诸如求平面图形的面积、立体图形的体积、变力做功等实际问题,连接着数学理论与现实世界的实际应用。本节将深入探究定积分的定义、基本性质、计算方法,以及借助 Python 中的 SciPy 库进行定积分计算和数值验证的实例。

4.2.1 定积分的定义与基本性质

设函数 $f(x)$ 在区间 $[a,b]$ 上有界。在 $[a,b]$ 中任意插入若干个分点,$a = x_0 < x_1 < x_2 < \cdots < x_n = b$,把区间 $[a,b]$ 分成 n 个小区间 $[x_{i-1}, x_i]$,其长度为 $\Delta x_i = x_i - x_{i-1}$,$i = 1, 2, \cdots, n$。在每个小区间上任取一

点 ξ_i，作乘积 $f(\xi_i)\Delta x_i$，并作和式 $S = \sum_{i=1}^{n} f(\xi_i)\Delta x_i$。记 $\lambda = \max\{\Delta x_1, \Delta x_2, \cdots, \Delta x_n\}$，如果无论对 $[a,b]$ 怎样划分，也不论在小区间 $[x_{i-1}, x_i]$ 上点 ξ_i 怎样选取，只要当 $\lambda \to 0$ 时，和 S 总趋于确定的极限 I，则称极限 I 为函数 $f(x)$ 在区间 $[a,b]$ 上的定积分，记作 $\int_a^b f(x)\mathrm{d}x$，即 $\int_a^b f(x)\mathrm{d}x = \lim_{\lambda \to 0} \sum_{i=1}^{n} f(\xi_i)\Delta x_i$。其中 $f(x)$ 为被积函数，$f(x)\mathrm{d}x$ 为被积表达式，x 为积分变量，$[a,b]$ 为积分区间，a 为积分下限，b 为积分上限。

从定义可以看出，定积分是一个数值，它只与被积函数 $f(x)$ 和积分区间 $[a,b]$ 有关，而与积分变量用什么字母表示无关，即 $\int_a^b f(x)\mathrm{d}x = \int_a^b f(t)\mathrm{d}t = \int_a^b f(u)\mathrm{d}u$。

定积分的基本性质如下。

线性性质： $\int_a^b (k_1 f(x) + k_2 g(x))\mathrm{d}x = k_1 \int_a^b f(x)\mathrm{d}x + k_2 \int_a^b g(x)\mathrm{d}x$，其中 k_1，k_2 为常数。这与不定积分的线性性质类似，表明定积分对函数的线性组合也具有分配律，例如 $\int_1^2 (3x + 2x^2)\mathrm{d}x = 3\int_1^2 x\mathrm{d}x + 2\int_1^2 x^2\mathrm{d}x$。

区间可加性： 对于任意的 a，b，c，有 $\int_a^b f(x)\mathrm{d}x = \int_a^c f(x)\mathrm{d}x + \int_c^b f(x)\mathrm{d}x$。这个性质使得我们可以将一个较大的积分区间拆分成多个较小的区间进行计算，或者将多个小区间的积分合并。比如 $\int_0^3 f(x)\mathrm{d}x = \int_0^1 f(x)\mathrm{d}x + \int_1^3 f(x)\mathrm{d}x$，无论 c 在 $[a,b]$ 内还是在 $[a,b]$ 外，该性质都成立。

比较性质： 如果在区间 $[a,b]$ 上 $f(x) \leqslant g(x)$，那么 $\int_a^b f(x)\mathrm{d}x \leqslant \int_a^b g(x)\mathrm{d}x$。特别地，当 $f(x) \geqslant 0$ 时，$\int_a^b f(x)\mathrm{d}x \geqslant 0$。例如，若在区间 $[1,2]$ 上 $x^2 \leqslant x^3$，则 $\int_1^2 x^2\mathrm{d}x \leqslant \int_1^2 x^3\mathrm{d}x$。

估值性质： 设 M 和 m 分别是函数 $f(x)$ 在区间 $[a,b]$ 上的最大值和最小值，则 $m(b-a) \leqslant \int_a^b f(x)\mathrm{d}x \leqslant M(b-a)$。通过这个性质，我们可以大致估计定积分的值的范围。例如，对于函数 $f(x) = \sin x$ 在区间 $[0, \pi]$ 上，$m = 0$，$M = 1$，则 $0 \times (\pi - 0) \leqslant \int_0^\pi \sin x\mathrm{d}x \leqslant 1 \times (\pi - 0)$，即 $0 \leqslant \int_0^\pi \sin x\mathrm{d}x \leqslant \pi$。

4.2.2 定积分的计算方法

分部积分法基于两个函数乘积的求导法则推导而来。设函数 $u = u(x)$ 与 $v = v(x)$ 在区间 $[a,b]$ 上具有连续导数，则 $(uv)' = u'v + uv'$，移项可得 $uv' = (uv)' - u'v$。两边在区间 $[a,b]$ 上积分，得到 $\int_a^b uv'\mathrm{d}x = [uv]_a^b - \int_a^b u'v\mathrm{d}x$，这就是定积分的分部积分公式。

例如，计算 $\int_0^1 x\mathrm{e}^x\mathrm{d}x$。令 $u = x$，$v' = \mathrm{e}^x$，则 $u' = 1$，$v = \mathrm{e}^x$。根据分部积分公式

$$\int_0^1 x\mathrm{e}^x\mathrm{d}x = [x\mathrm{e}^x]_0^1 - \int_0^1 \mathrm{e}^x\mathrm{d}x = (1 \times \mathrm{e}^1 - 0 \times \mathrm{e}^0) - (\mathrm{e}^1 - \mathrm{e}^0) = \mathrm{e} - (\mathrm{e} - 1) = 1$$

定积分的变量代换法类似于不定积分的换元法，但需要注意积分限的变化。设函数 $f(x)$ 在区间 $[a,b]$ 上连续，函数 $x = \varphi(t)$ 满足：$\varphi(\alpha) = a$，$\varphi(\beta) = b$；$\varphi(t)$ 在 $[\alpha, \beta]$（或 $[\beta, \alpha]$）上具有连续导数，且其值域 $R_\varphi \subseteq [a,b]$。则有 $\int_a^b f(x)\mathrm{d}x = \int_\alpha^\beta f(\varphi(t))\varphi'(t)\mathrm{d}t$。

例如，计算 $\int_0^1 \sqrt{1 - x^2}\mathrm{d}x$。令 $x = \sin t$，则 $\mathrm{d}x = \cos t\mathrm{d}t$。当 $x = 0$ 时，$t = 0$；当 $x = 1$ 时，$t = \dfrac{\pi}{2}$。于是

原积分变为 $\int_0^1 \sqrt{1-x^2} dx = \int_0^{\frac{\pi}{2}} \sqrt{1-\sin^2 t} \cos t dt = \int_0^{\frac{\pi}{2}} \cos^2 t dt = \int_0^{\frac{\pi}{2}} \frac{1+\cos 2t}{2} dt = \frac{\pi}{4}$。

4.2.3 使用 SciPy 计算定积分并进行数值验证

在 Python 中，scipy.integrate 模块提供了多种数值积分的方法，可以用来计算定积分。使用 scipy.integrate.quad 函数，我们可以对一元函数进行定积分的计算，该函数返回积分的值和估计的误差。

实例4-2 计算简单函数的定积分（源码路径：codes\4\chap4.2.py）

本实例使用quad函数计算定积分，并将之与使用黎曼和近似计算的结果进行对比。

```python
from scipy.integrate import quad
# 导入 NumPy 库，用于数值计算和数组操作
import numpy as np

def f(x):
    return x**2

result, error = quad(f, 0, 1)
print(f"定积分结果：{result}")
print(f"估计误差：{error}")

# 为了进一步验证计算结果的准确性，可以通过数值方法进行对比。
# 例如，使用黎曼和来近似计算定积分。以右黎曼和为例
# 划分的小区间数量
n = 10000
# 积分下限
a = 0
# 积分上限
b = 1
# 每个小区间的宽度
dx = (b - a) / n
# 生成每个小区间的右端点的 x 值
x = np.linspace(a + dx, b, n)
# 计算每个右端点对应的函数值
y = f(x)
# 计算右黎曼和
riemann_sum = np.sum(y * dx)
# 打印右黎曼和的近似结果
print(f"右黎曼和近似结果：{riemann_sum}")
```

上述代码中，定义了函数$f(x) = x^2$，然后使用quad函数计算$f(x)$在区间[0,1]上的定积分。quad函数返回定积分结果和估计误差，运行结果会显示定积分的近似值以及估计误差。理论上 $\int_0^1 x^2 dx = \frac{1}{3}$，通过quad函数计算得到的结果会非常接近理论值。为了进一步验证计算结果的准确性，

可以通过数值方法进行对比。例如，使用黎曼和来近似计算定积分。以右黎曼和为例：上述代码将区间 [0,1] 划分为 n 个小区间，计算每个小区间右端点的函数值，乘以小区间长度并求和，得到右黎曼和。随着 n 的增大，右黎曼和越来越接近定积分的真实值，通过与 quad 函数计算结果对比，可以验证定积分计算的准确性。

4.3 积分与面积、体积

积分在数学分析里是一个极为关键的工具，它搭建起了从抽象数学理论到具体几何度量的桥梁。在解决各类几何图形的面积和体积问题时，积分发挥着不可替代的作用，把复杂的几何形状通过数学计算转化为具体的数值，帮助我们精准地认识和度量这些图形。接下来，我们会深入剖析积分在求平面图形面积和旋转体体积中的应用，并且借助 Python 实例，展示如何计算复杂图形的面积与体积，以及通过可视化的方式更直观地理解它们。

4.3.1 积分在求平面图形面积中的应用

在平面直角坐标系中，当面对由连续函数 $y=f(x)$ 和 $y=g(x)$（其中 $f(x) \geq g(x)$），以及直线 $x=a$、$x=b$（$a<b$）所围成的平面图形时，我们可以利用定积分来计算它的面积。其计算公式为 $S=\int_a^b (f(x)-g(x))\mathrm{d}x$。这个公式的原理是：将区间 $[a,b]$ 分割成 n 个小区间，在每个小区间上，把曲边梯形近似看作矩形，矩形的高是 $f(x)-g(x)$，宽是 $\mathrm{d}x$，然后对这些矩形的面积进行累加，就得到了整个图形的面积。

比如，我们来求由 $y=x^2$ 和 $y=x$ 所围成的图形面积。首先，要找到这两条曲线的交点，也就是联立方程组 $\begin{cases} y=x^2 \\ y=x \end{cases}$。将 $y=x$ 代入 $y=x^2$，得到 $x=x^2$，移项后为 $x^2-x=0$，提取公因式 x 得到 $x(x-1)=0$，所以解得 $x=0$ 或者 $x=1$。这两个交点确定了我们要求面积的区间是 $[0,1]$。在这个区间内，通过比较 $y=x^2$ 和 $y=x$ 的大小，可以发现 $x \geq x^2$。那么根据面积公式，该图形的面积为 $S=\int_0^1 (x-x^2)\mathrm{d}x=\left[\dfrac{1}{2}x^2-\dfrac{1}{3}x^3\right]_0^1=\dfrac{1}{6}$。

当平面图形是由多条曲线分段围成时，我们的处理方法是把图形分割成多个部分，分别计算每一部分的面积，最后再将它们加起来。例如，由 $y=\sin x$，$y=\cos x$，$x=0$，$x=\dfrac{\pi}{2}$ 围成的图形，我们需要先确定在不同区间内哪条曲线在上方。在区间 $[0,\dfrac{\pi}{4}]$ 上，$\cos x \geq \sin x$；在区间 $[\dfrac{\pi}{4},\dfrac{\pi}{2}]$ 上，$\sin x \geq \cos x$。所以该图形的面积为 $S=\int_0^{\frac{\pi}{4}}(\cos x-\sin x)\mathrm{d}x+\int_{\frac{\pi}{4}}^{\frac{\pi}{2}}(\sin x-\cos x)\mathrm{d}x$。

4.3.2 积分在求旋转体体积中的应用

假设函数 $y=f(x)$ 在区间 $[a,b]$ 上是连续的，由曲线 $y=f(x)$，直线 $x=a$，$x=b$ 以及 x 轴

所围成的曲边梯形绕 x 轴旋转一周后，形成的旋转体体积 V_x 可以通过定积分来计算，公式是 $V_x = \pi \int_a^b [f(x)]^2 dx$。这个公式的推导思路是：将区间 $[a,b]$ 分割成许多小区间，每个小区间上的小曲边梯形绕 x 轴旋转后形成一个薄片，这个薄片近似看作一个圆柱体，圆柱体的底面半径是 $f(x)$，高是 dx，根据圆柱体体积公式 $V = \pi r^2 h$（这里 $r = f(x)$，$h = dx$），对这些薄片的体积进行累加，就得到了旋转体的体积。

例如，求由 $y = x^2$，$x = 1$，$x = 2$ 及 x 轴围成的图形绕 x 轴旋转一周所得旋转体的体积。根据上述公式，$V_x = \pi \int_1^2 (x^2)^2 dx = \pi \int_1^2 x^4 dx = \pi \left[\frac{1}{5} x^5 \right]_1^2 = \pi \left(\frac{1}{5} \times 2^5 - \frac{1}{5} \times 1^5 \right) = \pi \left(\frac{32}{5} - \frac{1}{5} \right) = \frac{31\pi}{5}$。

当函数 $x = g(y)$ 在区间 $[c,d]$ 上连续时，由曲线 $x = g(y)$，直线 $y = c$，$y = d$ 以及 y 轴所围成的曲边梯形绕 y 轴旋转一周形成的旋转体体积 V_y，其计算公式为 $V_y = \pi \int_c^d [g(y)]^2 dy$。原理和绕 x 轴旋转类似，也是将区间 $[c,d]$ 分割，把每个小曲边梯形绕 y 轴旋转后形成的薄片近似看作圆柱体，然后累加这些圆柱体的体积。

例如，对于 $x = \sqrt{y}$，$y = 1$，$y = 4$ 及 y 轴围成的图形绕 y 轴旋转一周的体积。其中 $g(y) = \sqrt{y}$，则体积为 $V_y = \pi \int_1^4 (\sqrt{y})^2 dy = \pi \int_1^4 y dy = \pi \left[\frac{1}{2} y^2 \right]_1^4 = \pi \left(\frac{1}{2} \times 4^2 - \frac{1}{2} \times 1^2 \right) = \pi \left(\frac{16}{2} - \frac{1}{2} \right) = \frac{15\pi}{2}$。

如果旋转体由多个不同部分组成，就需要分别计算每一部分的体积，最后求和得到总体积。

4.3.3 Python 实例：计算复杂图形的面积与体积并进行可视化

在 Python 中，我们利用 scipy.integrate 库来进行积分的计算，Matplotlib 库用于数据可视化，NumPy 库用于高效的数值计算。

实例 4-3 计算图形的面积与体积（源码路径：codes\4\chap4.3.py）

本实例使用 quad 函数计算定积分，得到图形的面积和旋转体的体积。通过绘制三维旋转体的图形，我们能将抽象的积分计算结果转化为直观的图形，更好地理解积分在几何度量中的应用。

```python
# 示例一：两条曲线围成的图形
# 计算由 y = x^3, y = x^2 + 1, x = 1, x = 2 围成图形的面积
def f1(x):
    return x**3
def f2(x):
    return x**2 + 1


# 使用 quad 函数计算两条曲线在区间 [1, 2] 上差值的积分
# quad 函数返回两个值，第一个是积分结果，第二个是估计的误差
area, error = quad(lambda x: f2(x) - f1(x), 1, 2)
print(f"图形面积为：{area}")
```

定义了两个函数 $f_1(x)$ 和 $f_2(x)$ 分别表示两条曲线，然后使用 quad 函数来计算它们在区间 $[1,2]$ 上差值的积分，得到图形的面积，即差值积分的绝对值。quad 函数返回的 error 是估计的误差。

```python
# 示例二：三条曲线围成的图形
# 计算由 y = x^2, y = 2x, y = -x + 3 在 x ∈ [0, 1] 区间围成图形的面积
# 首先需要确定在该区间内曲线的上下位置关系，
# 定义第三个函数 f3(x) = x^2
def f3(x):
    return x**2


# 定义第四个函数 f4(x) = 2 * x
def f4(x):
    return 2 * x


# 定义第五个函数 f5(x) = -x + 3
def f5(x):
    return -x + 3


area1, error1 = quad(lambda x: f4(x) - f3(x), 0, 1)
area2, error2 = quad(lambda x: f4(x) - f5(x), 0, 1)
# 计算三条曲线围成图形的总面积
total_area = area1 - area2
print(f"三条曲线围成图形的面积为：{total_area}")


# 计算复杂图形的体积
# 示例三：简单函数绕 x 轴旋转
# 计算由 y = x^2 , x = 1 , x = 3 及 x 轴围成图形绕 x 轴旋转一周的体积
# 定义第六个函数 f6(x) = x^2
def f6(x):
    return x**2


# 利用 quad 函数计算 π * [f6(x)]^2 在区间 [1, 3] 上的积分，从而得到旋转体的体积
volume, error = quad(lambda x: np.pi * f6(x)**2, 1, 3)
print(f"旋转体体积为：{volume}")


# 示例四：复杂函数绕 y 轴旋转
# 计算由 x = y^2 + 1, y = 1, y = 2 及 y 轴围成图形绕 y 轴旋转一周的体积
# 定义第七个函数 f7(y) = y^2 + 1
def f7(y):
    return y**2 + 1


# 利用 quad 函数计算 π * [f7(y)]^2 在区间 [1, 2] 上的积分，得到绕 y 轴旋转体的体积
volume_y, error_y = quad(lambda y: np.pi * f7(y)**2, 1, 2)
print(f"绕 y 轴旋转体体积为：{volume_y}")

# 对于两条曲线围成图形的可视化
# 生成 x 轴上 [1, 2] 区间内的 100 个点
x_vals = np.linspace(1, 2, 100)
y1_vals = f1(x_vals)
y2_vals = f2(x_vals)
# 创建一个新的图形窗口，设置图形大小为 8×6 英寸
plt.figure(figsize=(8, 6))
```

```python
plt.plot(x_vals, y1_vals, label='y = x^3')
plt.plot(x_vals, y2_vals, label='y = x^2 + 1')
# 填充两条曲线之间的区域，where 条件指定只填充 y2_vals >= y1_vals 的部分
plt.fill_between(x_vals, y1_vals, y2_vals, where=(y2_vals >= y1_vals),
                 color='gray', alpha=0.5)
plt.xlabel('x')
plt.ylabel('y')
plt.title('Area between two curves')
plt.legend()
plt.show()
# 这段代码使用 np.linspace 生成 x 轴上 [1,2] 区间内的 100 个点，
# 并使用 fill_between 函数填充两条曲线之间的区域，直观展示图形的面积

# 对于三条曲线围成图形的可视化
# 生成 x 轴上 [0, 1] 区间内的 100 个点
x_vals_three = np.linspace(0, 1, 100)
y3_vals = f3(x_vals_three)
y4_vals = f4(x_vals_three)
y5_vals = f5(x_vals_three)
# 创建一个新的图形窗口，设置图形大小为 8×6 英寸
plt.figure(figsize=(8, 6))
plt.plot(x_vals_three, y3_vals, label='y = x^2')
plt.plot(x_vals_three, y4_vals, label='y = 2x')
plt.plot(x_vals_three, y5_vals, label='y = -x + 3')
# 填充 y4 与 y3 之间的区域，where 条件指定只填充 y4_vals >= y3_vals 的部分
plt.fill_between(x_vals_three, y4_vals, y3_vals,
                 where=(y4_vals >= y3_vals), color='blue', alpha=0.5)
# 填充 y4 与 y5 之间的区域，where 条件指定只填充 y4_vals >= y5_vals 的部分
plt.fill_between(x_vals_three, y4_vals, y5_vals,
                 where=(y4_vals >= y5_vals), color='red', alpha=0.5)
plt.xlabel('x')
plt.ylabel('y')
plt.title('Area among three curves')
plt.legend()
plt.show()

# 旋转体体积可视化，以绕 x 轴旋转为例，绘制三维图形
# 创建一个新的图形窗口，设置图形大小为 10×8 英寸
fig = plt.figure(figsize=(10, 8))
# 添加一个 3D 子图
ax = fig.add_subplot(111, projection='3d')
x_vals = np.linspace(1, 3, 100)
y_vals = f6(x_vals)
# 生成角度 theta 的值，范围从 0 到 2π，共 100 个点
theta = np.linspace(0, 2 * np.pi, 100)
# 生成网格点
X, Theta = np.meshgrid(x_vals, theta)
Y = y_vals * np.cos(Theta)
Z = y_vals * np.sin(Theta)
ax.plot_surface(X, Y, Z, cmap='viridis')
```

```
ax.set_xlabel('x')
ax.set_ylabel('y')
ax.set_zlabel('z')
ax.set_title('Volume of solid of revolution around x - axis')
plt.show()
```

这段代码通过np.meshgrid生成网格数据,结合极坐标变换,使用ax.plot_surface绘制三维旋转体的表面,使用viridis颜色映射能够直观地看到旋转体的形状和体积,如图4-1所示。通过这些Python 代码,我们能将抽象的积分计算结果转化为直观的图形,更好地理解积分在几何度量中的应用。

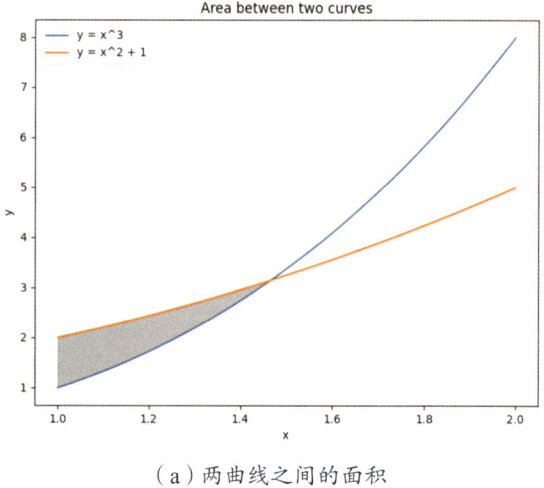

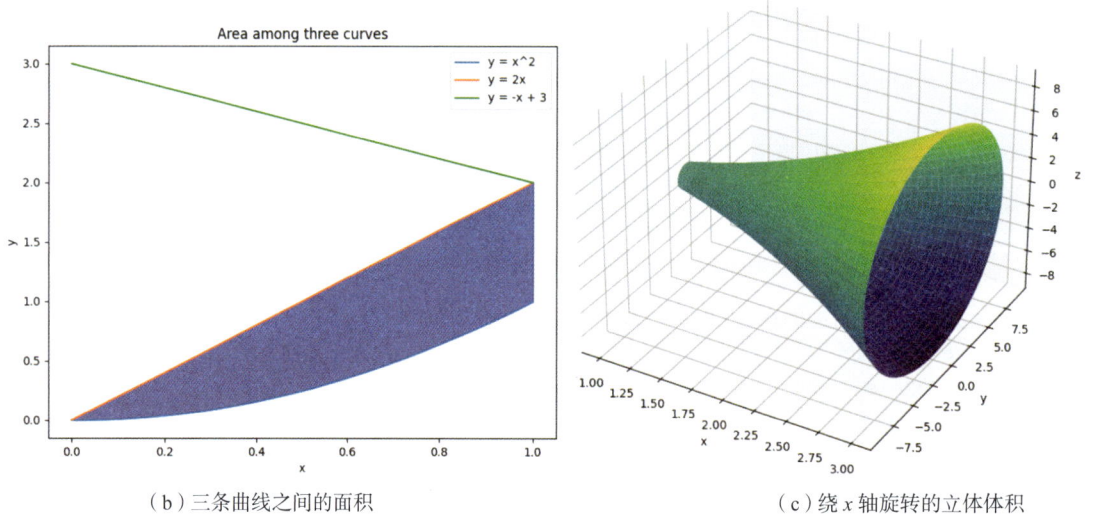

(a)两曲线之间的面积

(b)三条曲线之间的面积　　(c)绕 x 轴旋转的立体体积

图4-1　执行效果

4.4　积分与概率与统计

4.4.1　概率密度函数与积分的关系

在概率论中,对于连续型随机变量,概率密度函数(Probability Density Function,PDF)起着关键作用。PDF描述了连续型随机变量在各个取值点附近的概率分布情况。

设 X 是一个连续型随机变量,其PDF为 $f(x)$。PDF具有以下性质。

非负性: $f(x) \geq 0$,对于所有的 $x \in (-\infty, +\infty)$ 成立,保证了概率的非负性。

归一性: $\int_{-\infty}^{+\infty} f(x)dx = 1$,表示随机变量在整个实数轴上取值的总概率为1。

从几何意义上看,$f(x)$ 与 x 轴之间所围成的面积等于1。对于任意区间 $[a,b]$,随机变量 X 落在该区间内的概率 $P(a \leq X \leq b)$ 可以通过积分计算,即 $P(a \leq X \leq b) = \int_a^b f(x)dx$。这表明积分在描述连续型随机变量的概率分布时起到了核心作用。例如,在均匀分布 $U(a,b)$ 中,其PDF为 $f(x) = \begin{cases} \dfrac{1}{b-a}, & a \leq x \leq b \\ 0, & \text{其他} \end{cases}$,那么 $P(c \leq X \leq d)$(其中 $a \leq c \leq d \leq b$)就等于 $\int_c^d \dfrac{1}{b-a}dx = \dfrac{d-c}{b-a}$。

4.4.2 积分在期望、方差与协方差计算中的应用

期望(Expected Value)是随机变量的重要数字特征之一,它反映了随机变量取值的平均水平。对于连续型随机变量 X,其期望 $E(X)$ 的定义为 $E(X) = \int_{-\infty}^{+\infty} xf(x)dx$,其中,$f(x)$ 是 X 的概率密度函数。直观上,期望是随机变量的每一个可能取值 x 与其对应的概率密度 $f(x)$ 的乘积在整个取值范围内的积分。例如,对于指数分布 $X \sim \exp(\lambda)$,其PDF为 $f(x) = \begin{cases} \lambda e^{-\lambda x}, & x \geq 0 \\ 0, & x < 0 \end{cases}$,通过积分计算期望 $E(X) = \int_0^{+\infty} x \cdot \lambda e^{-\lambda x}dx$,利用分部积分法可得 $E(X) = \dfrac{1}{\lambda}$。

方差(Variance)用于衡量随机变量的取值相对于其期望的离散程度。连续型随机变量 X 的方差 $D(X)$ 定义为 $D(X) = E((X - E(X))^2) = \int_{-\infty}^{+\infty} (x - E(X))^2 f(x)dx$。展开可得

$$D(X) = \int_{-\infty}^{+\infty} (x^2 - 2xE(X) + E(X)^2) f(x)dx = \int_{-\infty}^{+\infty} x^2 f(x)dx - 2E(X) \int_{-\infty}^{+\infty} xf(x)dx + E(X)^2 \int_{-\infty}^{+\infty} f(x)dx$$

由于 $\int_{-\infty}^{+\infty} xf(x)dx = E(X)$ 且 $\int_{-\infty}^{+\infty} f(x)dx = 1$,所以 $D(X) = \int_{-\infty}^{+\infty} x^2 f(x)dx - E(X)^2$。以正态分布 $N(\mu, \sigma^2)$ 为例,通过复杂的积分运算可以得到其方差 $D(X) = \sigma^2$。

协方差(Covariance)用于衡量两个随机变量之间的线性相关程度。设 X 和 Y 是两个连续型随机变量,它们的协方差 $\text{cov}(X,Y)$ 定义为 $\text{cov}(X,Y) = E((X - E(X))(Y - E(Y)))$,即 $\text{cov}(X,Y) = \int_{-\infty}^{+\infty} \int_{-\infty}^{+\infty} (x - E(X))(y - E(Y))f(x,y)dxdy$,其中 $f(x,y)$ 是 X 和 Y 的联合PDF。如果 X 和 Y 相互独立,那么 $\text{cov}(X,Y) = 0$,但反之不成立。协方差的计算同样依赖于积分运算,它在多元统计分析、金融风险评估等领域有着广泛的应用。

4.4.3 利用积分求解连续型随机变量的期望与方差

在 Python 中,我们可以使用 scipy.integrate 库进行积分运算,从而求解连续型随机变量的期望与方差。

实例4-4 求解连续型随机变量的期望与方差（源码路径：codes\4\chap4.4.py）

本实例使用quad函数计算服从正态分布的随机变量的期望和方差。通过这个实例，我们可以看到如何利用Python中的积分工具来解决概率统计中的实际问题，为进一步的数据分析和建模提供了有力的支持。

```python
# mu 是正态分布的均值，sigma 是正态分布的标准差
def normal_pdf(x, mu, sigma):
    # 根据正态分布的概率密度函数公式进行计算
    return (1 / (sigma * np.sqrt(2 * np.pi))) * np.exp(-((x - mu) ** 2) /
        (2 * sigma ** 2))

# 计算期望
def calculate_mean(mu, sigma):
    # 定义被积函数，期望的计算需要对 x 乘以概率密度函数进行积分
    def integrand(x):
        return x * normal_pdf(x, mu, sigma)
    # 使用 quad 函数计算积分，积分区间为负无穷到正无穷
    # quad 函数返回两个值，第一个是积分结果，第二个是估计误差，这里我们只取积分结果
    result, _ = quad(integrand, -np.inf, np.inf)
    return result

# 计算方差
def calculate_variance(mu, sigma):
    # 定义被积函数，方差的计算需要对 (x - mu) 的平方乘以概率密度函数进行积分
    def integrand(x):
        return (x - mu) ** 2 * normal_pdf(x, mu, sigma)
    # 使用 quad 函数计算积分，积分区间为负无穷到正无穷
    # quad 函数返回两个值，第一个是积分结果，第二个是估计误差，这里我们只取积分结果
    result, _ = quad(integrand, -np.inf, np.inf)
    return result

# 设定正态分布的均值为 0
mu = 0
# 设定正态分布的标准差为 1
sigma = 1
# 调用 calculate_mean 函数计算期望
mean = calculate_mean(mu, sigma)
# 调用 calculate_variance 函数计算方差
variance = calculate_variance(mu, sigma)
print(f"期望为：{mean}")
print(f"方差为：{variance}")
```

定义了正态分布的PDF normal_pdf，然后分别定义了计算期望的calculate_mean函数和计算方差的calculate_variance函数。在这些函数的实现过程中，借助quad函数进行积分运算。quad函数是scipy.integrate库中用于数值积分的函数，可以针对给定的函数在指定区间上执行积分操作。运行

代码后，我们可以得到正态分布的期望和方差，并将其与理论值进行对比，以此验证积分计算的正确性。

通过对积分与概率统计关系的深入探讨，我们不仅在理论层面理解了PDF、期望、方差和协方差等概念与积分之间的紧密联系，还通过 Python 实例掌握了利用积分求解连续型随机变量数字特征的实际方法，这对于解决各种实际问题具有重要意义。在科学研究、工程技术和金融经济等诸多领域，概率统计与积分的结合都为我们提供了强大的分析工具。在未来的学习和工作中，我们可以进一步探索这些知识在更复杂场景下的应用，如在机器学习中的概率模型构建、信号处理中的噪声分析等方面的应用。

4.5 微积分基本定理

微积分基本定理揭示了微分与积分之间的深刻联系，表明一个函数的定积分可以通过其原函数在积分区间的端点值之差来计算，即牛顿-莱布尼茨公式。这一定理不仅为定积分的计算提供了简便方法，还奠定了微积分在数学分析中的基础地位。

4.5.1 牛顿-莱布尼茨公式

在数学的发展历程中，微积分的诞生无疑是一座具有划时代意义的里程碑，而牛顿-莱布尼茨公式作为微积分中的核心成果之一，为定积分的计算提供了一种极为简洁且强大的方法，将微分学与积分学紧密地联系在一起，揭示了二者之间深刻的内在关联。

我们先来回顾一下定积分的定义。设函数 $f(x)$ 在区间 $[a,b]$ 上有定义，将区间 $[a,b]$ 任意分成 n 个小区间 $[x_{i-1}, x_i]$，$i=1,2,\cdots,n$，其中 $a = x_0 < x_1 < \cdots < x_n = b$。在每个小区间 $[x_{i-1}, x_i]$ 上任取一点 ξ_i，作和式 $\sum_{i=1}^{n} f(\xi_i)\Delta x_i$，其中 $\Delta x_i = x_i - x_{i-1}$。当 $\lambda = \max\{\Delta x_1, \Delta x_2, \cdots, \Delta x_n\} \to 0$ 时，如果和式的极限存在，且此极限与区间 $[a,b]$ 的分法及点 ξ_i 的取法无关，则称函数 $f(x)$ 在区间 $[a,b]$ 上可积，并称此极限为函数 $f(x)$ 在区间 $[a,b]$ 上的定积分，记作 $\int_a^b f(x)\mathrm{d}x$。

牛顿-莱布尼茨公式表述为：如果函数 $F(x)$ 是连续函数 $f(x)$ 在区间 $[a,b]$ 上的一个原函数，即 $F'(x) = f(x)$，那么 $\int_a^b f(x)\mathrm{d}x = F(b) - F(a)$。

这个公式的意义非凡。在牛顿-莱布尼茨公式出现之前，计算定积分往往需要通过复杂的求和极限运算。例如，对于函数 $f(x) = x^2$ 在区间 $[1,2]$ 上的定积分，如果按照定积分的原始定义来计算，需要将区间 $[1,2]$ 进行分割，设分成 n 个小区间，每个小区间的长度为 $\Delta x = \frac{2-1}{n} = \frac{1}{n}$，取每个小区间的右端点 $\xi_i = 1 + i\Delta x = 1 + \frac{i}{n}$，$i=1,2,\cdots,n$，则和式为 $\sum_{i=1}^{n} f(\xi_i)\Delta x_i = \sum_{i=1}^{n}(1+\frac{i}{n})^2 \cdot \frac{1}{n}$，展开并化简这个和式：

$$\sum_{i=1}^{n}(1+\frac{2i}{n}+\frac{i^2}{n^2}) \cdot \frac{1}{n} = \sum_{i=1}^{n}(\frac{1}{n}+\frac{2i}{n^2}+\frac{i^2}{n^3}) = \frac{1}{n}\sum_{i=1}^{n}1 + \frac{2}{n^2}\sum_{i=1}^{n}i + \frac{1}{n^3}\sum_{i=1}^{n}i^2$$

我们知道 $\sum_{i=1}^{n}1=n$，$\sum_{i=1}^{n}i=\frac{n(n+1)}{2}$，$\sum_{i=1}^{n}i^2=\frac{n(n+1)(2n+1)}{6}$，代入上式可得

$$\frac{1}{n}\cdot n+\frac{2}{n^2}\cdot\frac{n(n+1)}{2}+\frac{1}{n^3}\cdot\frac{n(n+1)(2n+1)}{6}=1+(1+\frac{1}{n})+\frac{(1+\frac{1}{n})(2+\frac{1}{n})}{6}$$

当 $n\to\infty$ 时，求这个极限得到定积分的值。这个过程相当复杂，需要对求和公式和极限运算有深入的理解并掌握熟练的技巧。而有了牛顿-莱布尼茨公式，对于 $f(x)=x^2$，我们知道它的一个原函数是 $F(x)=\frac{1}{3}x^3$，那么根据公式 $\int_{1}^{2}x^2\mathrm{d}x=F(2)-F(1)=\frac{1}{3}\times 2^3-\frac{1}{3}\times 1^3=\frac{8}{3}-\frac{1}{3}=\frac{7}{3}$，计算过程变得简洁明了。

牛顿-莱布尼茨公式的历史渊源也十分值得探究。在17世纪，牛顿和莱布尼茨几乎同时独立地建立了这个公式。牛顿在研究运动学问题时，通过对速度和位移关系的深入思考，从物理的角度得出了类似的结论。他将位移视作速度的积累，通过对速度函数的积分计算位移，从而建立了微分与积分之间的联系。莱布尼茨则从几何的角度出发，研究曲线下的面积问题，通过对无穷小量的巧妙运用，推导出了这一重要公式。他们的工作虽然出发点不同，但都揭示了微积分的本质，为数学的发展开辟了新的道路。

4.5.2 微积分基本定理的推导与应用

微积分基本定理是牛顿-莱布尼茨公式的理论基础，它的推导过程揭示了定积分与原函数之间的内在逻辑关系。

假设一个物体做直线运动，其速度函数为 $v(t)$，t 的取值范围是 $[a,b]$。速度是位移对时间的导数，即 $v(t)=s'(t)$，其中 $s(t)$ 是位移函数。根据定积分的物理意义，物体在时间区间 $[a,b]$ 内的位移 s 可以通过速度函数 $v(t)$ 在该区间上的定积分来计算，即 $s=\int_{a}^{b}v(t)\mathrm{d}t$。另外，从位移函数的角度来考虑。如果已知位移函数 $s(t)$，那么物体在时间区间 $[a,b]$ 内的位移就是 $s(b)-s(a)$。由于 $v(t)=s'(t)$，这就意味着 $\int_{a}^{b}s'(t)\mathrm{d}t=s(b)-s(a)$。将这个结论推广到一般的函数 $f(x)$ 和它的原函数 $F(x)$，即 $F'(x)=f(x)$，就得到了微积分基本定理：如果函数 $F(x)$ 是连续函数 $f(x)$ 在区间 $[a,b]$ 上的一个原函数，那么 $\int_{a}^{b}f(x)\mathrm{d}x=F(b)-F(a)$。

从数学分析的角度，我们可以通过更严谨的方法来证明微积分基本定理。设 $f(x)$ 在区间 $[a,b]$ 上连续，定义函数 $F(x)=\int_{a}^{x}f(t)\mathrm{d}t$，$x\in[a,b]$。我们来证明 $F(x)$ 是 $f(x)$ 的一个原函数，即 $F'(x)=f(x)$。

根据导数的定义，$F'(x)=\lim_{\Delta x\to 0}\frac{F(x+\Delta x)-F(x)}{\Delta x}$，$F(x+\Delta x)-F(x)=\int_{a}^{x+\Delta x}f(t)\mathrm{d}t-\int_{a}^{x}f(t)\mathrm{d}t=\int_{x}^{x+\Delta x}f(t)\mathrm{d}t$。由积分中值定理，存在 $\xi\in[x,x+\Delta x]$，使得 $\int_{x}^{x+\Delta x}f(t)\mathrm{d}t=f(\xi)\Delta x$。所以 $\lim_{\Delta x\to 0}\frac{F(x+\Delta x)-F(x)}{\Delta x}=\lim_{\Delta x\to 0}\frac{f(\xi)\Delta x}{\Delta x}=\lim_{\Delta x\to 0}f(\xi)$。当 $\Delta x\to 0$ 时，$\xi\to x$，又因为 $f(x)$ 连续，所以

$\lim\limits_{\Delta x \to 0} f(\xi) = f(x)$,即 $F'(x) = f(x)$。这就证明了 $F(x)$ 是 $f(x)$ 的一个原函数,从而得到了微积分基本定理。

微积分基本定理在数学和其他科学领域有着广泛的应用,以下通过几个具体的例子来展示。

计算定积分: 例如,计算 $\int_0^\pi \sin x \mathrm{d}x$。$\sin x$ 的一个原函数是 $-\cos x$,根据牛顿–莱布尼茨公式,$\int_0^\pi \sin x \mathrm{d}x = -\cos \pi - (-\cos 0) = -(-1) - (-1) = 2$。

求解曲线围成的面积: 在平面直角坐标系中,求由曲线 $y = f(x)$,$x = a$,$x = b$ 和 x 轴围成的图形面积。根据定积分的几何意义,$S = \int_a^b |f(x)| \mathrm{d}x$。例如,求由曲线 $y = x^2$,$x = 1$,$x = 2$ 和 x 轴围成的图形面积。首先,因为在区间 $[1,2]$ 上 $y = x^2 \geq 0$,所以面积 $S = \int_1^2 x^2 \mathrm{d}x$。由前面的计算可知,$\int_1^2 x^2 \mathrm{d}x = \frac{7}{3}$,即 $S = \frac{7}{3}$。

计算变速直线运动的路程: 在物理中,对于做变速直线运动的物体,已知其速度函数 $v(t)$,求在时间区间 $[a,b]$ 内物体运动的路程 s。根据前面提到的物理模型,$s = \int_a^b |v(t)| \mathrm{d}t$。例如,已知物体的速度函数 $v(t) = t^2 - 2t + 3$($t \in [0,3]$),求物体在这段时间内运动的路程。先对 $v(t)$ 进行分析,判断其在区间 $[0,3]$ 上的正负性。对 $v(t)$ 求根,令 $t^2 - 2t + 3 = 0$,$\Delta = (-2)^2 - 4 \times 3 = -8 < 0$,所以 $v(t)$ 在 R 上恒大于 0,则路程 $s = \int_0^3 (t^2 - 2t + 3) \mathrm{d}t$。$t^2 - 2t + 3$ 的一个原函数是 $\frac{1}{3}t^3 - t^2 + 3t$,所以 $s = (\frac{1}{3} \times 3^3 - 3^2 + 3 \times 3) - (\frac{1}{3} \times 0^3 - 0^2 + 3 \times 0) = 9 - 9 + 9 - 0 = 9$。

求解微分方程: 在微分方程的求解中,微积分基本定理也发挥着重要作用。例如,在一阶线性微分方程 $\frac{\mathrm{d}y}{\mathrm{d}x} + P(x)y = Q(x)$ 的求解中,其通解公式的推导就用到了积分因子法,而积分因子的计算过程离不开微积分基本定理。通过将方程两边同乘以积分因子 $e^{\int P(x) \mathrm{d}x}$,利用乘积的求导法则和微积分基本定理,将方程转化为可直接积分求解的形式。

4.5.3 利用数值积分验证牛顿–莱布尼茨公式

在现代科学计算中,编程语言 Python 为我们验证和应用数学理论提供了强大的工具。下面我们利用 Python 的数值积分实例对牛顿–莱布尼茨公式进行验证。

实例4-5 数值验证牛顿–莱布尼茨公式(源码路径:codes\4\chap4.5.py)

以函数 $f(x) = x^2$ 在区间 $[1,2]$ 上的积分为例,对牛顿–莱布尼茨公式进行数值验证。

首先,我们需要定义 $f(x)$ 及其原函数 $F(x)$。

```python
# 定义函数 f(x) = x^2
def f(x):
    return x ** 2
```

```python
# 定义函数 f(x) 的原函数 F(x) = (1/3) * x^3
def F(x):
    return (1 / 3) * x ** 3

# 计算定积分理论值
# 积分下限
a = 1
# 积分上限
b = 2
# 根据牛顿 - 莱布尼茨公式，定积分的值等于原函数在积分上限的值减去在积分下限的值
theoretical_value = F(b) - F(a)
print(f"函数 f(x) = x^2 在区间 [{a}, {b}] 上的定积分理论值为：{theoretical_value}")
# 上述代码，我们可以得到函数 f(x) = x^2 在区间 [1,2] 上的定积分理论值为 7/3

# 接下来，我们利用 Python 的数值积分库 scipy.integrate 来计算数值积分，以验证牛顿 - 莱布尼茨公式的正确性
# 从 scipy.integrate 库导入 quad 函数，用于计算定积分
from scipy.integrate import quad
# 计算定积分数值解
# quad 函数返回两个值，第一个是积分结果，第二个是估计误差，这里我们只取积分结果
numerical_value, _ = quad(f, a, b)
print(f"函数 f(x) = x^2 在区间 [{a}, {b}] 上的定积分数值解为：{numerical_value}")
# 从而验证了牛顿-莱布尼茨公式对于该函数积分计算的正确性。

# 验证复杂函数的积分
# 我们考虑一个更复杂的函数 f(x) = sin(x) + x^3 在区间 [0, π] 上的积分
# 同样，先定义函数及其原函数
# 定义复杂函数 f_complex(x) = sin(x) + x^3
def f_complex(x):
    return np.sin(x) + x ** 3

# 定义复杂函数 f_complex(x) 的原函数 F_complex(x) = -cos(x) + (1/4) * x^4
def F_complex(x):
    return -np.cos(x) + (1 / 4) * x ** 4

# 计算定积分理论值
# 复杂函数积分下限
a_complex = 0
# 复杂函数积分上限
b_complex = np.pi
# 根据牛顿 - 莱布尼茨公式，计算复杂函数的定积分理论值
theoretical_value_complex = F_complex(b_complex) - F_complex(a_complex)
print(f"函数 f(x) = sin(x) + x^3 在区间 [{a_complex}, {b_complex}] 上的定积分
```

```
        理论值为：{theoretical_value_complex}")
# 利用 scipy.integrate 计算数值积分进行验证
# 计算定积分数值解
# quad 函数返回两个值，第一个是积分结果，第二个是估计误差，这里我们只取积分结果
numerical_value_complex, _ = quad(f_complex, a_complex, b_complex)
print(f"函数 f(x) = sin(x) + x^3 在区间 [{a_complex}, {b_complex}] 上的定积分
        数值解为：{numerical_value_complex}")
# 通过对比理论值和数值解，我们可以看到牛顿－莱布尼茨公式在计算复杂函数积分时同样有效

# 绘制函数及其积分的图形
# 为了更直观地理解积分的概念以及牛顿－莱布尼茨公式的应用，我们可以绘制函数 f(x) 以及其积
分 F(x) 的图形
# 生成 0 到 2 之间的 100 个均匀分布的 x 值
x_vals = np.linspace(0, 2, 100)
y_f = f(x_vals)
y_F = F(x_vals)

# 设置支持中文的字体，这里以 SimHei（黑体）为例
plt.rcParams['font.sans-serif'] = ['SimHei']
# 解决负号显示为方块的问题
plt.rcParams['axes.unicode_minus'] = False

plt.figure(figsize=(10, 6))
# 创建一个 2 行 1 列的子图布局，并选择第一个子图
plt.subplot(2, 1, 1)
# 绘制函数 f(x) = x^2 的曲线，并添加标签
plt.plot(x_vals, y_f, label='f(x) = x^2')
plt.xlabel('x')
plt.ylabel('f(x)')
plt.title('函数 f(x)')
plt.legend()
# 创建一个 2 行 1 列的子图布局，并选择第二个子图
plt.subplot(2, 1, 2)
# 绘制原函数 F(x) 的曲线，并添加标签
plt.plot(x_vals, y_F, label='F(x) = (1/3) * x^3')
plt.xlabel('x')
plt.ylabel('F(x)')
plt.title('原函数 F(x)')
plt.legend()
# 自动调整子图布局
plt.tight_layout()
plt.show()
```

执行上述代码后绘制了两张子图，分别展示函数 $f(x) = x^2$ 和 $F(x) = \frac{1}{3}x^3$ 在区间 $[0,2]$ 上的图像，如图 4-2 所示。

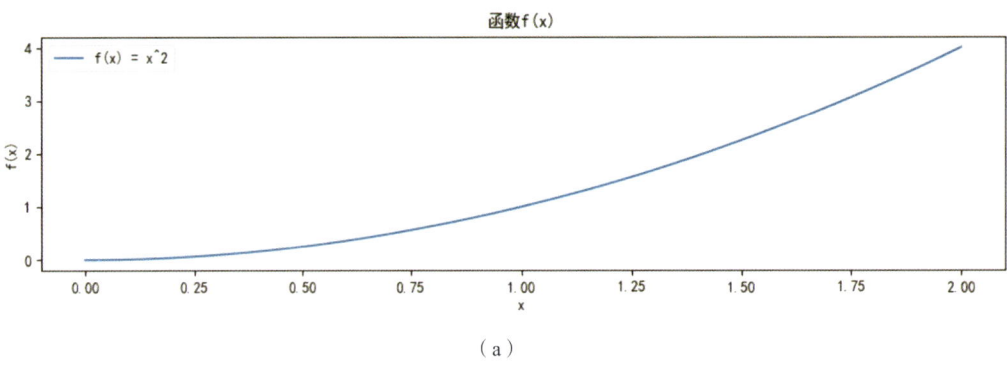

（a）

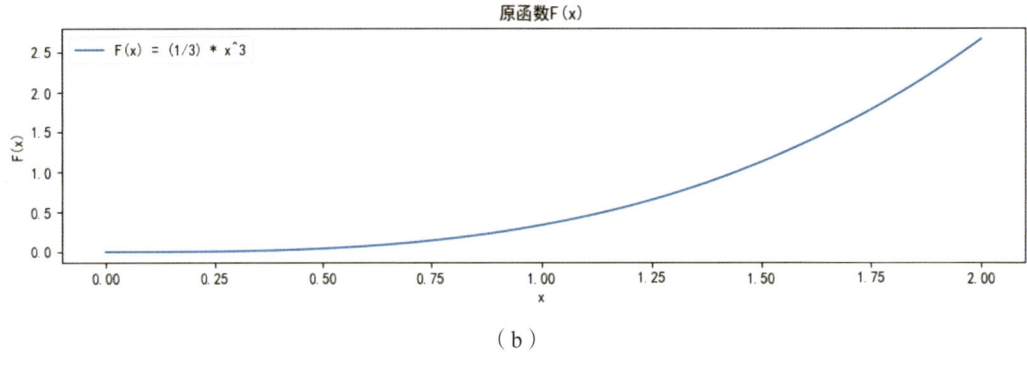

（b）

图 4-2　可视化图

4.6　积分在人工智能中的应用

积分在人工智能中具有关键作用，主要体现在通过损失函数的积分表示优化模型性能，利用积分计算正则化项以控制模型复杂度。此外，积分还被用于分析模型的泛化能力和稳定性，帮助设计更高效、更稳健的人工智能系统。

4.6.1　损失函数的积分表示

在人工智能领域，尤其是机器学习中，损失函数扮演着至关重要的角色。它用于衡量模型预测结果与真实标签之间的差异，通过最小化损失函数来调整模型的参数，使模型的预测尽可能接近真实值。积分在损失函数的构建和理解中有着深刻的应用。

以常见的均方误差（Mean Squared Error，MSE）损失函数为例，对于一个回归问题，假设我们有 n 个样本点 (x_i, y_i)（$i=1,2,\cdots,n$），模型的预测值为 $\hat{y}_i = f(x_i;\theta)$，其中 θ 是模型的参数。MSE 损失函数定义为 $\mathrm{MSE} = \dfrac{1}{n}\sum_{i=1}^{n}(y_i - \hat{y}_i)^2$。

从积分的角度来看，当样本点在某个连续的定义域上分布时，我们可以将上述离散的求和形式转化为积分形式。假设样本点 x 在区间 $[a,b]$ 连续分布，PDF 为 $p(x)$，则 MSE 损失函数可以表示为 $\mathrm{MSE} = \int_a^b p(x)(y(x) - \hat{y}(x))^2 \mathrm{d}x$。其中，$y(x)$ 是真实值关于 x 的函数，$\hat{y}(x)$ 是模型的预测值函数。积分的作用在于它能够对整个定义域上的误差进行加权求和，权重由 PDF $p(x)$ 决定。这种积分表示形式让我们从更宏观的角度理解损失函数，它考虑了样本在整个空间中的分布情况，而不仅仅是离散的样本点。

再如，交叉熵损失函数在分类问题中广泛应用。对于二元分类问题，假设真实标签 $y \in \{0,1\}$，模型预测的概率为 $\hat{p}(x)$，则交叉熵损失函数为 $L = -y\log(\hat{p}(x)) - (1-y)\log(1-\hat{p}(x))$。当样本点连续分布时，同样可以用积分表示。设样本 x 的 PDF 为 $p(x)$，则交叉熵损失函数的积分形式为：

$$L = -\int_a^b p(x)[y(x)\log(\hat{p}(x)) + (1-y(x))\log(1-\hat{p}(x))]\mathrm{d}x$$

通过积分表示，我们能更清晰地看到损失函数如何在整个样本空间中衡量模型预测与真实情况的差异，这对于理解模型的性能和优化方向具有重要意义。例如，在图像识别任务中，图像通常被视为一个连续的图像空间，通过积分形式的损失函数能够全面考虑图像中各个区域的预测误差，从而更有效地指导模型的训练。

4.6.2 积分在正则化与模型复杂度控制中的应用

在机器学习中，模型复杂度是一个关键问题。过于复杂的模型容易出现过拟合现象，即模型在训练数据上表现很好，但在测试数据上泛化能力差。正则化是一种常用的控制模型复杂度的方法，它通过在损失函数中添加一个正则化项来约束模型的参数，防止模型过度拟合。

常见的正则化方法如 L_1 和 L_2 正则化，都可以从积分的角度进行理解。以 L_2 正则化为例，对于一个线性回归模型 $y = \theta_0 + \theta_1 x_1 + \cdots + \theta_n x_n$，其带有 L_2 正则化的损失函数为 $L = \dfrac{1}{n}\sum_{i=1}^{n}(y_i - \hat{y}_i)^2 + \lambda\sum_{j=0}^{n}\theta_j^2$。

其中，λ 是正则化参数，控制正则化项的强度。从积分角度，当特征 x 在某个连续区间上分布时，假设特征的 PDF 为 $p(x)$，我们可以将 L_2 正则化项表示为积分形式 $R_{L_2} = \lambda\int_a^b p(x)\sum_{j=0}^{n}\theta_j^2 \mathrm{d}x$。这里的积分同样考虑了特征在整个定义域上的分布情况。L_2 正则化项通过对参数的平方和进行约束，使得模型的参数值不会过大，从而避免模型过于复杂。

对于 L_1 正则化，其正则化项为参数的绝对值之和。在积分形式下，对于连续分布的特征，L_1 正则化项可以表示为 $R_{L_1} = \lambda\int_a^b p(x)\sum_{j=0}^{n}|\theta_j| \mathrm{d}x$。

L_1 正则化与 L_2 正则化有所不同，它更倾向于使一些参数变为零，从而实现特征选择的效果，进一步降低模型的复杂度。

积分形式的正则化项能够全面地考虑特征空间中各个区域对模型复杂度的影响。通过概率密度函数 $p(x)$，对不同区域的特征给予不同的权重。在数据分布较为密集的区域，由于数据对模型的影响更为关键，因而正则化项的影响也会更大。例如，在一个图像数据集中，图像的中心区域往往包含更多重要信息，其对应的概率密度可能较大，积分形式的正则化项会在这些区域对模型参数进行更严格的约束，防止模型过度拟合这些关键区域的数据，同时也不会忽视数据分布较稀疏区域的影响，从而在整个特征空间中有效地控制模型的复杂度，提高模型的泛化能力。

4.6.3 利用积分计算正则化项并分析模型复杂度

在这个 Python 实例中，我们将使用 NumPy 和 Scipy 库来进行数值计算。首先需要安装并导入所需的库。

实例4-6 数值验证正则化项的参数对模型复杂度的影响（源码路径：codes\4\chap4.6.py）

以简单的带参数的线性回归模型为例，进行L_2正则化。通过改变正则化参数λ来观察模型复杂度的变化，直观地体会积分形式的正则化项对模型复杂度的控制作用。

```python
import numpy as np
from scipy.integrate import quad
# 定义模型和相关函数
# 假设我们有一个简单的线性回归模型 y = θ₀ + θ₁x，并且我们要计算带有 L₂ 正则化项的损失函数
# 我们先定义模型的预测函数
# x 是输入特征，theta 是模型参数，包含 θ₀ 和 θ₁
def linear_model(x, theta):
    # 解包模型参数，分别得到 θ₀ 和 θ₁
    theta_0, theta_1 = theta
    # 根据线性回归模型公式计算预测值
    return theta_0 + theta_1 * x

# 接下来，定义 L₂ 正则化项的积分计算函数。
# 这里假设特征 x 在区间 [0,1] 上均匀分布，即概率密度函数 p(x) = 1
# theta 是模型参数，lambda_val 是正则化参数 λ
def l2_regularization(theta, lambda_val):
    # 定义被积函数
    def integrand(x):
        # 解包模型参数，分别得到 θ₀ 和 θ₁
        theta_0, theta_1 = theta
        # 根据 L₂ 正则化项公式计算被积函数值
        return lambda_val * (theta_0**2 + theta_1**2)
    # 使用 quad 函数计算定积分，积分区间为 [0, 1]
    # quad 函数返回两个值，第一个是积分结果，第二个是估计误差，这里我们只取积分结果
    result, _ = quad(integrand, 0, 1)
    return result

# 样本数据
# 为了演示，我们生成一些随机的样本数据
# 设置随机数种子，保证结果可复现
np.random.seed(0)
# 样本数量
n_samples = 100
# 生成 100 个在 [0, 1) 之间的随机数作为输入特征 x
x = np.random.rand(n_samples)
# 根据线性关系 y = 2 + 3x 生成目标值 y，并添加均值为 0，标准差为 0.5 的高斯噪声
```

```python
y = 2 + 3 * x + np.random.normal(0, 0.5, n_samples)

# 计算损失函数
# 我们定义均方误差损失函数，并结合 $L_2$ 正则化项
# theta 是模型参数，x 是输入特征，y 是目标值，lambda_val 是正则化参数 λ
def mse_loss(theta, x, y, lambda_val):
    # 使用线性模型预测目标值
    y_pred = linear_model(x, theta)
    # 计算均方误差
    mse = np.mean((y - y_pred)**2)
    # 计算 $L_2$ 正则化项的值
    reg = l2_regularization(theta, lambda_val)
    # 返回均方误差和正则化项之和作为损失函数值
    return mse + reg


# 分析模型复杂度
# 我们可以通过改变正则化参数 λ 来观察模型复杂度的变化
# 较小的 λ 值意味着正则化项的影响较小，模型可能更复杂，容易过拟合；
# 较大的 λ 值会增强正则化的作用，使模型更简单，但可能导致欠拟合
# 初始参数值，$\theta_0 = 0$, $\theta_1 = 0$
theta = np.array([0, 0])
# 生成 8 个在 10^(-5) 到 10² 之间以对数间隔分布的正则化参数 λ 值
lambda_vals = np.logspace(-5, 2, 8)
# 用于存储不同 λ 值下的损失函数值
losses = []
# 遍历不同的 λ 值
for lambda_val in lambda_vals:
    # 计算当前 λ 值下的损失函数值
    loss = mse_loss(theta, x, y, lambda_val)
    # 将损失函数值添加到列表中
    losses.append(loss)


# 结果可视化
# 最后，我们将不同 λ 值下的损失函数值进行可视化，以分析模型复杂度的变化
# 导入 matplotlib.pyplot 库用于绘图
import matplotlib.pyplot as plt
# 创建一个新的图形窗口，设置图形大小为 10×6 英寸
plt.figure(figsize=(10, 6))
# 使用对数刻度绘制 x 轴，绘制不同 λ 值下的损失函数值
plt.semilogx(lambda_vals, losses, marker='o')
plt.xlabel('Regularization Parameter λ')
plt.ylabel('Loss Function Value')
plt.title('Effect of Regularization on Model Complexity')
plt.grid(True)
plt.show()
```

通过上述代码，我们可以清晰地看到损失函数值随着正则化参数λ的变化而变化情况，从而洞察积分形式的正则化项对模型复杂度的控制作用。当λ较小时，损失函数值较低，但可能存在过拟合风险；随着λ增大，损失函数值逐渐增大，模型复杂度降低，泛化能力增强，但过大的λ可能导致模型欠拟合，无法很好地拟合数据。

4.7 数值积分

数值积分是通过数值方法近似计算定积分值的一种技术，常见的方法包括梯形法、辛普森法等。它通过将积分区间划分为若干小区间，并用简单的几何形状近似每个小区间的函数曲线，从而求得积分的近似值，适用于难以求解析解或计算复杂的情况。

4.7.1 数值积分方法

在数值积分中，梯形法是一种较为基础且直观的方法。其核心思想是将积分区间 $[a, b]$ 进行划分，然后用梯形面积之和近似函数在该区间上的定积分。

假设我们将区间 $[a, b]$ 划分为 n 个小区间，小区间宽度为 $h = \frac{b-a}{n}$，分点为 $x_i = a + ih$，$i = 0, 1, \cdots, n$。对于第 i 个小区间 $[x_i, x_{i+1}]$，用梯形面积近似该区间上函数 $f(x)$ 与 x 轴围成的面积 $S = \frac{1}{2}(y_i + y_{i+1})h$，其中 $y_i = f(x_i)$，$y_{i+1} = f(x_{i+1})$。整个积分区间 $[a, b]$ 上的积分近似值 I_T 为 $I_T = \sum_{i=0}^{n-1} \frac{1}{2}(y_i + y_{i+1})h = \frac{h}{2}(y_0 + 2y_1 + 2y_2 + \cdots + 2y_{n-1} + y_n)$。

例如，函数 $f(x) = x^2$ 在区间 $[0, 1]$ 上的积分，取 $n = 4$，则 $h = \frac{1-0}{4} = 0.25$。

$x_0 = 0$，$y_0 = f(0) = 0$；$x_1 = 0.25$，$y_1 = f(0.25) = (0.25)^2 = 0.0625$；$x_2 = 0.5$，$y_2 = f(0.5) = (0.5)^2 = 0.25$；$x_3 = 0.75$，$y_3 = f(0.75) = (0.75)^2 = 0.5625$；$x_4 = 1$，$y_4 = f(1) = 1$。

$I_T = \frac{0.25}{2}(0 + 2 \times 0.0625 + 2 \times 0.25 + 2 \times 0.5625 + 1) = \frac{0.25}{2} \times 2.75 = 0.34375$，而该积分的精确值为 $\int_0^1 x^2 dx = \left[\frac{1}{3}x^3\right]_0^1 = \frac{1}{3} \approx 0.3333$。

辛普森法相较于梯形法，精度更高。它利用二次函数近似被积函数在小区间上的曲线。同样将区间 $[a, b]$ 划分为 n 个小区间（n 为偶数），小区间宽度 $h = \frac{b-a}{n}$。对每两个相邻小区间组成的子区间 $[x_{2i}, x_{2i+2}]$ 用二次函数 $p(x) = Ax^2 + Bx + C$ 拟合 $f(x)$。通过三个点 x_{2i}，x_{2i+1}，x_{2i+2} 上函数值相等的条件，可以确定 A，B，C。然后计算该二次函数在 $[x_{2i}, x_{2i+2}]$ 上的积分，其积分值为 $S_i = \frac{h}{3}(y_{2i} + 4y_{2i+1} + y_{2i+2})$，整体积分区间 $[a, b]$ 上的积分近似值 I_S 为：

$$I_S = \sum_{i=0}^{\frac{n}{2}-1} \frac{h}{3}(y_{2i} + 4y_{2i+1} + y_{2i+2}) = \frac{h}{3}(y_0 + 4y_1 + 2y_2 + 4y_3 + \cdots + 2y_{n-2} + 4y_{n-1} + y_n)$$

继续以函数 $f(x) = x^2$ 在区间 $[0, 1]$ 上的积分为例，取 $n = 4$（满足 n 为偶数），$h = \dfrac{1-0}{4} = 0.25$。

$$I_S = \frac{0.25}{3}(0 + 4 \times 0.0625 + 2 \times 0.25 + 4 \times 0.5625 + 1) = \frac{0.25}{3} \times 4 \approx 0.3333$$。可以看到，辛普森法在 $n = 4$ 时，已经能得到与精确值非常接近的结果。

除了梯形法和辛普森法，还有高斯积分法等。高斯积分法通过选择特殊的节点和权重，能够在较少的计算量下达到较高的精度。它基于正交多项式理论，在不同的积分区间和权函数下，有特定的节点和权重组合。例如，在区间 $[-1,1]$ 上的高斯－勒让德积分，节点为勒让德多项式的根，权重通过特定公式计算。一般区间 $[a, b]$ 可通过线性变换转化为 $[-1,1]$ 区间进行计算。

4.7.2 数值积分的误差分析与改进

梯形法的误差主要源于用梯形近似函数曲线时产生的偏差。设 $f(x)$ 在区间 $[a, b]$ 上具有二阶连续导数，梯形法的误差 E_T 为：$E_T = -\dfrac{(b-a)^3}{12n^2}f''(\xi)$，其中 $\xi \in (a,b)$。从误差公式可以看出，误差与区间长度的三次方成正比，与划分的小区间个数 n 的平方成反比。当 n 增大时，误差迅速减小。辛普森法的误差相对梯形法更小。若 $f(x)$ 在区间 $[a, b]$ 上具有四阶连续导数，辛普森法的误差 E_S 为 $E_S = -\dfrac{(b-a)^5}{180n^4}f^{(4)}(\xi)$，其中 $\xi \in (a,b)$。这里误差与区间长度的五次方成正比，与 n 的四次方成反比。可以发现，辛普森法的误差收敛速度比梯形法更快，即随着 n 的增大，误差减小得更显著。

关于误差改进的主要策略如下。

增加划分区间数：无论是梯形法还是辛普森法，增加划分的小区间数 n 都能减小误差。但同时也会增加计算量，因为需要计算更多的函数值。

自适应积分法：该方法根据被积函数的变化情况，自动调整积分区间的划分。在函数变化剧烈的区域，划分更细的小区间；在函数变化平缓的区域，划分较粗的小区间。这样既能保证精度，又能在一定程度上控制计算量。例如，在自适应辛普森积分中，通过比较不同划分层次下的积分近似值，判断是否需要进一步细分区间。

复合积分法：将不同的数值积分方法结合使用。比如，在某些区域使用梯形法，在其他区域使用辛普森法，充分发挥各自方法的优势，以提高整体的积分精度。

4.7.3 实现并比较不同数值积分方法的效果

在 Python 中，我们使用 NumPy 和 Matplotlib 库来进行数值计算和结果可视化。首先需要安装并导入相关库。

实例4-7 比较不同数值积分方法的效果（源码路径：codes\4\chap4.7.py）

下面以正弦函数为例，比较梯形法和辛普森法这两种数值积分方法，直观地体会在相同条件下，辛普森法的误差明显小于梯形法。

```python
import numpy as np
import matplotlib.pyplot as plt

# 定义被积函数
# 假设我们要计算函数 f(x) = sin(x) 在区间 [0, π] 上的积分
def f(x):
    # 返回 x 的正弦值
    return np.sin(x)

# 梯形法实现
# a 为积分下限, b 为积分上限, n 为划分的区间数量
def trapezoidal_rule(a, b, n):
    # 计算每个小区间的宽度
    h = (b - a) / n
    # 生成从 a 到 b 共 n + 1 个等间距的点
    x = np.linspace(a, b, n + 1)
    # 计算这些点对应的函数值
    y = f(x)
    # 根据梯形法的积分公式计算积分值
    integral = (h / 2) * (y[0] + 2 * np.sum(y[1:-1]) + y[-1])
    return integral

# 辛普森法实现
# a 为积分下限, b 为积分上限, n 为划分的区间数量
def simpsons_rule(a, b, n):
    # 辛普森法要求区间数量 n 必须为偶数, 若不满足则抛出异常
    if n % 2 != 0:
        raise ValueError("n must be an even integer")
    # 计算每个小区间的宽度
    h = (b - a) / n
    # 生成从 a 到 b 共 n + 1 个等间距的点
    x = np.linspace(a, b, n + 1)
    y = f(x)
    # 根据辛普森法的积分公式计算积分值
    integral = (h / 3) * (y[0] + 4 * np.sum(y[1:-1:2]) + 2 * np.sum(y[2:-2:2]) + y[-1])
    return integral

# 比较不同方法的效果
# 我们计算不同 n 值下梯形法和辛普森法的积分结果, 并与精确值进行比较
# 积分下限
a = 0
# 积分上限
b = np.pi
```

```python
# 精确值，因为 ∫₀^pi sin(x)dx = 2
exact_value = 2
# 生成从 2 到 50 步长为 2 的整数序列，作为不同的区间数量 n
n_values = np.arange(2, 51, 2)
# 用于存储梯形法计算结果与精确值的误差
trapezoidal_errors = []
# 用于存储辛普森法计算结果与精确值的误差
simpsons_errors = []

# 遍历不同的区间数量 n
for n in n_values:
    # 使用梯形法计算积分结果
    trapezoidal_result = trapezoidal_rule(a, b, n)
    # 计算梯形法的误差，即计算结果与精确值差值的绝对值
    trapezoidal_error = np.abs(trapezoidal_result - exact_value)
    # 将梯形法的误差添加到对应的列表中
    trapezoidal_errors.append(trapezoidal_error)

    # 使用辛普森法计算积分结果
    simpsons_result = simpsons_rule(a, b, n)
    # 计算辛普森法的误差，即计算结果与精确值差值的绝对值
    simpsons_error = np.abs(simpsons_result - exact_value)
    # 将辛普森法的误差添加到对应的列表中
    simpsons_errors.append(simpsons_error)

# 结果可视化
# 创建一个新的图形窗口，设置图形大小为 10 英寸宽、6 英寸高
plt.figure(figsize=(10, 6))
# 绘制梯形法误差随区间数量 n 变化的曲线，并添加图例标签
plt.plot(n_values, trapezoidal_errors, label='Trapezoidal Rule Error')
# 绘制辛普森法误差随区间数量 n 变化的曲线，并添加图例标签
plt.plot(n_values, simpsons_errors, label='Simpsons Rule Error')
plt.xlabel('Number of Intervals (n)')
plt.ylabel('Error')
plt.title('Comparison of Numerical Integration Methods Error')
plt.legend()
plt.grid(True)
plt.show()
```

执行效果如图 4-3 所示，从可视化结果可以清晰地看到，随着 n 的增大，梯形法和辛普森法的误差逐渐减小，但辛普森法的误差减小速度更快。在相同的 n 值下，辛普森法的误差明显小于梯形法，这与我们之前的误差分析结论一致。同时，也验证了通过增加划分区间数 n，可以有效减小数值积分的误差。

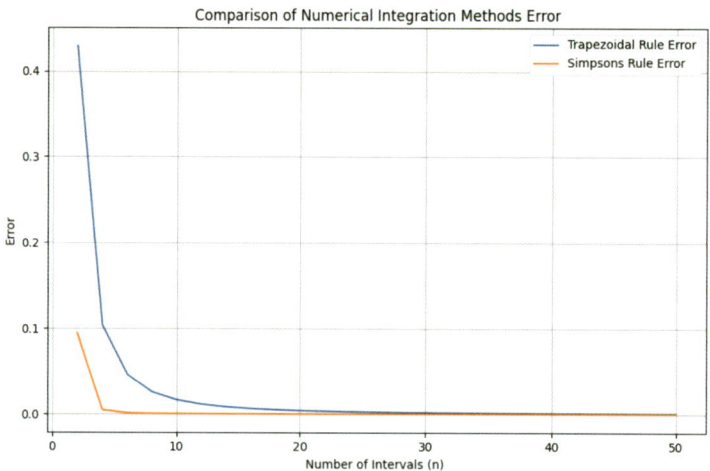

图 4-3　数值积分方法误差的比较可视化图

4.8 课后练习

1. 用 Python 计算复杂图形的面积与体积并进行可视化

计算由椭圆 $\dfrac{x^2}{4}+\dfrac{y^2}{9}=1$ 围成的图形的面积,以及由圆锥 $z=\sqrt{x^2+y^2}$ 与平面 $z=2$ 围成的圆锥体体积。

2. 计算正则化项并分析模型复杂度

假设我们有一个简单的线性回归模型 $y=\theta_0+\theta_1 x$,带有 L_2 正则化项。设 x 在区间 $[-1, 1]$ 上均匀分布。借助 Python,利用积分计算正则化项并分析模型复杂度。

第 6 章 多元微积分

本章围绕多元微积分展开,先介绍多元函数的定义、连续性、可微性,给出了借助 SymPy 计算并可视化的范例。随后讲解方向导数与梯度的定义、计算及几何意义,利用 Python 计算并绘制等高线图。在多元函数极值部分,介绍了驻点等概念,以及运用梯度下降法求极值并分析收敛性的一般算法。同时,还介绍了拉格朗日乘数法的原理、推导及在约束优化中的应用。在多重积分方面,着重讲解二重与三重积分的计算。此外,也举例说明了多元微积分在人工智能中的应用,如梯度下降法、BPTT 中涉及的偏导数计算、数值求导与积分方法及其在优化、PDE 求解和模型训练中的应用等。

5.1 多元函数

多元函数是定义在多维空间上的函数,其输入为多个变量,输出可以是单个值或多维向量。它在数学、物理和工程等领域中广泛应用,用于描述多个变量之间的复杂关系和相互作用。

5.1.1 多元函数的定义与表示方法

在数学中,一元函数研究的是一个自变量与一个因变量之间的对应关系。然而,在实际问题和许多数学理论中,常常需要考虑多个自变量对一个因变量的影响,这就引出了多元函数的概念。设 D 是 n 维空间 $\mathbf{R}^n$ 中的一个非空子集,称映射 $f:D \to \mathbf{R}$ 为定义在 D 上的 n 元函数,通常记为 $z = f(x_1, x_2, \cdots, x_n), (x_1, x_2, \cdots, x_n) \in D$,其中 $(x_1, x_2, \cdots, x_n)$ 称为自变量,z 称为因变量,集合 D 称为函数 f 的定义域,$f(D) = \{z | z = f(x_1, x_2, \cdots, x_n), (x_1, x_2, \cdots, x_n) \in D\}$ 称为函数 f 的值域。当 $n=2$ 时,函数 $z = f(x, y)$ 称为二元函数,其定义域 D 是平面 $\mathbf{R}^2$ 上的一个非空子集。例如,在研究矩形面积 S 与长 x 和宽 y 的关系时,有 $S = xy$,其中 $x > 0$,$y > 0$,定义域 $D = \{(x, y) | x > 0, y > 0\}$,这就是一个二元函数。

通过数学表达式明确给出因变量与自变量之间的关系,这是最为常见的表示方法。例如,二元函数 $z = x^2 + y^2$ 清晰地表明了对于给定的 x 和 y 如何计算出 z 的值。又如三元函数 $u = \sin(x + y + z)$,利用三角函数的运算规则确定 u 与 x、y、z 的关系。解析法能够精确地描述函数关系,便于进行各种数学运算和分析,如求极限、导数、积分等。

对于二元函数 $z = f(x, y)$,可以在三维空间中描绘出它的图像。在平面 xOy 上取定义域 D 内的点 (x, y),对于每一个这样的点,根据函数关系确定 $z = f(x, y)$ 的值,从而得到空间中的点 (x, y, z)。所有这些点构成的曲面就是二元函数 $z = f(x, y)$ 的图像。例如,二元函数 $z = x^2 + y^2$ 的图像是一个开口向上的旋转抛物面,顶点在原点 $(0, 0, 0)$。图像法直观形象,能从几何角度清晰地展示函数的变化趋势,如函数的增减性、极值等。但它也存在不足,对于高维函数($n \geq 3$),很难直接绘制出其图像。

5.1.2 多元函数的连续性与可微性

与一元函数类似,多元函数的连续性建立在极限的基础之上。以二元函数 $z = f(x, y)$ 为例,设函数 $f(x, y)$ 在点 $P_0(x_0, y_0)$ 的某去心邻域内有定义,如果对于任意给定的正数 ε,总存在正数 δ,使得当点 $P(x, y)$ 满足 $0 < \sqrt{(x-x_0)^2 + (y-y_0)^2} < \delta$ 时,都有 $|f(x, y) - A| < \varepsilon$,则称常数 A 为函数 $f(x, y)$ 当 $(x, y) \to (x_0, y_0)$ 时的极限,记作 $\lim\limits_{(x, y) \to (x_0, y_0)} f(x, y) = A$ 或 $f(x, y) \to A$($(x, y) \to (x_0, y_0)$)。

需要注意的是,在一元函数中,自变量 x 趋近于 x_0 只有两个方向(从左侧或右侧),而在二元函数中,点 (x, y) 趋近于 (x_0, y_0) 的方式有无穷多种,它可以沿任何路径趋近于 (x_0, y_0)。只有当点 (x, y) 沿任意路径趋近于 (x_0, y_0) 时,函数的极限都存在且相等,才能说该函数在点 (x_0, y_0)

处的极限存在。例如，考虑函数 $f(x,y) = \dfrac{xy}{x^2+y^2}$，当点 (x,y) 沿直线 $y=kx$ 趋近于 $(0,0)$ 时，$\lim\limits_{x \to 0} f(x,kx) = \lim\limits_{x \to 0} \dfrac{kx^2}{x^2+k^2x^2} = \dfrac{k}{1+k^2}$，其值随 k 的不同而不同，所以 $\lim\limits_{(x,y) \to (0,0)} f(x,y)$ 不存在。

设函数 $z=f(x,y)$ 在点 $P_0(x_0, y_0)$ 的某邻域内有定义，如果 $\lim\limits_{(x,y) \to (x_0,y_0)} f(x,y) = f(x_0,y_0)$，则称函数 $f(x,y)$ 在点 $P_0(x_0,y_0)$ 处连续。如果函数 $f(x,y)$ 在区域 D 内的每一点都连续，则称函数 $f(x,y)$ 在区域 D 上连续。

连续的多元函数具有许多良好的性质，例如，有界闭区域上的多元连续函数一定能取得最大值和最小值，并且在该区域上能取得介于最大值和最小值之间的任何值（介值定理）。

对于二元函数 $z=f(x,y)$，设点 $P(x,y)$ 及 $P'(x+\Delta x, y+\Delta y)$ 是其定义域 D 内的两点，则称 $\Delta z = f(x+\Delta x, y+\Delta y) - f(x,y)$ 为函数 $z=f(x,y)$ 在点 $P(x,y)$ 处对应于自变量增量 Δx 和 Δy 的全增量。如果函数 $z=f(x,y)$ 在点 (x,y) 的全增量 Δz 表示为 $\Delta z = A\Delta x + B\Delta y + o(\sqrt{(\Delta x)^2 + (\Delta y)^2})$，其中 A、B 不依赖于 Δx 和 Δy，仅与 x 和 y 有关，则称函数 $z=f(x,y)$ 在点 (x,y) 可微，并称 $A\Delta x + B\Delta y$ 为函数 $z=f(x,y)$ 在点 (x,y) 的全微分，记作 $\mathrm{d}z$，即 $\mathrm{d}z = A\Delta x + B\Delta y$。

定理1（必要条件）：如果函数 $z=f(x,y)$ 在点 (x,y) 可微，则函数在该点的偏导数 $\dfrac{\partial z}{\partial x}$ 和 $\dfrac{\partial z}{\partial y}$ 必定存在，且 $A = \dfrac{\partial z}{\partial x}$，$B = \dfrac{\partial z}{\partial y}$。

定理2（充分条件）：如果函数 $z=f(x,y)$ 的偏导数 $\dfrac{\partial z}{\partial x}$ 和 $\dfrac{\partial z}{\partial y}$ 在点 (x,y) 连续，则函数在该点可微。

需要指出的是，一元函数中可微与可导是等价的，但在多元函数中，可微能推出偏导数存在，但偏导数存在并不一定能推出可微。例如，函数 $f(x,y) = \begin{cases} \dfrac{xy}{\sqrt{x^2+y^2}}, & (x,y) \neq (0,0) \\ 0, & (x,y) = (0,0) \end{cases}$，在点 $(0,0)$ 处偏导数存在，但不可微。

5.1.3 绘制多元函数并观察其连续性与可微性

在 Python 中，我们可以使用一些强大的库来绘制多元函数的图像，其中 Matplotlib 和 NumPy 是常用的库。首先，确保已经安装了这两个库。如果没有安装，可以使用 pip install matplotlib numpy 命令进行安装。

实例5-1 绘制二元函数的图像（源码路径：codes\5\chap5.1.py）

本实例通过绘制 $z = x^2 + y^2$ 和 $f(x,y) = \dfrac{xy}{x^2+y^2}$ 的图像，展示3D绘图功能的基本操作，并通过图像观察二元函数的极限。

```
# 定义函数
# 此函数用于计算输入的 x 和 y 的平方和
```

```python
def func(x, y):
    return x ** 2 + y ** 2

# 生成数据
# 使用 np.linspace 函数在 -5 到 5 的区间内生成 100 个等间距的点作为 x 轴的数据
x = np.linspace(-5, 5, 100)
# 同样，在 -5 到 5 的区间内生成 100 个等间距的点作为 y 轴的数据
y = np.linspace(-5, 5, 100)
# 使用 np.meshgrid 函数将 x 和 y 数组转换为二维网格坐标矩阵
# X 矩阵的每一行都是 x 数组的复制，Y 矩阵的每一列都是 y 数组的复制
X, Y = np.meshgrid(x, y)
# 将 X 和 Y 作为输入传递给 func 函数，计算对应的 Z 值，得到一个二维数组
Z = func(X, Y)

# 绘制 3D 图像
# 创建一个新的图形窗口
fig = plt.figure()
# 在图形窗口中添加一个子图，使用 111 表示将图形窗口划分为 1 行 1 列，当前子图为第 1 个
# projection='3d' 表示创建一个 3D 投影的子图
ax = fig.add_subplot(111, projection='3d')
# 使用 ax.plot_surface 函数绘制 3D 曲面图
# X、Y、Z 分别是曲面的 x、y、z 坐标数据
# cmap='viridis' 表示使用 viridis 颜色映射来为曲面着色
ax.plot_surface(X, Y, Z, cmap='viridis')
ax.set_xlabel('X')
ax.set_ylabel('Y')
ax.set_zlabel('Z')
plt.show()
```

上述代码中，首先定义了函数 func 来计算 $z = x^2 + y^2$ 的值。然后使用 np.linspace 生成 x 和 y 轴上的数据点，通过 np.meshgrid 将这些点组合成网格，以便计算函数在各个点上的值。最后，使用 Matplotlib 的 3D 绘图功能绘制出函数的图像。

从绘制的图像可以直观地观察到，该函数的图像是一个光滑的旋转抛物面，这说明函数在整个定义域内是连续的。并且，由于函数的偏导数 $\frac{\partial z}{\partial x} = 2x$ 和 $\frac{\partial z}{\partial y} = 2y$ 在定义域内处处连续，根据可微的充分条件，该函数在定义域内也是可微的。

```python
# 定义函数
# 此函数用于计算 z = xy / (x² + y²)
# 这里需要注意分母不能为 0 的情况
def func(x, y):
    return x * y / (x ** 2 + y ** 2)

# 生成数据
```

```python
# 在 -5 到 5 的区间内生成 500 个等间距的点作为 x 轴的数据
x = np.linspace(-5, 5, 500)
# 在 -5 到 5 的区间内生成 500 个等间距的点作为 y 轴的数据
y = np.linspace(-5, 5, 500)
# 使用 np.meshgrid 函数将 x 和 y 数组转换为二维网格坐标矩阵
# X 矩阵的每一行都是 x 数组的复制,Y 矩阵的每一列都是 y 数组的复制
X, Y = np.meshgrid(x, y)

# 避免原点处的计算错误
# 创建一个布尔掩码,标记出 X 和 Y 不同时为 0 的位置
mask = (X != 0) | (Y != 0)
# 根据掩码筛选出 X 中符合条件的元素
X = X[mask]
# 根据掩码筛选出 Y 中符合条件的元素
Y = Y[mask]
# 调用 func 函数计算对应的 Z 值
Z = func(X, Y)

# 绘制 3D 图像
# 创建一个新的图形窗口
fig = plt.figure()
# 在图形窗口中添加一个子图,使用 111 表示将图形窗口划分为 1 行 1 列,当前子图为第 1 个
# projection='3d' 表示创建一个 3D 投影的子图
ax = fig.add_subplot(111, projection='3d')
# 绘制 3D 散点图
# X、Y、Z 分别是散点的 x、y、z 坐标数据
ax.scatter(X, Y, Z)
ax.set_xlabel('X')
ax.set_ylabel('Y')
ax.set_zlabel('Z')
plt.show()
```

函数 $f(x,y)=\dfrac{xy}{x^2+y^2}$ 由于在原点处极限不存在,所以在绘制图像时,通过掩码 mask 避开了原点 (0,0)。从绘制的散点图可以看出,当点 (x,y) 趋近于原点时,函数值的变化非常复杂,不同路径趋近原点得到的极限值不同,这进一步验证了函数在原点处不连续,自然也不可微。

通过绘制多元函数的图像,我们可以从直观上对函数的连续性和可微性有更深入的理解。对于连续函数,其图像是一个不间断的曲面;而对于不连续函数,在图像上可能会出现跳跃、孔洞或其他不连续的特征。在可微性方面,连续且光滑的图像往往暗示着函数在相应区域内可微,因为可微意味着函数在局部可以用线性函数很好地近似,反映在图像上就是曲面在局部可以近似看作一个平面。而对于如 $f(x,y)=\dfrac{xy}{x^2+y^2}$ 这样在某点不连续的函数,其在该点不可微,从图像上也能看出在该点附近函数的变化不符合可微的特征。

综上所述，通过Python绘制多元函数的图像，并结合数学理论对函数的连续性和可微性进行分析，能够帮助我们更好地理解多元函数的性质。这种将理论与实践相结合的方法，在数学学习和研究中具有重要的意义。

通过以上对多元函数的定义与表示方法、连续性与可微性以及Python实例的详细阐述，希望读者能对多元函数这一重要的数学概念有全面而深入的理解。在实际应用中，多元函数广泛存在于物理学、工程学、经济学等众多领域，对其性质的深入研究有助于解决各种实际问题。

5.2 偏导数

偏导数是多元函数在某一特定方向上的导数，反映了函数在该方向上的变化率。它通过固定其他变量，仅对其中一个变量求导来计算，是研究多元函数局部性质和极值问题的重要工具。

5.2.1 偏导数的定义与几何意义

在多元函数的研究范畴中，偏导数扮演着极为关键的角色。当我们面对一个多元函数，如二元函数 $z=f(x,y)$，为了深入探究其在某一方向上的变化规律，便引入了偏导数的概念。

具体而言，设函数 $z=f(x,y)$ 在点 (x_0,y_0) 的某一邻域内有定义。固定 $y=y_0$，让 x 在 x_0 处有增量 Δx，相应地，函数 $z=f(x,y)$ 会产生增量 $\Delta z_x = f(x_0+\Delta x, y_0) - f(x_0, y_0)$，此增量被称作函数 $z=f(x,y)$ 在点 (x_0,y_0) 处关于 x 的偏增量。倘若极限 $\lim\limits_{\Delta x \to 0}\dfrac{\Delta z_x}{\Delta x} = \lim\limits_{\Delta x \to 0}\dfrac{f(x_0+\Delta x, y_0) - f(x_0, y_0)}{\Delta x}$ 存在，那么该极限值就被定义为函数 $z=f(x,y)$ 在点 (x_0,y_0) 处对 x 的偏导数，记作 $f_x(x_0,y_0)$，也可表示为 $\left.\dfrac{\partial z}{\partial x}\right|_{(x_0,y_0)}$、$z'_x(x_0,y_0)$ 等形式。

类似地，固定 $x=x_0$，令 y 在 y_0 处有增量 Δy，函数 $z=f(x,y)$ 产生关于 y 的偏增量 $\Delta z_y = f(x_0, y_0+\Delta y) - f(x_0, y_0)$。若极限 $\lim\limits_{\Delta y \to 0}\dfrac{\Delta z_y}{\Delta y} = \lim\limits_{\Delta y \to 0}\dfrac{f(x_0, y_0+\Delta y) - f(x_0, y_0)}{\Delta y}$ 存在，此极限值为函数 $z=f(x,y)$ 在点 (x_0,y_0) 处对 y 的偏导数，记为 $f_y(x_0,y_0)$，抑或 $\left.\dfrac{\partial z}{\partial y}\right|_{(x_0,y_0)}$、$z'_y(x_0,y_0)$ 等。

这种定义方式能够自然地推广到 n 元函数 $u=f(x_1,x_2,\cdots,x_n)$。例如，对于三元函数 $u=f(x,y,z)$，在点 (x_0,y_0,z_0) 处对 x 的偏导数定义为 $\lim\limits_{\Delta x \to 0}\dfrac{f(x_0+\Delta x, y_0, z_0) - f(x_0, y_0, z_0)}{\Delta x}$，记作 $f_x(x_0,y_0,z_0)$ 等。

从几何视角来看，偏导数具有直观且清晰的解释。以二元函数 $z=f(x,y)$ 为例，其图像通常呈现为三维空间中的一张曲面。对于 $f_x(x_0,y_0)$，它所代表的几何意义是曲面 $z=f(x,y)$ 与平面 $y=y_0$ 的交线 C_x 在点 $(x_0,y_0,f(x_0,y_0))$ 处关于 x 轴的切线斜率。平面 $y=y_0$ 与曲面 $z=f(x,y)$ 相交，得到的交线 C_x 可视为关于 x 的一元函数 $z=f(x,y_0)$ 的图像。此时，$f_x(x_0,y_0)$ 就如同在一元函数中函数在某点处的导数所表示的切线斜率，反映了这条交线在该点处沿 x 方向的变化速率。

同理，$f_y(x_0, y_0)$ 表示曲面 $z = f(x, y)$ 与平面 $x = x_0$ 的交线 C_y 在点 $(x_0, y_0, f(x_0, y_0))$ 处关于 y 轴的切线斜率。平面 $x = x_0$ 与曲面 $z = f(x, y)$ 相交形成交线 C_y，即 $z = f(x_0, y)$，$f_y(x_0, y_0)$ 体现了这条交线在该点处沿 y 方向的变化快慢程度。

例如，对于函数 $z = x^2 + y^2$，在点 $(1,2)$ 处，先求对 x 的偏导数 $f_x(x, y) = 2x$，将 $x = 1$，$y = 2$ 代入可得 $f_x(1,2) = 2$。这意味着曲面 $z = x^2 + y^2$ 与平面 $y = 2$ 的交线在点 $(1,2,5)$（因为 $z = 1^2 + 2^2 = 5$）处关于 x 轴的切线斜率为 2。再求对 y 的偏导数 $f_y(x, y) = 2y$，代入 $x = 1$，$y = 2$ 得 $f_y(1,2) = 4$，即曲面 $z = x^2 + y^2$ 与平面 $x = 1$ 的交线在点 $(1,2,5)$ 处关于 y 轴的切线斜率为 4。通过这样的实例，我们能更直观地理解偏导数的几何意义，它为我们从几何角度分析多元函数的性质提供了有力的工具。

5.2.2 高阶偏导数、混合偏导数与雅可比矩阵

在探讨偏导数的基础上，进一步对偏导数进行求导操作，便引出了高阶偏导数的概念。若函数 $z = f(x, y)$ 的偏导数 $f_x(x, y)$ 和 $f_y(x, y)$ 仍然是关于 x 和 y 的可导函数，那么它们的偏导数就被称作函数 $z = f(x, y)$ 的二阶偏导数。二阶偏导数主要包含以下四种类型。

① 对 x 连续求两次偏导数，记作 $\frac{\partial^2 z}{\partial x^2} = \frac{\partial}{\partial x}(\frac{\partial z}{\partial x})$，也可表示为 $f_{xx}(x, y)$。例如，对于函数 $z = x^3 y + 2xy^2$，先求 $f_x(x, y) = 3x^2 y + 2y^2$，再对 x 求偏导得 $f_{xx}(x, y) = 6xy$。

② 先对 x 求偏导数，再对 y 求偏导数，记作 $\frac{\partial^2 z}{\partial y \partial x} = \frac{\partial}{\partial y}(\frac{\partial z}{\partial x})$，即 $f_{xy}(x, y)$。继续以上述函数 $z = x^3 y + 2xy^2$ 为例，由 $f_x(x, y) = 3x^2 y + 2y^2$，对 y 求偏导得 $f_{xy}(x, y) = 3x^2 + 4y$。

③ 先对 y 求偏导数，再对 x 求偏导数，记作 $\frac{\partial^2 z}{\partial x \partial y} = \frac{\partial}{\partial x}(\frac{\partial z}{\partial y})$，也就是 $f_{yx}(x, y)$。对于 $z = x^3 y + 2xy^2$，先求 $f_y(x, y) = x^3 + 4xy$，再对 x 求偏导得 $f_{yx}(x, y) = 3x^2 + 4y$。

④ 对 y 连续求两次偏导数，记作 $\frac{\partial^2 z}{\partial y^2} = \frac{\partial}{\partial y}(\frac{\partial z}{\partial y})$，即 $f_{yy}(x, y)$。对于 $z = x^3 y + 2xy^2$，由 $f_y(x, y) = x^3 + 4xy$，对 y 求偏导得 $f_{yy}(x, y) = 4x$。

以此类推，我们还可以定义更高阶的偏导数。例如，三阶偏导数可以由二阶偏导数再次求偏导得到。对于 $z = f(x, y)$，三阶偏导数为 $\frac{\partial^3 z}{\partial x^3} = \frac{\partial}{\partial x}(\frac{\partial^2 z}{\partial x^2})$，混合三阶偏导数为 $\frac{\partial^3 z}{\partial y \partial x^2} = \frac{\partial}{\partial y}(\frac{\partial^2 z}{\partial x^2})$。

高阶偏导数在分析函数性质方面具有重要作用。比如，在判断函数的凹凸性时，二阶偏导数扮演着关键角色。对于二元函数 $z = f(x, y)$，若在某区域内 $f_{xx}(x, y) > 0$ 且 $f_{xx}(x, y) f_{yy}(x, y) - f_{xy}^2(x, y) > 0$，则函数在该区域内为凸函数；若 $f_{xx}(x, y) < 0$ 且 $f_{xx}(x, y) f_{yy}(x, y) - f_{xy}^2(x, y) > 0$，则函数在该区域内为凹函数。

在二阶偏导数中，$f_{xy}(x, y)$ 和 $f_{yx}(x, y)$ 这类先对一个自变量求偏导，再对另一个自变量求偏导的偏导数被称为混合偏导数。在很多常见的函数情形下，当 $f_{xy}(x, y)$ 和 $f_{yx}(x, y)$ 都连续时，求导的先后

次序并不会对结果产生影响,即 $f_{xy}(x,y) = f_{yx}(x,y)$。这一结论被称为克莱罗定理(又称施瓦茨定理)。例如,对于前面提到的函数 $z = x^3y + 2xy^2$,我们计算得到 $f_{xy}(x,y) = 3x^2 + 4y$,$f_{yx}(x,y) = 3x^2 + 4y$,二者相等,符合克莱罗定理。然而,并非所有函数都满足这一性质。存在一些特殊的函数,其混合偏导数与求导顺序有关。例如函数 $f(x,y) = \begin{cases} xy\dfrac{x^2-y^2}{x^2+y^2}, & (x,y) \neq (0,0) \\ 0, & (x,y) = (0,0) \end{cases}$,在点 $(0,0)$ 处,$f_{xy}(0,0) \neq f_{yx}(0,0)$。通过这样的对比,我们能更深刻地认识到混合偏导数与函数连续性之间的紧密联系,也提醒我们在处理混合偏导数问题时,不能盲目认为求导顺序无关紧要,需要根据函数的具体性质进行分析。

在向量微积分领域,雅可比矩阵是一个极为重要的概念,它由一阶偏导数按照特定的方式排列组成矩阵。

假设存在一个从 n 维欧氏空间 $\mathbf{R}^n$ 映射到 m 维欧氏空间 $\mathbf{R}^m$ 的函数 $f: \mathbf{R}^n \to \mathbf{R}^m$,该函数由 m 个实函数 $f_1(x_1, \cdots, x_n), f_2(x_1, \cdots, x_n), \cdots, f_m(x_1, \cdots, x_n)$ 构成,即 $f(x_1, \cdots, x_n) = (f_1(x_1, \cdots, x_n), f_2(x_1, \cdots, x_n), \cdots, f_m(x_1, \cdots, x_n))$。这些函数的偏导数(若存在)能够组成一个 m 行 n 列的矩阵,此矩阵便是雅可比矩阵,用符号 J_f 或者 $\dfrac{\partial(f_1, \cdots, f_m)}{\partial(x_1, \cdots, x_n)}$ 表示。其具体形式为:

$$J_f = \begin{pmatrix} \dfrac{\partial f_1}{\partial x_1} & \dfrac{\partial f_1}{\partial x_2} & \cdots & \dfrac{\partial f_1}{\partial x_n} \\ \dfrac{\partial f_2}{\partial x_1} & \dfrac{\partial f_2}{\partial x_2} & \cdots & \dfrac{\partial f_2}{\partial x_n} \\ \vdots & \vdots & \ddots & \vdots \\ \dfrac{\partial f_m}{\partial x_1} & \dfrac{\partial f_m}{\partial x_2} & \cdots & \dfrac{\partial f_m}{\partial x_n} \end{pmatrix}$$

例如,设有函数 $f(x,y) = (x^2 + y, xy)$,从 $\mathbf{R}^2$ 映射到 $\mathbf{R}^2$。其中,$f_1(x,y) = x^2 + y$,$f_2(x,y) = xy$,则其雅可比矩阵为:

$$J_f = \begin{pmatrix} \dfrac{\partial f_1}{\partial x} & \dfrac{\partial f_1}{\partial y} \\ \dfrac{\partial f_2}{\partial x} & \dfrac{\partial f_2}{\partial y} \end{pmatrix} = \begin{pmatrix} 2x & 1 \\ y & x \end{pmatrix}$$

雅可比矩阵的重要意义在于,它体现了一个可微函数在某点处的最佳线性逼近,类似于一元函数中的导数概念。在多元函数的情形下,雅可比矩阵为我们研究函数在局部的变化特性提供了一种有效的工具。例如,在研究函数的极值问题、隐函数定理以及坐标变换等方面,雅可比矩阵发挥着重要作用。当雅可比矩阵在某一点处可逆(即其行列式不为零)时,根据反函数定理,该函数在这一点的某一邻域内是可逆的,并且其反函数的雅可比矩阵恰好是原函数雅可比矩阵的逆矩阵。这一性质在解决许多实际问题中具有重要应用,例如,在坐标变换中,通过雅可比矩阵可以方便地计算变换前后的面积或体积的变化关系。

5.2.3 利用 SymPy 计算多元函数的偏导数

在 Python 中,SymPy 库为我们提供了强大的符号计算功能,能够便捷地处理多元函数偏导数的计算问题。首先,需要确保已经安装了 SymPy 库。若尚未安装,可以通过在命令行中输入 pip install sympy 来完成安装。

实例5-2 计算多元函数的偏导数并将其可视化(源码路径:codes\5\chap5.2.py)

以二元函数 $z = x^2y + \sin(xy)$ 为例,详细展示如何使用 SymPy 库计算其偏导数,并进行可视化。

```python
# 1. 定义符号变量
# 在 SymPy 中,首先要定义函数中的变量为符号变量
x, y = sp.symbols('x y')

# 2. 定义多元函数
# 定义要处理的多元函数 f
f = x**2 * y + sp.sin(x * y)

# 3. 计算对 x 的偏导数
# 使用 diff 函数来计算偏导数
fx = sp.diff(f, x)
print("对 x 的偏导数 f_x =", fx)

# 4. 计算对 y 的偏导数
# 同样使用 diff 函数计算 f 对 y 的偏导数
fy = sp.diff(f, y)
print("对 y 的偏导数 f_y =", fy)

# 5. 计算二阶偏导数

# 计算 fxx
# 对 fx 再求关于 x 的偏导数
fxx = sp.diff(fx, x)
print("二阶偏导数 f_xx =", fxx)

# 计算 fxy
# 对 fx 求关于 y 的偏导数
fxy = sp.diff(fx, y)
print("二阶偏导数 f_xy =", fxy)

# 计算 fyx
# 对 fy 求关于 x 的偏导数
fyx = sp.diff(fy, x)
print("二阶偏导数 f_yx =", fyx)

# 计算 fyy
```

```python
# 对 fy 再求关于 y 的偏导数
fyy = sp.diff(fy, y)
print("二阶偏导数 f_yy =", fyy)
```

6. 可视化偏导数的几何意义：为了可视化偏导数的几何意义，我们需要借助 Matplotlib 库和 `mpl_toolkits.mplot3d` 来绘制三维图形。首先确保已经安装了 Matplotlib 库，若未安装，可使用 `pip install matplotlib` 进行安装。然后导入相关库，绘制函数的曲面：

```python
import matplotlib.pyplot as plt
from mpl_toolkits.mplot3d import Axes3D

# 生成 x 和 y 的数据点，通过 meshgrid 函数生成网格，计算对应的 z 值
x_vals = np.linspace(-5, 5, 100)
y_vals = np.linspace(-5, 5, 100)
X, Y = np.meshgrid(x_vals, y_vals)
Z = sp.lambdify((x, y), f)(X, Y)
fig = plt.figure(figsize=(10, 8))
ax = fig.add_subplot(111, projection='3d')
ax.plot_surface(X, Y, Z, cmap='viridis')
ax.set_xlabel('x')
ax.set_ylabel('y')
ax.set_zlabel('z')
# 以点 (1, 1) 为例，计算该点处的偏导数，并绘制对应的切线

# 绘制关于 x 的切线
x0, y0 = 1, 1
fx0 = sp.lambdify((x, y), fx)(x0, y0)
tangent_x = sp.lambdify(x, f.subs(y, y0).subs(x, x0) + fx0 * (x - x0))
x_tangent = np.linspace(x0 - 1, x0 + 1, 10)
y_tangent_x = np.full_like(x_tangent, y0)
z_tangent_x = tangent_x(x_tangent)
ax.plot(x_tangent, y_tangent_x, z_tangent_x, 'b--', label='Tangent to x at (1, 1)')

# 绘制关于 y 的切线
fy0 = sp.lambdify((x, y), fy)(x0, y0)
tangent_y = sp.lambdify(y, f.subs(x, x0).subs(y, y0) + fy0 * (y - y0))
y_tangent = np.linspace(y0 - 1, y0 + 1, 10)
x_tangent_y = np.full_like(y_tangent, x0)
z_tangent_y = tangent_y(y_tangent)
ax.plot(x_tangent_y, y_tangent, z_tangent_y, 'k--', label='Tangent to y at (1, 1)')

# 最后添加图例并显示图形
ax.legend()
plt.show()
```

执行效果如图 5-1 所示，我们可以直观地看到函数 $z = f(x, y)$ 的曲面，以及在点 (1,1) 处关于 x 和 y 方向的切线，从而更直观地理解偏导数的几何意义，即切线的斜率。

通过运用 Python 中的 SymPy 库，不仅能够高效准确地计算多元函数的偏导数、高阶偏导数及混合偏导数，还能通过可视化手段将偏导数的几何意义生动地展现出来，这对于深入理解多元函数的性质和变化规律具有极大的帮助。无论是在理论研究还是实际应用中，这种结合数学理论与编程实践的方法都具有重要的价值。

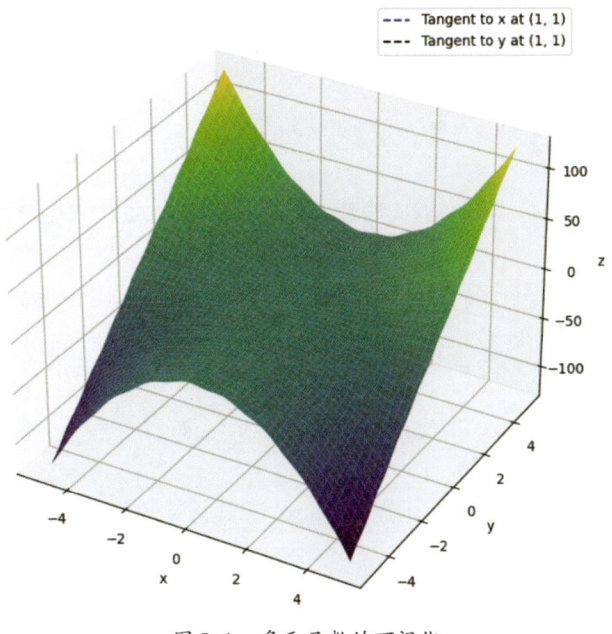

图 5-1　多元函数的可视化

5.3　方向导数与梯度

方向导数是多元函数在某一点沿特定方向的变化率，通过点积梯度向量和方向向量进行计算。梯度向量是函数在某一点处所有偏导数的集合，指向函数增长最快的方向，其模长表示函数在该点的最大变化率。

5.3.1　方向导数的定义与计算方法

在多元函数的研究中，偏导数刻画了函数在坐标轴方向上的变化率。然而，在实际问题中，我们需要了解函数在任意指定方向上的变化情况，这就引出了方向导数的概念。

设函数 $z = f(x, y)$ 在点 $P(x_0, y_0)$ 的某一邻域 $U(P)$ 内有定义。自点 P 引射线 l，设 x 轴正向到射线 l 的转角为 φ（逆时针方向为正），在射线 l 上取一点 $P'(x_0 + \Delta x, y_0 + \Delta y) \in U(P)$，则 $\rho = \sqrt{(\Delta x)^2 + (\Delta y)^2}$ 表示点 P 与 P' 之间的距离。若极限 $\lim\limits_{\rho \to 0} \dfrac{f(x_0 + \Delta x, y_0 + \Delta y) - f(x_0, y_0)}{\rho}$ 存在，则该极限值称为函数 $z = f(x, y)$ 在点 $P(x_0, y_0)$ 沿方向 l 的方向导数，记作 $\dfrac{\partial f}{\partial l}|_{(x_0, y_0)}$。

对于三元函数 $u = f(x, y, z)$，设 l 是从点 $P(x_0, y_0, z_0)$ 出发的一条射线，其方向向量为 $e = (\cos\alpha, \cos\beta, \cos\gamma)$，其中 $\cos\alpha$、$\cos\beta$、$\cos\gamma$ 是方向向量 e 的方向余弦。在射线 l 上取一点 $P'(x_0 + \Delta x, y_0 + \Delta y, z_0 + \Delta z)$，且 $\rho = \sqrt{(\Delta x)^2 + (\Delta y)^2 + (\Delta z)^2}$。若极限 $\lim\limits_{\rho \to 0} \dfrac{f(x_0 + \Delta x, y_0 + \Delta y, z_0 + \Delta z) - f(x_0, y_0, z_0)}{\rho}$ 存在，则称此极限为函数 $u = f(x, y, z)$ 在点 $P(x_0, y_0, z_0)$ 沿方向 l 的方向导数，记为 $\dfrac{\partial f}{\partial l}|_{(x_0, y_0, z_0)}$。

如果函数 $z=f(x,y)$ 在点 (x,y) 可微，则其沿任意方向 l（方向角为 φ）的方向导数存在，且计算公式为 $\dfrac{\partial f}{\partial l}=\dfrac{\partial f}{\partial x}\cos\varphi+\dfrac{\partial f}{\partial y}\sin\varphi$。

例如，对于函数 $z=x^2y+3y$，先求偏导数 $\dfrac{\partial z}{\partial x}=2xy$，$\dfrac{\partial z}{\partial y}=x^2+3$。若求在点 $(1,2)$ 沿方向 l（设方向角 $\varphi=\dfrac{\pi}{4}$）的方向导数，则将 $x=1$，$y=2$ 代入偏导数得 $\dfrac{\partial z}{\partial x}|_{(1,2)}=2\times1\times2=4$，$\dfrac{\partial z}{\partial y}|_{(1,2)}=1^2+3=4$。再根据方向导数计算公式，由于 $\cos\dfrac{\pi}{4}=\sin\dfrac{\pi}{4}=\dfrac{\sqrt{2}}{2}$，故 $\dfrac{\partial f}{\partial l}|_{(1,2)}=4\times\dfrac{\sqrt{2}}{2}+4\times\dfrac{\sqrt{2}}{2}=4\sqrt{2}$。

若函数 $u=f(x,y,z)$ 在点 (x,y,z) 可微，则其沿方向 l（方向向量为 $e=(\cos\alpha,\cos\beta,\cos\gamma)$）的方向导数为 $\dfrac{\partial f}{\partial l}=\dfrac{\partial f}{\partial x}\cos\alpha+\dfrac{\partial f}{\partial y}\cos\beta+\dfrac{\partial f}{\partial z}\cos\gamma$。

例如，对于函数 $u=xyz$，求其偏导数 $\dfrac{\partial u}{\partial x}=yz$，$\dfrac{\partial u}{\partial y}=xz$，$\dfrac{\partial u}{\partial z}=xy$。在点 $(1,2,3)$ 处，沿方向向量 $e=(\dfrac{1}{\sqrt{3}},\dfrac{1}{\sqrt{3}},\dfrac{1}{\sqrt{3}})$（即 $\cos\alpha=\cos\beta=\cos\gamma=\dfrac{1}{\sqrt{3}}$）的方向导数，将 $x=1$，$y=2$，$z=3$ 代入偏导数得 $\dfrac{\partial u}{\partial x}|_{(1,2,3)}=2\times3=6$，$\dfrac{\partial u}{\partial y}|_{(1,2,3)}=1\times3=3$，$\dfrac{\partial u}{\partial z}|_{(1,2,3)}=1\times2=2$，则 $\dfrac{\partial f}{\partial l}|_{(1,2,3)}=6\times\dfrac{1}{\sqrt{3}}+3\times\dfrac{1}{\sqrt{3}}+2\times\dfrac{1}{\sqrt{3}}=\dfrac{11}{\sqrt{3}}$。

5.3.2 梯度向量、方向导数与其几何意义

对于二元函数 $z=f(x,y)$，如果其在点 (x,y) 处可微，则梯度向量定义为 $\nabla f(x,y)=(\dfrac{\partial f}{\partial x},\dfrac{\partial f}{\partial y})$，其中 ∇ 为向量微分算子，读作 "nabla"。

对于三元函数 $u=f(x,y,z)$，其在点 (x,y,z) 处的梯度向量为 $\nabla f(x,y,z)=(\dfrac{\partial f}{\partial x},\dfrac{\partial f}{\partial y},\dfrac{\partial f}{\partial z})$。

设函数 $z=f(x,y)$ 在点 (x,y) 可微，l 是从该点出发的一个方向，方向角为 φ，其方向向量为 $\vec{e}=(\cos\varphi,\sin\varphi)$。则函数在点 (x,y) 沿方向 l 的方向导数 $\dfrac{\partial f}{\partial l}$ 与梯度向量 $\nabla f(x,y)$ 满足 $\dfrac{\partial f}{\partial l}=\nabla f(x,y)\cdot\vec{e}=|\nabla f(x,y)|\cos\theta$，其中 θ 为梯度向量 $\nabla f(x,y)$ 与方向向量 $\vec{e}$ 的夹角。

这表明方向导数等于梯度向量在该方向上的投影。当 $\theta=0$（即方向向量 $\vec{e}$ 与梯度向量 $\nabla f(x,y)$ 同向），$\cos\theta=1$，此时方向导数取得最大值 $|\nabla f(x,y)|$。也就是说，梯度方向是函数在该点增长最快的方向，其增长速率为梯度向量的模。

对于三元函数 $u=f(x,y,z)$，设方向 l 的方向向量为 $\vec{e}=(\cos\alpha,\cos\beta,\cos\gamma)$，同理有 $\dfrac{\partial f}{\partial l}=\nabla f(x,y,z)\cdot\vec{e}=|\nabla f(x,y,z)|\cos\theta$，其中 θ 是梯度向量 $\nabla f(x,y,z)$ 与方向向量 $\vec{e}$ 的夹角。

以二元函数 $z=f(x,y)$ 为例，函数 $z=f(x,y)$ 的图像是三维空间中的曲面。在点 (x_0,y_0) 处，梯度向量 $\nabla f(x_0,y_0)$ 与过该点的等值线 $f(x,y)=C$（$C=f(x_0,y_0)$）在该点的切线垂直，并且指向函数值增

大的方向。

例如，函数 $z = x^2 + y^2$ 的等值线方程为 $x^2 + y^2 = C$（$C \geq 0$），这是一系列以原点为圆心的同心圆。在点 (1,1) 处，先求偏导数 $\frac{\partial z}{\partial x} = 2x$，$\frac{\partial z}{\partial y} = 2y$，则梯度向量 $\nabla f(1,1) = \left(\frac{\partial z}{\partial x}, \frac{\partial z}{\partial y}\right) = (2,2)$。而点 (1,1) 处的等值线切线斜率为 –1（通过对 $x^2 + y^2 = 2$ 求隐函数导数得到 $2x + 2yy' = 0$，代入 $x = 1$，$y = 1$，得 $y' = -1$），切线方向向量可设为 (1,–1)。计算梯度向量与切线方向向量的点积 $(2,2) \cdot (1,-1) = 2 - 2 = 0$，说明两者垂直。从函数值的变化来看，沿着梯度向量 (2,2) 的方向，函数值逐渐增大，因为离原点越远，$x^2 + y^2$ 的值越大。

对于三元函数 $u = f(x,y,z)$，在空间中，梯度向量 $\nabla f(x_0, y_0, z_0)$ 与过点 (x_0, y_0, z_0) 的等值面 $f(x,y,z) = C$ 在点 (x_0, y_0, z_0) 的切平面垂直，并指向函数值增大的方向。

5.3.3 计算多元函数的方向导数与梯度

在 Python 中，我们需要使用 SymPy 库来进行符号计算，NumPy 库用于数值计算，Matplotlib 库用于绘图。首先确保已经安装了这些库，安装完成后，在 Python 代码中导入相关库。

实例5-3 计算多元函数的方向导数与梯度（源码路径：codes\5\chap5.3.py）

本实例使用SymPy库计算了二元函数的方向导数和梯度，并绘制了等高线。

```python
# 1. 定义符号变量与函数
# 定义符号变量 x 和 y
x, y = sp.symbols('x y')
# 定义二元函数 f
f = x**2 * y + 3 * x * y**2


# 2. 计算偏导数
# 计算函数 f 对 x 的偏导数
fx = sp.diff(f, x)
# 计算函数 f 对 y 的偏导数
fy = sp.diff(f, y)
print("对 x 的偏导数 f_x =", fx)
print("对 y 的偏导数 f_y =", fy)


# 3. 定义方向向量并计算方向导数
# 定义方向角 phi
phi = np.pi / 3
# 构建方向向量 e
e = np.array([np.cos(phi), np.sin(phi)])
# 将符号计算得到的偏导数转换为可调用的函数
grad_f = np.array([sp.lambdify((x, y), fx), sp.lambdify((x, y), fy)])
```

```python
# 定义计算方向导数的函数
directional_derivative = lambda x, y: np.dot(np.array([grad_f[0](x, y),
grad_f[1](x, y)]), e)


# 4. 计算梯度向量
# 定义计算梯度向量的函数
gradient = lambda x, y: np.array([grad_f[0](x, y), grad_f[1](x, y)])


# 5. 计算特定点处的方向导数与梯度
# 定义特定点 (1, 2)
x0, y0 = 1, 2
print("在点(1, 2)处的方向导数 =", directional_derivative(x0, y0))
print("在点(1, 2)处的梯度向量 =", gradient(x0, y0))


# 绘制等高线图

# 1. 生成数据点
# 在 -5 到 5 之间生成 100 个等间距的点作为 x 轴的值
x_vals = np.linspace(-5, 5, 100)
# 在 -5 到 5 之间生成 100 个等间距的点作为 y 轴的值
y_vals = np.linspace(-5, 5, 100)
# 生成网格点
X, Y = np.meshgrid(x_vals, y_vals)
# 计算函数在网格点上的值
Z = sp.lambdify((x, y), f)(X, Y)


# 2. 绘制等高线图
# 创建一个大小为 (10, 8) 的图形窗口
plt.figure(figsize=(10, 8))
# 绘制填充等高线图,设置等高线层数为 20,颜色映射为 viridis
plt.contourf(X, Y, Z, levels=20, cmap='viridis')
# 添加颜色条并设置标签
plt.colorbar(label='z = f(x, y)')
plt.xlabel('x')
plt.ylabel('y')
plt.title('Contour Plot of z = x^2y + 3xy^2')


# 3. 在等高线图上绘制梯度向量
# 计算点 (1, 2) 处的梯度向量
grad_at_point = gradient(x0, y0)
# 在点 (1, 2) 处绘制梯度向量,颜色为红色,调整向量显示长度
plt.quiver(x0, y0, grad_at_point[0], grad_at_point[1], color='red',
scale=100)


# 4. 显示图形
plt.show()
```

通过上述 Python 代码，我们能够计算多元函数的方向导数和梯度，并通过绘制等高线图直观地展示函数的变化趋势，以及梯度向量的指向。函数的等高线图如图 5-2 所示。

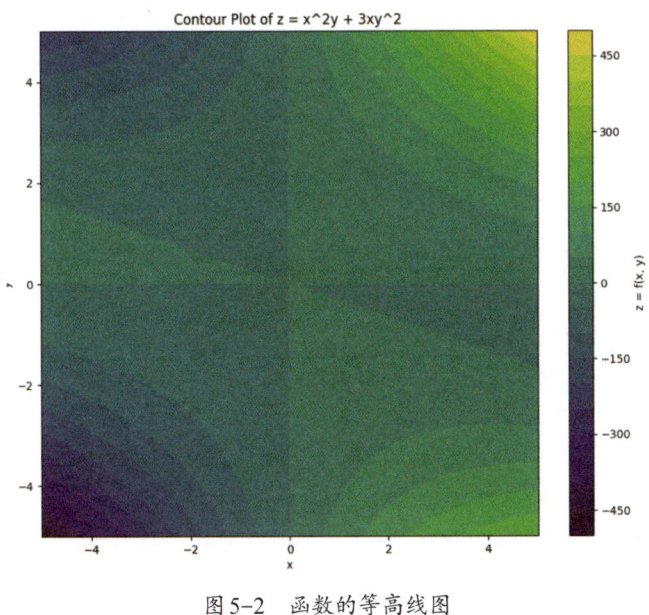

图 5-2　函数的等高线图

5.4　多元函数的极值

多元函数的极值是指函数在多维空间中的局部最大值或最小值，通常在函数的驻点或临界点处取得。通过分析二阶偏导数和海森矩阵，可以判断这些点是极大值点、极小值点还是鞍点，这在优化问题中具有重要意义。

5.4.1　驻点、临界点与鞍点的概念

在多元函数的研究中，驻点是一个重要的概念。对于二元函数 $z = f(x, y)$，若函数在点 (x_0, y_0) 处的两个一阶偏导数都为零，即 $f_x(x_0, y_0) = 0$ 且 $f_y(x_0, y_0) = 0$，那么点 (x_0, y_0) 就被称为函数 $z = f(x, y)$ 的驻点。

从几何意义上理解，对于二元函数 $z = f(x, y)$，其图像是三维空间中的一个曲面。在驻点处，曲面在 x 方向和 y 方向上的切线斜率都为零。这意味着在该点处，函数在这两个坐标轴方向上的变化率为零，类似于一元函数在极值点处导数为零的情况。

例如，对于函数 $z = x^2 + y^2$，求其偏导数 $f_x = 2x$，$f_y = 2y$。令 $f_x = 0$ 且 $f_y = 0$，即 $2x = 0$ 且 $2y = 0$，解得 $x = 0$，$y = 0$。所以点 $(0, 0)$ 是函数 $z = x^2 + y^2$ 的驻点。其函数图像是一个开口向上的旋转抛物面，在原点 $(0, 0)$ 处，曲面在 x 方向和 y 方向上都是平坦的，变化率为零。

对于 n 元函数 $u = f(x_1, x_2, \cdots, x_n)$，驻点的定义可以类似地推广。若函数在点 $(x_1^0, x_2^0, \cdots, x_n^0)$ 处的所有一阶偏导数 $\dfrac{\partial f}{\partial x_i}(x_1^0, x_2^0, \cdots, x_n^0) = 0$，$i = 1, 2, \cdots, n$，则该点为函数的驻点。

临界点的概念比驻点更为广泛。对于多元函数 $z=f(x,y)$，若函数在点 (x_0,y_0) 处的一阶偏导数至少有一个不存在或者两个一阶偏导数都为零，那么点 (x_0,y_0) 就被称为函数 $z=f(x,y)$ 的临界点。也就是说，驻点是临界点的一种特殊情况，所有驻点都是临界点，但临界点不一定是驻点。例如，对于函数 $z=\sqrt{x^2+y^2}$，在点 $(0,0)$ 处，计算偏导数 $f_x(x,y)=\dfrac{x}{\sqrt{x^2+y^2}}$，$f_y(x,y)=\dfrac{y}{\sqrt{x^2+y^2}}$。当 $(x,y)\to(0,0)$ 时，$f_x(0,0)$ 和 $f_y(0,0)$ 都不存在，所以点 $(0,0)$ 是函数 $z=\sqrt{x^2+y^2}$ 的临界点，但不是驻点。从几何角度看，该函数图像是一个圆锥面，顶点在原点 $(0,0)$，在顶点处，曲面在 x 方向和 y 方向上的切线不存在，函数的变化率无法用常规的偏导数来描述。

同样，对于 n 元函数 $u=f(x_1,x_2,\cdots,x_n)$，若在点 $(x_1^0,x_2^0,\cdots,x_n^0)$ 处，至少有一个一阶偏导数 $\dfrac{\partial f}{\partial x_i}(x_1^0,x_2^0,\cdots,x_n^0)$ 不存在或者所有一阶偏导数都为零，则该点为函数的临界点。

鞍点是多元函数中一种特殊的临界点。对于二元函数 $z=f(x,y)$，若点 (x_0,y_0) 是函数的临界点，并且在该点的某邻域内，函数在过该点的某些曲线上取得极大值，而在另一些曲线上取得极小值，则点 (x_0,y_0) 就被称为函数 $z=f(x,y)$ 的鞍点。从几何直观上看，鞍点处的曲面形状类似于马鞍。例如，对于函数 $z=x^2-y^2$，求其偏导数 $f_x=2x$，$f_y=-2y$。令 $f_x=0$ 且 $f_y=0$，解得 $x=0$，$y=0$，所以点 $(0,0)$ 是函数的驻点，进而也是临界点。再分析函数在该点附近的取值情况，当 $y=0$ 时，$z=x^2$，在 $x=0$ 处取得极小值；当 $x=0$ 时，$z=-y^2$，在 $y=0$ 处取得极大值。所以点 $(0,0)$ 是函数 $z=x^2-y^2$ 的鞍点。其函数图像上清晰地展现了在原点 $(0,0)$ 处，沿着 x 轴方向函数值先减小后增大，而沿着 y 轴方向函数值先增大后减小，呈现出类似马鞍的形状。

对于 n 元函数 $u=f(x_1,x_2,\cdots,x_n)$，鞍点的定义更为复杂，但基本思想类似。即在鞍点的某邻域内，函数在不同方向上的取值表现出既有极大值又有极小值的特性。

5.4.2 二次型在极值判定中的作用

二次型是线性代数中的一个重要概念，它在多元函数极值判定中起着关键作用。一个 n 元二次型 $Q(x_1,x_2,\cdots,x_n)$ 可以表示为 $Q(x_1,x_2,\cdots,x_n)=\sum_{i=1}^{n}\sum_{j=1}^{n}a_{ij}x_ix_j$。其中 $a_{ij}=a_{ji}$，$i,j=1,2,\cdots,n$。通常可以将其写成矩阵形式 $\boldsymbol{Q(x)}=\boldsymbol{x}^{\mathrm{T}}\boldsymbol{A}\boldsymbol{x}$，其中 $\boldsymbol{x}=(x_1,x_2,\cdots,x_n)^{\mathrm{T}}$ 是 n 维列向量，$\boldsymbol{A}=(a_{ij})$ 是一个 $n\times n$ 的实对称矩阵。

例如，对于二元二次型 $Q(x,y)=2x^2+3xy+4y^2$，其矩阵形式为 $\boldsymbol{Q}(x,y)=\begin{pmatrix}x & y\end{pmatrix}\begin{pmatrix}2 & \dfrac{3}{2}\\ \dfrac{3}{2} & 4\end{pmatrix}\begin{pmatrix}x\\ y\end{pmatrix}$。

对于 n 元函数 $u=f(x_1,x_2,\cdots,x_n)$，设点 $\boldsymbol{x}^0=(x_1^0,x_2^0,\cdots,x_n^0)$ 是函数的一个临界点。为了判断该点是否为极值点，考虑函数在该点的二阶泰勒展开式 $f(\boldsymbol{x})=f(\boldsymbol{x}^0)+\nabla f(\boldsymbol{x}^0)^{\mathrm{T}}(\boldsymbol{x}-\boldsymbol{x}^0)+\dfrac{1}{2}(\boldsymbol{x}-\boldsymbol{x}^0)^{\mathrm{T}}\boldsymbol{H}_f(\boldsymbol{x}^0)(\boldsymbol{x}-\boldsymbol{x}^0)+o(\|\boldsymbol{x}-\boldsymbol{x}^0\|^2)$，其中 $\nabla f(\boldsymbol{x}^0)$ 是函数在点 $\boldsymbol{x}^0$ 处的梯度向量，$\boldsymbol{H}_f(\boldsymbol{x}^0)$ 是函数在点 $\boldsymbol{x}^0$ 处的海森矩阵，它是一个 $n\times n$ 的矩阵，其元素 $\boldsymbol{H}_{ij}(\boldsymbol{x}^0)=\dfrac{\partial^2 f}{\partial x_i\partial x_j}(\boldsymbol{x}^0)$，$i,j=1,2,\cdots,n$。由于 $\boldsymbol{x}^0$ 是临界点，

$\nabla f(\boldsymbol{x}^0) = \boldsymbol{0}$,所以函数在临界点附近的行为主要由二次型 $\frac{1}{2}(\boldsymbol{x}-\boldsymbol{x}^0)^T \boldsymbol{H}_f(\boldsymbol{x}^0)(\boldsymbol{x}-\boldsymbol{x}^0)$ 决定。

如果海森矩阵 $\boldsymbol{H}_f(\boldsymbol{x}^0)$ 是正定矩阵,即对任意非零向量 $\boldsymbol{y} = (y_1, y_2, \cdots, y_n)^T$,都有 $\boldsymbol{y}^T \boldsymbol{H}_f(\boldsymbol{x}^0) \boldsymbol{y} > 0$,那么二次型 $\frac{1}{2}(\boldsymbol{x}-\boldsymbol{x}^0)^T \boldsymbol{H}_f(\boldsymbol{x}^0)(\boldsymbol{x}-\boldsymbol{x}^0) > 0$(当 $\boldsymbol{x} \neq \boldsymbol{x}^0$ 且 $\boldsymbol{x}$ 在 $\boldsymbol{x}^0$ 的某邻域内)。此时,函数 $f(\boldsymbol{x})$ 在点 $\boldsymbol{x}^0$ 处取得极小值。

例如,对于二元函数 $f(x,y) = x^2 + 2xy + 3y^2$,先求一阶偏导数 $f_x = 2x + 2y$,$f_y = 2x + 6y$。令 $f_x = 0$,$f_y = 0$,解方程组 $\begin{cases} 2x + 2y = 0 \\ 2x + 6y = 0 \end{cases}$,可得 $x = 0$,$y = 0$,即点 $(0,0)$ 是临界点。再求二阶偏导数 $f_{xx} = 2$,$f_{xy} = 2$,$f_{yy} = 6$,则海森矩阵 $\boldsymbol{H}_f(0,0) = \begin{pmatrix} 2 & 2 \\ 2 & 6 \end{pmatrix}$。对于任意非零向量 $\boldsymbol{y} = (y_1, y_2)^T$,计算得 $\boldsymbol{y}^T \boldsymbol{H}_f(0,0) \boldsymbol{y} = \begin{pmatrix} y_1 & y_2 \end{pmatrix} \begin{pmatrix} 2 & 2 \\ 2 & 6 \end{pmatrix} \begin{pmatrix} y_1 \\ y_2 \end{pmatrix} = 2y_1^2 + 4y_1 y_2 + 6y_2^2 = 2(y_1 + y_2)^2 + 4y_2^2 > 0$。

所以海森矩阵 $\boldsymbol{H}_f(0,0)$ 是正定矩阵,函数 $f(x,y)$ 在点 $(0,0)$ 处取得极小值。

如果海森矩阵 $\boldsymbol{H}_f(\boldsymbol{x}^0)$ 是负定矩阵,即对任意非零向量 $\boldsymbol{y} = (y_1, y_2, \cdots, y_n)^T$,都有 $\boldsymbol{y}^T \boldsymbol{H}_f(\boldsymbol{x}^0) \boldsymbol{y} < 0$,那么二次型 $\frac{1}{2}(\boldsymbol{x}-\boldsymbol{x}^0)^T \boldsymbol{H}_f(\boldsymbol{x}^0)(\boldsymbol{x}-\boldsymbol{x}^0) < 0$(当 $\boldsymbol{x} \neq \boldsymbol{x}^0$ 且 $\boldsymbol{x}$ 在 $\boldsymbol{x}^0$ 的某邻域内)。此时,函数 $f(\boldsymbol{x})$ 在点 $\boldsymbol{x}^0$ 处取得极大值。

例如,对于二元函数 $f(x,y) = -x^2 - 2xy - 3y^2$,一阶偏导数 $f_x = -2x - 2y$,$f_y = -2x - 6y$。令 $f_x = 0$,$f_y = 0$,解方程组得 $x = 0$,$y = 0$,点 $(0,0)$ 是临界点。二阶偏导数 $f_{xx} = -2$,$f_{xy} = -2$,$f_{yy} = -6$,海森矩阵 $\boldsymbol{H}_f(0,0) = \begin{pmatrix} -2 & -2 \\ -2 & -6 \end{pmatrix}$。对于任意非零向量 $\boldsymbol{y} = (y_1, y_2)^T$,计算得 $\boldsymbol{y}^T \boldsymbol{H}_f(0,0) \boldsymbol{y} = \begin{pmatrix} y_1 & y_2 \end{pmatrix} \begin{pmatrix} -2 & -2 \\ -2 & -6 \end{pmatrix} \begin{pmatrix} y_1 \\ y_2 \end{pmatrix} = -2y_1^2 - 4y_1 y_2 - 6y_2^2 = -2(y_1 + y_2)^2 - 4y_2^2 < 0$。

所以海森矩阵 $\boldsymbol{H}_f(0,0)$ 是负定矩阵,函数 $f(x,y)$ 在点 $(0,0)$ 处取得极大值。

如果海森矩阵 $\boldsymbol{H}_f(\boldsymbol{x}^0)$ 是不定矩阵,即存在向量 $\boldsymbol{y}_1$ 和 $\boldsymbol{y}_2$,使得 $\boldsymbol{y}_1^T \boldsymbol{H}_f(\boldsymbol{x}^0) \boldsymbol{y}_1 > 0$ 且 $\boldsymbol{y}_2^T \boldsymbol{H}_f(\boldsymbol{x}^0) \boldsymbol{y}_2 < 0$,那么二次型 $\frac{1}{2}(\boldsymbol{x}-\boldsymbol{x}^0)^T \boldsymbol{H}_f(\boldsymbol{x}^0)(\boldsymbol{x}-\boldsymbol{x}^0)$ 在 $\boldsymbol{x}^0$ 的邻域内有正有负。此时,函数 $f(\boldsymbol{x})$ 在点 $\boldsymbol{x}^0$ 处是鞍点。

例如,对于二元函数 $f(x,y) = x^2 - 2xy - y^2$,一阶偏导数 $f_x = 2x - 2y$,$f_y = -2x - 2y$。令 $f_x = 0$,$f_y = 0$,解方程组得 $x = 0$,$y = 0$,点 $(0,0)$ 是临界点。二阶偏导数 $f_{xx} = 2$,$f_{xy} = -2$,$f_{yy} = -2$,海森矩阵 $\boldsymbol{H}_f(0,0) = \begin{pmatrix} 2 & -2 \\ -2 & -2 \end{pmatrix}$。取向量 $\boldsymbol{y}_1 = (1,0)^T$,则 $\boldsymbol{y}_1^T \boldsymbol{H}_f(0,0) \boldsymbol{y}_1 = 2 > 0$;取向量 $\boldsymbol{y}_2 = (0,1)^T$,则 $\boldsymbol{y}_2^T \boldsymbol{H}_f(0,0) \boldsymbol{y}_2 = -2 < 0$。所以海森矩阵 $\boldsymbol{H}_f(0,0)$ 是不定矩阵,函数 $f(x,y)$ 在点 $(0,0)$ 处是鞍点。

5.4.3 利用梯度下降法求多元函数的极值并分析收敛性

梯度下降法是一种常用的迭代优化算法,用于寻找多元函数的最小值。其核心思想基于函数在

某点的梯度方向是函数值增长最快的方向，那么沿着梯度的反方向移动，函数值将逐渐减小。

对于 n 元函数 $f(x_1,x_2,\cdots,x_n)$，在点 $\boldsymbol{x}=(x_1,x_2,\cdots,x_n)^\mathrm{T}$ 处，梯度向量 $\nabla f(\boldsymbol{x})=(\dfrac{\partial f}{\partial x_1},\dfrac{\partial f}{\partial x_2},\cdots,\dfrac{\partial f}{\partial x_n})^\mathrm{T}$。

每次迭代时，根据当前点的梯度向量和预先设定的学习率 α（步长参数）更新点的位置，更新公式为 $\boldsymbol{x}_{k+1}=\boldsymbol{x}_k-\alpha\nabla f(\boldsymbol{x}_k)$，其中 $\boldsymbol{x}_k$ 是第 k 次迭代时的点，$\boldsymbol{x}_{k+1}$ 是第 $k+1$ 次迭代时的点。通过不断重复这个过程，逐步逼近函数的极小值点。

实例5-4 计算多元函数的极值（源码路径：codes\5\chap5.4.py）

以二元函数 $f(x,y)=x^2+2y^2-4x+6y+5$ 为例，使用 Python 实现梯度下降法求其极值。

```python
# 定义多元函数
# 这是一个二元函数，接收一个包含两个元素的数组 x 作为输入
# 计算并返回函数值 x[0]**2 + 2 * x[1]**2 - 4 * x[0] + 6 * x[1] + 5
def function(x):
    return x[0]**2 + 2 * x[1]**2 - 4 * x[0] + 6 * x[1] + 5

# 定义梯度函数
# 计算函数的梯度，梯度是一个向量，包含函数对每个变量的偏导数
# 这里分别对 x[0] 和 x[1] 求偏导数，组成梯度向量返回
def gradient(x):
    return np.array([2 * x[0] - 4, 4 * x[1] + 6])


# 梯度下降法
# learning_rate 是学习率，控制每次迭代更新的步长
# num_iterations 是迭代的次数
def gradient_descent(learning_rate, num_iterations):
    # 初始点，从 (0, 0) 开始搜索极小值点
    x = np.array([0, 0])
    # 用于记录每次迭代后的点的位置，初始时包含初始点
    x_history = [x]
    # 进行指定次数的迭代
    for i in range(num_iterations):
        # 计算当前点的梯度
        grad = gradient(x)
        # 根据梯度下降的公式更新点的位置
        # 新的点等于当前点减去学习率乘以梯度
        x = x - learning_rate * grad
        # 将更新后的点添加到历史记录中
        x_history.append(x)
    # 返回最终找到的极小值点和迭代过程中所有点的历史记录
    return x, x_history


# 设置参数
# 学习率，值越大每次迭代更新的步长越大，但可能导致无法收敛
# 值越小收敛速度越慢，这里设置为 0.1
```

```python
learning_rate = 0.1
# 迭代次数，控制梯度下降算法的迭代轮数
num_iterations = 100

# 执行梯度下降法
# 调用 gradient_descent 函数进行计算，得到极小值点和迭代历史
min_point, history = gradient_descent(learning_rate, num_iterations)

# 打印结果
# 输出函数的极小值点
print("函数的极小值点：", min_point)
# 输出函数在极小值点处的函数值
print("函数在极小值点的值：", function(min_point))

# 绘制函数等高线图和梯度下降路径
# 生成 x 轴上从 -5 到 5 的 100 个等间距的点
x = np.linspace(-5, 5, 100)
# 生成 y 轴上从 -5 到 5 的 100 个等间距的点
y = np.linspace(-5, 5, 100)
# 生成网格点矩阵 X 和 Y
X, Y = np.meshgrid(x, y)
# 计算网格点上的函数值
Z = function(np.array([X, Y]))

# 创建一个大小为 (10, 8) 的图形窗口
plt.figure(figsize=(10, 8))
# 绘制函数的等高线图，设置等高线的层数为 30，使用 viridis 颜色映射
plt.contourf(X, Y, Z, levels=30, cmap='viridis')
# 添加颜色条，并设置标签为 'f(x, y)'
plt.colorbar(label='f(x, y)')
# 设置 x 轴的标签
plt.xlabel('x')
# 设置 y 轴的标签
plt.ylabel('y')
# 设置图形的标题
plt.title('Gradient Descent Path')

# 将迭代历史转换为 numpy 数组
history = np.array(history)
# 绘制梯度下降的路径，使用红色的圆点和线段连接
plt.plot(history[:, 0], history[:, 1], 'ro-', label='Gradient Descent Path')
# 添加图例
plt.legend()
# 显示图形
plt.show()
```

在这段代码中，gradient 函数计算该多元函数的梯度向量，gradient_descent 函数实现了梯度下降算法。初始化一个起始点 x，通过迭代，根据当前点的梯度和学习率更新点的位置，记录每次迭代后的点的位置。设置学习率 learning_rate 和迭代次数 num_iterations，调用 gradient_descent 函数执行梯度下降法，得到极小值点和迭代过程中的点的历史记录。最后，通过 Matplotlib 库绘制函数的等高线图，并在图上标记出梯度下降的路径。执行效果如图5-3所示。

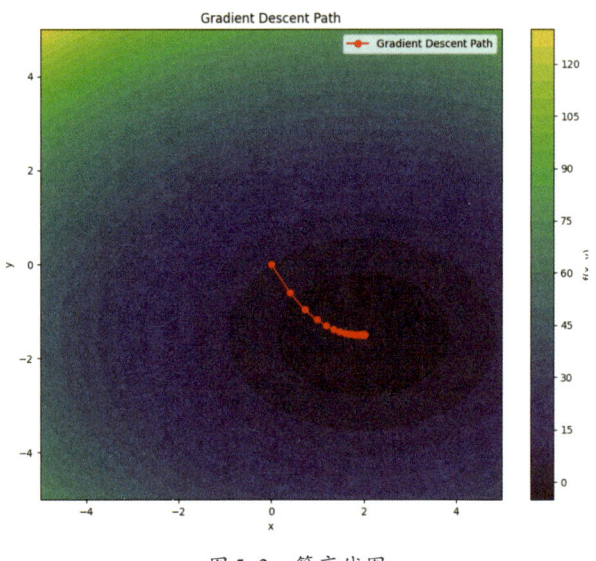

图5-3　等高线图

在实际应用中，梯度下降法的收敛性受下列多个因素的影响。

◆ **学习率的选择**：学习率过大可能导致迭代过程跳过极小值点，无法收敛，甚至可能使函数值不断增大。例如，如果将上述代码中的学习率设置为1，在迭代过程中，点的更新步长过大，会在函数曲面上"跳跃"，无法接近极小值点。学习率过小，虽然能保证算法收敛，但收敛速度会非常缓慢，需要更多的迭代次数才能达到满意的结果。在实际应用中，常常需要通过试验和调整来选择合适的学习率。

◆ **函数的性质**：对于凸函数，梯度下降法在合适的学习率下能够保证收敛到全局最小值。但对于非凸函数，梯度下降法可能会陷入局部极小值，而无法找到全局极小值。例如，对于函数 $f(x,y)=(x^2-1)^2+y^2$，存在多个局部极小值点。梯度下降法从不同的初始点出发，可能会收敛到不同的局部极小值点，而不一定能找到全局最小值点(1,0)和(−1,0)。

◆ **初始点的选择**：初始点的位置对梯度下降法的收敛速度和结果有重要影响。在非凸函数中，选择一个靠近全局极小值的初始点，能够使算法更快地收敛到全局极小值或较好的局部极小值。例如，对于复杂的神经网络损失函数，合理选择初始权重（相当于初始点）可以加快训练过程并提高模型性能。

为了分析上述代码中梯度下降法的收敛性，可以绘制函数值随迭代次数的变化曲线。

实例5-5　分析梯度下降法的收敛性（源码路径：codes\5\chap5.5.py）

在上述代码的基础上，为分析梯度下降法的收敛性，本实例绘制了对应函数值随迭代次数的变化曲线。

```python
# 计算每次迭代时函数的值
function_values = [function(x) for x in history]
# 创建一个大小为 8×6 英寸的新图形窗口
plt.figure(figsize=(8, 6))
# 绘制迭代次数与函数值的关系曲线，使用蓝色实线
plt.plot(range(len(function_values)), function_values, 'b-')
# 设置 x 轴标签为迭代次数
plt.xlabel('Iteration')
# 设置 y 轴标签为函数值
```

```
plt.ylabel('Function Value')
plt.title('Convergence of Gradient Descent')
plt.show()
```

执行效果如图5-4所示。

通过观察曲线可以发现，随着迭代次数的增加，函数值逐渐减小，这说明梯度下降法在不断向极小值点逼近。如果曲线在某一迭代次数后趋于平缓，且函数值不再明显变化，那么可以认为算法已经收敛到一个相对稳定的点，该点可能是函数的极小值点。

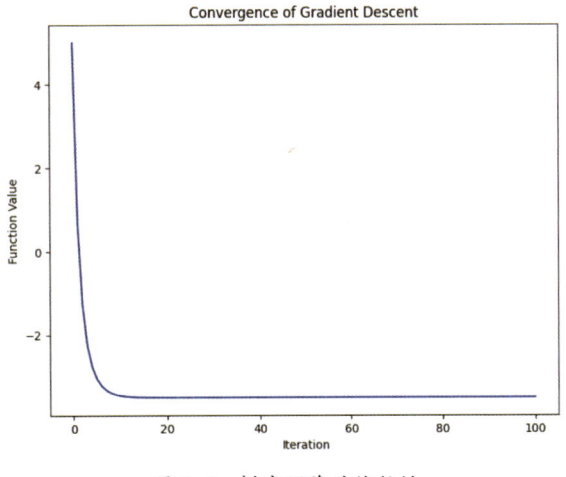

图 5-4　梯度下降的收敛性

5.5 拉格朗日乘数法

拉格朗日乘数法（Lagrange Multipliers）是一种求解约束优化问题的方法，它通过引入拉格朗日乘数将约束条件融入目标函数中，从而将约束优化问题转化为无约束优化问题。该方法广泛应用于经济学、物理学和工程学等领域，用于在满足特定约束条件下寻找函数的极值。

5.5.1 拉格朗日乘数法的原理与推导

在许多实际问题中，我们常常需要在一定的约束条件下，求某个多元函数的极值。例如，在生产制造中，我们希望在给定原材料总量和生产工艺等约束下，最大化产品的产量；在经济投资中，我们可能要在资金总量和风险限制等约束下，最大化投资收益。这类问题被称为约束优化问题。

考虑一个简单的二元函数$z = f(x, y)$，并受到一个约束条件$g(x, y) = 0$的限制。传统的求极值方法（如对无约束函数求驻点等）不再直接适用，因为我们必须同时满足约束条件。拉格朗日乘数法正是为解决这类问题而诞生的一种有效方法。

从几何角度来看，函数$z = f(x, y)$的图像是三维空间中的一个曲面，而约束条件$g(x, y) = 0$表示三维空间中的一条曲线（对于二元函数和一个等式约束的情况）。我们的目标是在这条曲线上找到使函数$z = f(x, y)$取得极值的点。假设在某点$P(x_0, y_0)$处，函数$f(x, y)$在约束$g(x, y) = 0$下取得极值。此时，函数$f(x, y)$的等值线（即$f(x, y) = C$，C为常数的曲线）与约束曲线$g(x, y) = 0$在点P处相切。这是因为如果两者不相切，那么沿着约束曲线继续移动，函数值可以继续增大或减小，就不再是极值点了。由于两曲线相切，它们在点P处的法线向量是平行的。函数$f(x, y)$的梯度向量$\nabla f(x, y) = (\frac{\partial f}{\partial x}, \frac{\partial f}{\partial y})$与函数$g(x, y)$的梯度向量$\nabla g(x, y) = (\frac{\partial g}{\partial x}, \frac{\partial g}{\partial y})$，分别是等值线$f(x, y) = C$和约束曲

线 $g(x,y)=0$ 的法线向量。所以，在极值点处，存在一个常数 λ，使得 $\nabla f(x_0,y_0)=\lambda\nabla g(x_0,y_0)$。这就是拉格朗日乘数法的几何直观基础。

为了更严谨地推导拉格朗日乘数法，我们构造一个新的函数 $L(x,y,\lambda)=f(x,y)-\lambda g(x,y)$，这个函数被称为拉格朗日函数，其中 λ 被称为拉格朗日乘数。

对 $L(x,y,\lambda)$ 分别关于 x、y 和 λ 求偏导数，并令它们都等于零，得到方程组：
$$\begin{cases}\dfrac{\partial L}{\partial x}=\dfrac{\partial f}{\partial x}-\lambda\dfrac{\partial g}{\partial x}=0\\[4pt]\dfrac{\partial L}{\partial y}=\dfrac{\partial f}{\partial y}-\lambda\dfrac{\partial g}{\partial y}=0\\[4pt]\dfrac{\partial L}{\partial \lambda}=-g(x,y)=0\end{cases}$$

第一个方程 $\dfrac{\partial f}{\partial x}-\lambda\dfrac{\partial g}{\partial x}=0$ 可以变形为 $\dfrac{\partial f}{\partial x}=\lambda\dfrac{\partial g}{\partial x}$，第二个方程 $\dfrac{\partial f}{\partial y}-\lambda\dfrac{\partial g}{\partial y}=0$ 可以变形为 $\dfrac{\partial f}{\partial y}=\lambda\dfrac{\partial g}{\partial y}$。这两个方程与前面从几何直观得到的 $\nabla f(x_0,y_0)=\lambda\nabla g(x_0,y_0)$ 一致。而第三个方程 $-g(x,y)=0$ 确保了我们求解的点始终位于约束曲线 $g(x,y)=0$ 上。

通过求解这个方程组，可以得到在约束条件 $g(x,y)=0$ 下，函数 $f(x,y)$ 的可能极值点 (x,y) 以及对应的拉格朗日乘数 λ。

对于 n 元函数 $f(x_1,x_2,\cdots,x_n)$ 受到 m 个约束条件 $g_i(x_1,x_2,\cdots,x_n)=0$，$i=1,2,\cdots,m$（$m<n$）的情况，拉格朗日函数为 $L(x_1,x_2,\cdots,x_n,\lambda_1,\lambda_2,\cdots,\lambda_m)=f(x_1,x_2,\cdots,x_n)-\sum_{i=1}^{m}\lambda_i g_i(x_1,x_2,\cdots,x_n)$。对拉格朗日函数分别关于 x_j（$j=1,2,\cdots,n$）和 λ_i（$i=1,2,\cdots,m$）求偏导数，并令它们为零，得到方程组
$$\begin{cases}\dfrac{\partial L}{\partial x_j}=\dfrac{\partial f}{\partial x_j}-\sum_{i=1}^{m}\lambda_i\dfrac{\partial g_i}{\partial x_j}=0,\quad j=1,2,\cdots,n\\[4pt]\dfrac{\partial L}{\partial \lambda_i}=-g_i(x_1,x_2,\cdots,x_n)=0,\quad i=1,2,\cdots,m\end{cases}$$
。求解这个方程组，就可以得到在多个约束条件下函数 $f(x_1,x_2,\cdots,x_n)$ 的可能极值点。

5.5.2 拉格朗日乘数法在约束优化中的应用

拉格朗日乘数法在现实中的应用场景包括以下典型问题。

1. 生产资源分配问题

假设某工厂生产两种产品 A 和 B，生产每件 A 需要 x 单位的原材料和 y 单位的劳动力，生产每件 B 需要 a 单位的原材料和 b 单位的劳动力。已知工厂拥有的原材料总量为 M 单位，劳动力总量为 N 单位。产品 A 的利润为 p 元/件，产品 B 的利润为 q 元/件。我们希望在原材料和劳动力的约束下，最大化总利润。

设生产产品 A 的数量为 x_1，生产产品 B 的数量为 x_2，则总利润函数为 $f(x_1,x_2)=px_1+qx_2$，约束条件为：

$$\begin{cases} g_1(x_1,x_2)=xx_1+ax_2-M=0\text{（原材料约束）} \\ g_2(x_1,x_2)=yx_1+bx_2-N=0\text{（劳动力约束）} \end{cases}$$

通过拉格朗日乘数法，构造拉格朗日函数：

$$L(x_1,x_2,\lambda_1,\lambda_2)=px_1+qx_2-\lambda_1(xx_1+ax_2-M)-\lambda_2(yx_1+bx_2-N)$$

对 x_1、x_2、λ_1 和 λ_2 求偏导数并令其为零，得到方程组：

$$\begin{cases} \dfrac{\partial L}{\partial x_1}=p-\lambda_1 x-\lambda_2 y=0 \\ \dfrac{\partial L}{\partial x_2}=q-\lambda_1 a-\lambda_2 b=0 \\ \dfrac{\partial L}{\partial \lambda_1}=-(xx_1+ax_2-M)=0 \\ \dfrac{\partial L}{\partial \lambda_2}=-(yx_1+bx_2-N)=0 \end{cases}$$

求解此方程组可得在给定资源约束下，生产产品 A 和 B 的最优数量 x_1 和 x_2，从而实现利润最大化。

2. 几何优化问题

求表面积为 S 的长方体的最大体积。设长方体的长、宽、高分别为 x、y、z，则体积函数 $f(x,y,z)=xyz$，约束条件为 $g(x,y,z)=2(xy+yz+zx)-S=0$（长方体表面积公式）。构造拉格朗日函数 $L(x,y,z,\lambda)=xyz-\lambda(2(xy+yz+zx)-S)$。对 x、y、z 和 λ 求偏导数并令其为零：

$$\begin{cases} \dfrac{\partial L}{\partial x}=yz-2\lambda(y+z)=0 \\ \dfrac{\partial L}{\partial y}=xz-2\lambda(x+z)=0 \\ \dfrac{\partial L}{\partial z}=xy-2\lambda(x+y)=0 \\ \dfrac{\partial L}{\partial \lambda}=-(2(xy+yz+zx)-S)=0 \end{cases}$$

求解该方程组，可得使体积最大时长方体的长、宽、高。

无约束优化问题直接对函数求驻点等方式来寻找极值点。而拉格朗日乘数法解决的约束优化问题，通过引入拉格朗日乘数，将约束条件融入新构造的函数（拉格朗日函数）中转化为对这个新函数的无约束优化问题（通过求偏导数为零的点）。在无约束优化中，函数的极值点只需要满足梯度为零的条件；但在约束优化中，除了要考虑函数自身的变化（通过梯度），还要确保解满足约束条件。这就使得拉格朗日乘数法求解的方程组更为复杂，不仅包含函数的偏导数，还涉及约束函数的偏导数以及拉格朗日乘数。

例如，对于函数 $f(x,y)=x^2+y^2$ 的无约束优化，直接求偏导数 $\dfrac{\partial f}{\partial x}=2x=0$，$\dfrac{\partial f}{\partial y}=2y=0$，解得极值点为 $(0,0)$。如果加上约束条件 $g(x,y)=x+y-1=0$，则构造拉格朗日函数 $L(x,y,\lambda)=x^2+y^2-\lambda(x+y-1)$，

求偏导数得到 $\begin{cases} \dfrac{\partial L}{\partial x} = 2x - \lambda = 0 \\ \dfrac{\partial L}{\partial y} = 2y - \lambda = 0 \\ \dfrac{\partial L}{\partial \lambda} = -(x + y - 1) = 0 \end{cases}$，解这个方程组得到的极值点与无约束时不同，且满足约束条件 $x + y - 1 = 0$。

5.5.3 用拉格朗日乘数法求解约束优化问题

我们以一个简单的二元函数约束优化问题为例：求函数 $f(x, y) = x^2 + y^2$ 在约束条件 $g(x, y) = x + y - 2 = 0$ 下的最小值。

从几何意义上看，函数 $f(x, y) = x^2 + y^2$ 表示点 (x, y) 到原点距离的平方，而约束条件 $x + y - 2 = 0$ 表示一条直线。我们的目标是在这条直线上找到距离原点最近的点，即求函数 $f(x, y)$ 在该直线上的最小值。

实例5-6 用拉格朗日乘数法求解上述约束优化问题（源码路径：codes\5\chap5.5.py）

本实例使用拉格朗日乘数法给出了上述优化问题的求解过程。从几何直观上可以看出，在最优解处，函数的等值线与约束直线相切。

```python
import numpy as np
from scipy.optimize import minimize

# 定义目标函数
# 目标函数是我们要进行优化的函数，这里的目标是找到使 x[0]**2 + x[1]**2 最小的 x[0]
# 和 x[1] 的值
def objective(x):
    return x[0]**2 + x[1]**2

# 定义约束条件
# 约束条件规定了变量需要满足的条件，这里的约束是 x[0] + x[1] - 2 = 0
def constraint(x):
    return x[0] + x[1] - 2

# 初始猜测值
# 在优化过程中，需要一个初始的点作为搜索的起点，这里将初始点设为 [0, 0]
x0 = np.array([0, 0])

# 定义约束
# 使用字典的形式来定义约束，'type': 'eq' 表示这是一个等式约束
# 'fun': constraint 表示约束函数是上面定义的 constraint 函数
con = {'type': 'eq', 'fun': constraint}

# 使用拉格朗日乘数法求解
```

```python
# minimize 函数是 Scipy 库中用于求解优化问题的函数
# 第一个参数是目标函数，第二个参数是初始猜测值，constraints 参数传入约束条件
solution = minimize(objective, x0, constraints=con)

# 提取结果
# solution.x 是 minimize 函数返回的优化结果，即满足约束条件下使目标函数最小的 x 值
x = solution.x

# 打印最优解和目标函数的最小值
print("最优解 x =", x)
print("目标函数最小值 f(x) =", objective(x))
```

上述代码中：objective 函数定义了要求极值的目标函数 $f(x,y) = x^2 + y^2$。这里将 x 和 y 合并为一个一维数组 x，x[0] 对应 x，x[1] 对应 y。constraint 函数定义了约束条件 $g(x,y) = x + y - 2$。x0 是初始猜测值，这里设为 (0,0)。虽然初始猜测值不影响最终结果（因为拉格朗日乘数法理论上能找到全局最优解），但在一些复杂问题中，合适的初始猜测值可能会加快求解速度。con 定义了约束的类型为等式约束（'type': 'eq'），并指定了约束函数 constraint。使用 scipy.optimize 库中的 minimize 函数，通过拉格朗日乘数法求解约束优化问题。minimize 函数会自动寻找满足约束条件且使目标函数最小的点。最后提取并打印最优解 x 和目标函数在最优解处的最小值。运行上述代码后，得到的最优解 x 是满足约束条件 $x + y - 2 = 0$ 且使函数 $f(x,y) = x^2 + y^2$ 最小的点。

从几何角度验证，函数 $f(x,y) = x^2 + y^2$ 的等值线是以原点为圆心的同心圆，约束条件 $x + y - 2 = 0$ 是一条直线。根据拉格朗日乘数法的原理，在最优解处，函数 $f(x,y)$ 的等值线与约束直线相切。计算得到的最优解对应的目标函数最小值，就是在约束直线上的点到原点距离平方的最小值。这与我们从几何直观上对问题的理解一致。

如果改变约束条件或目标函数，例如，将约束条件改为 $g(x,y) = x^2 + y^2 - 4 = 0$（表示一个以原点为圆心，半径为 2 的圆），目标函数改为 $f(x,y) = x + y$。

实例5-7 用拉格朗日乘数法求解带有非线性约束条件的优化问题（源码路径：codes\5\chap5.6.py）

本实例使用拉格朗日乘数法求解带有非线性约束条件的优化问题。

```python
import numpy as np
from scipy.optimize import minimize

# 重新定义目标函数
# 此目标函数表示我们要优化的目标，这里是求 x[0] 与 x[1] 之和的最小值
# x 是一个包含两个元素的数组，分别代表变量 x[0] 和 x[1]
def objective(x):
    return x[0] + x[1]

# 重新定义约束条件
# 约束条件是一个等式约束，要求 x[0] 的平方与 x[1] 的平方之和等于 4
# 即 x[0]**2 + x[1]**2 = 4，在优化过程中变量 x 需满足此条件
def constraint(x):
```

```python
    return x[0]**2 + x[1]**2 - 4

# 初始猜测值
# 在使用优化算法求解时,需要提供一个初始的猜测点,这里将初始点设为 [0, 2]
# 优化算法会从这个点开始搜索最优解
x0 = np.array([0, 2])

# 定义约束
# 使用字典来定义约束信息,'type': 'eq' 表明这是一个等式约束
# 'fun': constraint 表示约束函数为上面定义的 constraint 函数
con = {'type': 'eq', 'fun': constraint}

# 使用拉格朗日乘数法求解
# minimize 是 scipy.optimize 中的函数,用于求解带约束的优化问题
# 第一个参数是目标函数,第二个参数是初始猜测值,constraints 参数传入约束条件
solution = minimize(objective, x0, constraints=con)

# 提取结果
# solution.x 存储了优化算法找到的最优解,即满足约束条件下使目标函数最小的 x 值
x = solution.x

# 打印最优解和目标函数的最小值
print("最优解 x =", x)
print("目标函数最小值 f(x) =", objective(x))
```

在这个新的问题中,目标函数 $f(x,y) = x + y$ 表示在 $x + y = C$(C为常数)的直线族中寻找使C最大或最小且与圆 $x^2 + y^2 - 4 = 0$ 相交的直线。通过拉格朗日乘数法求解,得到的最优解是圆上使 $f(x,y) = x + y$ 取得最值的点。

通过不同的实例可以看出,拉格朗日乘数法在 Python 中的实现能够有效地解决各种约束优化问题。在实际应用中,我们可以根据具体的问题设定目标函数和约束条件,利用 Python 的优化库快速得到最优解,并结合问题的背景对结果进行分析和解释。无论是在科学研究、工程设计还是经济决策等领域,拉格朗日乘数法及其在 Python 中的实现都为解决复杂的约束优化问题提供了强大的支持。

5.6 多重积分

多重积分是将一元函数的积分推广到多元函数的积分,它涉及对两个或更多变量的函数进行积分。在实际应用中,多重积分可以用来计算复杂几何体的体积、质量、重心等物理量,是解决多维空间问题的重要数学工具。

5.6.1 二重积分与三重积分的定义与计算

二重积分是定积分在二维空间的推广,用于计算平面区域上的累积量。设 $z = f(x,y)$ 是定义在有

界闭区域 D 上的二元函数。将区域 D 任意分割成 n 个小区域 $\Delta\sigma_i$，$i=1,2,\cdots,n$，在每个小区域 $\Delta\sigma_i$ 上任取一点 (ξ_i,η_i)，作和式 $\sum_{i=1}^{n}f(\xi_i,\eta_i)\Delta\sigma_i$。当各小区域的直径中的最大值 $\lambda\to 0$ 时，如果该和式的极限存在，且此极限与区域 D 的分法及点 (ξ_i,η_i) 的取法无关，则称函数 $f(x,y)$ 在区域 D 上可积，并称此极限为函数 $f(x,y)$ 在区域 D 上的二重积分，记作 $\iint_D f(x,y)\mathrm{d}\sigma$，即 $\iint_D f(x,y)\mathrm{d}\sigma=\lim_{\lambda\to 0}\sum_{i=1}^{n}f(\xi_i,\eta_i)\Delta\sigma_i$。

在直角坐标系中，通常将 $\mathrm{d}\sigma$ 写成 $\mathrm{d}x\mathrm{d}y$。若区域 D 可以表示为 $a\leqslant x\leqslant b$，$\varphi_1(x)\leqslant y\leqslant\varphi_2(x)$，则二重积分可化为二次积分：$\iint_D f(x,y)\mathrm{d}x\mathrm{d}y=\int_a^b \mathrm{d}x\int_{\varphi_1(x)}^{\varphi_2(x)}f(x,y)\mathrm{d}y$。例如，计算 $\iint_D (x+y)\mathrm{d}x\mathrm{d}y$，$D$ 是由 $y=x$，$y=0$，$x=1$ 围成的区域。其中，D 可表示为 $0\leqslant x\leqslant 1$，$0\leqslant y\leqslant x$，则 $\iint_D (x+y)\mathrm{d}x\mathrm{d}y=\int_0^1 \mathrm{d}x\int_0^x (x+y)\mathrm{d}y=\int_0^1 \left[xy+\frac{1}{2}y^2\right]_{y=0}^{y=x}\mathrm{d}x=\frac{1}{2}$。若区域 D 可以表示为 $c\leqslant y\leqslant d$，$\psi_1(y)\leqslant x\leqslant\psi_2(y)$，则二重积分可化为 $\iint_D f(x,y)\mathrm{d}x\mathrm{d}y=\int_c^d \mathrm{d}y\int_{\psi_1(y)}^{\psi_2(y)}f(x,y)\mathrm{d}x$。

当积分区域 D 是圆域或圆域的一部分，或者被积函数含有 x^2+y^2 等形式时，采用极坐标计算二重积分较为方便。在极坐标系中，$x=r\cos\theta$，$y=r\sin\theta$，$\mathrm{d}\sigma=r\mathrm{d}r\mathrm{d}\theta$。若区域 D 可表示为 $\alpha\leqslant\theta\leqslant\beta$，$r_1(\theta)\leqslant r\leqslant r_2(\theta)$，则二重积分 $\iint_D f(x,y)\mathrm{d}\sigma=\int_\alpha^\beta \mathrm{d}\theta\int_{r_1(\theta)}^{r_2(\theta)}f(r\cos\theta,r\sin\theta)r\mathrm{d}r$。例如，计算 $\iint_D \mathrm{e}^{-(x^2+y^2)}\mathrm{d}x\mathrm{d}y$，其中 D 是单位圆 $x^2+y^2\leqslant 1$。在极坐标系下，D 表示 $0\leqslant\theta\leqslant 2\pi$，$0\leqslant r\leqslant 1$，且 $x^2+y^2=r^2$，则：$\iint_D \mathrm{e}^{-(x^2+y^2)}\mathrm{d}x\mathrm{d}y=\int_0^{2\pi}\mathrm{d}\theta\int_0^1 \mathrm{e}^{-r^2}r\mathrm{d}r=2\pi\int_0^1 r\mathrm{e}^{-r^2}\mathrm{d}r$。令 $u=r^2$，$\mathrm{d}u=2r\mathrm{d}r$，则上式变为 $\pi\int_0^1 \mathrm{e}^{-u}\mathrm{d}u=\pi(1-\mathrm{e}^{-1})$。

三重积分是二重积分在三维空间的推广，用于计算空间区域上的累积量。设 $u=f(x,y,z)$ 是定义在空间有界闭区域 Ω 上的三元函数。将区域 Ω 任意分割成 n 个小区域 Δv_i，$i=1,2,\cdots,n$，在每个小区域 Δv_i 上任取一点 (ξ_i,η_i,ζ_i)，作和式 $\sum_{i=1}^n f(\xi_i,\eta_i,\zeta_i)\Delta v_i$。当各小区域的直径中的最大值 $\lambda\to 0$ 时，如果该和式的极限存在，且此极限与区域 Ω 的分法及点 (ξ_i,η_i,ζ_i) 的取法无关，则称函数 $f(x,y,z)$ 在区域 Ω 上可积，并称此极限为函数 $f(x,y,z)$ 在区域 Ω 上的三重积分，记作 $\iiint_\Omega f(x,y,z)\mathrm{d}v$，即 $\iiint_\Omega f(x,y,z)\mathrm{d}v=\lim_{\lambda\to 0}\sum_{i=1}^n f(\xi_i,\eta_i,\zeta_i)\Delta v_i$。

在直角坐标系中，$\mathrm{d}v=\mathrm{d}x\mathrm{d}y\mathrm{d}z$。若区域 Ω 可以表示为 $a\leqslant x\leqslant b$，$\varphi_1(x)\leqslant y\leqslant\varphi_2(x)$，$z_1(x,y)\leqslant z\leqslant z_2(x,y)$，则三重积分可化为三次积分：

$$\iiint_\Omega f(x,y,z)\mathrm{d}x\mathrm{d}y\mathrm{d}z=\int_a^b \mathrm{d}x\int_{\varphi_1(x)}^{\varphi_2(x)}\mathrm{d}y\int_{z_1(x,y)}^{z_2(x,y)}f(x,y,z)\mathrm{d}z$$

例如，计算 $\iiint_\Omega x\mathrm{d}x\mathrm{d}y\mathrm{d}z$，其中 Ω 是由平面 $x=0$，$y=0$，$z=0$，$x+y+z=1$ 所围成的区域。Ω 可表示为 $0\leqslant x\leqslant 1$，$0\leqslant y\leqslant 1-x$，$0\leqslant z\leqslant 1-x-y$，则

$$\iiint_\Omega x\mathrm{d}x\mathrm{d}y\mathrm{d}z = \int_0^1 \mathrm{d}x \int_0^{1-x} \mathrm{d}y \int_0^{1-x-y} x\mathrm{d}z = \int_0^1 \mathrm{d}x \int_0^{1-x} x(1-x-y)\mathrm{d}y = \int_0^1 x\left[(1-x)y - \frac{1}{2}y^2\right]_{y=0}^{y=1-x} \mathrm{d}x = \frac{1}{24}$$

柱坐标系是直角坐标系与极坐标系的结合，$x = r\cos\theta$，$y = r\sin\theta$，$z = z$，$\mathrm{d}v = r\mathrm{d}r\mathrm{d}\theta\mathrm{d}z$。若区域 Ω 可表示为 $\alpha \leq \theta \leq \beta$，$r_1(\theta) \leq r \leq r_2(\theta)$，$z_1(r,\theta) \leq z \leq z_2(r,\theta)$，则三重积分 $\iiint_\Omega f(x,y,z)\mathrm{d}v = \int_\alpha^\beta \mathrm{d}\theta \int_{r_1(\theta)}^{r_2(\theta)} r\mathrm{d}r \int_{z_1(r,\theta)}^{z_2(r,\theta)} f(r\cos\theta, r\sin\theta, z)\mathrm{d}z$。

在球坐标系中，$x = \rho\sin\varphi\cos\theta$，$y = \rho\sin\varphi\sin\theta$，$z = \rho\cos\varphi$，$\mathrm{d}v = \rho^2\sin\varphi\mathrm{d}\rho\mathrm{d}\varphi\mathrm{d}\theta$。若区域 Ω 可表示为 $\alpha \leq \theta \leq \beta$，$\varphi_1(\theta) \leq \varphi \leq \varphi_2(\theta)$，$\rho_1(\theta,\varphi) \leq \rho \leq \rho_2(\theta,\varphi)$，则三重积分

$$\iiint_\Omega f(x,y,z)\mathrm{d}v = \int_\alpha^\beta \mathrm{d}\theta \int_{\varphi_1(\theta)}^{\varphi_2(\theta)} \sin\varphi\mathrm{d}\varphi \int_{\rho_1(\theta,\varphi)}^{\rho_2(\theta,\varphi)} f(\rho\sin\varphi\cos\theta, \rho\sin\varphi\sin\theta, \rho\cos\varphi)\rho^2\mathrm{d}\rho$$

5.6.2 多重积分在计算体积、质量与重心中的应用

对于平面区域 D，其面积 $A = \iint_D 1\mathrm{d}\sigma$。例如，由抛物线 $y = x^2$ 和直线 $y = x$ 围成的区域面积，先求交点为 $(0,0)$ 和 $(1,1)$，D 可表示为 $0 \leq x \leq 1$，$x^2 \leq y \leq x$，则面积

$$A = \int_0^1 \mathrm{d}x \int_{x^2}^x 1\mathrm{d}y = \int_0^1 (x - x^2)\mathrm{d}x = \frac{1}{6}$$

对于以 $z = f(x,y)$ 为顶，区域 D 为底的曲顶柱体体积 $V = \iint_D f(x,y)\mathrm{d}\sigma$。

空间立体 Ω 的体积 $V = \iiint_\Omega 1\mathrm{d}v$。例如，计算球体 $x^2 + y^2 + z^2 \leq R^2$ 的体积，在球坐标系下，Ω 表示为 $0 \leq \theta \leq 2\pi$，$0 \leq \varphi \leq \pi$，$0 \leq \rho \leq R$，则体积 $V = \int_0^{2\pi} \mathrm{d}\theta \int_0^\pi \sin\varphi\mathrm{d}\varphi \int_0^R \rho^2\mathrm{d}\rho = \frac{4}{3}\pi R^3$。

若平面薄片在 xOy 平面上占据区域 D，其面密度函数为 $\mu(x,y)$，则该薄片的质量 $m = \iint_D \mu(x,y)\mathrm{d}\sigma$。

若空间物体占据空间区域 Ω，其体密度函数为 $\rho(x,y,z)$，则物体的质量 $m = \iiint_\Omega \rho(x,y,z)\mathrm{d}v$。

例如，设有一平面薄片在 xOy 平面上由 $x = 0$，$y = 0$，$x + y = 1$ 围成，面密度 $\mu(x,y) = x + y$，则质量 $m = \iint_D (x+y)\mathrm{d}\sigma$，$D$ 表示为 $0 \leq x \leq 1$，$0 \leq y \leq 1-x$，计算可得 $m = \int_0^1 \mathrm{d}x \int_0^{1-x} (x+y)\mathrm{d}y = \frac{1}{3}$。

设平面薄片在 xOy 平面上占据区域 D，面密度为 $\mu(x,y)$，其重心坐标 $(\bar{x}, \bar{y})$ 计算公式为：

$$\bar{x} = \frac{\iint_D x\mu(x,y)\mathrm{d}\sigma}{\iint_D \mu(x,y)\mathrm{d}\sigma}, \quad \bar{y} = \frac{\iint_D y\mu(x,y)\mathrm{d}\sigma}{\iint_D \mu(x,y)\mathrm{d}\sigma}$$

设空间物体占据空间区域 Ω，体密度为 $\rho(x,y,z)$，其重心坐标 $(\bar{x}, \bar{y}, \bar{z})$ 计算公式为：

$$\bar{x} = \frac{\iiint_\Omega x\rho(x,y,z)\mathrm{d}v}{\iiint_\Omega \rho(x,y,z)\mathrm{d}v}, \quad \bar{y} = \frac{\iiint_\Omega y\rho(x,y,z)\mathrm{d}v}{\iiint_\Omega \rho(x,y,z)\mathrm{d}v}, \quad \bar{z} = \frac{\iiint_\Omega z\rho(x,y,z)\mathrm{d}v}{\iiint_\Omega \rho(x,y,z)\mathrm{d}v}$$

例如，一均匀球体 (密度为常数 ρ)，半径为 R，由于对称性，重心在球心，即 $(0,0,0)$。若球体密度不均匀，如 $\rho(x,y,z) = x^2 + y^2 + z^2$，在球坐标系下计算重心坐标。

5.6.3 利用多重积分计算复杂几何体的体积与重心

以计算由抛物面 $z = x^2 + y^2$ 和平面 $z = 1$ 所围成的几何体体积为例。先确定积分区域，联立方程 $\begin{cases} z = x^2 + y^2 \\ z = 1 \end{cases}$，可得 $x^2 + y^2 = 1$，这是在 xOy 平面上的投影区域，即一个单位圆。在极坐标系下，$x = r\cos\theta$，$y = r\sin\theta$，$\mathrm{d}\sigma = r\mathrm{d}r\mathrm{d}\theta$，积分区域为 $0 \leq \theta \leq 2\pi$，$0 \leq r \leq 1$，$r^2 \leq z \leq 1$。

> **实例5-8** 计算上述立体的体积与重心（源码路径：codes\4\chap4.8.py）

假设该几何体密度均匀为 1，利用 dblquad 函数计算它的体积，利用 tplquad 函数计算该立体的重心坐标。

```python
# 定义被积函数（用于计算体积，被积函数为 1）
# 在极坐标下，面积微元 dA = r dr dθ，为了计算体积，这里的被积函数实际上是 1 乘以 r，r
是极坐标中的径向距离，theta 是极坐标中的角度
def volume_integrand(r, theta):
    return r


# 利用二重积分计算体积
# dblquad 函数的第一个参数是被积函数，第二个参数是关于 theta 的积分下限，这里是 0，第
三个参数是关于 theta 的积分上限，这里是 2 * np.pi，表示一个完整的圆周，第四个参数是关
于 r 的积分下限函数，这里 lambda r: 0 表示下限始终为 0， 第五个参数是关于 r 的积分上
限函数，这里 lambda r: 1 表示上限始终为 1
# dblquad 函数返回两个值，第一个是积分结果（即体积），第二个是估计误差，这里用 _ 忽略误差
volume, _ = dblquad(volume_integrand, 0, 2 * np.pi, lambda r: 0, lambda r: 1)
print(f"该复杂几何体的体积为：{volume}")


# 计算复杂几何体的重心：
# 定义计算重心 x 坐标的被积函数
# 在极坐标下，体积微元 dv = r dr dtheta dz，x 坐标的表达式为 x = r * cos(theta)
# 所以被积函数为 r * cos(theta) 再乘以 r（体积微元中的 r）
def x_integrand(r, theta, z):
    return r * np.cos(theta) * r


# 计算分子积分（三重积分）
# tplquad 是用于计算三重积分的函数；第一个参数是被积函数；第二个参数是 theta 的积分下限，
这里是 0;第三个参数是 theta 的积分上限,这里是 2 * np.pi;第四个参数是 r 的积分下限函数，
这里 lambda r: 0 表示 r 的下限始终为 0;第五个参数是 r 的积分上限函数,这里 lambda r:
1 表示 r 的上限始终为 1;第六个参数是 z 的积分下限函数，这里 lambda r, theta: r **
2 表示 z 的下限是 r 的平方；第七个参数是 z 的积分上限函数，这里 lambda r, theta: 1
表示 z 的上限始终为 1
# tplquad 函数返回两个值，第一个是积分结果（分子积分值），第二个是估计误差，这里用 _ 忽
略误差
x_numerator, _ = tplquad(x_integrand, 0, 2 * np.pi, lambda r: 0, lambda r: 1,
lambda r, theta: r ** 2, lambda r, theta: 1)
```

```python
# 利用之前计算的体积作为分母
# 重心的 x 坐标计算公式为 x 坐标的分子积分除以总体积
x_bar = x_numerator / volume
# 打印该复杂几何体重心的 x 坐标
print(f"该复杂几何体重心的 x 坐标为：{x_bar}")

# 计算重心的 y 坐标，在极坐标系下，y 坐标的重心计算公式为 y 坐标的分子积分除以总体积
# 其中 y = r * sin(theta)，同样考虑体积微元 dv = r dr dtheta dz
def y_integrand(r, theta, z):
    return r * np.sin(theta) * r

# 计算 y 坐标的分子积分（三重积分）
# 参数含义与计算 x 坐标的分子积分时类似
y_numerator, _ = tplquad(y_integrand, 0, 2 * np.pi, lambda r: 0, lambda r: 1,
                          lambda r, theta: r ** 2, lambda r, theta: 1)
# 计算重心的 y 坐标
y_bar = y_numerator / volume
# 打印该复杂几何体重心的 y 坐标
print(f"该复杂几何体重心的 y 坐标为：{y_bar}")

# 计算重心的 z 坐标，在极坐标系下，z 坐标的重心计算公式为 z 坐标的分子积分除以总体积
# 考虑体积微元 dv = r dr dtheta dz，被积函数为 z 乘以 r
def z_integrand(r, theta, z):
    return z * r

# 计算 z 坐标的分子积分（三重积分）
# 参数含义与前面类似
z_numerator, _ = tplquad(z_integrand, 0, 2 * np.pi, lambda r: 0, lambda r: 1,
                          lambda r, theta: r ** 2, lambda r, theta: 1)
# 计算重心的 z 坐标
z_bar = z_numerator / volume
# 打印该复杂几何体重心的 z 坐标
print(f"该复杂几何体重心的 z 坐标为：{z_bar}")
```

5.7 课后练习

1. 计算多元函数的偏导数

给定多元函数 $f(x, y) = x^2 + 3xy + y^2$，利用 SymPy 计算多元函数的偏导数，并可视化其几何意义。

2. 拉格朗日乘数法练习

借助 Python，用拉格朗日乘数法求函数 $f(x, y) = 3x^2 + 2y^2$ 在约束条件 $g(x, y) = x + 2y - 5 = 0$ 下的最小值，并分析结果。

第 6 章 数据预处理

数据预处理是指在进行机器学习、深度学习或其他数据分析任务之前,对原始数据进行整理、清洗、转换和准备的过程。这些步骤旨在确保数据质量,使数据适合用于模型训练、验证和测试。本章将详细讲解数据预处理的知识,并通过具体实例讲解各个知识点的用法。

6.1 特征选择和降维

特征选择和降维是数据处理中两种非常重要的技术,目的是简化数据、提高模型性能和减少计算复杂度。它们虽然都涉及对特征的处理,但目的和方法有所不同。在本节的内容中,将详细讲解特征选择和降维的知识。

6.1.1 特征选择的微积分方法

特征选择是指从原始数据集中选择最重要的特征,去除那些不相关或冗余的特征。通过特征选择,可以简化数据集的维度,从而减少计算复杂度,并提高模型的准确性和解释性。

1. 应用举例

想象你是一位医生,正在研究如何预测心脏病风险。在数据集中包含许多特征,如年龄、性别、血压、血糖、胆固醇水平、运动习惯等。通过特征选择可能会发现,血压、胆固醇和年龄是关键指标,而性别或运动习惯对预测的贡献较小,是次要指标,如图6-1所示。

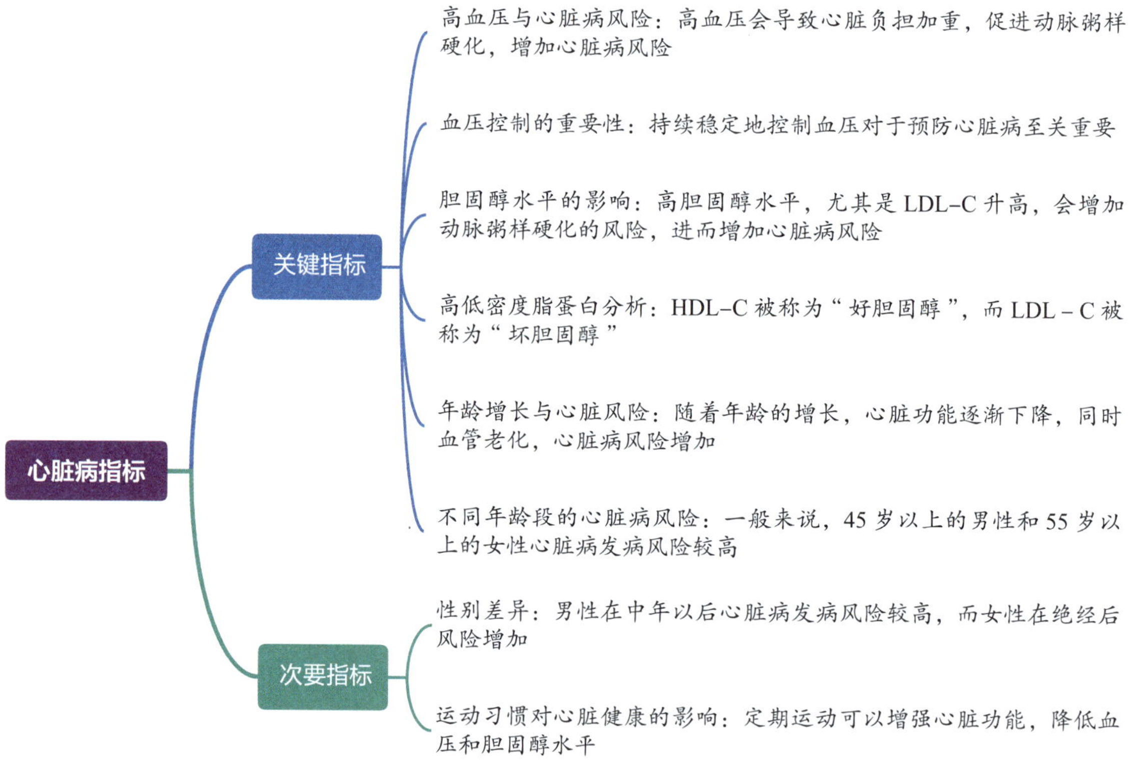

图6-1 影响心脏病的关键指标和次要指标

通过选择重要特征指标,医生可以专注于关键指标进行预测。

2. 方差选择法

在数据预处理中,方差选择法是一种常见的特征选择方法。我们可以计算每个特征的方差,如果某个特征的方差接近于零,就意味着它几乎没有变化,对目标变量的影响很小,通常可以舍弃。

(1)数学表示

给定特征 X_j 的样本值 x_{ij}（其中 i 为样本索引，j 为特征索引），其方差 $\mathrm{Var}(X_j)$ 可以通过以下公式计算：

$$\mathrm{Var}(X_j) = \frac{1}{N} \sum_{i=1}^{N} (X_{ij} - u_i)^2$$

其中，N 是样本数量，μ_j 是特征 X_j 的均值，计算公式为：

$$\mu_j = \frac{1}{N} \sum_{i=1}^{N} X_{ij}$$

(2)选择特征标准

在方差选择法中，选择特征的标准如下。

◆ 计算每个特征的方差 $\mathrm{Var}(X_j)$。

◆ 设定一个阈值 θ，然后选择方差大于阈值 θ 的特征：

$$\text{选择的特征} = \{X_j \mid \mathrm{Var}(X_j) > \theta\}$$

实例6-1　使用基于方差的特征选择法处理数据（源码路径：codes\6\te.py）

本实例通过计算每个特征的方差，间接使用了微积分的概念。通过分析特征的方差，能够确定哪些特征对模型有用，从而进行特征选择，这是数据预处理中的一个重要步骤。

```python
# 生成一个模拟数据集
np.random.seed(42)
X = np.random.rand(100, 5)    # 100 个样本，5 个特征
y = 3 * X[:, 0] + 2 * X[:, 1] + np.random.randn(100) * 0.1
                              # 目标变量与前两个特征相关

# 将数据集转换为 DataFrame
feature_names = [f'Fea_{i}' for i in range(X.shape[1])]
df = pd.DataFrame(X, columns=feature_names)
df['Target'] = y

# 计算每个特征的方差
variances = df[feature_names].var()

# 根据方差选择特征，设定阈值
threshold = 0.01  # 方差阈值
selected_features = variances[variances > threshold].index

# 输出选择的特征
print("Selected Features based on Variance:")
print(selected_features)

# 可视化特征方差
plt.bar(variances.index, variances)
plt.axhline(threshold, color='red', linestyle='--', label='Threshold')
```

```
plt.xlabel('Feature')
plt.ylabel('Variance')
plt.title('Feature Variance')
plt.xticks(rotation=45)
plt.legend()
plt.show()
```

对上述代码的具体说明如下所示。

◆ **生成数据集**：生成一个包含5个特征的随机数据集，目标变量与前两个特征相关。

◆ **计算方差**：使用Pandas库计算每个特征的方差，这里使用了var()方法计算指定列（由feature_names列表指定）的方差。

◆ **特征选择**：设定一个方差阈值（如0.01），并选择方差大于该阈值的特征。这些特征被认为对目标变量具有重要影响。

◆ **输出选择的特征**：打印输出被选中的特征名称。

◆ **可视化特征方差**：利用条形图展示每个特征的方差，并用红色虚线标示方差阈值。

执行上述步骤后，程序将输出被选中的特征名称。

```
Selected Features based on Variance:
Index(['Feature_0', 'Feature_1', 'Feature_2', 'Feature_3', 'Feature_4'],
      dtype='object')
```

此外，还绘制了房屋面积与售价的关系图和MSE变化趋势图，如图6-2所示。

在实际的数据分析应用中，可以使用这种方法筛选掉无用的特征，降低数据维度，从而提高后续模型训练的效率和效果。例如，在客户分析中，可以通过这种方法去除对客户购买行为几乎没有影响的特征，从而简化模型。

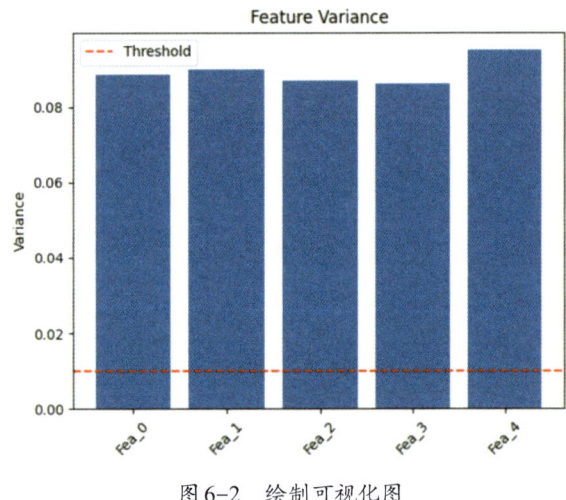

图6-2 绘制可视化图

6.1.2 主成分分析

主成分分析（Principal Component Analysis，PCA）是一种强大的降维技术，旨在通过线性变换将高维数据投影到低维空间，同时尽量保留数据的主要信息。PCA的核心思想是识别数据中最大方差的方向，并将数据投影到这些方向上以实现降维。

PCA被广泛用于提取数据中的重要特征，具体实现步骤如下。

数据中心化：在进行PCA之前，需要对数据进行中心化，即从每个特征中减去其均值，使得每个特征的均值为零。假设有一个数据矩阵X（每行是一个样本，每列是一个特征），数据中心化的公式为

$$X_{centered} = X - \mu$$

其中，$X_{centered}$ 是指经过中心化处理的数据矩阵，μ 是每个特征的均值。

计算协方差矩阵：在中心化处理后，计算数据的协方差矩阵 C 的公式为

$$C = \frac{1}{n-1} X_{centered}^{T} X_{centered}$$

其中，n 是样本数，协方差矩阵 C 描述了特征之间的关系。

特征值分解：对协方差矩阵进行特征值分解，得到特征值和特征向量。特征值表示每个主成分的方差，反映了该主成分在数据中的重要性。求解特征值方程为

$$C_v = \lambda_v$$

其中，λ 为特征值，v 为对应的特征向量。

选择主成分：按照特征值的大小对特征向量进行排序，选择前 k 个最大特征值对应的特征向量（主成分），形成投影矩阵 W。

数据投影：将原始数据投影到新特征空间为

$$X_{reduced} = X_{centered} W$$

其中，$X_{reduced}$ 是降维后的数据，W 是选定的特征向量矩阵。

通过以上步骤，PCA 能够有效地减少数据维度，同时保留数据中最重要的信息，使得后续的数据分析和模型构建更加高效和可靠。

在数据预处理中使用 PCA 的例子，对著名的鸢尾花（Iris）数据集进行降维处理并可视化。鸢尾花数据集中包含 150 个样本和 4 个属性（花萼长度、花萼宽度、花瓣长度和花瓣宽度），本实例的功能是分类三种不同的鸢尾花。

实例6-2 使用数学方法对鸢尾花数据集降维处理并可视化（源码路径：codes\6\PCAmath.py）

本实例基于前面介绍的数学原理来处理数据，展示从数据中心化到特征值分解的完整过程。

```python
# 1. 数据准备：加载鸢尾花数据集
iris = load_iris()
X = iris.data
y = iris.target

# 2. 数据中心化
mean = np.mean(X, axis=0)
X_centered = X - mean

# 3. 计算协方差矩阵
n_samples = X_centered.shape[0]
covariance_matrix = np.cov(X_centered, rowvar=False)

# 4. 特征分解
eigenvalues, eigenvectors = np.linalg.eig(covariance_matrix)

# 5. 选择主成分
```

```python
# 按特征值大小排序并选择前k个特征向量
k = 2   # 降维到2个主成分
sorted_indices = np.argsort(eigenvalues)[::-1]   # 从大到小排序
top_indices = sorted_indices[:k]
W = eigenvectors[:, top_indices]

# 6. 数据投影
X_reduced = X_centered.dot(W)

# 创建一个DataFrame来存储降维后的数据
df_pca = pd.DataFrame(data=X_reduced, columns=['Principal Component 1',
                      'Principal Component 2'])
df_pca['Target'] = y

# 可视化结果
plt.figure(figsize=(8, 6))
colors = ['r', 'g', 'b']
markers = ['o', 's', '^']

for i in range(len(np.unique(y))):
    plt.scatter(df_pca[df_pca['Target'] == i]['Principal Component 1'],
                df_pca[df_pca['Target'] == i]['Principal Component 2'],
                color=colors[i], marker=markers[i], label=iris.target_names[i])

plt.title('PCA of Iris Dataset (Manual Implementation)')
plt.xlabel('Principal Component 1')
plt.ylabel('Principal Component 2')
plt.legend()
plt.grid()
plt.show()

# 显示解释方差比例
explained_variance = eigenvalues[top_indices] / np.sum(eigenvalues)
print(f'Explained variance by component: {explained_variance}')
```

对上述代码的具体说明如下所示。

- **数据准备**：使用sklearn.datasets加载鸢尾花数据集。
- **数据中心化**：计算每个特征的均值并从原始数据中减去，得到中心化后的数据。
- **计算协方差矩阵**：使用NumPy的np.cov()函数计算协方差矩阵。
- **特征分解**：使用NumPy的np.linalg.eig()计算协方差矩阵的特征值和特征向量。
- **选择主成分**：根据特征值的大小选择前k个特征向量（主成分），形成投影矩阵W。
- **数据投影**：将中心化后的数据投影到新的特征空间，得到降维后的数据。

运行后会输出每个主成分的方差解释比例，并生成如图6-3所示的可视化散点图，展示了不同种类的鸢尾花数据集在两个主成分空间中的分布情况。

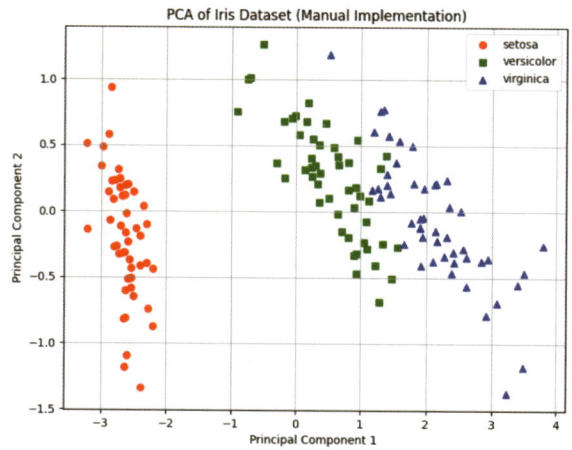

图 6-3　鸢尾花数据集 PCA 的可视化散点图

```
Explained variance by component: [0.92461872 0.05306648]
```

为了提高开发效率,可直接使用 Scikit-learn 中的 decomposition 模块实现 PCA。通过创建 PCA 对象并调用其方法实现数据降维。

实例6-3　使用Scikit-learn内置模块实现PCA(源码路径：codes\6\SKpca.py)

本实例使用 sklearn.datasets 中的 load_iris 加载鸢尾花数据集,并调用 Scikit-learn 中的 decomposition 模块实现 PCA 功能。

```python
import numpy as np
import pandas as pd
import matplotlib.pyplot as plt
from sklearn.datasets import load_iris
from sklearn.decomposition import PCA
from sklearn.preprocessing import StandardScaler

# 加载鸢尾花数据集
iris = load_iris()
X = iris.data
y = iris.target
target_names = iris.target_names

# 标准化数据
scaler = StandardScaler()
X_scaled = scaler.fit_transform(X)

# 应用PCA
pca = PCA(n_components=2)   # 将数据降维到2个主成分
X_pca = pca.fit_transform(X_scaled)

# 创建一个DataFrame来存储降维后的数据
df_pca = pd.DataFrame(data=X_pca, columns=['Principal Component 1',
```

```
                    'Principal Component 2'])
df_pca['Target'] = y

# 可视化结果
plt.figure(figsize=(8, 6))
colors = ['r', 'g', 'b']
markers = ['o', 's', '^']

for i, target_name in enumerate(target_names):
    plt.scatter(df_pca.loc[df_pca['Target'] == i, 'Principal Component 1'],
                df_pca.loc[df_pca['Target'] == i, 'Principal Component 2'],
                color=colors[i], marker=markers[i], label=target_name)

plt.title('PCA of Iris Dataset')
plt.xlabel('Principal Component 1')
plt.ylabel('Principal Component 2')
plt.legend()
plt.grid()
plt.show()

# 显示解释方差比例
explained_variance = pca.explained_variance_ratio_
print(f'Explained variance by component: {explained_variance}')
```

上述代码的实现流程如下。

◆ **加载数据：** 使用sklearn.datasets中的load_iris加载鸢尾花数据集。
◆ **标准化数据：** 使用StandardScaler对数据进行标准化，使每个特征的均值为0，标准差为1。
◆ **应用PCA：** 使用PCA将数据降维至2个主成分。
◆ **可视化结果：** 使用Matplotlib绘制降维后的数据，展示不同种类的鸢尾花数据集在2个主成分空间中的分布。
◆ **解释方差比例：** 打印各主成分的方差解释比例，了解数据降维后的信息保留情况。

执行后将输出如下各主成分的方差解释比例，并生成一个可视化散点图，如图6-4所示。其中不同颜色和形状的点代表不同种类的鸢尾花，显示了数据经PCA降维后的可视化效果。

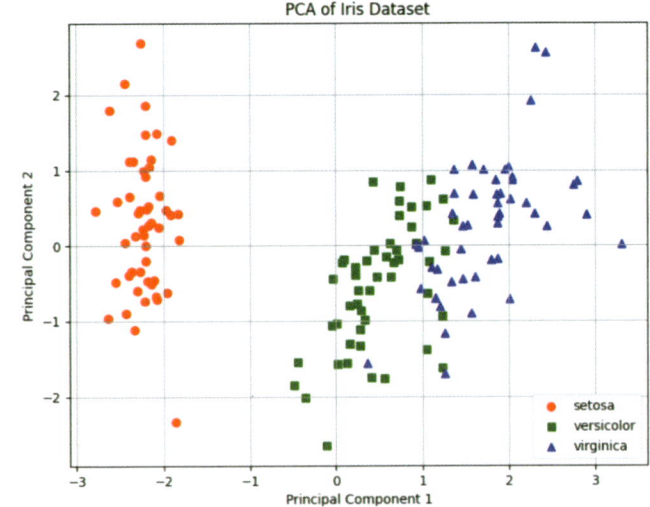

图6-4 鸢尾花数据集经PCA降维后的可视化散点图

```
Explained variance by component: [0.72962445 0.22850762]
```

6.2 缺失值处理

缺失值（Not a Number，NaN）处理旨在解决数据集中缺失信息对分析结果的影响。有效的缺失值处理不仅可以提高数据质量，还能增强后续分析模型的准确性和稳定性。

6.2.1 缺失值处理介绍

缺失值处理是数据预处理中的一个重要步骤，涉及识别和处理数据集中缺失的信息，以提高数据的质量和模型的准确性。

1. 缺失值的类型

在现实应用中，常用的缺失值类型可分为完全随机缺失（Missing Completely at Random，MCAR）、随机缺失（Missing at Random，MAR）和非随机缺失（Missing Not at Random，MNAR），如图6-5所示。

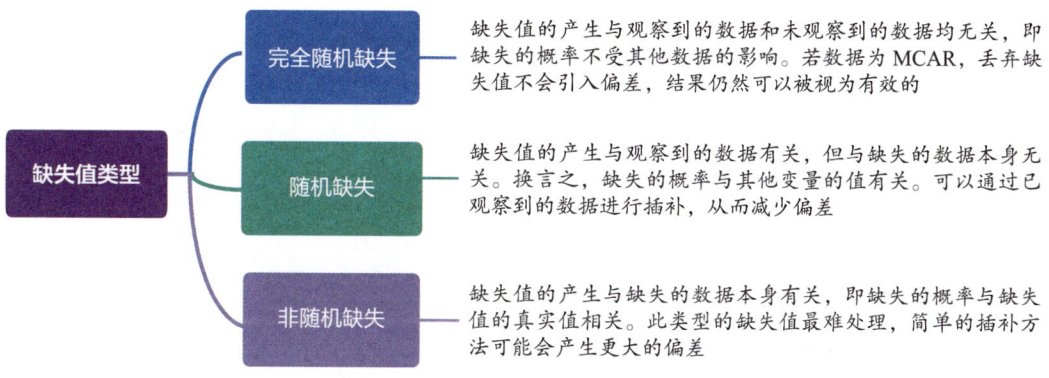

图6-5　常用的缺失值类型

2. 缺失值的处理方法

在现实应用中，常用的缺失值处理方法如图6-6所示。

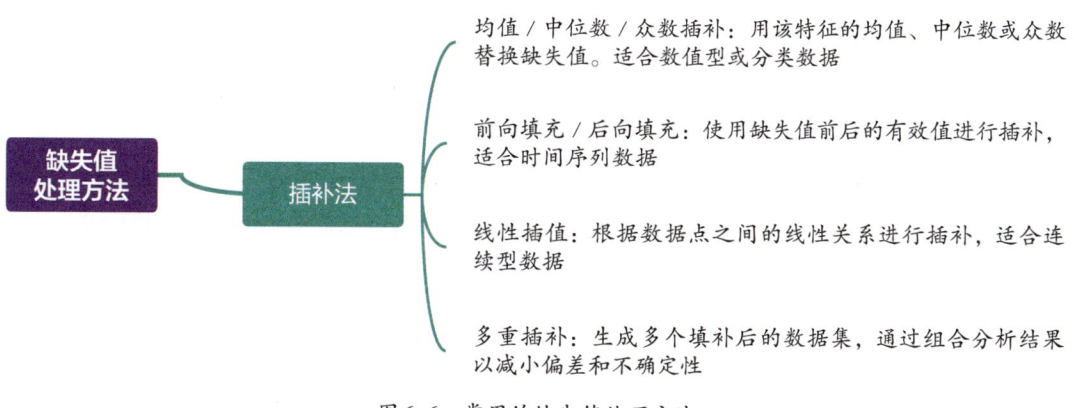

图6-6　常用的缺失值处理方法

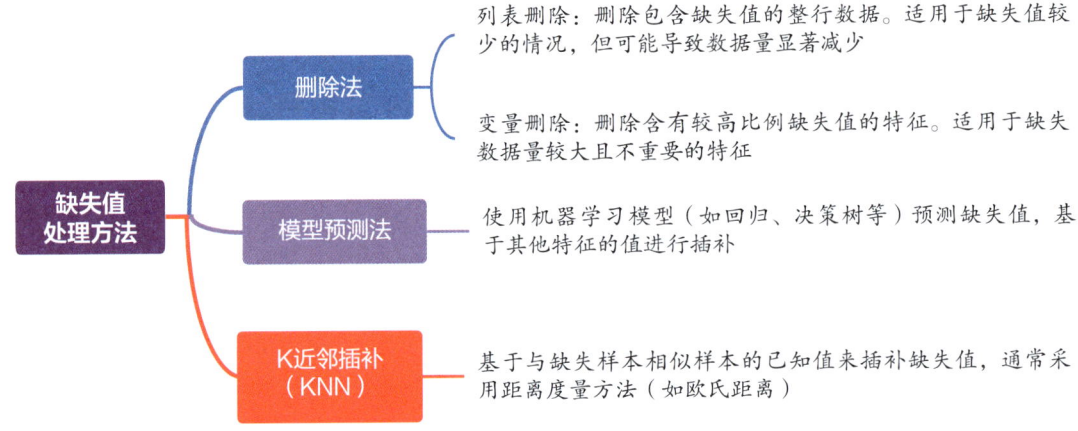

图6-6 常用的缺失值处理方法（续）

通过合理选择和应用上述方法，可以有效处理缺失值，提高数据的质量和模型的表现。

6.2.2 插补方法中的微积分应用

插补方法中的微积分应用主要体现在插值算法的使用上，如线性插值、多项式插值和更高级的样条插值。这些方法利用微积分中的导数、积分和逼近理论来估计缺失值。

1. 线性插值中的微积分应用

线性插值是一种简单的插补方法，假设缺失值可以通过已知数据点之间的线性关系进行估计。对于两个已知点 (x_1, y_1) 和 (x_2, y_2)，在这两个点之间插值的公式为：

$$y = y_1 + \frac{(y_2 - y_1)}{(x_2 - x_1)} \cdot (x - x_1)$$

这个公式本质上是一个直线方程，它描述了两个已知数据点之间的线性变化。虽然没有直接使用微积分的导数和积分，但线性插值可以视为对数据在局部区域的一阶逼近，假设在该区域内函数的斜率是常数，这与微积分中一阶导数的概念一致。

2. 多项式插值中的微积分应用

多项式插值通过拟合高阶多项式来估计缺失值。给定一组数据点，可以找到一个通过这些点的多项式函数 $P(x)$，其形式为：

$$P(x) = a_0 + a_1 x + a_2 x^2 \cdots + a_n x^n$$

这个插值函数可以通过拉格朗日插值法或牛顿插值法等方法构建。在多项式插值中应用了微积分中的导数，因为多项式的构建通常需要考虑函数的变化率（即导数），以便更好地拟合数据。例如，在多项式插值过程中，可以借助微积分评估多项式的光滑性和斜率，从而判断插值函数的准确性和稳定性。

3. 样条插值中的微积分应用

样条插值是一种更为复杂且精确的插补方法，它运用分段多项式函数来拟合数据，同时确保在每个分段点处函数的连续性和光滑性。最常见的样条插值类型是三次样条插值，其目的是确保插值函数在每个分段点的函数值、导数值及二阶导数值都保持连续。

📝 **实例6-4** 使用线性插值和多项式插值进行缺失值插补（源码路径：codes\6\Cha.py）

本实例使用线性插值法和多项式插值法进行缺失值插补操作，使用Pandas库处理设置的数据集，并利用NumPy和Scipy库实现缺失值插补操作。

```python
# 设置字体，确保能够显示中文
plt.rcParams['font.sans-serif'] = ['SimHei']  # 使用黑体
plt.rcParams['axes.unicode_minus'] = False    # 解决负号显示问题
# 创建一个简单的数据集，包含缺失值
data = {
    'Time': [0, 1, 2, 3, 4, 5, 6, 7, 8, 9],
    'Value': [2.5, np.nan, np.nan, 4.5, 5.0, np.nan, 6.5, 7.0, np.nan, 9.0]
}
df = pd.DataFrame(data)

# 打印原始数据
print("原始数据:")
print(df)

# 线性插值
df['Linear_Interpolated'] = df['Value'].interpolate(method='linear')

# 确保只选择非缺失的点用于多项式插值
valid_data = df.dropna(subset=['Value'])

# 多项式插值（使用3次样条插值）
poly_interpolator = interp1d(valid_data['Time'], valid_data['Value'],
                             kind='quadratic', fill_value='extrapolate')
df['Poly_Interpolated'] = poly_interpolator(df['Time'])

# 打印插补后的数据
print("\n插补后的数据:")
print(df)

# 绘制结果
plt.figure(figsize=(10, 5))
plt.plot(df['Time'], df['Value'], 'o', label='原始数据（含缺失值）',
         markersize=8)
plt.plot(df['Time'], df['Linear_Interpolated'], 'r-', label='线性插值',
         linewidth=2)
plt.plot(df['Time'], df['Poly_Interpolated'], 'g-', label='多项式插值',
         linewidth=2)
plt.legend()
plt.xlabel('时间')
plt.ylabel('值')
```

```
plt.title('缺失值插补示例')
plt.grid()
plt.show()
```

上述代码的实现流程如下。

◆ **创建数据集**：创建一个包含时间和对应值的简单数据集，数据集中包含了一些缺失值，这些缺失值用于演示插补方法的效果。

◆ **线性插值**：使用Pandas库中的interpolate方法对缺失值进行线性插补。这种方法通过计算相邻已知值之间的线性关系来估算缺失值。

◆ **多项式插值**：使用Scipy库中的interp1d函数，基于非缺失的有效数据点创建一个多项式插值器。这里选择二次插值以生成平滑的插值曲线，然后使用该插值器填补数据集中的缺失值。

◆ **数据输出**：分别打印输出原始数据及经过线性插值和多项式插值处理后的数据，以便于对比分析各方法的效果。

◆ **结果可视化**：使用Matplotlib库绘制图形，将原始数据、线性插值结果和多项式插值结果可视化，以便直观地观察不同插补方法效果的差异，如图6-7所示。

执行后会输出最终结果。

原始数据：

	Time	Value
0	0	2.5
1	1	NaN
2	2	NaN
3	3	4.5
4	4	5.0
5	5	NaN
6	6	6.5
7	7	7.0
8	8	NaN
9	9	9.0

插补后的数据：

	Time	Value	Linear_Interpolated	Poly_Interpolated
0	0	2.5	2.500000	2.500000
1	1	NaN	3.166667	3.276139
2	2	NaN	3.833333	3.942805
3	3	4.5	4.500000	4.500000
4	4	5.0	5.000000	5.000000
5	5	NaN	5.750000	5.756468
6	6	6.5	6.500000	6.500000
7	7	7.0	7.000000	7.000000
8	8	NaN	8.000000	7.802972
9	9	9.0	9.000000	9.000000

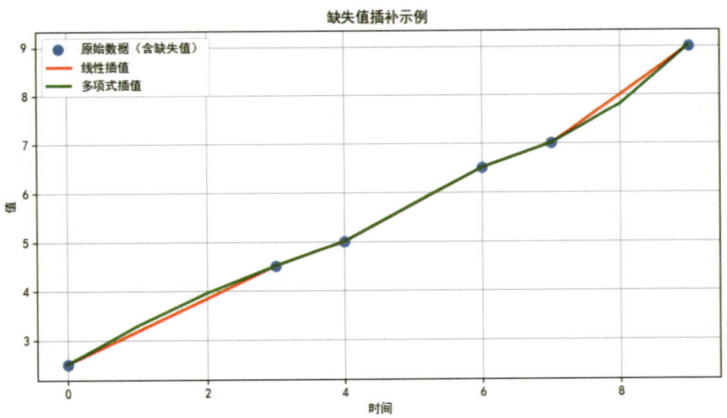

图 6-7　原始数据、线性插值和多项式插值的可视化

6.3　数据平滑与去噪

数据平滑与去噪是数据预处理中的重要技术，主要用于减少数据中的噪声，提取更具代表性的信息，提升模型的稳定性和准确性。在日常开发过程中，数据平滑与去噪在信号处理、时间序列分析、图像处理等领域得到广泛应用。

6.3.1　数据平滑

数据平滑是通过消除数据中的随机波动（噪声），使数据的趋势更加明显的一种技术。常见的平滑方法如图 6-8 所示。

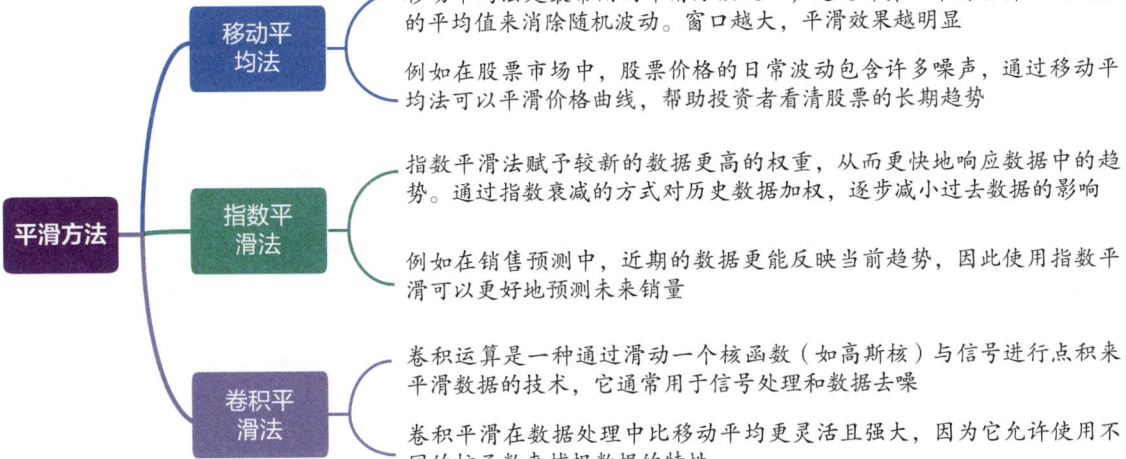

图 6-8　常见的平滑方法

在现实应用中，和微积分密切相关的操作方法是卷积平滑法。在实际操作的过程中，卷积平滑处理的核心思想源于积分运算，尤其是连续卷积的公式：

$$(f*g)(t)=\int_{-\infty}^{\infty}f(\tau)g(t-\tau)\mathrm{d}\tau$$

其中，函数 f 和 g 是信号或核函数，通过滑动并求积分来平滑信号。在离散信号（如股票价格）中，这个积分简化为对一组离散点的加权平均计算。

实例6-5 对贵州茅台的日线股价数据进行平滑处理（源码路径：codes\6\Maotai.py和Maop.py）

编写文件Maotai.py，将贵州茅台（股票代码：600519.SH）在2024年7月1日到9月28日的日线股价数据保存到CSV文件中。

```python
import tushare as ts
import pandas as pd

# 初始化Tushare API
ts.set_token('')
pro = ts.pro_api()

# 获取贵州茅台的日线行情数据
df = pro.daily(ts_code='600519.SH', start_date='20240701', end_date='20240928')

# 保存数据到CSV文件
csv_file_path = 'guizhou_maotai_daily_20240701_20240928.csv'
df.to_csv(csv_file_path, index=False)

print(f"数据已保存至 {csv_file_path}")
```

编写文件Maop.py，使用卷积平滑法对贵州茅台股票的日线股价数据进行平滑处理。

```python
import numpy as np
import pandas as pd
import matplotlib.pyplot as plt
from scipy.ndimage import convolve1d
plt.rcParams['font.sans-serif'] = ['SimHei']   # 使用黑体
plt.rcParams['axes.unicode_minus'] = False     # 解决负号显示问题
# 读取CSV文件数据
csv_file_path = 'guizhou_maotai_daily_20240701_20240928.csv'
                                               # 请确保CSV文件路径正确
df = pd.read_csv(csv_file_path)

# 查看数据格式
print("原始数据:")
print(df)

# 定义一个高斯核函数，用于平滑
kernel = np.array([1/4, 1/2, 1/4])

# 使用卷积进行数据平滑
```

```python
df['Smoothed_Close'] = convolve1d(df['close'], kernel)

# 显示平滑后的数据
print("\n平滑后的数据：")
print(df[['trade_date', 'close', 'Smoothed_Close']])

# 可视化原始数据与平滑数据的对比
plt.figure(figsize=(10,6))
df['trade_date'] = pd.to_datetime(df['trade_date'], format='%Y%m%d')
# 绘制原始收盘价曲线
plt.plot(df['trade_date'], df['close'], label='Original Close',
color='blue', marker='o')

# 绘制平滑后的收盘价曲线
plt.plot(df['trade_date'], df['Smoothed_Close'], label='Smoothed Close
        (Convolution)', color='red', marker='x')

# 图表美化
plt.xticks(rotation=45)
plt.xlabel('Trade Date')
plt.ylabel('Close Price')
plt.title('贵州茅台日线收盘价与卷积平滑处理')
plt.legend()
plt.tight_layout()

# 显示图表
plt.show()
```

上述代码的实现流程如下。

◆ **读取数据**：首先通过 Pandas 读取了包含贵州茅台日线股价数据的 CSV 文件，将数据加载为一个 DataFrame，并打印原始数据供查看。

◆ **定义平滑核**：接着定义了一个简单的高斯核函数 kernel = [1/4, 1/2, 1/4]，用于平滑处理。该核函数通过赋予中心数据点更大的权重来实现平滑效果，对相邻数据点的权重影响相对较小。

◆ **卷积平滑处理**：使用 scipy.ndimage 中的 convolve1d 函数对收盘价列进行卷积操作，平滑后的数据被存储在新列 Smoothed_Close 中。卷积操作通过滑动核函数对相邻数据进行加权平均，减少了数据中的噪声或短期波动。

◆ **输出平滑后数据**：打印输出了包含原始收盘价与平滑后收盘价的表格，便于观察平滑效果。

◆ **数据可视化**：使用 Matplotlib 进行可视化，分别绘制了原始收盘价和经过平滑处理后的收盘价曲线。通过设置不同的颜色和标记点，清楚地展示了数据的对比效果，如图 6-9 所示。

执行后会输出最终结果。

```
原始数据：
       ts_code  trade_date     open  ...  pct_chg       vol        amount
0    600519.SH    20240927  1600.00  ...   6.5533  87921.67  1.405026e+07
```

```
1   600519.SH   20240926   1399.96   ...    9.2924    97278.06   1.426926e+07
2   600519.SH   20240925   1400.05   ...    1.9234    73953.80   1.042011e+07
3   600519.SH   20240924   1285.09   ...    8.8035   100412.81   1.329728e+07
4   600519.SH   20240923   1268.00   ...   -0.1883    45549.69   5.809792e+06
..      ...         ...       ...   ...      ...          ...            ...
58  600519.SH   20240705   1479.00   ...   -2.2036    38829.38   5.664477e+06
59  600519.SH   20240704   1505.00   ...   -0.9507    24379.73   3.637969e+06
60  600519.SH   20240703   1499.00   ...    0.6239    31573.26   4.740808e+06
61  600519.SH   20240702   1433.00   ...    3.4935    51852.98   7.659167e+06
62  600519.SH   20240701   1468.88   ...   -1.8407    32161.38   4.636689e+06

[63 rows x 11 columns]
```

平滑后的数据：

```
    trade_date    close   Smoothed_Close
0     20240927  1629.20          1604.150
1     20240926  1529.00          1521.550
2     20240925  1399.00          1424.900
3     20240924  1372.60          1351.435
4     20240923  1261.54          1289.900
..         ...      ...               ...
58    20240705  1453.00          1452.935
59    20240704  1485.74          1481.120
60    20240703  1500.00          1494.110
61    20240702  1490.70          1480.445
62    20240701  1440.38          1452.960

[63 rows x 3 columns]
```

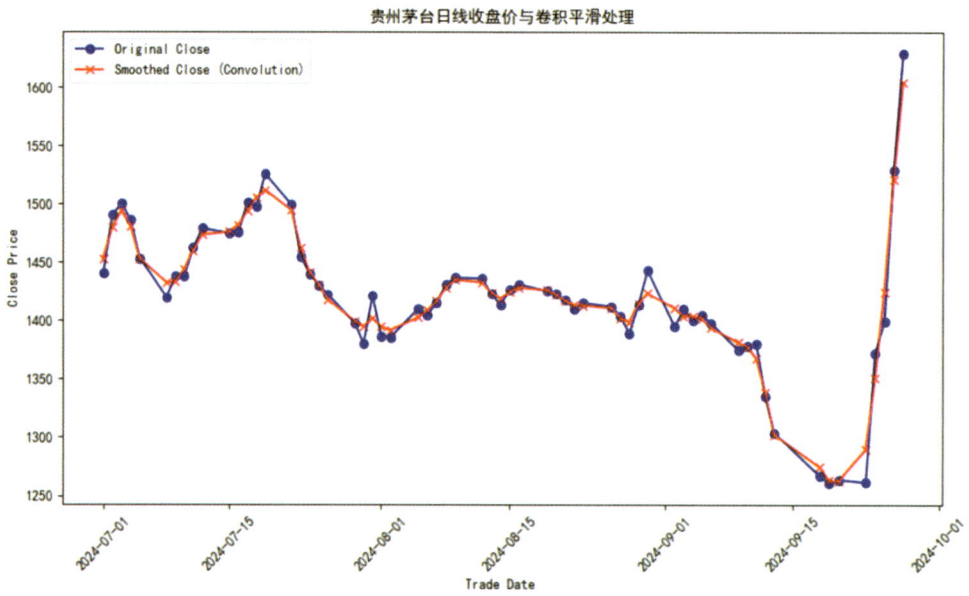

图6-9　原始收盘价和经过平滑处理后的收盘价曲线对比图

6.3.2 去噪算法中的微积分方法

在去噪算法中，微积分通过计算信号的导数，可以识别出信号的变化趋势和异常波动，从而实现去噪目的。具体来说，微积分可以通过平滑或过滤信号来减少噪声的影响，以便真实信号更清晰地呈现。微积分不仅可以分析信号的变化，还能识别和处理噪声。在实际应用中，常用的去噪方法包括高斯滤波与中值滤波。

高斯滤波的数学表达式为：

$$G(x, y) = \frac{1}{2\pi\sigma^2} e^{-\frac{x^2+y^2}{2\sigma^2}}$$

其中：

- $G(x, y)$ 是高斯核，表示在点 (x, y) 处的高斯函数值。
- σ 是标准差，控制着高斯函数的宽度和形状，对平滑程度有直接影响。

实例6-6 对数据集实现高斯滤波和中值滤波（源码路径：codes\6\Zao.py）

本实例生成了一个一维信号，模拟真实数据中的噪声，然后应用两种滤波方法来去噪（见图6-10）。

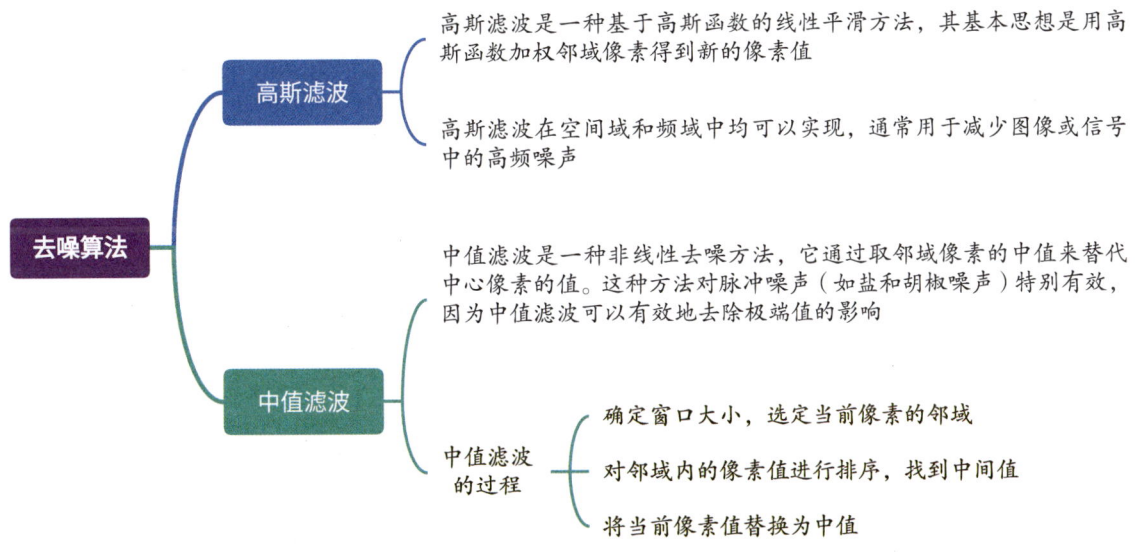

图6-10 去噪算法中的滤波方法

```
import numpy as np
import matplotlib.pyplot as plt
from scipy.ndimage import gaussian_filter, median_filter

# 1. 准备数据集：生成一个一维信号并添加噪声
np.random.seed(42)    # 保证结果的可重复性
x = np.linspace(0, 20, 100)
original_signal = np.sin(x)    # 原始信号
```

```python
# 添加随机噪声
noise = np.random.normal(0, 0.2, size=x.shape)
noisy_signal = original_signal + noise

# 2. 高斯滤波处理
sigma = 1  # 标准差, 控制平滑程度
gaussian_smoothed = gaussian_filter(noisy_signal, sigma=sigma)

# 3. 中值滤波处理
median_smoothed = median_filter(noisy_signal, size=3)  # 滤波窗口大小为3

# 4. 可视化原始信号、带噪声的信号、高斯滤波和中值滤波的效果
plt.figure(figsize=(12, 6))

# 原始信号和带噪声的信号
plt.subplot(1, 2, 1)
plt.plot(x, original_signal, label='Original Signal', color='green', linewidth=2)
plt.plot(x, noisy_signal, label='Noisy Signal', color='blue', alpha=0.7)
plt.title('Original and Noisy Signals')
plt.xlabel('X')
plt.ylabel('Amplitude')
plt.legend()

# 高斯滤波和中值滤波结果
plt.subplot(1, 2, 2)
plt.plot(x, noisy_signal, label='Noisy Signal', color='blue', alpha=0.7)
plt.plot(x, gaussian_smoothed, label='Gaussian Smoothed', color='red', linewidth=2)
plt.plot(x, median_smoothed, label='Median Smoothed', color='orange', linewidth=2)
plt.title('Gaussian and Median Filter Results')
plt.xlabel('X')
plt.ylabel('Amplitude')
plt.legend()

plt.tight_layout()
plt.show()
```

上述代码的实现流程如下。

◆ **数据准备**：生成一个取值范围从 0 到 20、包含 100 个采样点的一维正弦波信号，然后在其中添加高斯噪声，模拟实际数据中的噪声问题。

◆ **高斯滤波**：通过 scipy.ndimage 中的函数 gaussian_filter 实现高斯滤波平滑处理，其中参数 sigma 用于控制平滑的程度。

◆ **中值滤波**：使用 median_filter 进行中值滤波处理，设置窗口大小为 3，表示在每个位置上取该位置周围3个值的中值作为该位置的新值。

◆ **可视化：** 将原始信号、带噪声的信号以及两种去噪处理结果分别绘制在同一图表上，便于比较滤波效果。

执行后绘制滤波效果如图6-11所示。

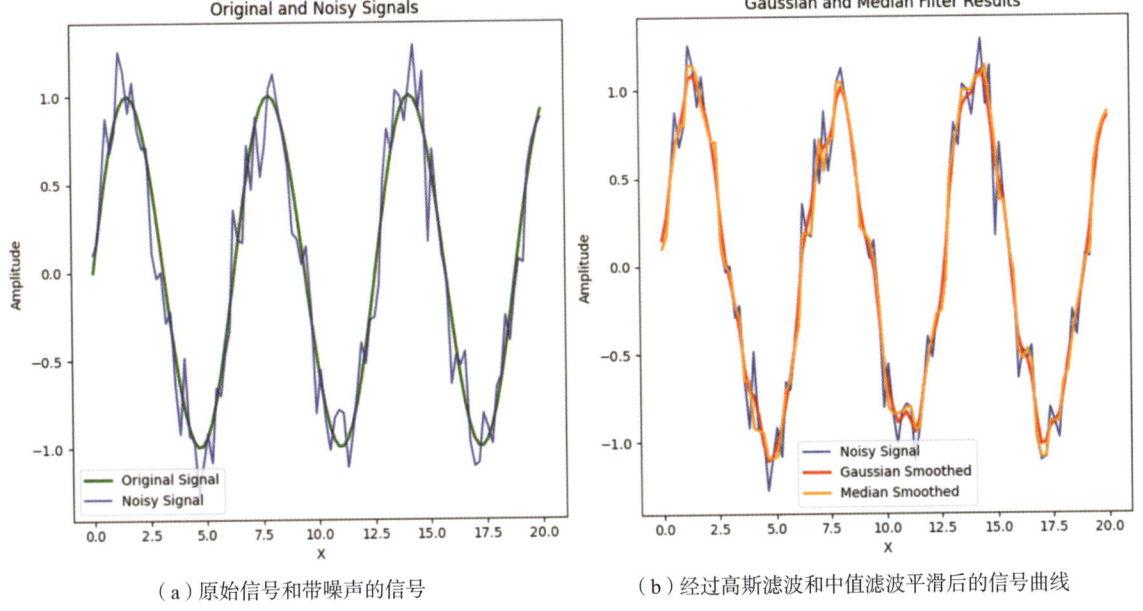

（a）原始信号和带噪声的信号　　　　（b）经过高斯滤波和中值滤波平滑后的信号曲线

图6-11　滤波效果对比图

6.4　数据转换与特征工程

数据转换和特征工程是机器学习和数据预处理中的关键步骤，其核心目标是将原始数据转换为模型更易理解和处理的形式，从而提升模型性能。

6.4.1　数据转换的微积分方法

在数据预处理中，缩放和标准化是常用的步骤，将数据的不同特征值缩放到统一的范围。其中缩放处理是将数据调整到特定范围（如[0,1]区间），通过微积分方法进行转换。缩放公式为：

$$x' = \frac{x - \min(x)}{\max(x) - \min(x)}$$

通过计算最小值和最大值，将数据线性转换到新范围。

可以将这个公式视作线性映射，将原始数据转换到特定区间。通过这种线性缩放，数据实际上是将输入数据从一个原始空间映射到一个新的坐标空间。微积分在这里体现为对输入数据进行线性变换的连续应用。在数据缩放和标准化处理的实际应用中，微积分的思想通过数据的平均值、方差、极值等体现出来。

> **实例6-7** 使用微积分进行数据缩放和标准化处理（源码路径：codes\6\Suo.py）

本实例通过计算均值、标准差及数据的最大值和最小值，将原始数据转换为标准化数据和缩放至 [0, 1] 区间的数据。

```python
# 创建一个数据集
data = {'Feature1': [10, 20, 30, 40, 50],
        'Feature2': [1, 2, 3, 4, 5]}
df = pd.DataFrame(data)

# 计算均值和标准差（使用微积分的思想）
mean = df.mean()
std = df.std()

# 进行标准化处理
df_standardized = (df - mean) / std

# 进行缩放处理，将数据缩放到 0 到 1 之间
df_min = df.min()
df_max = df.max()
df_scaled = (df - df_min) / (df_max - df_min)

# 打印结果
print("原始数据:")
print(df)

print("\n标准化处理的数据:")
print(df_standardized)

print("\n缩放处理的数据 (0 到 1):")
print(df_scaled)

# 可视化
plt.figure(figsize=(12, 6))

# 原始数据
plt.subplot(1, 3, 1)
plt.title('Original Data')
plt.boxplot(df.values, labels=df.columns)

# 标准化数据
plt.subplot(1, 3, 2)
plt.title('Standardized Data')
plt.boxplot(df_standardized.values, labels=df_standardized.columns)

# 缩放数据
```

```python
plt.subplot(1, 3, 3)
plt.title('Scaled Data (0 to 1)')
plt.boxplot(df_scaled.values, labels=df_scaled.columns)

plt.tight_layout()
plt.show()
```

上述代码的实现流程如下。

◆ **读取数据**：首先从数据集文件中加载原始数据。

◆ **标准化处理**：计算每个特征的均值和标准差，通过减去均值并除以标准差，将数据转换为均值为0、标准差为1的标准化数据。

◆ **缩放处理**：计算数据的最小值和最大值，通过将数据缩放到[0,1]区间内，实现缩放处理。

◆ **展示可视化结果**：打印输出原始数据、标准化数据和缩放数据，并进行可视化对比。

执行后会输出最终结果。

```
原始数据：
   Feature1  Feature2
0        10         1
1        20         2
2        30         3
3        40         4
4        50         5

标准化处理的数据：
   Feature1  Feature2
0 -1.264911 -1.264911
1 -0.632456 -0.632456
2  0.000000  0.000000
3  0.632456  0.632456
4  1.264911  1.264911

缩放处理的数据 (0 到 1)：
   Feature1  Feature2
0      0.00      0.00
1      0.25      0.25
2      0.50      0.50
3      0.75      0.75
4      1.00      1.00
```

另外，执行后创建了一个包含三个子图的图表，每个子图分别显示原始数据、标准化数据和缩放数据的箱线图，横轴上的 Feature1 和 Feature2 是原始数据集中定义的列名，用于标识不同的特征，如图6-12所示。

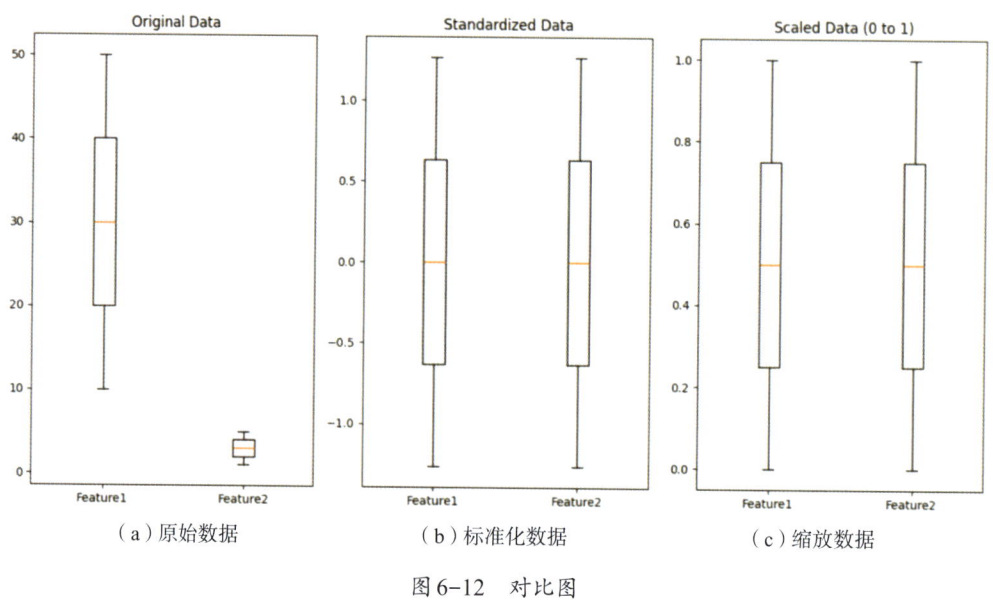

(a)原始数据　　　　　　　(b)标准化数据　　　　　　　(c)缩放数据

图 6-12　对比图

6.4.2　特征工程

特征工程的目标是从原始数据中提取出对模型有帮助的特征，以提升模型的预测能力、准确性和效率，并将数据转化为模型能够理解的、具有重要信息的特征，减少噪声和冗余数据。

1. 特征生成与多项式特征

特征生成是指在原有特征基础上创建新的特征。例如，多项式特征生成将现有的输入特征进行平方、立方等操作，生成新的特征，这种操作可以显著提升模型对非线性关系的拟合能力。比如，特征 x_1 可以生成二次特征 x_1^2、三次特征 x_1^3 等。

2. 特征生成能提升模型性能

特征生成有助于模型识别输入特征之间的复杂相互关系。例如，线性回归模型只能拟合线性关系，但通过生成二次或更高次的特征，可以使模型具备拟合非线性关系的能力，从而更好地捕捉特征间的曲线趋势，适用于处理更复杂的分布。

3. 微积分在特征生成中的应用

微积分在特征生成中发挥着关键作用，用于分析特征的变化趋势。

◆ **导数捕捉变化率**：在生成多项式特征时，导数可用于描述特征的瞬时变化速率，帮助理解特征变化的幅度和速率。这使模型能够更精确地识别输入与输出之间的关联。

◆ **积分计算累积变化**：积分则用于计算累积变化值，尤其适用于连续变量的变化分析。在某些特定情况下，生成新的特征可能涉及累积变化的估算，为模型提供额外的上下文信息。

例如，在房价预测中，如果只考虑房屋面积 x，并使用线性模型 $y=w_1 x+b$ 来预测房价，模型捕捉到的仅是面积和价格的线性关系。但通过创建多项式特征 x^2、x^3 等，模型能够拟合面积和价格之间的非线性变化趋势，从而提升预测的精度。

实例6-8 使用多项式特征提升预测性能（源码路径：codes\6\Weit.py）

本实例生成了一些模拟的房屋面积和对应的房价数据，首先使用线性回归模型来拟合面积和房价的线性关系，然后使用多项式回归生成非线性特征（如面积的平方、立方）以拟合非线性关系。

```python
import numpy as np
import matplotlib.pyplot as plt
from sklearn.linear_model import LinearRegression
from sklearn.preprocessing import PolynomialFeatures
from sklearn.metrics import mean_squared_error

# 生成模拟房屋面积和房价数据（包含非线性关系）
np.random.seed(0)
x = np.random.rand(100, 1) * 100    # 面积（0-100平米）
y = 5000 + 150 * x + 2 * x**2 + np.random.randn(100, 1) * 1000
                                    # 房价（带有非线性关系）

# 可视化原始数据
plt.scatter(x, y, color='blue', label='Original Data')

# 线性回归模型 (y = w1 * x + b)
linear_model = LinearRegression()
linear_model.fit(x, y)
y_pred_linear = linear_model.predict(x)

# 绘制线性回归的结果
plt.plot(x, y_pred_linear, color='red', label='Linear Regression')

# 使用多项式回归生成多项式特征（包括 x^2, x^3 等）
poly = PolynomialFeatures(degree=5)   # 创建5次多项式特征
x_poly = poly.fit_transform(x)        # 转换特征

# 训练多项式回归模型
poly_model = LinearRegression()
poly_model.fit(x_poly, y)
y_pred_poly = poly_model.predict(x_poly)

# 绘制多项式回归的结果
plt.plot(x, y_pred_poly, color='green', label='Polynomial Regression')

# 图形美化
plt.title('House Price Prediction: Linear vs Polynomial Regression')
plt.xlabel('Area (square meters)')
plt.ylabel('Price')
plt.legend()
plt.show()
```

```
# 计算模型的均方误差（MSE）以比较性能
mse_linear = mean_squared_error(y, y_pred_linear)
mse_poly = mean_squared_error(y, y_pred_poly)
print(f"Linear Regression MSE: {mse_linear:.2f}")
print(f"Polynomial Regression MSE: {mse_poly:.2f}")
```

执行后会输出下面的结果，并绘制原始数据点、线性模型和多项式模型的曲线图，如图6-13所示。

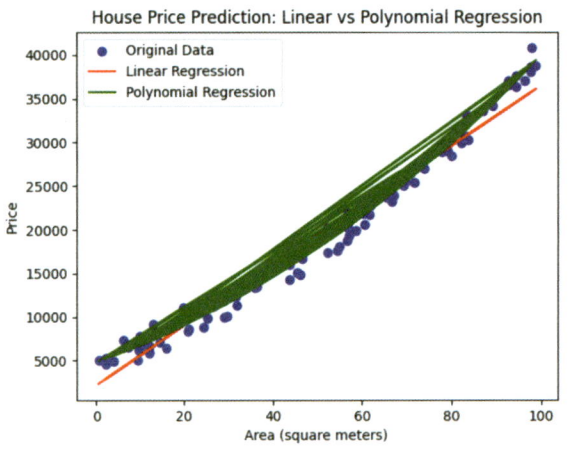

图6-13　原始数据点、线性模型和多项式模型的曲线图

```
Linear Regression MSE: 97377152.34
Polynomial Regression MSE: 97070198.14
```

执行结果显示，线性回归的MSE为97377152.34，而多项式回归的误差为970701.98。这表明在这个模拟数据集上，多项式回归显著优于线性回归，能够更好地捕捉房屋面积与房价之间的非线性关系。这说明了如下现象。

◆ 多项式回归的MSE明显低于线性回归，即多项式特征成功地捕捉到了数据中的非线性关系。这是微积分在特征生成中的一个重要应用，通过生成更高次的特征，使模型能够拟合更复杂的变化趋势。

◆ 在特征生成过程中，微积分（如导数和积分）帮助描述了特征之间的变化关系。通过导数，可以理解特征（如面积）变化对目标变量（房价）的影响大小。通过这种方式，模型能够生成更多有效的特征组合，从而提升预测能力。

6.5　数据预处理中的微积分优化

数据预处理中的微积分优化，主要是通过利用微积分的工具和概念来改进数据处理、特征工程和模型训练等过程。这种优化可以帮助我们更好地理解数据的变化特性，从而提升模型的性能。

6.5.1 优化方法的基本概念

优化方法旨在通过调整参数或选择最优方案来最大化（或最小化）目标函数，在数据预处理应用中，与优化操作相关的常用概念如图6-14所示。

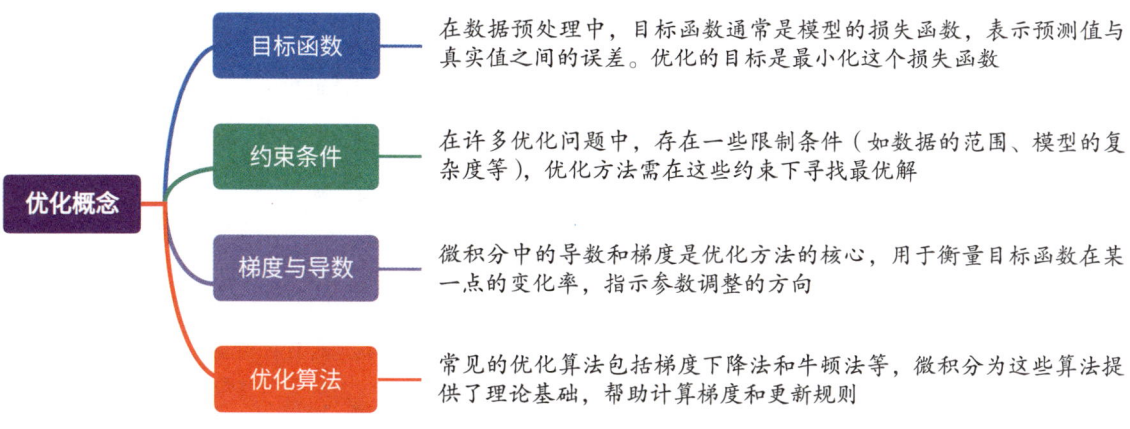

图6-14 优化操作相关概念

微积分在数据预处理中的优化应用为数据分析和模型训练提供了理论支持和实际方法，通过对目标函数的深入理解与分析，能够帮助数据科学家和工程师实现高效的数据处理和模型优化。

6.5.2 梯度下降法

梯度下降法是一种基于梯度信息的迭代优化算法，用于最小化函数（如损失函数）。其基本思路是根据当前点的梯度信息，沿着梯度下降方向更新参数。微积分在梯度下降法中的应用如下。

◆ **导数计算**：梯度是目标函数在某一点的导数（或偏导数）向量，表示该点的切线斜率。梯度下降法使用这个信息来判断如何更新参数，以减小损失函数的值。

◆ **更新规则**：参数更新公式如下。

$$\theta := \theta - \alpha \nabla J(\theta)$$

其中，θ是参数，α是学习率，$\nabla J(\theta)$是目标函数的梯度。通过这个公式，算法根据梯度信息调整参数。

实例6-9　使用梯度下降法优化线性回归模型（源码路径：codes\6\Ti.py）

本实例使用随机生成的数据集进行线性回归，目标是最小化损失函数（MSE）以找到最佳的参数。

```python
import numpy as np
import matplotlib.pyplot as plt
plt.rcParams['font.sans-serif'] = ['SimHei']        # 使用黑体
plt.rcParams['axes.unicode_minus'] = False          # 解决负号显示问题
# 生成模拟数据
np.random.seed(0)
X = 2 * np.random.rand(100, 1)                      # 特征：随机生成100个点
y = 4 + 3 * X + np.random.randn(100, 1)             # 标签：线性关系加上噪声
```

```python
# 梯度下降参数
learning_rate = 0.1
n_iterations = 1000
m = len(X)

# 初始化参数
theta = np.random.randn(2, 1)          # 随机初始化两个参数（偏置和权重）

# 添加 x0 = 1 到每个实例的特征
X_b = np.c_[np.ones((m, 1)), X]    # 在 X 中添加一列 1 以表示偏置项

# 梯度下降法
for iteration in range(n_iterations):
    gradients = 2/m * X_b.T.dot(X_b.dot(theta) - y)   # 计算梯度
    theta -= learning_rate * gradients                # 更新参数

# 输出结果
print("最终参数（theta）: ")
print(theta)

# 可视化结果
plt.scatter(X, y, color='blue', label='数据点')
plt.plot(X, X_b.dot(theta), color='red', label='线性回归模型')
plt.title('线性回归与梯度下降法')
plt.xlabel('特征 X')
plt.ylabel('标签 y')
plt.legend()
plt.show()
```

上述代码的实现流程如下。

◆ **数据生成**：生成了一组模拟数据，特征 X 随机生成，标签 y 由线性方程生成，并加入高斯噪声。

◆ **初始化参数**：随机初始化参数向量 θ，并在特征矩阵中添加一列全为 1 的偏置项（对应截矩项）。

◆ **梯度下降法实现**：通过计算当前参数下的梯度，更新参数 θ。重复这个过程 n_iterations 次直至收敛，以优化参数。

◆ **结果输出与可视化**：最终打印输出优化后的参数，并绘制原始数据点和拟合的线性回归模型，如图 6-15 所示。

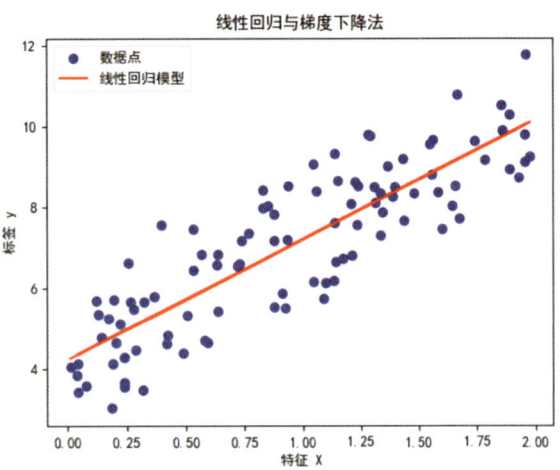

图 6-15　原始数据点和拟合的线性回归模型图

执行后会输出最终结果。

最终参数（theta）：
[[4.22215108]
 [2.96846751]]

6.5.3 牛顿法

牛顿法是一种基于二阶导数的高效优化算法，利用海森矩阵加速收敛，适用于求解二次函数及其局部极值点。微积分在牛顿法中的应用如下。

- **海森矩阵**：牛顿法使用目标函数的二阶导数（海森矩阵）来描述函数的曲率。该矩阵提供了比梯度下降更准确的调整方向和步长。
- **更新公式**：参数更新公式如下。

$$\theta := \theta - H^{-1} \nabla J(\theta)$$

其中，H^{-1} 是海森矩阵，$\nabla J(\theta)$ 是梯度向量。牛顿法通过利用二阶导数信息实现超线性收敛，但需计算矩阵逆，适用于中小规模问题。

实例6-10 使用牛顿法优化贵州茅台股价预测模型（源码路径：codes\6\Niu.py）

假设使用收盘价作为标签，使用开盘价和最高价作为特征。

```python
import numpy as np
import pandas as pd
import matplotlib.pyplot as plt
plt.rcParams['font.sans-serif'] = ['SimHei']    # 使用黑体
plt.rcParams['axes.unicode_minus'] = False       # 解决负号显示问题
# 读取 CSV 文件数据
csv_file_path = 'guizhou_maotai_daily_20240701_20240928.csv'
                                                 # 请确保 CSV 文件路径正确
df = pd.read_csv(csv_file_path)

# 选择特征和标签
X = df[['open', 'high']].values            # 特征：开盘价和最高价
y = df['close'].values.reshape(-1, 1)      # 标签：收盘价

# 添加 x0 = 1 到每个实例的特征
X_b = np.c_[np.ones((X.shape[0], 1)), X]   # 在 X 中添加一列 1 以表示偏置项

# 初始化参数
theta = np.random.randn(3, 1)              # 随机初始化三个参数（偏置和权重）

# 牛顿法
def compute_gradient(X_b, y, theta):
    m = len(y)
```

```python
    gradients = 2/m * X_b.T.dot(X_b.dot(theta) - y)
    return gradients

def compute_hessian(X_b):
    m = len(X_b)
    hessian = 2/m * X_b.T.dot(X_b)
    return hessian

# 牛顿法迭代
n_iterations = 10    # 迭代次数
for iteration in range(n_iterations):
    gradients = compute_gradient(X_b, y, theta)
    hessian = compute_hessian(X_b)
    theta -= np.linalg.inv(hessian).dot(gradients)    # 更新参数

# 输出结果
print("最终参数(theta): ")
print(theta)

# 可视化结果
plt.scatter(df['open'], df['close'], color='blue', label='数据点')
plt.scatter(df['high'], df['close'], color='orange', label='高价数据点')
plt.plot(df['open'], X_b.dot(theta), color='red', label='线性回归模型')
plt.title('贵州茅台收盘价预测与牛顿法')
plt.xlabel('特征（开盘价和最高价）')
plt.ylabel('收盘价')
plt.legend()
plt.show()
```

上述代码的实现流程如下。

◆ **读取数据**：从CSV文件中读取贵州茅台的日线股价数据。

◆ **特征与标签选择**：选择开盘价和最高价作为特征，将收盘价作为标签。

◆ **参数初始化**：随机初始化参数 θ，并在特征矩阵中添加偏置项。

◆ **实现牛顿法**：计算梯度和海森矩阵，使用海森矩阵的逆更新参数 θ。

◆ **输出结果**：打印输出优化后的参数，并绘制原始数据点和拟合的线性回归模型可视化图，如图6-16所示。

在本实例中，微积分通过计算梯度和海森矩阵来优化模型参数，加速了收敛过程，从而提高了预测的准确性。执行后会输出最终结果。

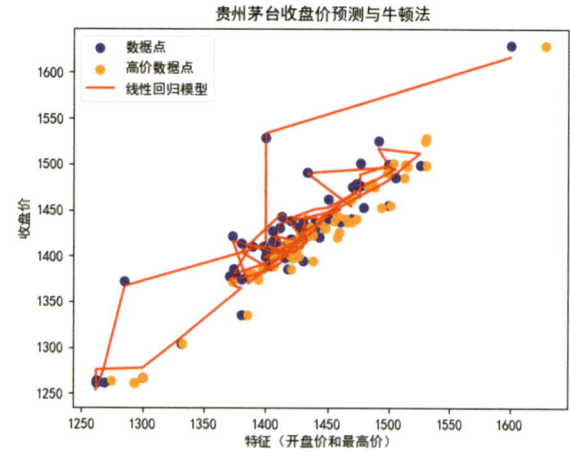

图6-16 原始数据点和拟合的线性回归模型可视化图

最终参数(theta):
[[-42.9709408]
 [-0.17455691]
 [1.19032335]]

6.6 课后练习

1. 基于微积分的特征选择

开发基于微积分原理选择特征的程序。在数据集中,构造一个特征与目标变量的相关性函数,使用梯度下降法最大化该相关性。验证优化后的特征子集在模型训练中的效果。具体要求如下。

- 生成包含5个特征的合成数据集,其中只有2个特征与目标变量显著相关。
- 使用梯度下降法优化算法,筛选相关性最高的特征子集。
- 对比模型在原始特征集和优化特征集上的性能表现。

2. 微积分在数据平滑中的应用

实现一种数据平滑算法,通过微积分公式构建平滑损失函数,用于优化数据平滑过程。通过梯度下降法优化数据点的平滑效果。具体要求如下。

- 构造一组带噪声的一维数据点。
- 构建平滑损失函数。
- 使用梯度下降法优化平滑参数。
- 可视化展示平滑前后的对比效果图。

第 7 章 构建网络模型

本章主要介绍了在机器学习和深度学习中构建不同类型网络模型的过程，并重点讨论了微积分在这些模型中的核心作用。本章首先定义和分类了网络模型，阐明了机器学习模型与深度学习模型的区别，随后详细说明了如何利用微积分优化损失函数、计算导数和进行梯度优化。对于深度学习模型，还介绍了前馈神经网络、卷积神经网络、循环神经网络、长短期记忆网络和生成对抗网络中的微积分应用。

7.1 网络模型介绍

在日常生活中,我们无时无刻不在受益于网络模型所带来的成果。想象一下,当你在网上购物时输入了几件商品的关键词进行搜索,电商平台会根据你的浏览记录、购买历史以及商品特征等信息,为你精准推荐相关商品。这一过程背后正是网络模型在发挥着作用。电商平台借助构建复杂的机器学习和深度学习模型来深入分析海量数据,从而预测你可能会喜欢哪些商品。平台构建的模型会根据你的行为模式与其他用户的相似性,甚至实时商品的变化情况来做出推荐。这些模型并非简单的算法,它们能够通过学习不断改进和优化,使得推荐的商品越来越符合你的个人偏好。

7.1.1 机器学习和深度学习

机器学习(Machine Learning)和深度学习(Deep Learning)是人工智能领域中的两个重要分支,它们的主要区别在于模型的复杂程度、对数据的需求程度、特征提取方式,以及在不同应用中的实际表现。

1. 机器学习

机器学习是人工智能的一个重要分支,指通过数据驱动的算法,使计算机系统在没有明确编程的情况下自动学习并不断改进自身性能。机器学习的核心原理是从大量的历史数据中自动挖掘潜在的模式和规律,并利用这些模式进行预测或做出决策。

◆ **机器学习的定义**:机器学习是一种算法模型,这种模型能够从数据中获取有价值的信息,逐渐改进自身的性能,而不依赖于固定的规则。机器学习的目标是构建能够自动识别模式的模型,以便对新数据进行分析和预测。

◆ **机器学习的基本概念**:常用概念如图7-1所示。

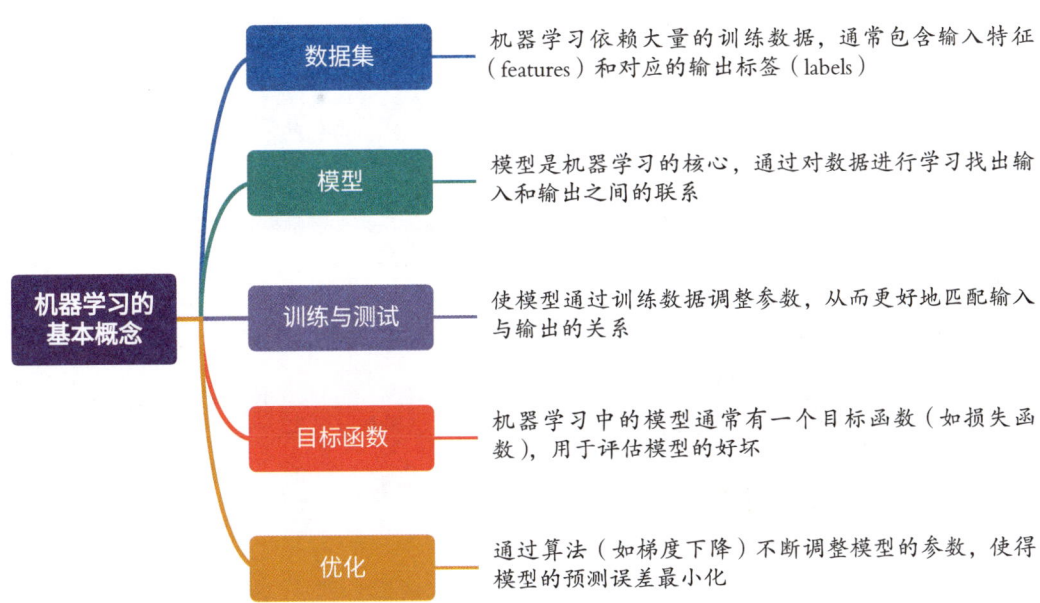

图7-1 机器学习的基本概念

◆ **机器学习的步骤：** 机器学习的基本原理基于统计学和概率论，实现机器学习的主要步骤如图7-2所示。

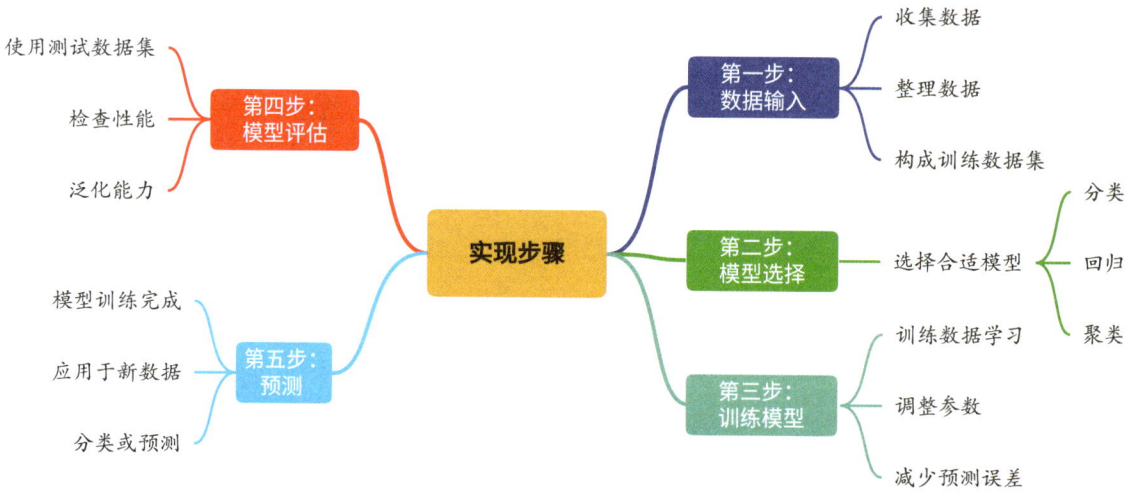

图7-2 机器学习的主要步骤

总之，机器学习的核心理念是通过数据进行自我学习，以更好地应对未知的任务和问题。

2. 深度学习

深度学习是机器学习的一个子领域，专注于使用多层神经网络来模拟人脑处理信息的方式。深度学习利用多层次的非线性变换，从数据中自动提取高级特征和模式，进行分类、预测等任务。它特别适用于处理复杂的数据，如图像、语音和自然语言。

◆ **深度学习的定义：** 深度学习是一种通过构建深层的神经网络来进行数据分析和建模的机器学习方法。深度学习模型通常包括多个隐藏层（深度），使得模型可以学习到数据中复杂和抽象的特征。

◆ **基本概念：** 深度学习的基本概念如图7-3所示。

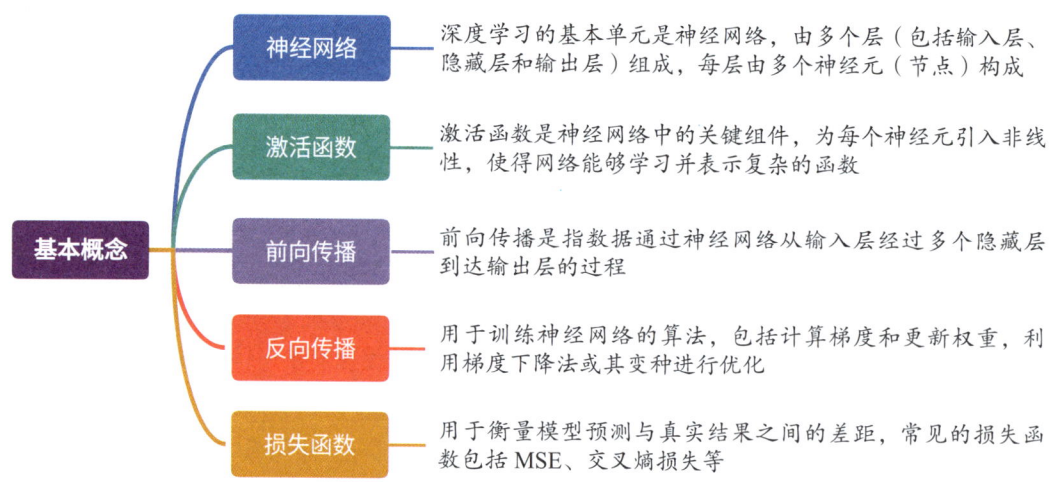

图7-3 深度学习的基本概念

总结来说，深度学习通过多层神经网络学习并提取数据中的复杂特征，广泛应用于计算机视觉、自然语言处理（Natural Language Processing，NLP）和语音识别等领域。

7.1.2 网络模型的定义与分类

网络模型是指一类基于特定结构设计的数学模型，主要用于分析和解决复杂的任务。网络模型常用于机器学习和深度学习中的各种任务，如分类、回归、聚类等。其核心在于通过层与层之间的连接关系（即网络结构）处理输入数据，并逐步学习特征以生成输出结果。在实际应用中，网络模型主要分为两类：机器学习模型和深度学习模型。

1. 机器学习模型

机器学习模型通常依赖于手动设计的特征，并通过算法从数据中学习这些特征间的模式。传统的机器学习模型，如线性回归、逻辑回归、SVM（Support Vector Machine，支持向量机）和决策树等，依赖较少的计算资源，适用于中小规模的数据集。在机器学习中，模型性能很大程度上依赖于手动提取和设计特征的过程（即特征工程）。例如，在一个房价预测模型中，需要预先定义如面积、房龄等特征。图7-4所示是一些常见的机器学习模型。

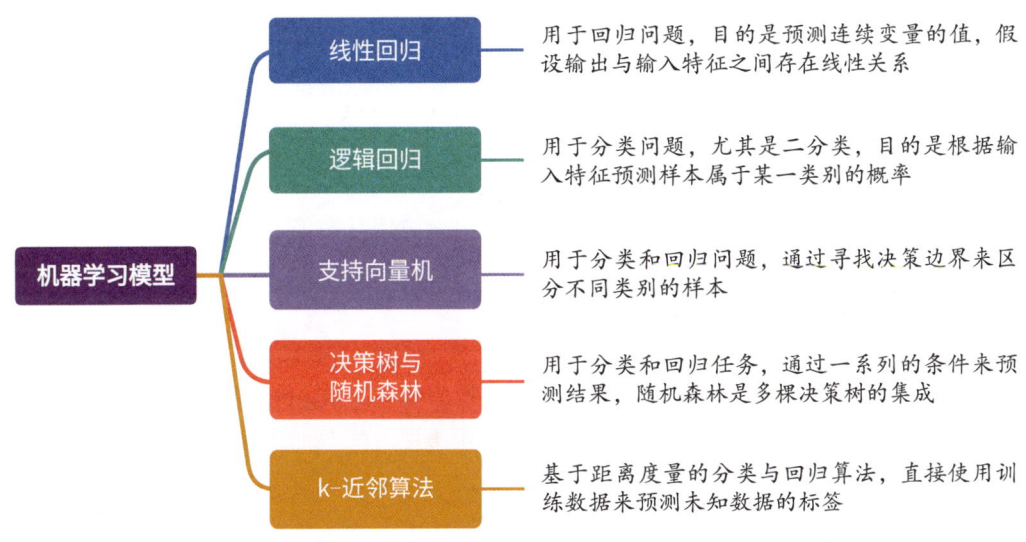

图7-4 常见的机器学习模型

2. 深度学习模型

深度学习模型是一种由多个神经元层堆叠而成的复杂神经网络模型，能够自动学习数据中的特征。深度学习尤其擅长处理大规模和高维度的数据，如图像、语音和自然语言等数据。深度学习模型能够从原始数据中自动提取特征，而不依赖于手动设计特征。例如，CNN能够自动学习图像中的边缘、形状和纹理等特征。图7-5是一些常见的深度学习模型，每种模型在不同的应用场景中有其独特的优势与局限性。因此在实际任务中，通常会根据数据特性和问题需求选择合适的模型类型。

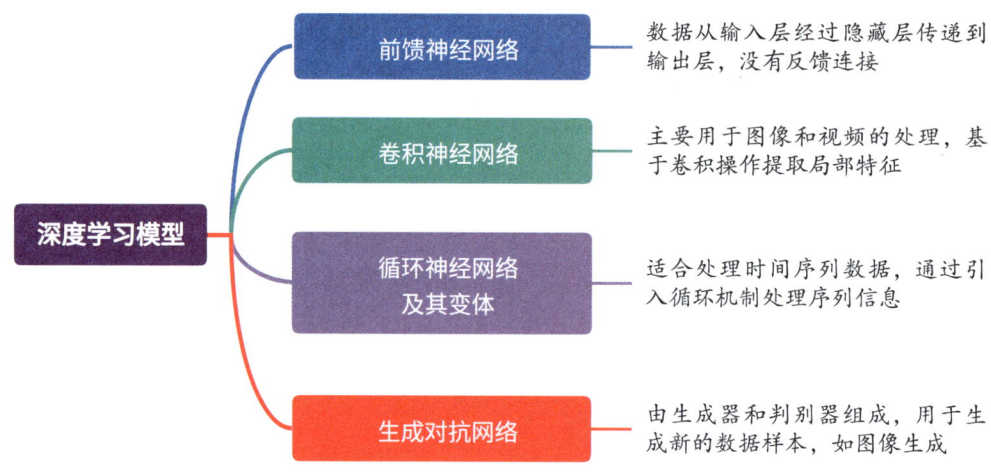

图7-5 常见的深度学习模型

3. 机器学习模型与深度学习模型的对比

机器学习模型与深度学习模型的对比如表7-1所示。

表7-1 机器学习模型与深度学习模型的对比

特性	机器学习模型	深度学习模型
特征提取	依赖手动特征提取，特征工程至关重要	能自动从数据中学习特征
适用数据规模	适用于中小规模的数据集	能处理大规模、高维度数据，如图像、语音等
计算资源	对计算资源需求较低	需要大量计算资源，依赖GPU等加速硬件
模型复杂性	模型较简单，参数较少	模型复杂，包含多层神经元和大量参数
可解释性	模型易于解释	模型较为"黑箱"，难以解释内在工作机制
应用场景	回归、分类、聚类、特征选择等	图像识别、语音识别、自然语言处理、生成模型等

4. 应用场景

◆ 机器学习模型适合数据结构明确、特征容易提取的任务，如房价预测、信用评分等。
◆ 深度学习模型则在复杂、非结构化数据的应用中表现出色，如图像识别、语音识别、自动驾驶等。

7.2 构建机器学习模型

本节将详细介绍如何从头构建多种经典机器学习模型，包括线性回归、逻辑回归、SVM、决策树、随机森林等，并通过具体例子展示微积分在实现过程中的关键作用。

7.2.1 构建线性回归模型

线性回归模型是一种基本的回归分析方法，用于预测目标变量与一个或多个自变量之间的关系。其基本思想是通过拟合一条直线或超平面，将预测值与实际值之间的误差最小化，以便在给定自变量的情况下，对目标变量进行预测。

线性回归模型通过以下线性方程描述 X 和 Y 之间的关系：

$$Y = \beta_0 + \beta_1 X + \epsilon$$

其中：
- Y 是目标变量（因变量）。
- X 是自变量。
- β_0 是截距，表示当 $X=0$ 时 Y 的预测值。
- β_1 是回归系数，表示 X 对 Y 的影响程度。
- ϵ 是误差项，代表模型无法解释的部分。

在构建线性回归模型时，损失函数的作用巨大，并且与微积分密切相关。损失函数用于量化模型的预测值与实际值之间的差异。通过计算损失函数，可以评估模型的性能，并通过优化算法来最小化这一差异，从而改进模型的准确性。在机器学习应用中，不同的机器学习任务需要使用不同类型的损失函数。在下面的内容中，将介绍几种常用的损失函数。

1. MSE

均方误差常用于回归问题，用于计算预测值与真实值之间差异平方的平均值。MSE对大误差敏感，能够有效惩罚偏差较大的预测。MSE的公式是：

$$\text{MSE} = \frac{1}{n} \sum_{i=1}^{n} (y_i - \hat{y}_i)^2$$

其中，y_i 是真实标签，$\hat{y}_i$ 是模型预测的概率。假设现在有一个房价数据集，其中包含若干个房屋的面积和相应的售价，如表7-2所示。

表7-2 房价数据集的信息

面积（平方英尺）	售价（美元）
1000	150000
1500	200000
2000	250000
2500	300000
3000	350000

实例7-1 使用线性回归模型预测房屋售价（源码路径：codes\7\Pumse.py）

本实例将MSE作为损失函数，通过线性回归模型预测房屋售价，实例文件Mse.py的具体实现代码如下所示。

```
# 数据：房屋面积（平方英尺）和对应的售价（美元）
X = np.array([1000, 1500, 2000, 2500, 3000])
y = np.array([150000, 200000, 250000, 300000, 350000])

# 数据预处理：将特征标准化（特征缩放）
```

```python
X_mean = np.mean(X)
X_std = np.std(X)
X_normalized = (X - X_mean) / X_std

# 初始化模型参数
theta_0 = 0
theta_1 = 0
learning_rate = 0.01
num_iterations = 1000

# 存储每次迭代的 MSE 以便后续分析
mse_history = []

# 梯度下降法
for _ in range(num_iterations):
    y_pred = theta_0 + theta_1 * X_normalized   # 预测值
    error = y_pred - y   # 误差
    mse = (1 / len(X)) * np.sum(error ** 2)     # 计算均方误差
    mse_history.append(mse)   # 保存当前的 MSE

    # 更新模型参数
    theta_0 -= learning_rate * (1 / len(X)) * np.sum(error)
    theta_1 -= learning_rate * (1 / len(X)) * np.sum(error * X_normalized)

    if _ % 100 == 0:   # 每 100 次迭代打印一次 MSE
        print(f"Iteration {_}: MSE = {mse}")

# 输出最终模型参数
print(f"Final parameters: theta_0 = {theta_0}, theta_1 = {theta_1}")

# 使用训练好的模型进行预测
def predict(area):
    normalized_area = (area - X_mean) / X_std
    return theta_0 + theta_1 * normalized_area
predicted_price = predict(1800)
print(f"Predicted price for a house with 1800 square feet: ${predicted_price:.2f}")

# 绘制结果
plt.figure(figsize=(10, 6))
plt.scatter(X, y, color='blue', label='Actual Prices')   # 实际数据点
plt.plot(X, theta_0 + theta_1 * X_normalized, color='red', label='Linear Regression')   # 回归直线
plt.xlabel('Area (square feet)')
plt.ylabel('Price (dollars)')
```

```
plt.title('House Prices vs. Area')
plt.legend()
plt.show()

# 绘制MSE的变化趋势
plt.figure(figsize=(10, 6))
plt.plot(mse_history)
plt.xlabel('Iteration')
plt.ylabel('Mean Squared Error')
plt.title('MSE During Training')
plt.show()
```

上述代码中的实现流程如下。

◆ **数据输入**：使用表7-1中的数据作为输入，包含5个房屋面积（平方英尺）及其对应的售价（美元）。对面积数据进行标准化处理，以提高梯度下降法的收敛速度。

◆ **模型定义**：采用一个简单的线性模型 $y = \theta_0 + \theta_1 \cdot x$ 来预测房屋售价。

◆ **梯度下降**：通过梯度下降法迭代地调整模型参数 θ_0 和 θ_1 以最小化MSE。初始化了线性回归模型的参数（包括截距theta_0和斜率theta_1），初始值均设为0。同时设置了学习率（learning_rate）和迭代次数（num_iterations）来控制梯度下降的步长和执行的次数。

◆ **结果可视化**：绘制实际房屋面积与售价的散点图，以及训练好的线性回归模型的预测直线。绘制训练过程中MSE随迭代次数变化的趋势图，展示模型的收敛过程。

◆ **预测**：使用训练好的模型预测面积为1800平方英尺的房屋价格。

执行后会输出下面的内容，这说明程序在梯度下降过程中逐步减少了模型的MSE，并最终得到了一组合理的模型参数。这证明程序成功地优化了模型参数，使其能够准确预测房价。MSE的逐步减少验证了模型优化的有效性。

```
Iteration 0: MSE = 67500000000.0
Iteration 100: MSE = 9043628052.912436
Iteration 200: MSE = 1211662346.0655534
Iteration 300: MSE = 162338127.1634971
Iteration 400: MSE = 21750009.494416352
Iteration 500: MSE = 2914059.2002197565
Iteration 600: MSE = 390424.70416226727
Iteration 700: MSE = 52308.974920175904
Iteration 800: MSE = 7008.33945195363
Iteration 900: MSE = 938.9750410655627
Final parameters: theta_0 = 249989.20718814735, theta_1 = 70707.62545047507
Predicted price for a house with 1800 square feet: $229990.07
```

使用最终的模型参数，程序预测了面积为1800平方英尺的房屋售价约为229990.07美元，这表明模型可以较准确地预测新数据点的房价。此外，还绘制了房屋面积与售价的关系图和MSE变化趋势图，如图7-6所示。

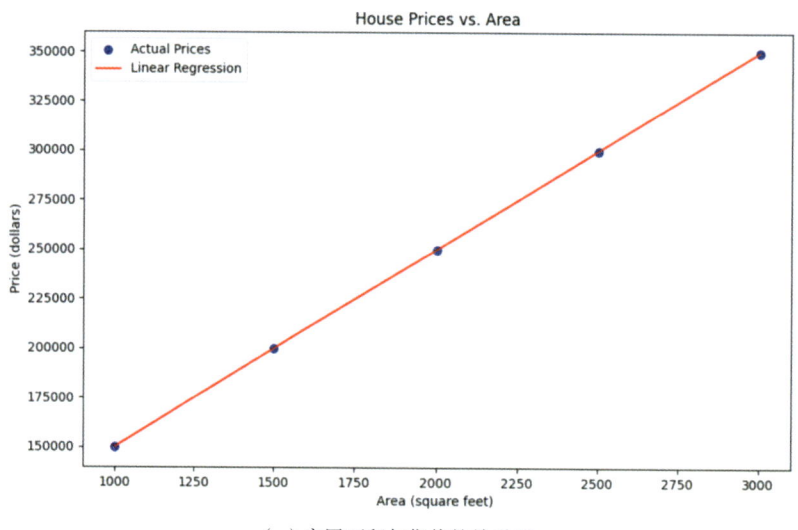

（a）房屋面积与售价的关系图

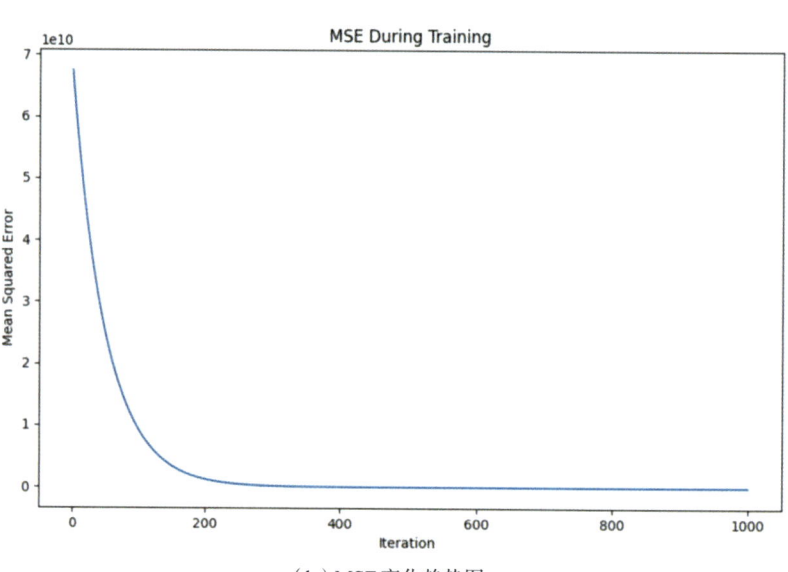

（b）MSE变化趋势图

图7-6　绘制可视化图

图7-6有助于理解模型的拟合效果和训练过程中的性能变化，具体说明如下所示。

◆ **散点图：** 展示了实际的数据点，即房屋面积与对应售价。每个蓝色的点代表数据集中一个房屋的面积和售价。

◆ **回归直线：** 展示了线性回归模型的预测结果，红色直线代表根据训练后的模型参数绘制的房价与面积之间的线性关系。这条线直观地反映了模型对数据的拟合效果。

◆ **MSE变化趋势图：** 利用折线图展示了训练过程中MSE随迭代次数的变化趋势。横轴表示迭代次数，纵轴表示优化过程中的MSE值。这张图展示了随着梯度的下降，MSE如何逐渐减少，体现了模型在训练过程中逐步优化的过程。

在实际应用，建议使用机器学习库Scikit-learn（简称Sklearn）实现线性回归模型，以提高开发效率。

实例7-2 使用Sklearn实现线性回归模型预测房价（源码路径：codes\7\Mse.py）

实例文件Slmse.py的具体实现代码如下所示。

```python
import numpy as np
import matplotlib.pyplot as plt
from sklearn.linear_model import LinearRegression
from sklearn.preprocessing import StandardScaler
from sklearn.metrics import mean_squared_error

# 数据：房屋面积（平方英尺）和对应的售价（美元）
X = np.array([1000, 1500, 2000, 2500, 3000]).reshape(-1, 1)
y = np.array([150000, 200000, 250000, 300000, 350000])

# 数据预处理：将特征标准化（特征缩放）
scaler = StandardScaler()
X_normalized = scaler.fit_transform(X)
model = LinearRegression()# 初始化线性回归模型
model.fit(X_normalized, y)  # 训练模型
y_pred = model.predict(X_normalized)  # 预测
mse = mean_squared_error(y, y_pred)  # 计算均方误差
# 输出最终模型参数
print(f"Final parameters: intercept = {model.intercept_}, coefficient = {model.coef_[0]}")

# 使用训练好的模型进行预测
def predict(area):
    normalized_area = scaler.transform(np.array([[area]]))
    return model.predict(normalized_area)[0]

predicted_price = predict(1800)
print(f"Predicted price for a house with 1800 square feet: ${predicted_price:.2f}")

# 绘制回归结果
plt.figure(figsize=(10, 6))
plt.scatter(X, y, color='blue', label='Actual Prices')       # 实际数据点
plt.plot(X, y_pred, color='red', label='Linear Regression')  # 回归直线
plt.xlabel('Area (square feet)')
plt.ylabel('Price (dollars)')
plt.title('House Prices vs. Area')
plt.legend()
plt.show()
# 由于在使用 scikit-learn 训练的模型中，MSE 是固定的，因此不需要绘制 MSE 的变化趋势
print(f"Mean Squared Error: {mse}")
```

上述代码的实现流程如下。

- **数据预处理**：使用 StandardScaler 对特征进行标准化。
- **模型训练**：使用 LinearRegression 进行线性回归模型训练。
- **预测与评估**：使用训练好的模型进行预测，并计算 MSE。使用 mean_squared_error 函数计算预测结果与实际值之间的 MSE。打印输出下面的最终模型的截距和系数，并进行预测。

```
Final parameters: intercept = 250000.0, coefficient = 70710.67811865476
Predicted price for a house with 1800 square feet: $230000.00
Mean Squared Error: 0.0
```

- **绘图**：使用 Matplotlib 绘制房屋面积与售价的关系图，如图 7-7 所示。

图 7-7　房屋面积与售价的关系图

注意：

虽然使用 Sklearn 简化了很多烦琐的计算步骤，但 MSE 的概念依然重要。实际上，Sklearn 内部仍然使用 MSE 来评估模型性能和调整模型参数，只是这些计算步骤被封装起来，而无须开发者利用数学公式手动计算。具体来说，在 Sklearn 的线性回归中，训练模型的目标是最小化损失函数，通常就是 MSE，模型通过最小化 MSE 找到最佳参数（截距和系数）。

由于 Sklearn 的实现方式中不涉及逐步迭代训练，因此无法直接绘制 MSE 变化趋势图。若要模拟 MSE 的变化趋势图，可以使用自定义的梯度下降实现来跟踪 MSE 的变化，或者在模型训练的不同阶段进行评估。

2. 对数损失

对数损失（Log Loss），也称为对数似然损失或二元交叉熵损失，它是一种常用于二元分类任务的损失函数，用于衡量模型预测的概率分布与真实标签分布之间的差异。其计算公式如下：

$$\text{Log Loss} = -\frac{1}{N}\sum_{i=1}^{N}\left[y_i \log(p_i) + (1-y_i)\log(1-p_i)\right]$$

其中：

- y_i 是第 i 个样本的真实标签，取值为 0 或 1。
- p_i 是模型预测的第 i 个样本属于类别 1 的概率。
- N 是样本总数。

在机器学习中，Log Loss 的应用如图 7-8 所示。

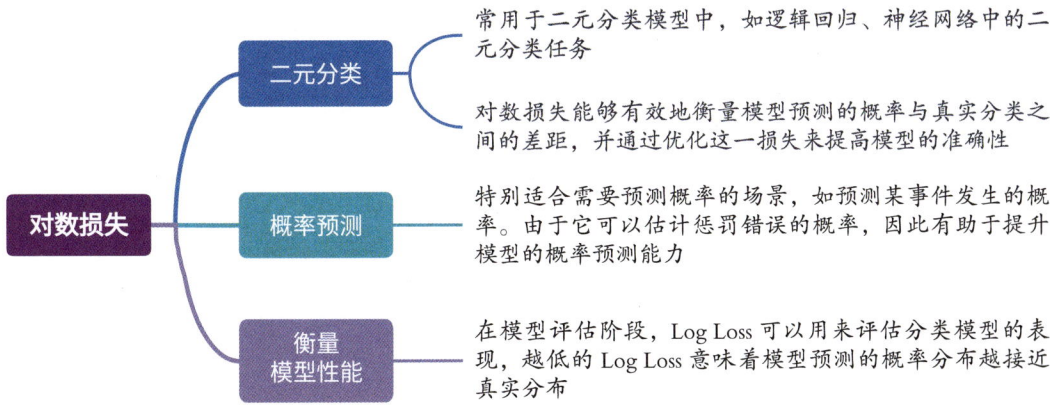

图 7-8　Log Loss 的应用

实例7-3　在机器学习中使用 Log Loss（源码路径：codes\7\Log.py）

实例文件 Log.py 的具体实现代码如下所示。

```python
# 1. 生成一个简单的二元分类数据集
np.random.seed(42)
X = np.random.rand(100, 2)   # 100个样本，每个样本有两个特征
y = (X[:, 0] + X[:, 1] > 1).astype(int)
                             # 如果两个特征的和大于1，标签为1，否则为0

# 2. 拆分数据集为训练集和测试集
X_train, X_test, y_train, y_test = train_test_split(X, y, test_size=0.2,
                                                    random_state=42)

# 3. 使用逻辑回归模型进行训练
model = LogisticRegression()
model.fit(X_train, y_train)

# 4. 使用模型进行预测
y_pred_prob = model.predict_proba(X_test)[:, 1]   # 预测为类别1的概率
# 5. 使用 scikit-learn 计算对数损失
logloss_sklearn = log_loss(y_test, y_pred_prob)
print(f'Scikit-learn Log Loss: {logloss_sklearn}')

# 6. 手动计算对数损失
def manual_log_loss(y_true, y_pred_prob):
    epsilon = 1e-15   # 防止 log(0) 的情况
    y_pred_prob = np.clip(y_pred_prob, epsilon, 1 - epsilon)
                             # 避免对数函数中出现 0 值
    return -np.mean(y_true * np.log(y_pred_prob) + (1 - y_true) *
                    np.log(1 - y_pred_prob))

logloss_manual = manual_log_loss(y_test, y_pred_prob)
print(f'Manual Log Loss: {logloss_manual}')
```

在上述代码中使用了如下两种方法来计算Log Loss。

◆ 使用Scikit-learn库中的内置函数log_loss计算测试集的Log Loss。

◆ 定义函数manual_log_loss，使用Log Loss的数学公式手动计算，在这个函数中，使用np.clip防止对数函数中的0值，避免数值计算中的问题。

执行后输出。

```
Scikit-learn Log Loss: 0.41116807958290347
Manual Log Loss: 0.41116807958290347
```

3. 均方根误差

在机器学习的线性回归模型中，均方根误差（Root Mean Squared Error，RMSE）是评估模型预测性能的重要指标。微积分在这里的作用主要体现在以下几点。

◆ **损失函数的定义**：RMSE是对预测值与实际值之间差异的平方平均后开方，公式为：

$$\text{RMSE} = \sqrt{\frac{1}{n}\sum_{i=1}^{n}(y_i - \hat{y}_i)^2}$$

其中，y_i是真实值，$\hat{y}_i$是预测值。通过微积分，可以理解损失函数的优化方法。

◆ **优化过程**：在训练线性回归模型时，微积分用于求解损失函数的最小值。通过计算损失函数相对于模型参数的梯度，应用梯度下降法来更新参数，从而最小化RMSE。

◆ **梯度计算**：使用导数可以帮助找到损失函数的最优解。在最小化过程中，导数为零的点对应着RMSE的极小值，这意味着模型的预测误差最小。

实例7-4 使用微积分优化线性回归模型（源码路径：codes\7\Jun.py）

本实例添加了对损失函数（如MSE）的推导，展示了损失函数与梯度下降算法的关系。

```python
import numpy as np
import matplotlib.pyplot as plt
from sklearn.linear_model import LinearRegression
from sklearn.metrics import mean_squared_error
plt.rcParams['font.sans-serif'] = ['SimHei']    # 使用黑体
plt.rcParams['axes.unicode_minus'] = False      # 解决负号显示问题
# 生成示例数据
np.random.seed(0)
X = 2 * np.random.rand(100, 1)                  # 特征数据
y = 4 + 3 * X + np.random.randn(100, 1)         # 目标值（带噪声的线性关系）
# 创建并训练线性回归模型
model = LinearRegression()
model.fit(X, y)
# 进行预测
y_pred = model.predict(X)
# 计算均方根误差（RMSE）
rmse = np.sqrt(mean_squared_error(y, y_pred))
# 输出结果
print(f"均方根误差（RMSE）：{rmse:.2f}")
```

```python
# 计算均方根误差的梯度（微积分部分）
m = len(y)
gradients = -2/m * X.T.dot(y - y_pred)   # 计算梯度
# 输出梯度
print(f"损失函数的梯度：{gradients.flatten()}")
# 绘制结果
plt.scatter(X, y, color='blue', label='真实数据')
plt.plot(X, y_pred, color='red', label='预测线')
plt.xlabel('特征')
plt.ylabel('目标值')
plt.title('线性回归模型及其预测')
plt.legend()
plt.show()
```

上述代码中计算了MSE损失函数的梯度，展示了微积分在优化过程中发挥的作用。在训练模型过程中，使用梯度下降算法时会利用这些梯度来更新参数。执行后会输出下面的内容，并绘制了真实值与预测值的可视化分布图，如图7-9所示。

均方根误差（RMSE）：1.00
损失函数的梯度：[1.687539e-15]

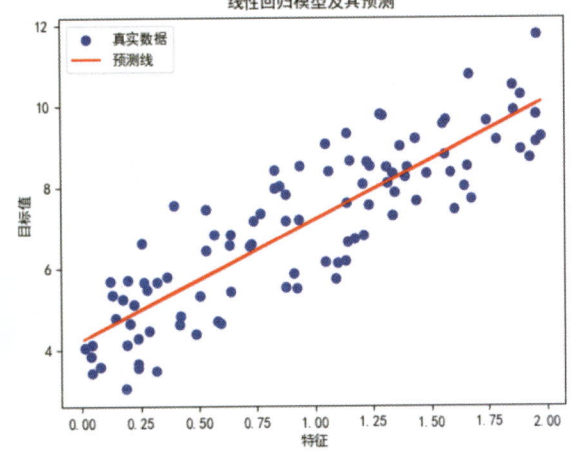

图7-9　真实值与预测值的可视化分布图

4．交叉熵损失

在机器学习中，尤其是分类任务中，交叉熵损失（Cross-Entropy Loss）用于衡量模型预测的概率分布与实际标签之间的差异。微积分在交叉熵损失中的作用主要体现在以下几个方面。

◆ **定义与公式**：交叉熵损失用于量化两个概率分布之间的差异。对于二元分类问题，其公式为：

$$L(y,\hat{y}) = -\frac{1}{N}\sum_{i=1}^{n}\left[y_i \log(\hat{y}_i) + (1-y_i)\log(1-\hat{y}_i)\right]$$

其中，y是真实标签，$\hat{y}$是模型预测的概率。

◆ **梯度计算**：微积分用于计算交叉熵损失函数相对于模型参数的梯度，这是优化算法（如梯度下降）在训练模型时的基础。通过求导可以得到每个参数对损失的贡献，从而调整参数以降低损失。

◆ **优化过程**：通过计算损失函数的梯度，能够在参数空间中找到损失函数的最小值。微积分提供了必要的工具来理解损失函数的变化，从而有效地进行模型训练。

◆ **模型性能评估**：交叉熵损失能够衡量模型的预测性能，较低的交叉熵损失意味着模型的预测概率与实际标签的分布更接近，从而反映出模型的有效性。

实例7-5　使用交叉熵损失来评估模型的预测性能（源码路径：codes\7\Jiao.py）

本实例创建了一个简单的线性回归模型，利用线性回归预测二元分类数据，并用交叉熵损失评估其性能。

```python
import numpy as np
import matplotlib.pyplot as plt
plt.rcParams['font.sans-serif'] = ['SimHei']     # 使用黑体
plt.rcParams['axes.unicode_minus'] = False        # 解决负号显示问题
# 生成模拟数据
np.random.seed(0)
X = np.random.rand(100, 1) * 10     # 特征
y = (X > 5).astype(int).ravel()      # 标签，5 为分类阈值
# 增加偏置项
X_b = np.c_[np.ones((X.shape[0], 1)), X]       # 加入 x0=1
# 初始化参数
theta = np.random.randn(2)
# Sigmoid 函数
def sigmoid(z):
    return 1 / (1 + np.exp(-z))
# 交叉熵损失函数
def cross_entropy_loss(y_true, y_pred):
    return -np.mean(y_true * np.log(y_pred + 1e-15) + (1 - y_true) *
                    np.log(1 - y_pred + 1e-15))
# 梯度下降
learning_rate = 0.1
n_iterations = 1000
for iteration in range(n_iterations):
    predictions = sigmoid(X_b.dot(theta))              # 预测
    loss = cross_entropy_loss(y, predictions)          # 计算损失
    gradients = X_b.T.dot(predictions - y) / y.size    # 计算梯度
    theta -= learning_rate * gradients                 # 更新参数
# 输出结果
print(f"参数：{theta}")
print(f"最终交叉熵损失：{loss:.4f}")
# 可视化结果
plt.scatter(X, y, color='blue', label='真实标签')
plt.scatter(X, predictions > 0.5, color='red', label='预测标签')
plt.xlabel('特征')
plt.ylabel('标签')
plt.legend()
plt.title('线性回归模型的二元分类结果')
plt.show()
```

上述代码的实现流程如下。

◆ **数据生成**：使用 NumPy 生成一组随机数据，包含特征 X 和对应的标签 y。标签是基于特征加上一些噪声来构造的。

◆ **模型定义**：定义一个线性回归模型函数，该函数根据输入特征和参数计算预测值。

◆ **损失函数实现**：实现交叉熵损失函数，用于计算模型预测值与真实标签之间的差异。这是评估模型性能的重要指标。

◆ **梯度计算**：通过对交叉熵损失函数进行求导，计算损失函数相对于模型参数的梯度。这一过程利用了微积分的知识。

◆ **参数更新**：使用梯度下降法更新模型参数。通过不断调整参数，目标是最小化损失函数。

◆ **迭代训练**：在模型训练过程中进行多次迭代。在每次迭代中计算预测值、损失以及梯度，并更新参数。

◆ **输出结果**：打印输出训练后的模型参数和最终的交叉熵损失，评估模型的预测性能。

执行后会输出如下所示的模型参数和最终的交叉熵损失，并绘制了线性回归模型的二元分类结果可视化图，如图7-10所示。

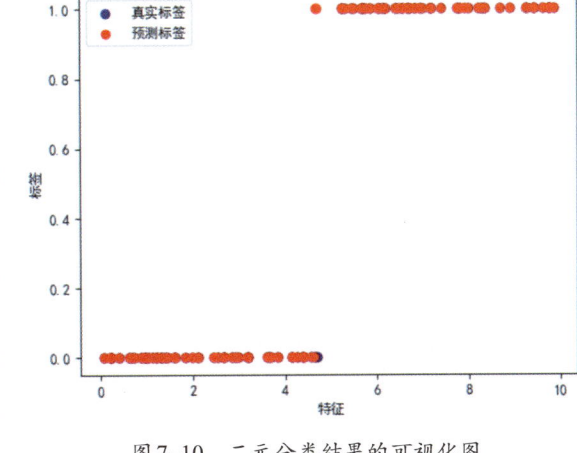

图7-10 二元分类结果的可视化图

参数：[-5.67079311 1.22316636]
最终交叉熵损失：0.1347

注意：在实际应用中，选择合适的损失函数取决于具体的机器学习任务和目标。线性回归模型通常使用MSE作为损失函数，而交叉熵损失更常用于分类问题。

7.2.2 构建逻辑回归模型

逻辑回归模型是一种用于分类问题的统计学习方法，尽管其名称中包含"回归"，但逻辑回归实际上是一种分类模型，主要目标是通过输入特征预测二元分类结果（如是/否、真/假等）。

1．逻辑回归模型介绍

◆ **基本原理**：逻辑回归使用一个线性模型对输入特征进行加权求和，然后通过一个非线性函数（通常是Sigmoid函数）将结果映射到0到1之间，从而表示类别的概率。Sigmoid函数的形式为：

$$\sigma(z) = \frac{1}{1+e^{-z}}$$

其中，z是线性组合的结果，表示为$z = \theta^T X$，X是输入特征，θ是模型参数。

◆ **输出解释**：逻辑回归输出的是属于某一类别的概率值。一般来说，如果预测的概率大于0.5，则将样本归为正类（1）；否则，归为负类（0）。

◆ **损失函数**：逻辑回归通常使用交叉熵损失函数来评估模型的预测性能，量化模型预测的概率与实际标签之间的差异。

◆ **优化方法**：模型通过最大化似然函数或最小化损失函数（如交叉熵损失）来训练，常用的优化算法包括梯度下降。

2. 微积分在逻辑回归中的作用

在构建逻辑回归模型时，微积分扮演着关键的角色，主要体现在以下几个方面。

◆ **定义损失函数**：逻辑回归使用交叉熵损失函数来衡量模型预测的概率分布与实际标签之间的差异。损失函数通常定义为：

$$L(y,\hat{y}) = -\frac{1}{N}\sum_{i=1}^{n}\left[y_i\log(\hat{y}_i) + (1-y_i)\log(1-\hat{y}_i)\right]$$

其中，y 是真实标签，$\hat{y}$ 是模型预测的概率。

◆ **梯度计算**：微积分用于计算损失函数相对于模型参数的梯度。通过对损失函数求导，得到每个参数对损失的贡献，这对于优化算法（如梯度下降）至关重要。这一步骤的目的是帮助模型在参数空间中找到最小化损失函数的方向，梯度公式为：

$$\nabla L = \frac{\partial L}{\partial \theta}$$

◆ **模型评估**：微积分还用于计算模型的性能评估指标，如精确度、召回率等，通过对预测结果与实际结果进行比较，评估模型的有效性。

◆ **决策边界**：逻辑回归的决策边界是通过Sigmoid函数得出的。微积分帮助理解这个函数的形状和导数，从而清晰地定义了正类和负类的分界线。

> **实例7-6** 使用微积分构建并优化逻辑回归模型（源码路径：codes\7\Luo.py）

本实例展示了在逻辑回归模型中应用微积分的过程，包括定义损失函数、计算梯度、评估模型性能，并绘制决策边界。

```python
import numpy as np
import matplotlib.pyplot as plt
plt.rcParams['font.sans-serif'] = ['SimHei']    # 使用黑体
plt.rcParams['axes.unicode_minus'] = False      # 解决负号显示问题
# 生成模拟数据
np.random.seed(0)
X = np.random.rand(100, 2) * 10     # 特征
y = (X[:, 0] + X[:, 1] > 10).astype(int)     # 标签

# 增加偏置项
X_b = np.c_[np.ones((X.shape[0], 1)), X]     # 加入 x0=1

# 初始化参数
theta = np.random.randn(3)

# Sigmoid函数
def sigmoid(z):
    return 1 / (1 + np.exp(-z))

# 交叉熵损失函数
def cross_entropy_loss(y_true, y_pred):
    return -np.mean(y_true * np.log(y_pred + 1e-15) + (1 - y_true) *
```

```python
                np.log(1 - y_pred + 1e-15))

# 梯度下降
learning_rate = 0.1
n_iterations = 1000
for iteration in range(n_iterations):
    predictions = sigmoid(X_b.dot(theta))              # 预测
    loss = cross_entropy_loss(y, predictions)          # 计算损失
    gradients = X_b.T.dot(predictions - y) / y.size    # 计算梯度
    theta -= learning_rate * gradients                 # 更新参数

# 输出结果
print(f"参数：{theta}")
print(f"最终交叉熵损失：{loss:.4f}")

# 可视化结果
plt.scatter(X[:, 0], X[:, 1], c=y, cmap='bwr', edgecolors='k',
            label='真实标签')
# 绘制决策边界
x1_range = np.linspace(0, 10, 100)
x2_boundary = -(theta[0] + theta[1] * x1_range) / theta[2]
plt.plot(x1_range, x2_boundary, color='green', label='决策边界')
plt.xlabel('特征1')
plt.ylabel('特征2')
plt.legend()
plt.title('逻辑回归模型及决策边界')
plt.show()
```

上述代码的实现流程如下。

◆ **数据生成：** 生成包含两个特征的随机数据集，并根据某个阈值将其标签化。

◆ **添加偏置项：** 将偏置项加入特征矩阵，以便在模型中进行参数估计。

◆ **定义模型：** 使用Sigmoid函数将线性组合的结果映射为概率。

◆ **定义损失函数：** 使用交叉熵损失函数来评估模型的预测性能。

◆ **梯度下降：** 通过计算损失函数的梯度来更新参数，从而最小化损失。

◆ **输出结果：** 打印最终的参数和损失值。

◆ **可视化：** 绘制特征点和决策边界，以可视化展示模型的分类效果。图7-11展示了特征与真实标签的关系，蓝点代表真实标签，红点表示模型预测的标签。此外，

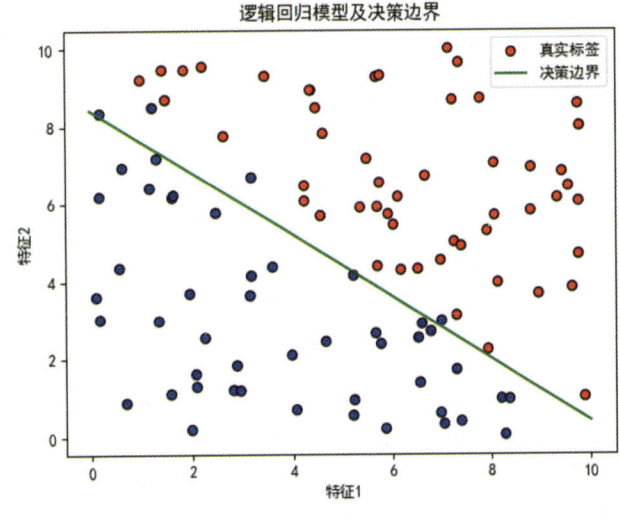

图7-11 模型分类效果的可视化

还展示了逻辑回归的决策边界，即数据被分为不同类别的分界线，这有助于直观理解模型如何区分不同类别。

执行后会输出最终结果。

参数：[-5.36403402 0.51015628 0.63758106]
最终交叉熵损失：0.2443

7.2.3 支持向量机

SVM是一种监督学习算法，主要用于分类和回归任务。SVM的核心思想是通过寻找最优超平面将不同类别的样本分开，使得离超平面最近的样本点（支持向量）与超平面的距离最大化。当处理线性不可分问题时，SVM通过引入核函数将数据映射到高维空间，在该空间中寻找最优分隔超平面。

1. 微积分在SVM优化中的应用

◆ **定义损失函数：** SVM的目标是最小化一个损失函数，该函数通常由分类错误的惩罚项和超平面间隔的惩罚项组成。常用的损失函数为合页损失（Hinge Loss），其计算单个样本的形式为：

$$L(y_i, f(x_i)) = \max(0, 1 - y_i f(x_i))$$

其中，y_i是真实标签，$f(x_i)$是模型的输出。

◆ **梯度计算：** 在训练过程中，使用微积分来计算损失函数相对于模型参数的梯度。通过求导，能够了解每个参数对损失的贡献，从而优化参数以降低损失。

◆ **优化过程：** 通过最小化损失函数，寻找最优超平面。SVM通常使用拉格朗日乘数法结合对偶问题来求解最优化问题，微积分在这里用于推导拉格朗日对偶函数的导数，从而求解最优解。

◆ **决策边界的形成：** 通过对支持向量进行优化，SVM形成决策边界。该边界由支持向量确定，反映了样本点在特征空间中的分布情况。

总之，微积分在SVM的训练过程中至关重要，涉及损失函数的定义、梯度的计算以及最优解的求解。通过这些过程，SVM能够有效地处理复杂的分类问题。

📝 **实例7-7** 使用微积分优化SVM模型（源码路径：codes\7\Usvm.py）

本实例实现了SVM的自定义合页损失函数及其梯度计算功能，并与Scikit-learn库中的SVC实现方式进行了对比。通过迭代优化参数，展示了微积分在SVM损失最小化和决策边界形成中的关键作用。

```python
# 生成数据集
X, y = datasets.make_blobs(n_samples=100, centers=2, random_state=6)
y = 2 * y - 1  # 将标签转换为-1和1

# 自定义SVM类
class CustomSVM:
    def __init__(self, learning_rate=0.01, C=1.0, n_iterations=1000):
        self.learning_rate = learning_rate
```

```python
        self.C = C
        self.n_iterations = n_iterations
        self.w = None
        self.b = None

    def fit(self, X, y):
        n_samples, n_features = X.shape
        self.w = np.zeros(n_features)
        self.b = 0

        # 梯度下降优化
        for _ in range(self.n_iterations):
            for idx, x_i in enumerate(X):
                if y[idx] * (np.dot(x_i, self.w) - self.b) >= 1:
                    dw = 2 * self.C * self.w
                    db = 0
                else:
                    dw = 2 * self.C * self.w - np.dot(x_i, y[idx])
                    db = y[idx]

                self.w -= self.learning_rate * dw
                self.b -= self.learning_rate * db

    def decision_function(self, X):
        return np.dot(X, self.w) - self.b
# 实例化并训练自定义 SVM
custom_model = CustomSVM(learning_rate=0.01, C=1.0, n_iterations=1000)
custom_model.fit(X, y)

# 使用 Sklearn 的 SVC 训练模型
sklearn_model = SVC(kernel='linear')
sklearn_model.fit(X, y)

# 可视化自定义 SVM 的结果
x_points = np.linspace(X[:, 0].min(), X[:, 0].max(), 100)
custom_decision_boundary = -(custom_model.w[0] * x_points + custom_model.b) / 
                            custom_model.w[1]

plt.figure(figsize=(12, 5))

# 自定义 SVM 决策边界
plt.subplot(1, 2, 1)
plt.scatter(X[:, 0], X[:, 1], c=y, cmap='coolwarm', s=30, edgecolors='k')
plt.plot(x_points, custom_decision_boundary, 'k--', label='Custom SVM 
         Decision Boundary')
plt.xlim(X[:, 0].min() - 1, X[:, 0].max() + 1)
```

```python
plt.ylim(X[:, 1].min() - 1, X[:, 1].max() + 1)
plt.xlabel('Feature 1')
plt.ylabel('Feature 2')
plt.title('Custom SVM Decision Boundary')
plt.legend()
plt.grid()

# 可视化 sklearn SVC 的结果
sklearn_decision_boundary = -(sklearn_model.coef_[0][0] * x_points +
                              sklearn_model.intercept_[0]) / \
                              sklearn_model.coef_[0][1]

plt.subplot(1, 2, 2)
plt.scatter(X[:, 0], X[:, 1], c=y, cmap='coolwarm', s=30, edgecolors='k')
plt.plot(x_points, sklearn_decision_boundary, 'g-',
         label='sklearn SVC Decision Boundary')
plt.xlim(X[:, 0].min() - 1, X[:, 0].max() + 1)
plt.ylim(X[:, 1].min() - 1, X[:, 1].max() + 1)
plt.xlabel('Feature 1')
plt.ylabel('Feature 2')
plt.title('sklearn SVC Decision Boundary')
plt.legend()
plt.grid()

plt.tight_layout()
plt.show()
# 计算合页损失
def hinge_loss(y_true, y_pred):
    return np.mean(np.maximum(0, 1 - y_true * y_pred))
# 计算自定义模型和 sklearn 模型的合页损失
custom_y_pred = custom_model.decision_function(X)
sklearn_y_pred = sklearn_model.decision_function(X)

custom_loss = hinge_loss(y, custom_y_pred)
sklearn_loss = hinge_loss(y, sklearn_y_pred)

print(f'自定义 SVM 合页损失（Hinge Loss）：{custom_loss:.4f}')
print(f'sklearn SVC 合页损失（Hinge Loss）：{sklearn_loss:.4f}')
```

上述代码的实现流程如下。

◆ **数据准备**：加载并处理数据集，确保数据适合用于训练和测试模型。

◆ **定义模型**：自定义一个SVM类，包含合页损失函数和梯度计算的方法。也可以使用Scikit-learn中的SVC进行对比。

◆ **训练模型**：使用梯度下降法来优化模型参数，通过计算合页损失并更新权重，直到损失函数收敛。

◆ **评估性能：** 计算并输出自定义实现与Sklearn SVC的合页损失，比较两者的效果。
◆ **可视化结果：** 绘制两个独立的可视化图，如图7-12所示。

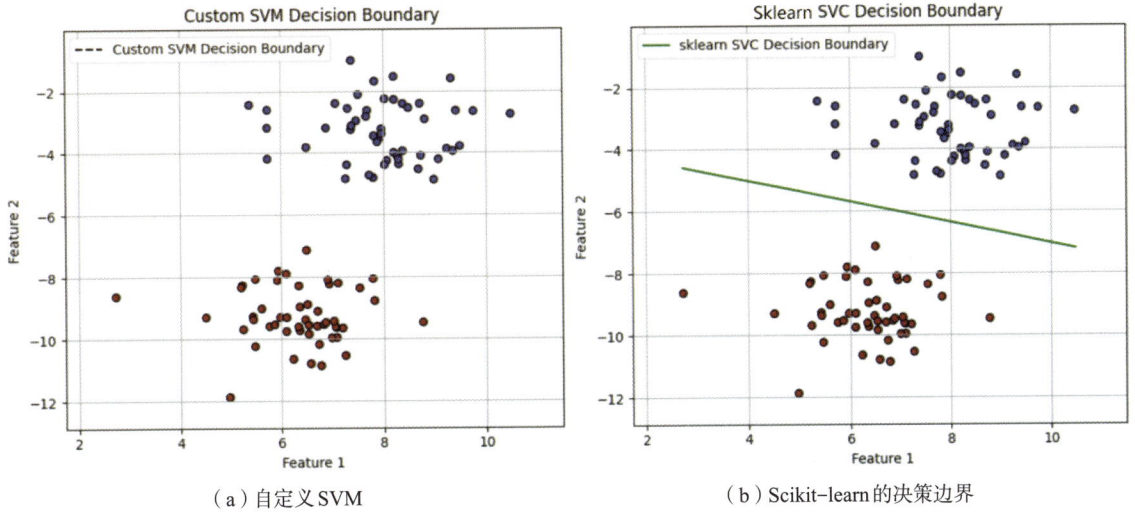

（a）自定义SVM　　　　　　　（b）Scikit-learn的决策边界

图7-12　可视化对比图

执行后会输出最终结果。

```
自定义SVM合页损失（Hinge Loss）：0.0383
sklearn SVC合页损失（Hinge Loss）：0.0000
```

2. 拉格朗日乘数法

拉格朗日乘数法是一种用于求解带约束优化问题的数学方法。在SVM背景下广泛应用于寻找最大间隔超平面。在SVM中使用拉格朗日乘数法的步骤如下。

（1）定义损失函数

定义合页损失，整体损失函数公式如下：

$$L(w,b) = \sum_{i=1}^{n} \max\left(0, 1 - y_i(w^t x_i + b)\right)$$

（2）拉格朗日函数

将约束条件引入拉格朗日函数：

$$L(w,b,\alpha) = \frac{1}{2}|w|^2 + C\sum_{i=1}^{n} \max\left(0, 1 - y_i(w^t x_i + b)\right) - \sum_{i=1}^{n} a_i\left(1 - y_i(w^t x_i + b)\right)$$

（3）求解偏导数

对w和b取偏导数，并设为零，得到一组方程。

（4）优化

通过求解上面的方程，确定最优的参数w和b，从而推导得到SVM的决策边界，最终得到支持向量机的决策边界。

总之，拉格朗日乘数法在SVM的优化过程中扮演着关键角色，使得我们能够有效解决带约束的优化问题，从而找到最优的分类决策边界。利用支持向量（即距离决策边界最近的样本），我们可以构建分类模型。

实例7-8 使用拉格朗日乘数法优化SVM（源码路径：codes\7\Lglr.py）

本实例应用微积分来求解优化问题，使用合页损失函数和约束条件，通过拉格朗日乘数法求解最优超平面。

```python
import numpy as np
import matplotlib.pyplot as plt
from sklearn import datasets
from scipy.optimize import minimize

# 生成数据集
X, y = datasets.make_blobs(n_samples=100, centers=2, random_state=6)
y = 2 * y - 1  # 将标签转换为-1 和1

# 合页损失函数和约束条件
def hinge_loss(w, X, y):
    return np.sum(np.maximum(0, 1 - y * (X @ w)))

# 拉格朗日乘数法优化
def lagrange_optimization(X, y):
    n_samples, n_features = X.shape
    # 添加偏置项
    X_b = np.hstack((np.ones((n_samples, 1)), X))
    # 初始权重
    initial_w = np.zeros(n_features + 1)
    # 约束条件：求解 w 使得 0 <= L(w) <= C
    bounds = [(None, None)] * (n_features + 1)  # 权重没有限制
    constraints = {'type': 'ineq', 'fun': lambda w: C - hinge_loss(w, X_b, y)}

    # 最小化合页损失
    result = minimize(hinge_loss, initial_w, args=(X_b, y), bounds=bounds,
                      constraints=constraints)

    return result.x

# 超参数
C = 1.0

# 运行优化
optimal_w = lagrange_optimization(X, y)

# 可视化结果
def plot_decision_boundary(w, X, y):
    plt.scatter(X[:, 0], X[:, 1], c=y, cmap='coolwarm', s=30, edgecolors='k')
    # 决策边界
```

```python
    x_points = np.linspace(X[:, 0].min(), X[:, 0].max(), 100)
    decision_boundary = -(w[0] + w[1] * x_points) / w[2]

    plt.plot(x_points, decision_boundary, 'k--', label='Decision Boundary')
    plt.xlim(X[:, 0].min() - 1, X[:, 0].max() + 1)
    plt.ylim(X[:, 1].min() - 1, X[:, 1].max() + 1)
    plt.xlabel('Feature 1')
    plt.ylabel('Feature 2')
    plt.title('SVM with Lagrange Multipliers')
    plt.legend()
    plt.grid()
    plt.show()

plot_decision_boundary(optimal_w, X, y)
# 输出最优权重
print(f'最优权重: {optimal_w}')
```

上述代码的实现流程如下。

◆ **数据集生成**：使用 make_blobs 生成一个二元分类数据集，并将标签转换为 -1 和 1。

◆ **合页损失函数**：定义合页损失函数，用于量化模型的误差。

◆ **拉格朗日乘数法优化**：通过 scipy.optimize.minimize 函数最小化合页损失，同时保持在一定的约束条件下进行优化。

◆ **可视化**：绘制决策边界和数据点的可视化图，展示分类效果，如图 7-13 所示。

◆ **输出最优权重**：打印输出最优权重信息，这些权重用于定义决策边界，以便有效地分离不同类别的数据点。

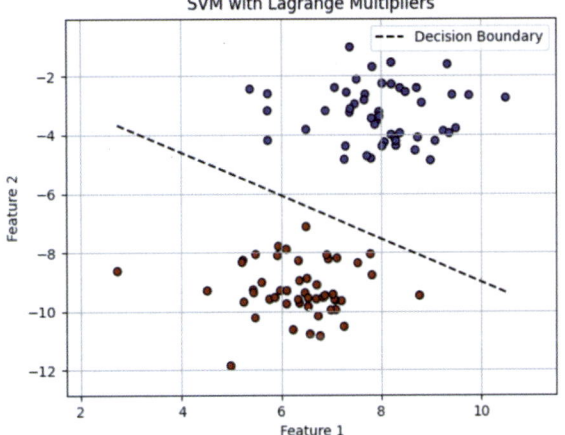

图 7-13 决策边界和数据点的可视化图

最优权重: [-2.51901484 -1.11466561 -1.51588486]

7.2.4 决策树

决策树是一种用于分类和回归的监督学习模型，通过构建一个树状结构来进行决策。每个内部节点代表对某一特征的测试，每个分支代表该测试的一个可能结果，而每个叶节点则代表最终的分类或数值预测。

1. 工作原理

决策树的工作原理如图 7-14 所示。

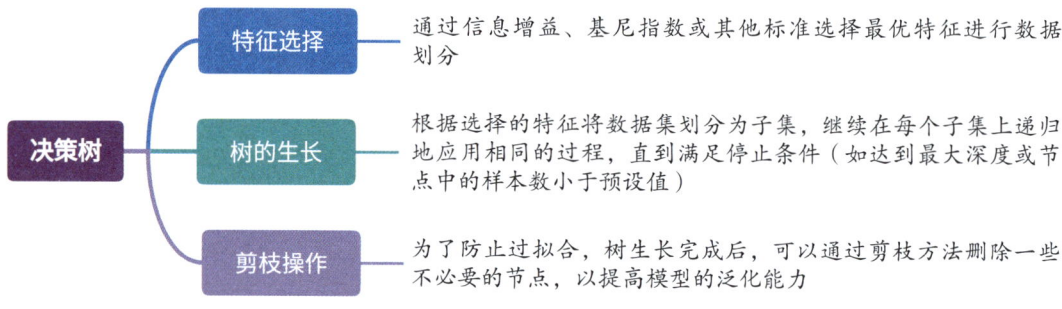

图7-14 决策树的工作原理

2. 微积分在决策树中的应用

（1）计算信息增益和熵

◆ **信息增益**：决策树通过计算信息增益来选择最优分裂特征，信息增益是通过比较分裂前后的熵来衡量的。

◆ **熵**：定义为 $H(S) = -\sum_{i=1}^{n} p_i \log_2(p_i)$。

其中，p_i 是类别 i 的概率。在求解信息增益时，微积分帮助对不同分裂点的熵进行计算。

（2）基尼指数

◆ **基尼指数**：这是另一个评估分裂质量的指标，其计算方式也涉及概率。

基尼指数定义为：

$$\text{Gini}(S) = 1 - \sum_{i=1}^{n} p_i^2$$

微积分在这里用于求解最优分裂点，最小化基尼指数。

（3）剪枝技术

在树的生长过程中，可能会出现过拟合的情况。利用微积分技术评估模型复杂度与误差之间的关系，可以简化决策树剪枝过程，并提高模型的泛化能力。

实例7-9 使用微积分优化决策树模型（源码路径：codes\7\Jue.py）

本实例实现了决策树的训练、规则打印功能，并展示了如何通过计算信息增益、基尼指数和应用剪枝技术来优化决策树模型。

```python
import numpy as np
from sklearn.tree import _tree
from sklearn.datasets import load_iris
from sklearn.model_selection import train_test_split
from sklearn.tree import DecisionTreeClassifier, export_text

# 计算熵
def entropy(y):
    value, counts = np.unique(y, return_counts=True)
    probabilities = counts / counts.sum()
    return -np.sum(probabilities * np.log2(probabilities + 1e-10))
```

```python
# 计算信息增益
def information_gain(X, y, feature_index):
    # 计算原始熵
    original_entropy = entropy(y)

    # 按特征划分数据
    unique_values = np.unique(X[:, feature_index])
    weighted_entropy = 0

    for value in unique_values:
        subset = y[X[:, feature_index] == value]
        weighted_entropy += (len(subset) / len(y)) * entropy(subset)

    return original_entropy - weighted_entropy

# 计算基尼指数
def gini_index(y):
    value, counts = np.unique(y, return_counts=True)
    probabilities = counts / counts.sum()
    return 1 - np.sum(probabilities ** 2)

# 剪枝函数
def prune_tree(tree, X, y, min_samples_split=2):
    # 递归检查每个节点
    def recurse(node):
        if tree.tree_.children_left[node] == _tree.TREE_LEAF:
            return
        # 获取当前节点的样本数量
        node_samples = tree.tree_.n_node_samples[node]
        if node_samples < min_samples_split:
            # 将当前节点标记为叶子节点
            tree.tree_.children_left[node] = _tree.TREE_LEAF
            tree.tree_.children_right[node] = _tree.TREE_LEAF
        else:
            recurse(tree.tree_.children_left[node])
            recurse(tree.tree_.children_right[node])

    recurse(0)  # 从根节点开始剪枝

# 加载数据集
iris = load_iris()
X = iris.data
y = iris.target

# 分割数据集
X_train, X_test, y_train, y_test = train_test_split(X, y, test_size=0.2, random_state=42)
```

```python
# 训练决策树
tree = DecisionTreeClassifier(random_state=42)
tree.fit(X_train, y_train)

# 打印决策树
tree_rules = export_text(tree, feature_names=iris.feature_names)
print("决策树规则:\n", tree_rules)

# 计算信息增益和熵
feature_index = 0  # 选择第一个特征进行计算
info_gain = information_gain(X_train, y_train, feature_index)
print(f"特征 {iris.feature_names[feature_index]} 的信息增益: {info_gain:.4f}")

# 计算基尼指数
gini = gini_index(y_train)
print(f"训练集的基尼指数: {gini:.4f}")

# 剪枝示例
pruned_tree = prune_tree(tree, X_train, y_train)
if pruned_tree is None:
    print("树被剪枝了")
else:
    print("树没有剪枝")
```

在上述代码中,微积分在决策树中的作用主要体现在两个方面:首先,通过计算信息增益和熵,微积分帮助决策树选择最佳特征进行数据划分,从而提高模型的准确性;其次,在基尼指数的计算中,微积分用于评估分类质量,进而优化模型的决策过程。这些计算为构建高效且准确的决策树提供了理论基础。执行后会输出最终结果。

```
决策树规则:
|--- petal length (cm) <= 2.45
|   |--- class: 0
|--- petal length (cm) >  2.45
|   |--- petal length (cm) <= 4.75
|   |   |--- petal width (cm) <= 1.65
|   |   |   |--- class: 1
|   |   |--- petal width (cm) >  1.65
|   |   |   |--- class: 2
|   |--- petal length (cm) >  4.75
|   |   |--- petal width (cm) <= 1.75
|   |   |   |--- petal length (cm) <= 4.95
|   |   |   |   |--- class: 1
|   |   |   |--- petal length (cm) >  4.95
|   |   |   |   |--- petal width (cm) <= 1.55
|   |   |   |   |   |--- class: 2
```

```
|   |   |   |   |--- petal width (cm) >  1.55
|   |   |   |   |   |--- petal length (cm) <= 5.45
|   |   |   |   |   |   |--- class: 1
|   |   |   |   |   |--- petal length (cm) >  5.45
|   |   |   |   |   |   |--- class: 2
|   |   |--- petal width (cm) >  1.75
|   |   |   |--- petal length (cm) <= 4.85
|   |   |   |   |--- sepal width (cm) <= 3.10
|   |   |   |   |   |--- class: 2
|   |   |   |   |--- sepal width (cm) >  3.10
|   |   |   |   |   |--- class: 1
|   |   |   |--- petal length (cm) >  4.85
|   |   |   |   |--- class: 2
```

特征 sepal length (cm) 的信息增益：0.8779
训练集的基尼指数：0.6665
树被剪枝了

注意：尽管决策树的构建过程并不直接依赖微积分，但在信息理论和优化过程中，微积分的思想在计算和选择最优特征时发挥了重要作用。

7.2.5 随机森林

随机森林是一种集成学习方法，用于分类和回归任务。它通过构建多个决策树并将其组合起来，以提高预测的准确性和稳定性。对随机森林的具体说明如图7-15所示。

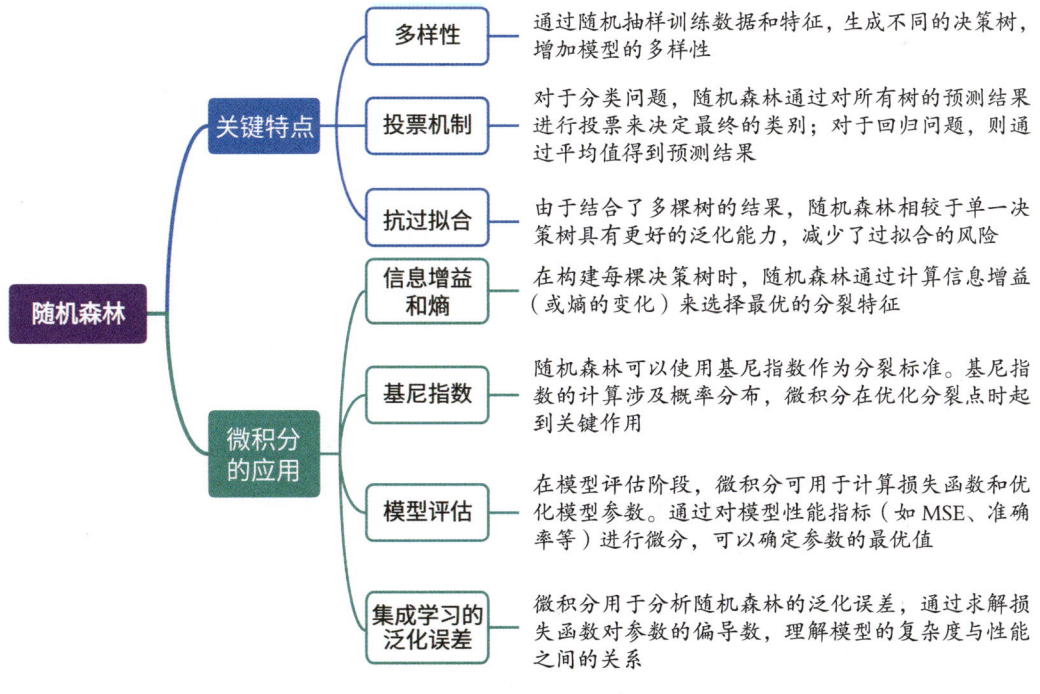

图7-15 随机森林模型

在图7-15的应用中，使用微积分计算熵的公式为：

$$H(S) = -\sum_{i=1}^{n} p_i \log_2(p_i)$$

其中，p_i是类别i的概率。微积分用于求解信息增益时，需要对不同分裂点的熵进行计算。

另外，微积分能够帮助确定特征的最佳分裂点，以最小化基尼指数。使用微积分计算基尼指数的公式为：

$$Gini(S) = 1 - \sum_{i=1}^{n} p_i^2$$

图7-15中列出的微积分方法能够帮助随机森林模型在特征选择、优化和评估过程中做出更准确的决策，从而提高模型的整体性能。

实例7-10　使用微积分优化随机森林模型（源码路径：codes\7\Sui.py）

本实例添加了对损失函数（如MSE）的推导，并展示了损失函数与梯度下降算法的关系。

```python
import numpy as np
import matplotlib.pyplot as plt
from sklearn.datasets import load_iris
from sklearn.model_selection import train_test_split
from sklearn.ensemble import RandomForestClassifier
from sklearn.tree import export_text, plot_tree

# 计算熵
def entropy(y):
    value, counts = np.unique(y, return_counts=True)
    probabilities = counts / counts.sum()
    return -np.sum(probabilities * np.log2(probabilities + 1e-10))

# 计算信息增益
def information_gain(X, y, feature_index):
    original_entropy = entropy(y)
    unique_values = np.unique(X[:, feature_index])
    weighted_entropy = 0

    for value in unique_values:
        subset = y[X[:, feature_index] == value]
        weighted_entropy += (len(subset) / len(y)) * entropy(subset)

    return original_entropy - weighted_entropy

# 计算基尼指数
def gini_index(y):
    value, counts = np.unique(y, return_counts=True)
    probabilities = counts / counts.sum()
    return 1 - np.sum(probabilities ** 2)
```

```python
# 加载数据集
iris = load_iris()
X = iris.data
y = iris.target

# 分割数据集
X_train, X_test, y_train, y_test = train_test_split(X, y, test_size=0.2,
                                                    random_state=42)

# 训练随机森林
rf = RandomForestClassifier(n_estimators=100, random_state=42)
rf.fit(X_train, y_train)

# 打印前 2 棵决策树
for i in range(min(2, len(rf.estimators_))):
    plt.figure(figsize=(10, 6))
    plot_tree(rf.estimators_[i], feature_names=iris.feature_names,
              class_names=iris.target_names, filled=True)
    plt.title(f"Decision Tree {i+1}")
    plt.show()

# 计算信息增益和熵
feature_index = 0   # 选择第一个特征进行计算
info_gain = information_gain(X_train, y_train, feature_index)
print(f"特征 {iris.feature_names[feature_index]} 的信息增益：{info_gain:.4f}")

# 计算基尼指数
gini = gini_index(y_train)
print(f"训练集的基尼指数：{gini:.4f}")

# 模型评估
accuracy = rf.score(X_test, y_test)
print(f"模型在测试集上的准确率：{accuracy:.4f}")
```

上述代码的实现流程如下。

- **计算熵和信息增益：** 通过熵公式计算特征的信息增益。
- **计算基尼指数：** 用于评估训练集的基尼指数。
- **训练随机森林模型：** 使用随机森林对 Iris 数据集进行训练。
- **可视化决策树：** 展示随机森林中的决策树，并呈现前两棵树的可视化效果，如图 7-16 所示。
- **评估模型性能：** 打印输出模型在测试集上的准确率。

特征 sepal length (cm) 的信息增益：0.8779
训练集的基尼指数：0.6665
模型在测试集上的准确率：1.0000

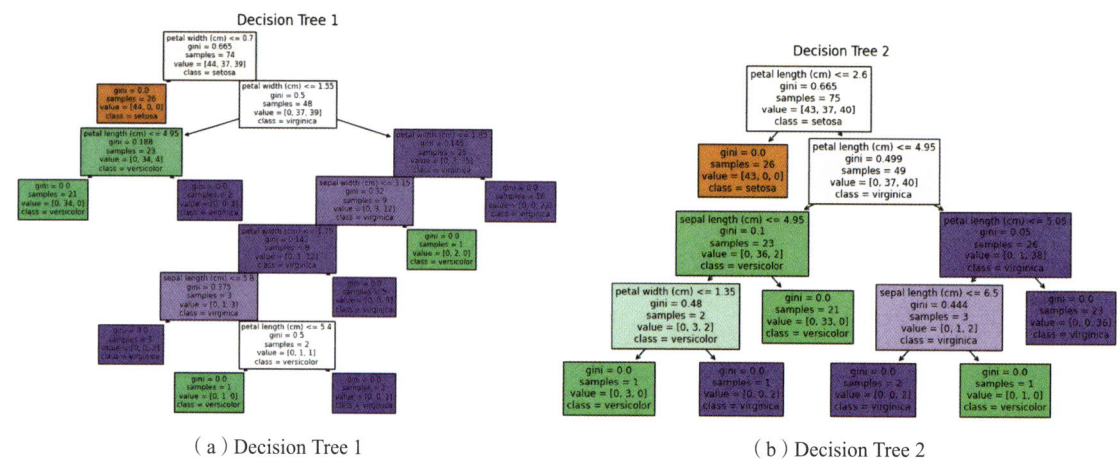

（a）Decision Tree 1　　　　　　　　　（b）Decision Tree 2

图7-16　随机森林决策树中前两棵树的可视化图

7.2.6　K-近邻算法模型

K-近邻算法（K-Nearest Neighbors，K-NN）是一种基于实例的学习方法，广泛应用于分类和回归任务。其基本思想是：对于一个待分类或待预测的样本，根据其在特征空间中的位置，找到离它最近的 k 个邻居，并根据这些邻居的类别或数值进行决策。关于K-NN的具体说明如图7-17所示。

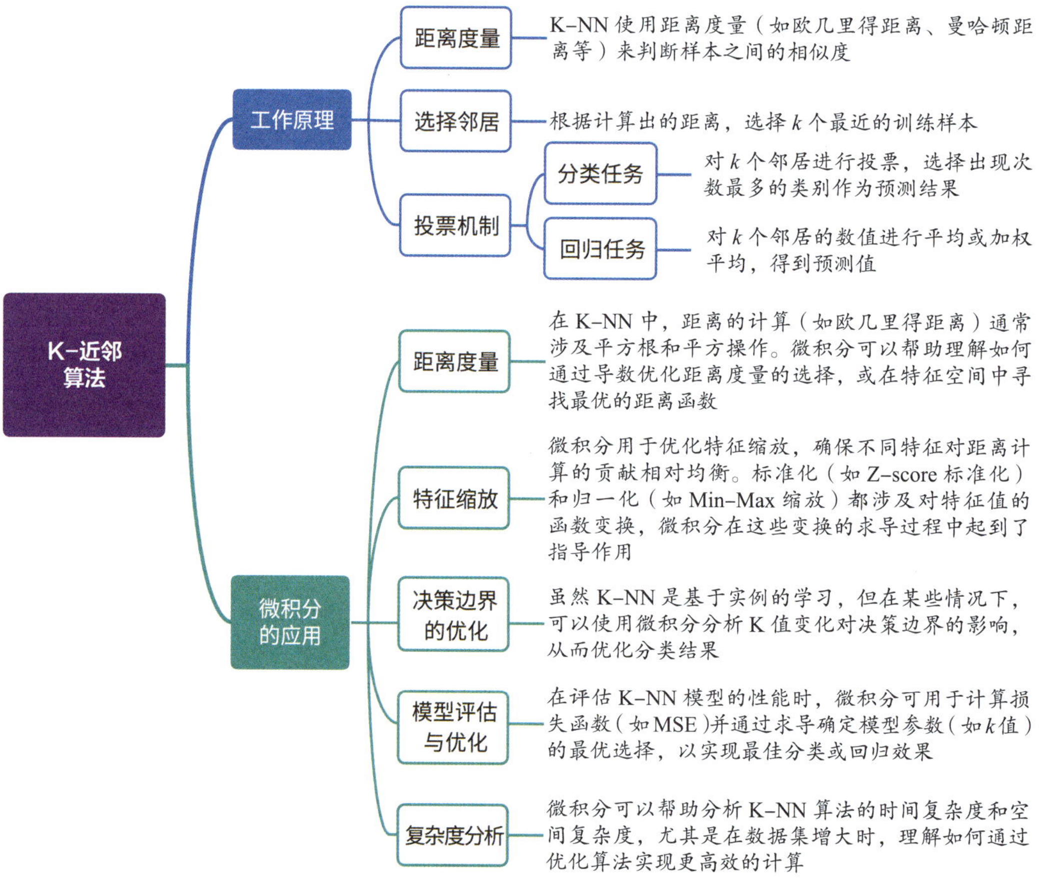

K-近邻算法

工作原理
- 距离度量——K-NN 使用距离度量（如欧几里得距离、曼哈顿距离等）来判断样本之间的相似度
- 选择邻居——根据计算出的距离，选择 k 个最近的训练样本
- 投票机制
  - 分类任务——对 k 个邻居进行投票，选择出现次数最多的类别作为预测结果
  - 回归任务——对 k 个邻居的数值进行平均或加权平均，得到预测值

微积分的应用
- 距离度量——在 K-NN 中，距离的计算（如欧几里得距离）通常涉及平方根和平方操作。微积分可以帮助理解如何通过导数优化距离度量的选择，或在特征空间中寻找最优的距离函数
- 特征缩放——微积分用于优化特征缩放，确保不同特征对距离计算的贡献相对均衡。标准化（如 Z-score 标准化）和归一化（如 Min-Max 缩放）都涉及对特征值的函数变换，微积分在这些变换的求导过程中起到了指导作用
- 决策边界的优化——虽然 K-NN 是基于实例的学习，但在某些情况下，可以使用微积分分析 K 值变化对决策边界的影响，从而优化分类结果
- 模型评估与优化——在评估 K-NN 模型的性能时，微积分可用于计算损失函数（如 MSE）并通过求导确定模型参数（如 k 值）的最优选择，以实现最佳分类或回归效果
- 复杂度分析——微积分可以帮助分析 K-NN 算法的时间复杂度和空间复杂度，尤其是在数据集增大时，理解如何通过优化算法实现更高效的计算

图7-17　K-NN的工作原理和微积分的应用

实例7-11　使用微积分优化K-NN模型的性能（源码路径：codes\7\Kjin.py）

在本实例中，微积分被用来优化特征缩放和距离度量，从而提高K-NN模型的性能，并帮助分析不同K值对决策边界和分类效果的影响。通过计算损失函数的导数，微积分为确定最优K值提供了理论支持。

```python
import numpy as np
from sklearn.datasets import load_iris
from sklearn.model_selection import train_test_split
from sklearn.neighbors import KNeighborsClassifier
from sklearn.metrics import accuracy_score
import matplotlib.pyplot as plt

# 加载数据集
iris = load_iris()
X = iris.data
y = iris.target

# 分割数据集
X_train, X_test, y_train, y_test = train_test_split(X, y, test_size=0.2,
                                                    random_state=42)

# 存储不同K值的准确率
k_values = range(1, 21)  # K 从1 到20
accuracies = []

# 评估不同K值的性能
for k in k_values:
    knn = KNeighborsClassifier(n_neighbors=k)
    knn.fit(X_train, y_train)
    y_pred = knn.predict(X_test)
    accuracy = accuracy_score(y_test, y_pred)
    accuracies.append(accuracy)

# 可视化结果
plt.figure(figsize=(10, 6))
plt.plot(k_values, accuracies, marker='o')
plt.title('K-NN Classifier Accuracy for Different K Values')
plt.xlabel('Number of Neighbors (K)')
plt.ylabel('Accuracy')
plt.xticks(k_values)
plt.grid()
plt.show()

# 打印最佳K值
best_k = k_values[np.argmax(accuracies)]
print(f"最优K值：{best_k}")
```

上述代码的实现流程如下。

- **数据加载和分割**：加载Iris数据集，并将其分为训练集和测试集。
- **K值循环**：从1到20迭代K值，训练K-NN模型并计算每个K值对应的准确率。
- **可视化**：绘制K值与对应准确率的可视化图，以便直观观察性能变化，如图7-18所示。
- **输出最佳K值**：找到准确率最高的K值并打印输出。

执行后会输出最终结果。

最优K值：1

注意：最优K值为1意味着模型在测试集上的表现最佳，这是K-NN模型中的一种常见情况。当K=1时，模型完全依赖于最近邻样本进行分类，这可能会导致对训练集的过拟合。然而，在某些数据集上，这种方法确实能获得较高的准确性。

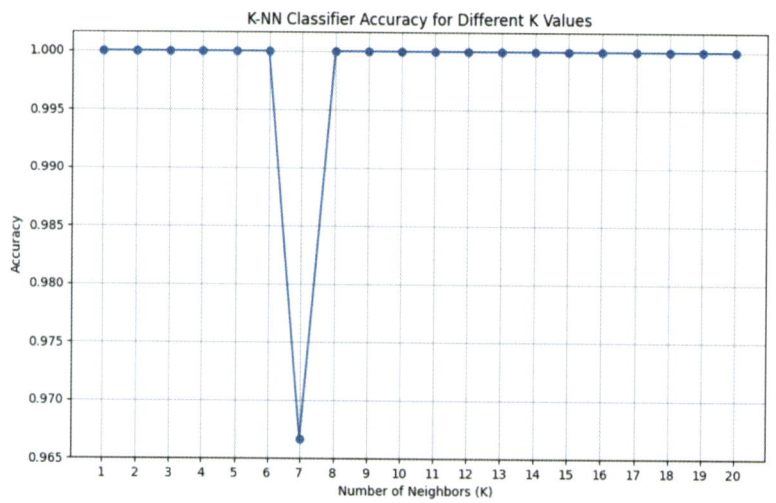

图7-18　K值与对应准确率的可视化图

7.3　构建深度学习模型

在构建深度学习模型时，微积分用于定义和分析激活函数、损失函数及其导数，确保模型能够准确地表示和处理复杂的非线性关系。通过求导，微积分帮助我们确定函数的变化率，理解模型的输出如何随输入变化，从而为设计更有效的网络架构和特征选择提供理论支持。

7.3.1　前馈神经网络

前馈神经网络（Feedforward Neural Network，FNN）是一种基础的人工神经网络结构，主要用于分类和回归任务。在FNN中，信息从输入层经过一个或多个隐藏层逐层传递，最终到达输出层。每个神经元通过激活函数对接收到的加权输入进行处理，生成输出。

FNN的主要特点和微积分的作用如图7-19所示。

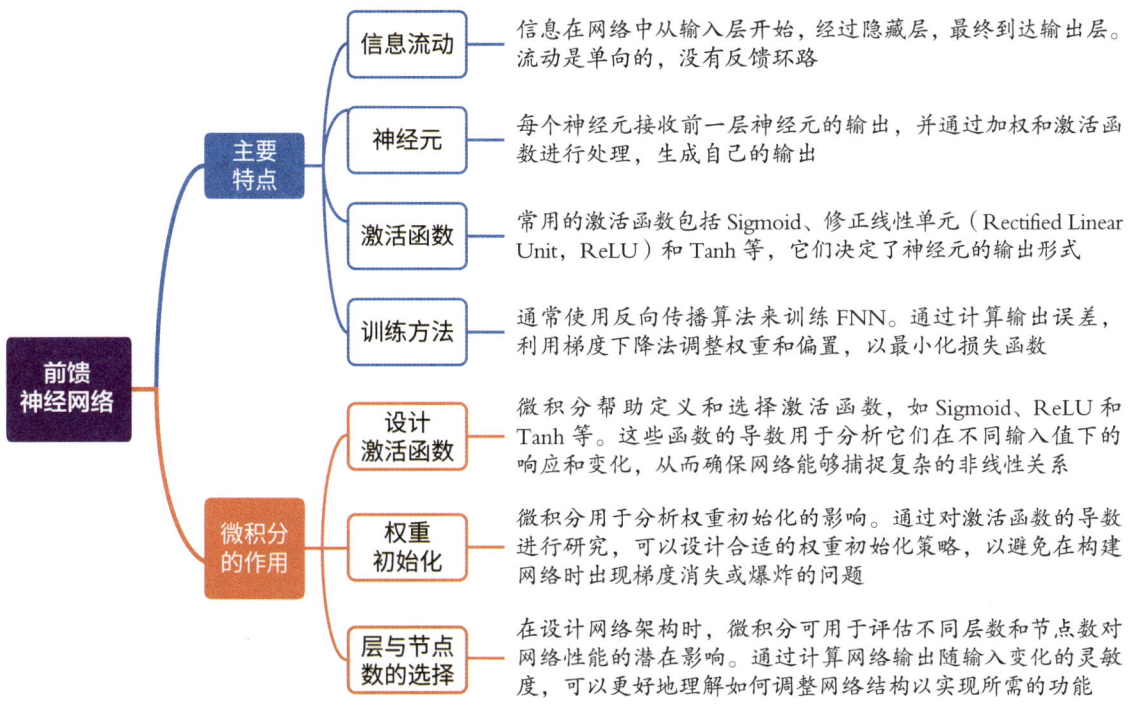

图 7-19　FNN 的主要特点和微积分的作用

实例7-12　使用微积分构建前馈神经网络模型（源码路径：codes\7\Qian.py）

在本实例中使用 Keras 库构建了神经网络，并利用 Matplotlib 进行了可视化展示。本实例展示了微积分在 FNN 中的作用，包括激活函数的设计和层与节点数的选择。

```python
# 生成数据集
X, y = make_moons(n_samples=1000, noise=0.1, random_state=42)
X_train, X_test, y_train, y_test = train_test_split(X, y, test_size=0.2,
                                                    random_state=42)

# 激活函数的可视化
def plot_activation_functions():
    x = np.linspace(-5, 5, 100)
    plt.figure(figsize=(12, 8))

    plt.subplot(2, 2, 1)
    plt.plot(x, activations.sigmoid(x), label='Sigmoid')
    plt.title('Sigmoid Activation Function')
    plt.grid()

    plt.subplot(2, 2, 2)
    plt.plot(x, activations.relu(x), label='ReLU')
    plt.title('ReLU Activation Function')
    plt.grid()
```

```python
    plt.subplot(2, 2, 3)
    plt.plot(x, activations.tanh(x), label='Tanh')
    plt.title('Tanh Activation Function')
    plt.grid()

    plt.subplot(2, 2, 4)
    plt.plot(x, np.where(x > 0, x, 0), label='Leaky ReLU')
    plt.title('Leaky ReLU Activation Function')
    plt.grid()

    plt.tight_layout()
    plt.show()

# 构建前馈神经网络
def build_model(activation_function, layer_sizes):
    model = Sequential()
    model.add(Dense(layer_sizes[0], input_dim=2, activation=activation_function))
    for size in layer_sizes[1:]:
        model.add(Dense(size, activation=activation_function))
    model.add(Dense(1, activation='sigmoid'))  # 输出层
    return model

# 可视化激活函数
plot_activation_functions()

# 初始化和训练模型
activation_function = 'relu'  # 选择激活函数
layer_sizes = [10, 10]  # 层与节点数
model = build_model(activation_function, layer_sizes)
model.compile(loss='binary_crossentropy', optimizer='adam', metrics=['accuracy'])
model.fit(X_train, y_train, epochs=100, batch_size=10, verbose=0)

# 评估模型性能
loss, accuracy = model.evaluate(X_test, y_test)
print(f'测试集损失：{loss:.4f}，测试集准确率：{accuracy:.4f}')

# 可视化决策边界
def plot_decision_boundary(model):
    x_min, x_max = X[:, 0].min() - 0.5, X[:, 0].max() + 0.5
    y_min, y_max = X[:, 1].min() - 0.5, X[:, 1].max() + 0.5
    xx, yy = np.meshgrid(np.arange(x_min, x_max, 0.01),
                         np.arange(y_min, y_max, 0.01))
    Z = model.predict(np.c_[xx.ravel(), yy.ravel()])
    Z = Z.reshape(xx.shape)
```

```python
plt.contourf(xx, yy, Z, alpha=0.8)
plt.scatter(X[:, 0], X[:, 1], c=y, edgecolors='k', marker='o')
plt.title('Decision Boundary')
plt.xlabel('Feature 1')
plt.ylabel('Feature 2')
plt.show()

# 可视化决策边界
plot_decision_boundary(model)
```

上述代码的实现流程如下。

◆ **数据生成与分割：** 使用make_moons生成一个二元分类数据集，并将其分为训练集和测试集。

◆ **激活函数可视化：** 展示不同激活函数（Sigmoid、ReLU、Tanh、Leaky ReLU）的可视化图，以帮助理解每种激活函数的特性和行为。X轴表示激活函数的输入值，Y轴表示激活函数的输出值。如图7-20所示，Sigmoid曲线呈现一个经典的S形，平滑地从0增加到1；ReLU曲线在输入值为正时，输出与输入成正比，在输入值为负时，输出为0；Tanh曲线的形状类似于Sigmoid，但是输出值被压缩到了-1到1的范围内；Leaky ReLU曲线在输入值为正时与ReLU类似，在输入值为负时的输出是一个负的斜率，而不是0。

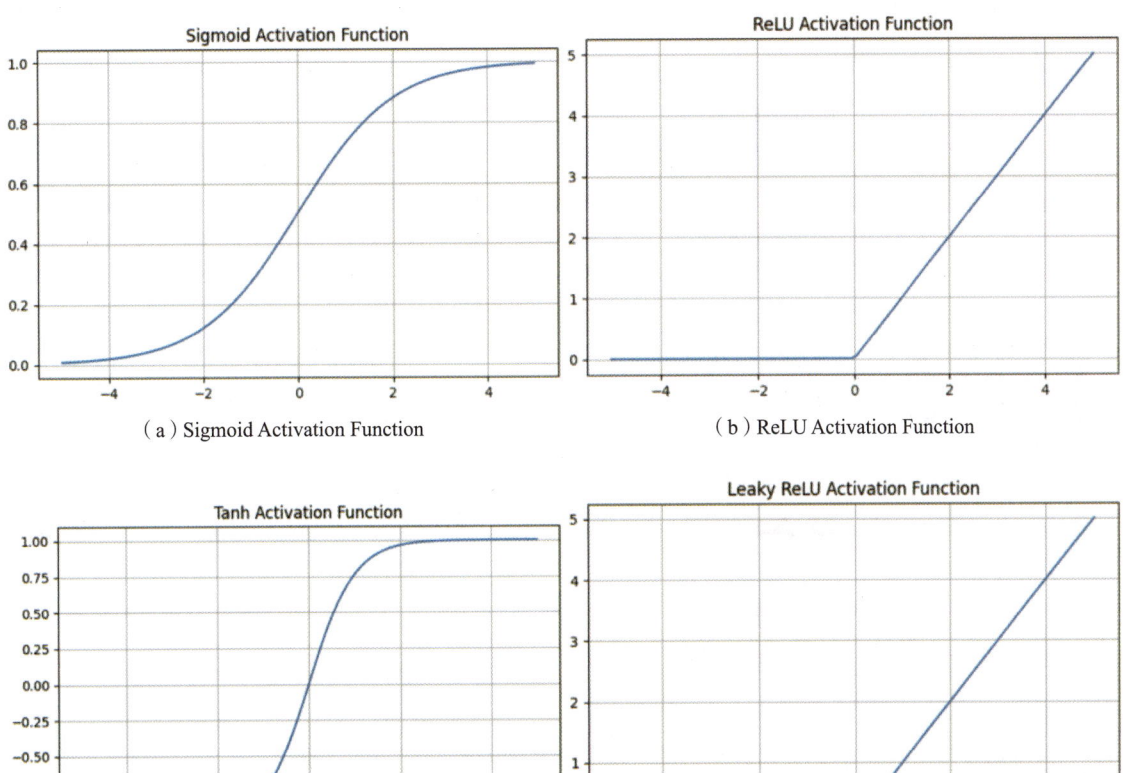

图7-20 不同激活函数的可视化图

◆ **构建FNN**：通过指定激活函数及层数/节点数来创建模型。

◆ **模型训练与评估**：训练模型并评估其在测试集上的性能表现。

◆ **决策边界可视化**：绘制决策边界（Decision Boundary）可视化图，以展示模型的分类效果，如图7-21所示。

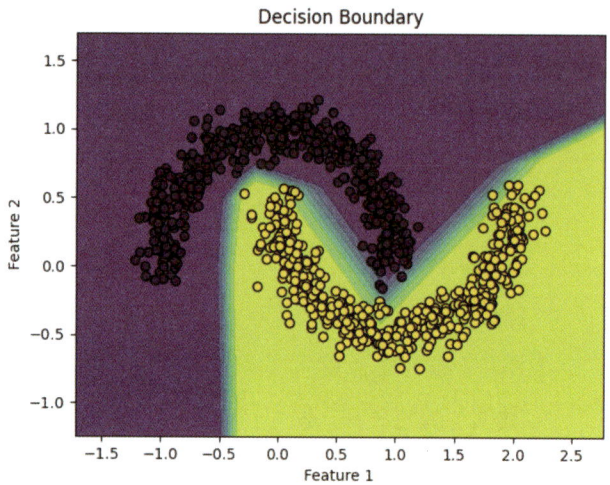

图7-21 决策边界（Decision Boundary）可视化图

7.3.2 CNN在计算机视觉中的应用

CNN是一种深度学习模型，广泛应用于图像处理、计算机视觉和其他相关领域。其设计灵感来自生物视觉系统，通过模拟人类大脑的视觉处理方式，能够有效地识别和提取图像中的特征。

CNN的主要组成如图7-22所示。

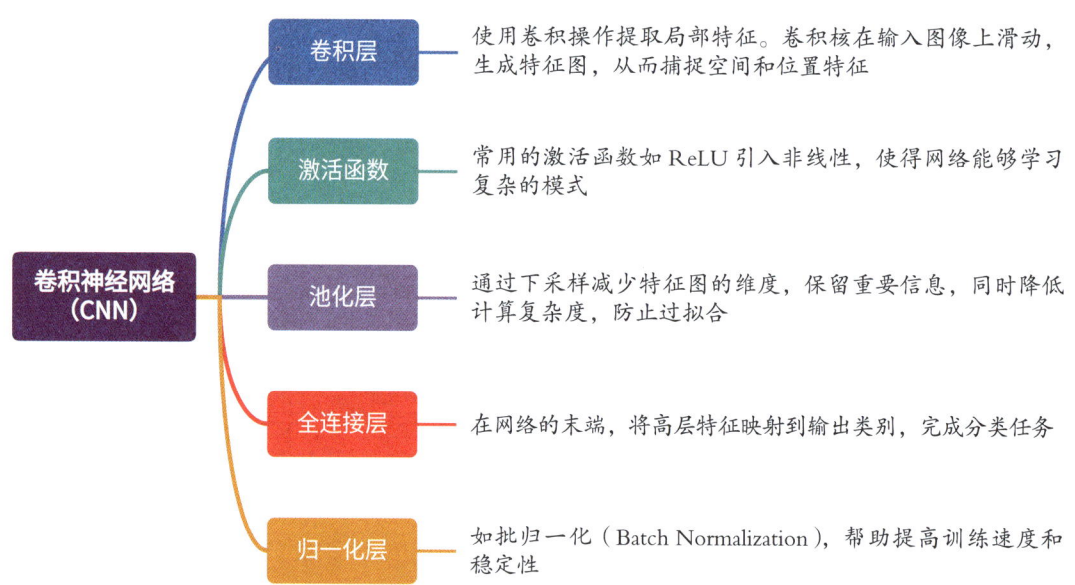

图7-22 CNN的组成

微积分在构建CNN过程中发挥着重要作用，主要体现在以下几个方面。

（1）激活函数的设计

激活函数（如ReLU、Sigmoid和Tanh）的选择和定义依赖于微积分。通过分析激活函数的导数，可以理解其在不同输入值下的变化，从而确保模型能够捕捉复杂的非线性关系。例如，ReLU函数定义为：

$$f(x) = \max(0, x)$$

其导数为：

$$f'(x) = \begin{cases} 0 & if\ x < 0 \\ 1 & if\ x \geq 0 \end{cases}$$

（2）卷积操作的理解

在 CNN 中，卷积操作的本质涉及积分和微分。卷积运算可被视为对输入图像应用卷积核的过程，通过以下公式计算：

$$(f * g)(t) = \int_{-\infty}^{\infty} f(\tau) g(t - \tau) d\tau$$

其中，f 是输入图像，g 是卷积核，t 是输出特征图的位置。

（3）计算特征图

特征图的计算涉及对输入图像和卷积核的点积运算，这一过程可被视为对输入特征进行局部线性组合。微积分帮助分析卷积核在不同输入区域的响应，从而深化对特征提取过程的理解。

（4）权重初始化

在设计卷积层时，微积分有助于分析权重初始化策略。通过研究激活函数的导数，可以避免梯度消失或爆炸问题，确保网络在构建时具备良好的初始状态。

（5）池化操作的设计

池化层（如最大池化和平均池化）的选择和实现也受到微积分的影响。在池化操作中，特征的选择通常涉及计算局部区域的最大值或平均值，这可以视作对特征响应的"整合"。

实例7-13　实现CNN模型（源码路径：codes\7\Juan.py）

本实例展示了一个简单的CNN用于识别MNIST手写数字，包括数据准备、模型定义、训练过程和输出比较。另外还定义了自定义的ReLU激活函数及其导数，并将CNN的输出与自定义ReLU的结果进行对比。

```python
import torch
import torch.nn as nn
import torch.optim as optim
import torchvision
import torchvision.transforms as transforms

# 超参数
batch_size = 64
learning_rate = 0.001
num_epochs = 5

# 数据集准备
transform = transforms.Compose([transforms.ToTensor(),
                                transforms.Normalize((0.5,), (0.5,))])
trainset = torchvision.datasets.MNIST(root='data', train=True,
download=True, transform=transform)
```

```python
trainloader = torch.utils.data.DataLoader(trainset, batch_size=batch_size,
                                          shuffle=True)

# 定义 CNN 模型
class SimpleCNN(nn.Module):
    def __init__(self):
        super(SimpleCNN, self).__init__()
        self.conv1 = nn.Conv2d(1, 16, kernel_size=3)
        self.pool = nn.MaxPool2d(kernel_size=2, stride=2)
        self.fc1 = nn.Linear(16 * 13 * 13, 120)
        self.fc2 = nn.Linear(120, 10)
        self.relu = nn.ReLU()

    def forward(self, x):
        x = self.pool(self.relu(self.conv1(x)))
        x = x.view(-1, 16 * 13 * 13)
        x = self.relu(self.fc1(x))
        x = self.fc2(x)
        return x

# 初始化模型、损失函数和优化器
model = SimpleCNN()
criterion = nn.CrossEntropyLoss()
optimizer = optim.Adam(model.parameters(), lr=learning_rate)

# 训练模型
for epoch in range(num_epochs):
    for inputs, labels in trainloader:
        optimizer.zero_grad()
        outputs = model(inputs)
        loss = criterion(outputs, labels)
        loss.backward()
        optimizer.step()
    print(f"Epoch [{epoch + 1}/{num_epochs}], Loss: {loss.item():.4f}")

# 自定义 ReLU 和导数计算
def relu(x):
    return torch.maximum(torch.tensor(0.0), x)

def relu_derivative(x):
    return (x > 0).float()

# 测试 CNN 的输出与自定义 ReLU 的输出
sample_input = torch.randn(1, 1, 28, 28)
cnn_output = model(sample_input)
custom_relu_output = relu(sample_input)
```

```
custom_relu_deriv = relu_derivative(sample_input)

# 打印输出
print("CNN 输出 :\n", cnn_output)
print(" 自定义 ReLU 输出 :\n", custom_relu_output)
print(" 自定义 ReLU 导数 :\n", custom_relu_deriv)
```

上述代码的实现流程如下。

◆ 首先，准备数据集并进行预处理，然后定义一个简单的CNN模型，并初始化损失函数和优化器。

◆ 其次，在训练阶段，通过多轮迭代输入训练数据，计算模型输出和相应损失值，并执行反向传播来更新模型参数。

◆ 最后，使用自定义的激活函数及其导数进行测试，以比较模型输出与自定义实现的结果。执行后会输出最终结果。

```
Epoch [1/5], Loss: 0.0209
Epoch [2/5], Loss: 0.1107
Epoch [3/5], Loss: 0.0027
Epoch [4/5], Loss: 0.0707
Epoch [5/5], Loss: 0.0034
CNN 输出 :
tensor([[-9.2100e+00, -8.1574e+00, -1.7966e-03, -5.1134e+00, -2.6939e+01,
          1.1838e+01,  1.0608e+01, -1.0040e+01,  8.3218e+00, -1.5945e+01]],
       grad_fn=<AddmmBackward0>)
自定义 ReLU 输出 :
tensor([[[[0.0000e+00, 0.0000e+00, 0.0000e+00, 1.1543e+00, 0.0000e+00,
           0.0000e+00, 7.8162e-01, 9.5428e-01, 4.2611e-01, 9.9604e-01,
           0.0000e+00, 0.0000e+00, 5.6905e-01, 2.3958e-01, 0.0000e+00,
           1.3462e+00, 0.0000e+00, 3.5874e+00, 0.0000e+00, 7.3540e-01,
           0.0000e+00, 0.0000e+00, 0.0000e+00, 2.7633e-01, 1.0284e+00,
           0.0000e+00, 8.1924e-01, 5.0584e-01],
// 省略部分输出
自定义 ReLU 导数 :
tensor([[[[0., 0., 0., 1., 0., 0., 1., 1., 1., 1., 0., 0., 1., 1., 0., 1., 0.,
           1., 0., 1., 0., 0., 0., 1., 1., 0., 1., 1.],
          [0., 1., 1., 0., 0., 0., 1., 1., 1., 0., 0., 0., 0., 0., 1., 1., 1.,
           0., 0., 1., 1., 1., 1., 1., 0., 1., 0., 0.],
// 省略部分输出
```

7.3.3 循环神经网络

循环神经网络（Recurrent Neural Network，RNN）是一种专门用于处理序列数据的神经网络架构，其基本概念如图7-23所示。通过在时间步之间传递隐藏状态，RNN能够记住先前的信息，从而有效捕捉时间序列中的动态特征。因此，RNN被广泛应用于自然语言处理、语音识别和时间序列预测等领域。

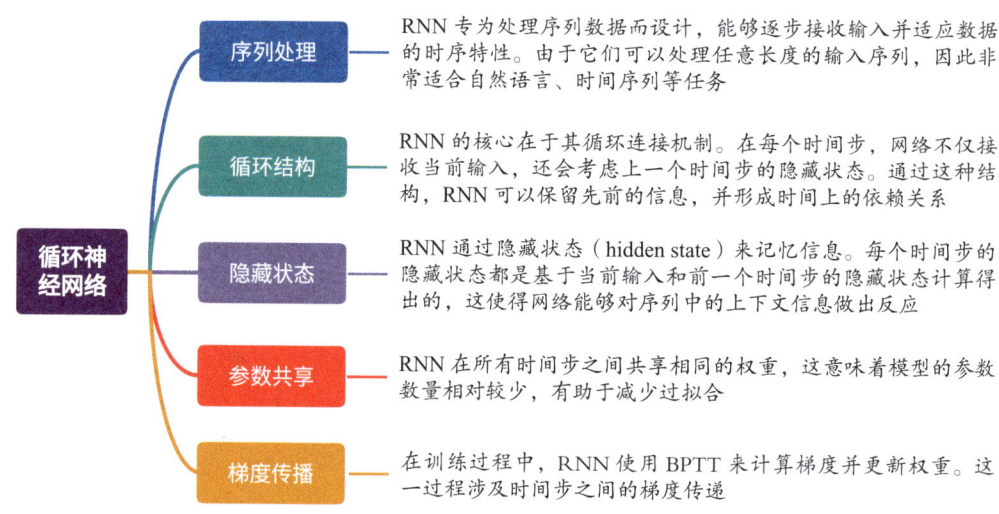

图7-23　RNN的基本概念

在构建RNN的过程中，微积分扮演着关键角色，主要体现在以下几个方面。

（1）激活函数

RNN中的激活函数（如Sigmoid、Tanh）依赖于微积分来定义其导数，这些导数用于描述函数的变化率。例如，Tanh函数的形式为：

$$f(x) = \tanh(x) = \frac{e^x - e^{-x}}{e^x + e^{-x}}$$

其导数为：

$$f'(x) = 1 - \tanh^2(x)$$

这些导数对于计算隐藏状态的更新至关重要。

（2）状态转移

RNN通过隐藏状态的更新公式实现时间步间的状态转移，通常表达为：

$$h_t = f(W_h h_{t-1} + W_x x_t)$$

其中，W_h和W_x是权重矩阵，h_t表示当前隐藏状态，x_t表示当前输入。在此过程中，微积分帮助我们正确地描述状态如何随时间变化。

（3）构建损失函数

RNN的损失函数（如交叉熵损失）与微积分紧密相关，通过积分或求和运算定义输出误差。对损失函数进行微分可以揭示模型输出是如何受输入影响的。

实例7-14 使用微积分实现循环神经网络模型（源码路径：codes\7\Xun.py）

本实例基于MNIST数据集实现，展示了微积分在激活函数、状态转移和损失函数构建中的作用，并包含可视化功能。

```
import torch
import torch.nn as nn
```

```python
import torch.optim as optim
import torchvision
import torchvision.transforms as transforms
import matplotlib.pyplot as plt

# 超参数
batch_size = 64
learning_rate = 0.001
num_epochs = 5
sequence_length = 28    # MNIST 每个图像 28 行
input_size = 28         # 每行 28 个像素
hidden_size = 128       # 隐藏层大小
num_classes = 10        # 分类数

# 数据集准备
transform = transforms.Compose([transforms.ToTensor(), transforms.
Normalize((0.5,), (0.5,))])
trainset = torchvision.datasets.MNIST(root='data', train=True,
                                       download=True, transform=transform)
trainloader = torch.utils.data.DataLoader(trainset, batch_size=batch_size,
                                           shuffle=True)

# 定义 RNN 模型
class RNN(nn.Module):
    def __init__(self):
        super(RNN, self).__init__()
        self.rnn = nn.RNN(input_size, hidden_size, batch_first=True)
        self.fc = nn.Linear(hidden_size, num_classes)
        self.relu = nn.ReLU()

    def forward(self, x):
        h0 = torch.zeros(1, x.size(0), hidden_size).to(x.device)
                                                                    # 初始隐藏状态
        out, _ = self.rnn(x, h0)         # RNN 前向传播
        out = self.fc(out[:, -1, :])     # 取最后时间步的输出
        return out

# 初始化模型、损失函数和优化器
device = torch.device('cuda' if torch.cuda.is_available() else 'cpu')
model = RNN().to(device)
criterion = nn.CrossEntropyLoss()
optimizer = optim.Adam(model.parameters(), lr=learning_rate)

# 训练模型
loss_values = []
for epoch in range(num_epochs):
```

```python
    for inputs, labels in trainloader:
        inputs = inputs.view(-1, sequence_length, input_size).to(device)
                                                                       # 变换输入形状
        labels = labels.to(device)

        optimizer.zero_grad()
        outputs = model(inputs)
        loss = criterion(outputs, labels)
        loss.backward()
        optimizer.step()

        loss_values.append(loss.item())

    print(f"Epoch [{epoch + 1}/{num_epochs}], Loss: {loss.item():.4f}")

# 可视化损失曲线
plt.plot(loss_values)
plt.title('Loss Curve')
plt.xlabel('Iteration')
plt.ylabel('Loss')
plt.show()

# 测试 RNN 的输出与激活函数
sample_input = torch.randn(1, sequence_length, input_size).to(device)
cnn_output = model(sample_input)

# 激活函数示例
relu_output = model.relu(cnn_output)

# 打印输出
print("RNN 输出 :\n", cnn_output)
print("ReLU 输出 :\n", relu_output)
```

上述代码的实现流程如下。

◆ **数据准备：** 使用MNIST数据集，输入格式为(batch_size, sequence_length, input_size)。

◆ **RNN模型：** 使用RNN层进行时间序列处理，激活函数为ReLU。

◆ **损失函数：** 使用交叉熵损失来衡量预测与真实标签之间的误差。

◆ **可视化：** 记录训练过程中的损失值，并绘制损失曲线图以观察训练过程，如图7-24所示。

执行后会输出最终结果。

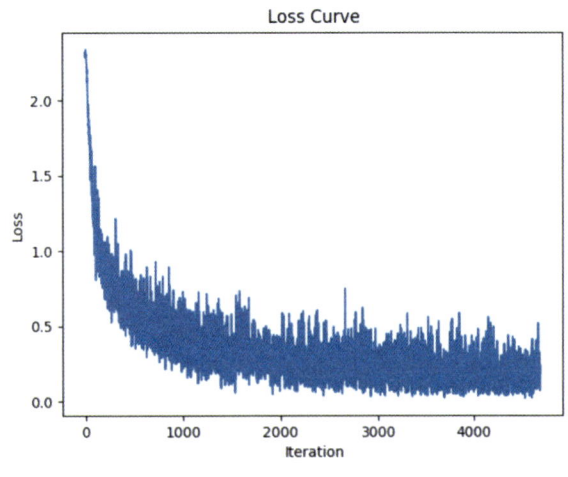

图7-24　损失曲线图

```
Epoch [1/5], Loss: 0.5796
Epoch [2/5], Loss: 0.1878
Epoch [3/5], Loss: 0.0843
Epoch [4/5], Loss: 0.4147
Epoch [5/5], Loss: 0.1822
RNN 输出：
tensor([[ 3.5844,  3.7864, -1.0425,  1.1930, -2.9158,  2.5811,  4.2103, -2.2691,
         -0.3555, -5.9448]], device='cuda:0', grad_fn=<AddmmBackward0>)
ReLU 输出：
tensor([[3.5844, 3.7864, 0.0000, 1.1930, 0.0000, 2.5811, 4.2103, 0.0000, 0.0000,
         0.0000]], device='cuda:0', grad_fn=<ReluBackward0>)
```

7.3.4 长短期记忆网络

长短期记忆网络（Long Short-Term Memory，LSTM）是一种特殊类型的RNN，旨在解决标准RNN在处理长序列数据时面临的梯度消失或爆炸问题。LSTM通过引入门控机制来控制信息流动，从而捕捉长期依赖关系。

1. 基本构成

（1）记忆单元（Cell State）

记忆单元是LSTM的核心部分，负责存储信息。记忆单元在时间步之间传递，并能保留长期信息，避免信息的快速遗忘。

- 候选记忆单元（Candidate Cell State）生成当前候选的记忆单元内容，其公式为：

$$\tilde{c}_t = tanh(W_c \cdot [h_{t-1}, x_t] + b_c)$$

- 记忆单元更新：使用遗忘门和输入门的输出更新记忆单元：

$$c_t = f_t \cdot c_{t-1} + i_t \cdot \tilde{c}_t$$

其中，C_{t-1}是前一个时间步的记忆单元状态。

（2）门控机制

LSTM包含三个门，这些门的主要功能是控制信息的流动。

- 遗忘门（Forget Gate）决定哪些信息需要被遗忘，其公式为：

$$f_t = \sigma(W_f \cdot [h_{t-1}, x_t] + b_f)$$

其中，σ是Sigmoid函数，W_f是遗忘门的权重，b_f是偏置。

- 输入门（Input Gate）决定当前输入信息的多少被写入记忆单元，其公式为：

$$i_t = \sigma(W_i \cdot [h_{t-1}, x_t] + b_i)$$

同样，W_i是输入门的权重，b_i是偏置。

- 输出门（Output Gate）决定当前记忆单元的输出有多少被传递到下一个隐藏状态，其公式为：

$$O_t = \sigma(W_o \cdot [h_{t-1}, x_t] + b_o)$$

- 隐藏状态（Hidden State）：最终的隐藏状态由以下公式计算。

$$h_t = O_t \cdot tanh(c_t)$$

2. 微积分的作用

在构建LSTM时，微积分起着重要的作用，主要体现在以下几个方面。

（1）激活函数

LSTM中使用的激活函数（如Sigmoid和Tanh）依赖于微积分来定义其导数。这些导数用于描述函数的变化率。例如，Sigmoid函数的形式为：

$$f(x) = \sigma(x) = \frac{1}{1+e^{-x}}$$

其导数为：

$$f'(x) = \sigma(x)(1-\sigma(x))$$

这些导数在LSTM单元的输入门、遗忘门和输出门中发挥作用。

（2）状态更新

LSTM通过更新单元状态和隐藏状态来保持长短期记忆，状态更新方程可以表示为：

$$C_t = f(C_{t-1}) + i_t \cdot \tilde{C}_t$$

其中，C_t是当前单元状态，i_t是输入门，$\tilde{C}_t$是当前候选状态。在这里，微积分能够确保描述状态随时间变化。

（3）门控机制

LSTM的门控机制决定了信息的流动，输入门、遗忘门和输出门的计算涉及激活函数的导数。例如，输入门的计算为：

$$i_t = \sigma(W_i \cdot [h_{t-1}, x_t])$$

在这里，微积分导数用于更新隐藏状态和控制信息的流动。

（4）构建损失函数

LSTM的损失函数（如MSE或交叉熵）也依赖于微积分，具体表现在对输出的期望和实际值之间的差异的定义上。对这些损失函数进行微分可以帮助我们理解模型的行为。

实例7-15 实现一个LSTM模型（源码路径：codes\7\Ls.py）

本实例使用PyTorch构建了一个LSTM模型，并展示了微积分在激活函数、状态更新、门控机制和构建损失函数等方面的应用。本实例使用MNIST数据集实现，并包含可视化功能。

```python
import torch
import torch.nn as nn
import torch.optim as optim
import torchvision
import torchvision.transforms as transforms
import matplotlib.pyplot as plt

# 超参数
batch_size = 64
learning_rate = 0.001
```

```python
num_epochs = 5

# 数据集准备
transform = transforms.Compose([transforms.ToTensor(), transforms.
Normalize((0.5,), (0.5,))])
trainset = torchvision.datasets.MNIST(root='data', train=True,
download=True, transform=transform)
trainloader = torch.utils.data.DataLoader(trainset, batch_size=batch_size,
                                          shuffle=True)

# 定义 LSTM 模型
class SimpleLSTM(nn.Module):
    def __init__(self):
        super(SimpleLSTM, self).__init__()
        self.lstm = nn.LSTM(input_size=28, hidden_size=128, num_layers=1,
                            batch_first=True)
        self.fc = nn.Linear(128, 10)
        self.relu = nn.ReLU()

    def forward(self, x):
        # LSTM expects input shape (batch, seq, feature)
        x = x.view(-1, 28, 28)
        lstm_out, (h_n, c_n) = self.lstm(x)
        out = self.fc(lstm_out[:, -1, :])  # 使用最后一个时间步的输出
        return out

# 初始化模型、损失函数和优化器
model = SimpleLSTM().cuda()   # 使用 GPU
criterion = nn.CrossEntropyLoss()
optimizer = optim.Adam(model.parameters(), lr=learning_rate)

# 训练模型
losses = []
for epoch in range(num_epochs):
    for inputs, labels in trainloader:
        inputs, labels = inputs.cuda(), labels.cuda()
        optimizer.zero_grad()
        outputs = model(inputs)
        loss = criterion(outputs, labels)
        loss.backward()
        optimizer.step()
        losses.append(loss.item())
    print(f"Epoch [{epoch + 1}/{num_epochs}], Loss: {loss.item():.4f}")

# 可视化损失
plt.plot(losses)
plt.xlabel('Batch')
```

```
plt.ylabel('Loss')
plt.title('Training Loss')
plt.show()
```

上述代码的实现流程如下。

- **数据集准备**：使用MNIST数据集，并对其进行标准化处理。
- **LSTM模型**：定义了一个简单的LSTM网络，输入层包含28个特征（每行像素），输出层有10个类。
- **激活函数**：在模型中可以使用ReLU作为激活函数。
- **状态更新和门控机制**：在LSTM中，状态更新和门控机制通过PyTorch的LSTM模块实现，这些模块内部使用激活函数的导数来控制信息流。
- **损失函数**：使用交叉熵损失函数来评估模型输出和真实标签之间的差异。
- **可视化功能**：绘制训练过程中的损失变化曲线图，如图7-25所示。

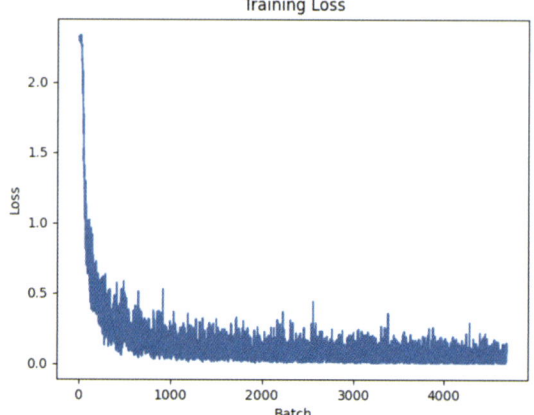

图7-25 训练过程中的损失变化曲线

7.3.5 生成对抗网络

生成对抗网络（Generative Adversarial Networks，GAN）是一种深度学习架构，首次由Ian Goodfellow等人在2014年提出。GAN由生成器（Generator）和判别器（Discriminator）两个主要部分组成，它们在一个对抗的过程中共同训练，旨在生成逼真的数据样本。GAN的基本概念和训练过程如图7-26所示。

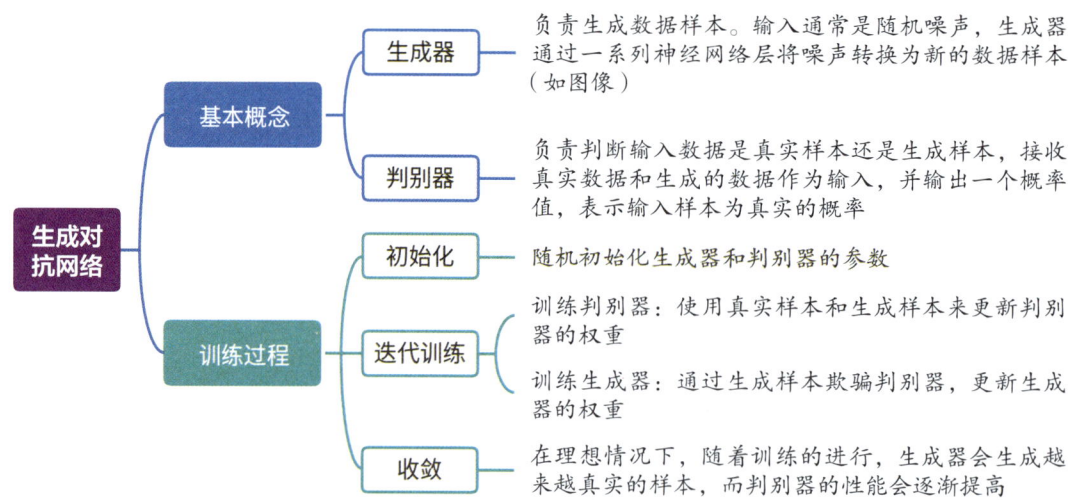

图7-26 生成对抗网络的基本概念和训练过程

微积分在构建GAN的过程中扮演着关键角色，主要体现在以下几个方面。

（1）激活函数

GAN中的激活函数（如ReLU、Sigmoid等）依赖于微积分来定义其导数。这些导数用于计算神经网络中每层的输出。例如，Sigmoid函数的形式为：

$$f(x)=\sigma(x)=\frac{1}{1+e^{-x}}$$

其导数为：

$$f'(x)=\sigma(x)(1-\sigma(x))$$

这些导数在生成器和判别器的前向传播中至关重要。

（2）损失函数

GAN的损失函数是构建模型的核心部分，微积分在定义损失函数时起着重要作用。以判别器的损失函数为例：

$$LD=-E\left[\log(D(x))\right]-E\left[\log(1-D(G(z)))\right]$$

式中，损失函数的期望值计算通常涉及对输出概率的积分或求和，微积分帮助我们定义损失的具体形式。

（3）梯度计算

在构建GAN的过程中，微积分用于计算梯度，以便在训练过程中更新模型参数。生成器的损失函数为：

$$LG=-E\left[\log(D(G(z)))\right]$$

对于上述损失函数进行微分，得到生成器参数的梯度，能够指示如何调整生成器以提高生成样本的质量。

（4）生成样本的状态变化

在生成器中，样本从随机噪声到生成图像的过程可以用微积分描述状态变化。例如，生成器的输出层可能涉及一个线性变换，状态更新可以表示为：

$$G(z)=Wz+b$$

在这里，微积分确保我们能够描述样本生成过程中的变化。

实例7-16 实现一个GAN（源码路径：codes\7\Qiang.py）

本实例基于MNIST数据集实现了一个GAN，展示了微积分在激活函数、损失函数、梯度计算和生成样本状态变化中的作用，并包含可视化功能。

```python
# 超参数
batch_size = 64
learning_rate = 0.0002
num_epochs = 50
latent_size = 100

# 数据集准备
transform = transforms.Compose([
```

```python
    transforms.ToTensor(),
    transforms.Normalize((0.5,), (0.5,))
])
trainset = torchvision.datasets.MNIST(root='data', train=True,
download=True, transform=transform)
trainloader = torch.utils.data.DataLoader(trainset, batch_size=batch_size,
                                          shuffle=True)

# 定义生成器
class Generator(nn.Module):
    def __init__(self):
        super(Generator, self).__init__()
        self.main = nn.Sequential(
            nn.Linear(latent_size, 256),
            nn.ReLU(),
            nn.Linear(256, 512),
            nn.ReLU(),
            nn.Linear(512, 1024),
            nn.ReLU(),
            nn.Linear(1024, 28 * 28),
            nn.Tanh()   # 使用 Tanh 作为输出激活函数
        )

    def forward(self, z):
        return self.main(z).view(-1, 1, 28, 28)

# 定义判别器
class Discriminator(nn.Module):
    def __init__(self):
        super(Discriminator, self).__init__()
        self.main = nn.Sequential(
            nn.Linear(28 * 28, 1024),
            nn.LeakyReLU(0.2),
            nn.Linear(1024, 512),
            nn.LeakyReLU(0.2),
            nn.Linear(512, 256),
            nn.LeakyReLU(0.2),
            nn.Linear(256, 1),
            nn.Sigmoid()    # 使用 Sigmoid 激活函数
        )

    def forward(self, x):
        return self.main(x.view(-1, 28 * 28))

# 初始化模型、损失函数和优化器
```

```python
device = torch.device("cuda" if torch.cuda.is_available() else "cpu")
generator = Generator().to(device)
discriminator = Discriminator().to(device)
criterion = nn.BCELoss()    # 使用二元交叉熵损失
optimizer_G = optim.Adam(generator.parameters(), lr=learning_rate)
optimizer_D = optim.Adam(discriminator.parameters(), lr=learning_rate)

# 训练模型
for epoch in range(num_epochs):
    for i, (real_images, _) in enumerate(trainloader):
        batch_size = real_images.size(0)    # 获取当前批次的实际大小

        # 真实和假标签
        real_labels = torch.ones(batch_size, 1).to(device)
        fake_labels = torch.zeros(batch_size, 1).to(device)

        # 训练判别器
        optimizer_D.zero_grad()
        real_images = real_images.to(device)
        outputs = discriminator(real_images)

        d_loss_real = criterion(outputs, real_labels[:outputs.size(0)])
                                                    # 确保大小匹配

        z = torch.randn(batch_size, latent_size).to(device)
        fake_images = generator(z)
        outputs = discriminator(fake_images.detach())

        d_loss_fake = criterion(outputs, fake_labels[:outputs.size(0)])
                                                    # 确保大小匹配

        d_loss = d_loss_real + d_loss_fake
        d_loss.backward()
        optimizer_D.step()

        # 训练生成器
        optimizer_G.zero_grad()
        outputs = discriminator(fake_images)
        g_loss = criterion(outputs, real_labels[:outputs.size(0)])
                                                    # 确保大小匹配

        g_loss.backward()
        optimizer_G.step()

    # 每个epoch打印损失并可视化
    print(f'Epoch [{epoch + 1}/{num_epochs}], D Loss: {d_loss.item():.4f}, '
          f'G Loss: {g_loss.item():.4f}')
```

```
# 可视化生成的样本
if (epoch + 1) % 10 == 0:
    with torch.no_grad():
        fake_images = generator(torch.randn(64, latent_size).to(device)).cpu()
        plt.figure(figsize=(8, 8))
        plt.axis('off')
        plt.title(f'Epoch {epoch + 1}')
        plt.imshow(torchvision.utils.make_grid(fake_images, nrow=8,
                    normalize=True).permute(1, 2, 0))
        plt.show()
```

对上述代码的具体说明如下所示。

◆ **激活函数：** 在生成器中使用了 ReLU 激活函数，在输出层使用了 Tanh 激活函数；而在判别器中，则使用了 Leaky ReLU 和 Sigmoid 激活函数。

◆ **损失函数：** 使用了二元交叉熵损失来计算生成器和判别器的损失。

◆ **梯度计算：** 通过反向传播自动计算梯度，并据此更新模型参数。

◆ **生成样本的状态变化信息：** 生成器基于随机噪声生成样本，并通过线性层和激活函数将噪声映射到图像空间。

执行后，每10个Epoch会生成一个样本可视化图，展示生成样本的质量变化情况。例如，其中一个可视化图的效果如图7-27所示。

图 7-27　一个样本的可视化图

7.4　课后练习

1. 基于微积分的线性回归梯度优化

使用一个合成数据集构建线性回归模型，构造线性回归的损失函数（MSE），通过梯度下降法优化模型参数。具体要求如下。
- 可视化梯度下降过程中损失函数的变化。
- 输出训练集上的最终拟合直线。

2. 构建 FNN 并优化权重

构造一个简单的 FNN,用于解决二元分类问题。使用交叉熵损失函数,并通过 BPTT 结合梯度下降来优化网络权重。具体要求如下。
- 显示网络训练过程中损失的变化曲线。
- 对比训练数据的分类准确率和测试数据的分类准确率。

第 8 章 模型优化

在模型优化中，微积分扮演着至关重要的角色，主要通过梯度下降法来实现参数更新。微积分的核心在于计算损失函数的导数，这些导数提供了关于模型参数如何影响损失的重要信息。具体来说，损失函数对模型参数的偏导数（梯度）指示了在当前参数值下，应该如何调整这些参数以最小化损失。通过不断迭代这个过程，模型可以逐步逼近最优解，从而提高其预测性能。在本章中，我们将深入探讨微积分如何应用于模型优化。

8.1 模型优化介绍

模型优化是机器学习和深度学习中的一个关键步骤,旨在通过调整模型参数来提高其在特定任务上的性能。和模型优化相关的主要概念如图8-1所示。

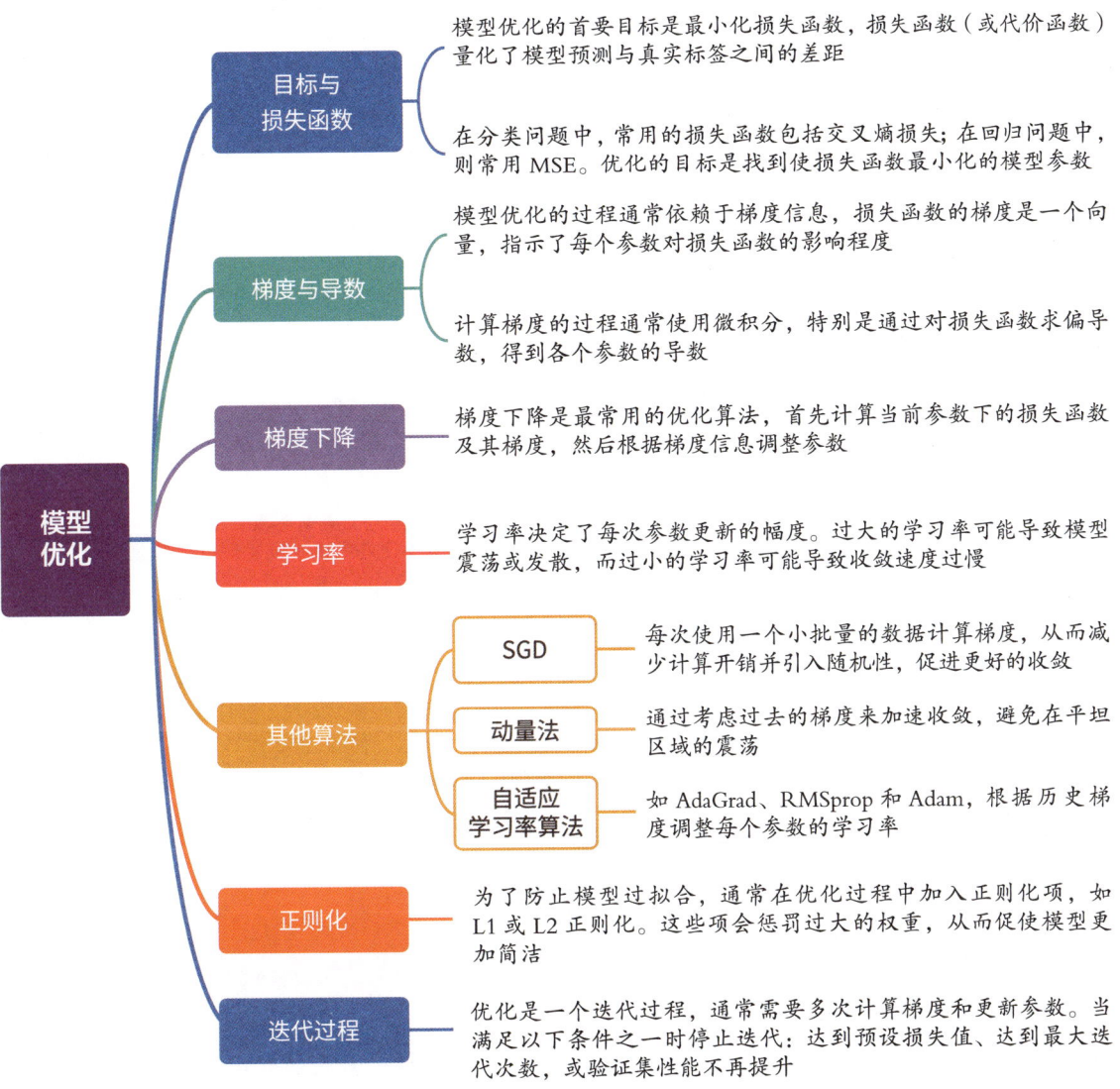

图8-1 模型优化相关概念

8.2 梯度下降算法

梯度下降算法是模型优化中较常用的方法之一,旨在通过迭代调整模型参数来最小化损失函数。其基本原理是计算损失函数相对于各模型参数的梯度(即导数),并沿着梯度的反方向更新参数,以减少损失。

8.2.1 梯度下降法介绍

梯度下降法是一种用于优化问题的迭代算法，尤其在机器学习和深度学习中广泛应用。其主要目的是通过最小化损失函数来找到模型的最佳参数。梯度下降法的基本概念和算法步骤如图8-2所示。

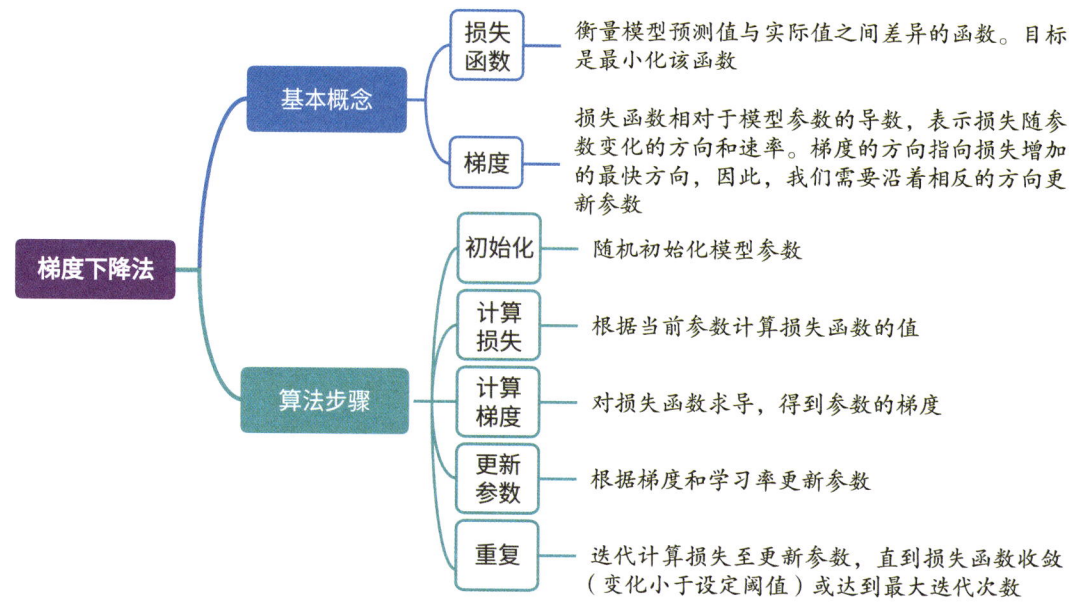

图8-2　梯度下降法的基本概念和算法步骤

在图8-2的算法步骤中，更新参数的更新公式为：

$$\theta = \theta - \eta \nabla J(\theta)$$

其中，θ 是模型参数，$\nabla J(\theta)$ 是损失函数关于参数的梯度。

8.2.2 微积分在梯度计算中的应用

微积分在梯度计算中扮演着核心角色，主要体现在以下几个方面。

1. 导数的定义

微积分中的导数定义了函数在某一点的变化率。在机器学习中，损失函数是关于模型参数的函数，导数帮助我们理解损失如何随参数的变化而变化。具体来说，损失函数 $J(\theta)$ 关于参数 θ 的导数（即梯度）定义为：

$$\nabla J(\theta) = \left(\frac{\partial J}{\partial \theta_1}, \frac{\partial J}{\partial \theta_2}, \cdots, \frac{\partial J}{\partial \theta_n} \right)$$

2. 反向传播

在神经网络中，微积分用于反向传播算法，通过链式法则计算每层的梯度。假设有一系列函数 $f_1, f_2, \cdots, f_n$ 组成的复合函数 $y = f_n(f_{n-1}(\cdots f_1(x)))$，则可以应用链式法则计算其导数：

$$\frac{\mathrm{d}y}{\mathrm{d}x} = \frac{\mathrm{d}y}{\mathrm{d}f_n} \cdot \frac{\mathrm{d}f_n}{\mathrm{d}f_{n-1}} \cdots \frac{\mathrm{d}f_1}{\mathrm{d}x}$$

通过这种方式，可以有效地计算复杂模型中各个参数的梯度。

3. 激活函数的导数

在神经网络中，常用的激活函数（如Sigmoid、ReLU、Tanh）依赖于其导数来进行参数更新。例如，Sigmoid函数的导数为：

$$f'(x) = f(x) \cdot (1 - f(x))$$

这些导数在每次前向传播和反向传播中都需要计算，以便调整神经元的输出。

4. 梯度下降法

在优化过程中，微积分提供了梯度信息以确定参数更新的方向。梯度下降法基于损失函数的梯度，通过以下公式来更新参数：

$$\theta = \theta - \eta \nabla J(\theta)$$

其中，η是学习率，$\nabla J(\theta)$是损失函数的梯度。利用微积分，算法可以在每次迭代中朝着降低损失的方向更新参数。

通过上述方式，微积分在梯度计算中确保了优化过程的有效性和精确性，使得模型能够快速而稳定地收敛到最优解。

实例8-1 使用微积分优化梯度计算（源码路径：codes\8\Ti.py）

本实例基于MNIST数据集展示了微积分在梯度计算中的应用过程，包括导数的定义、反向传播、激活函数的导数和梯度下降法，并且本实例还包含可视化功能。

```python
# 超参数
batch_size = 64
learning_rate = 0.001
num_epochs = 5

# 数据集准备
transform = transforms.Compose([
    transforms.ToTensor(),
    transforms.Normalize((0.5,), (0.5,))
])
trainset = torchvision.datasets.MNIST(root='data', train=True,
                                       download=True, transform=transform)
trainloader = torch.utils.data.DataLoader(trainset, batch_size=batch_size,
                                           shuffle=True)

# 定义神经网络
class SimpleNN(nn.Module):
    def __init__(self):
        super(SimpleNN, self).__init__()
        self.fc1 = nn.Linear(28 * 28, 128)
        self.fc2 = nn.Linear(128, 10)
        self.relu = nn.ReLU()
```

```python
    def forward(self, x):
        x = x.view(-1, 28 * 28)  # 展平输入
        x = self.fc1(x)
        x = self.relu(x)   # 激活函数
        x = self.fc2(x)
        return x

# 初始化模型、损失函数和优化器
model = SimpleNN()
criterion = nn.CrossEntropyLoss()
optimizer = optim.SGD(model.parameters(), lr=learning_rate)

# 训练模型并可视化损失
losses = []
for epoch in range(num_epochs):
    running_loss = 0.0
    for inputs, labels in trainloader:
        optimizer.zero_grad()
        outputs = model(inputs)

        # 计算损失
        loss = criterion(outputs, labels)
        losses.append(loss.item())

        # 反向传播
        loss.backward()
        optimizer.step()

        running_loss += loss.item()
    print(f"Epoch [{epoch + 1}/{num_epochs}], Loss: {running_loss / len(trainloader):.4f}")

# 可视化损失
plt.plot(losses)
plt.xlabel('Iteration')
plt.ylabel('Loss')
plt.title('Loss during training')
plt.show()

# 测试激活函数的导数
sample_input = torch.tensor([0.5])   # 测试输入
relu_derivative = torch.where(sample_input > 0, torch.tensor(1.0), torch.tensor(0.0))
print("ReLU 导数:", relu_derivative.item())
```

```python
# 计算模型的梯度示例
for name, param in model.named_parameters():
    if param.grad is not None:
        print(f"{name}的梯度：{param.grad}")

# 测试模型输出
test_input = torch.randn(1, 1, 28, 28)    # 随机输入
with torch.no_grad():
    test_output = model(test_input)
print("测试模型输出：", test_output)
```

对上述代码的具体说明如下所示。

◆ **导数的定义：** 在计算损失函数时，代码通过调用criterion(outputs, labels)来计算损失，这实际上是利用损失函数的导数（梯度）来衡量模型输出与真实标签之间的差异。

◆ **反向传播：** loss.backward()这一行实现了反向传播。这个过程基于链式法则来计算每层参数的梯度，是微积分在神经网络中的直接应用。

◆ **激活函数的导数：** 在代码中使用了ReLU激活函数，其导数（当输入大于0时为1，小于等于0时为0）在模型的前向传播过程中是隐式计算的。

◆ **梯度下降法：** 优化器optim.SGD使用损失函数的梯度来更新模型参数，这个过程实际上应用了梯度信息来优化模型。

运行后会输出每个Epoch结束时的损失值，以显示模型在训练集上的表现，帮助观察模型是否在收敛。另外还输出了每层的梯度信息，以便更好地理解模型的学习过程。

```
Epoch [1/5], Loss: 1.9524
Epoch [2/5], Loss: 1.2545
Epoch [3/5], Loss: 0.8647
Epoch [4/5], Loss: 0.6830
Epoch [5/5], Loss: 0.5852
ReLU 导数：1.0
fc1.weight的梯度：tensor([[0.0000, 0.0000, 0.0000, ..., 0.0000, 0.0000, 0.0000],
                    [0.0050, 0.0050, 0.0050, ..., 0.0050, 0.0050, 0.0050],
                    [0.0068, 0.0068, 0.0068, ..., 0.0068, 0.0068, 0.0068],
// 省略部分输出结果
fc1.bias的梯度：tensor([0.0000e+00, -5.0150e-03, -6.8005e-03, 9.1296e-03,
                    4.1647e-03, 5.0668e-03, -1.5349e-02, -1.1947e-02,
                    -3.9525e-03, -3.6090e-03,
// 省略部分输出结果
fc2.weight的梯度：tensor([[0.0000e+00, 1.2720e-02, 7.0686e-03, ...,
                      0.0000e+00, 7.2238e-03, 4.5846e-05],
                    [0.0000e+00,  1.7458e-02,  3.5703e-02,  ...,
                      0.0000e+00,
// 省略部分输出结果
fc2.bias的梯度：tensor([0.0063, -0.0001,  0.0169, -0.0180, -0.0207, 0.0355,
                    -0.0022, -0.0179, 0.0558,  0.0153])
```

测试模型输出：tensor([[0.0758, 0.8143, -0.1756, 0.4671, 0.1276, 0.2468,
            -0.2685, 0.0965, 0.0536, 0.1717]])

运行后绘制了可视化损失曲线图，如图8-3所示，展示了在模型训练过程中每次迭代的损失值变化情况。

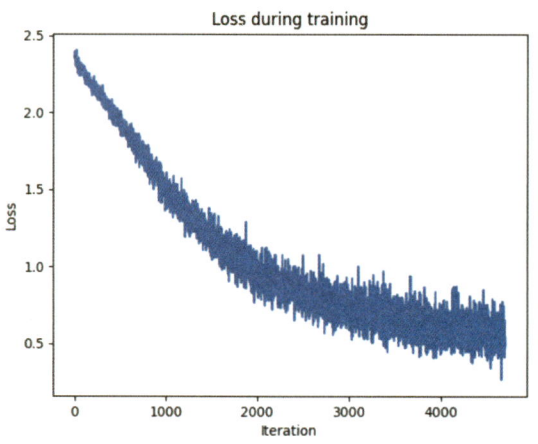

图8-3　MNIST数据集的可视化损失曲线图

8.2.3　随机梯度下降

SGD是一种广泛应用于大规模机器学习和深度学习任务中的优化算法。SGD的核心思想是通过逐个样本或小批量（mini-batch）地更新模型参数，以加速训练过程并提高收敛性。

1. 工作原理

◆ 在标准的梯度下降算法中，损失函数的梯度是基于整个训练集计算的，可能会导致计算量庞大且更新速度较慢。

◆ SGD通过仅使用一个样本（或一小部分样本）来计算梯度，从而快速更新参数，这意味着每次迭代的更新是基于一个样本的。

2. 更新公式

在SGD中，模型参数的更新通常采用以下公式：

$$\theta = \theta - \eta \nabla J\left(\theta; x^{(i)}, y^{(i)}\right)$$

其中，θ是模型参数，η是学习率，$\nabla J\left(\theta; x^{(i)}, y^{(i)}\right)$是基于第$i$个样本计算出的损失函数关于$\theta$的梯度。

实例8-2　使用微积分优化SGD（源码路径：codes\8\Sgd.py）

本实例使用了PyTorch内置的MNIST数据集，展示了微积分在SGD中的应用过程，并实现了可视化功能。

```
# 检查GPU是否可用
device = torch.device("cuda" if torch.cuda.is_available() else "cpu")
```

```python
# 超参数
batch_size = 64
learning_rate = 0.01
num_epochs = 5

# 数据集准备
transform = transforms.Compose([
    transforms.ToTensor(),
    transforms.Normalize((0.5,), (0.5,))
])
trainset = torchvision.datasets.MNIST(root='data', train=True,
download=True, transform=transform)
trainloader = torch.utils.data.DataLoader(trainset, batch_size=batch_size,
                                    shuffle=True)

# 定义简单神经网络
class SimpleNN(nn.Module):
    def __init__(self):
        super(SimpleNN, self).__init__()
        self.fc1 = nn.Linear(28 * 28, 128)
        self.fc2 = nn.Linear(128, 10)
        self.relu = nn.ReLU()

    def forward(self, x):
        x = x.view(-1, 28 * 28)   # 展平输入
        x = self.fc1(x)
        x = self.relu(x)   # 激活函数
        x = self.fc2(x)
        return x

# 初始化模型、损失函数和优化器
model = SimpleNN().to(device)
criterion = nn.CrossEntropyLoss()
optimizer = optim.SGD(model.parameters(), lr=learning_rate)

# 训练模型并可视化损失
losses = []
for epoch in range(num_epochs):
    running_loss = 0.0
    for inputs, labels in trainloader:
        inputs, labels = inputs.to(device), labels.to(device)

        optimizer.zero_grad()
        outputs = model(inputs)
```

```python
        # 计算损失
        loss = criterion(outputs, labels)
        losses.append(loss.item())

        # 反向传播
        loss.backward()
        optimizer.step()

        running_loss += loss.item()
    print(f"Epoch [{epoch + 1}/{num_epochs}], Loss: {running_loss / len(trainloader):.4f}")

# 可视化损失
plt.plot(losses)
plt.xlabel('Iteration')
plt.ylabel('Loss')
plt.title('Loss during Training with SGD')
plt.show()

# 测试模型输出
test_input = torch.randn(1, 1, 28, 28).to(device)  # 随机输入
with torch.no_grad():
    test_output = model(test_input)
print("测试模型输出:", test_output)
```

上述代码的实现流程如下所示：

- **设备选择**：首先检查GPU是否可用，并选择相应的设备。
- **准备数据集**：使用MNIST数据集，并对其进行标准化处理。
- **定义神经网络**：定义了一个简单的全连接神经网络，包含一个隐藏层和ReLU激活函数。
- **模型初始化**：设置损失函数为交叉熵损失，优化器为SGD。
- **模型训练**：在每个Epoch中，通过前向传播计算输出、计算损失并进行反向传播以更新参数。
- **损失可视化**：将训练过程中每次迭代的损失绘制成可视化图，如图8-4所示。
- **输出测试模型**：使用随机输入测试模型并打印输出测试结果：

```
Epoch [1/5], Loss: 0.7459
Epoch [2/5], Loss: 0.3648
Epoch [3/5], Loss: 0.3194
Epoch [4/5], Loss: 0.2929
```

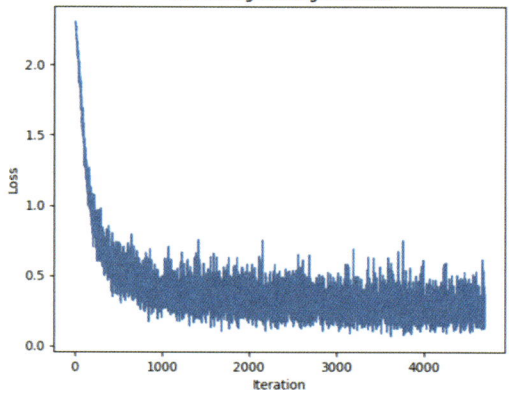

图8-4 损失变化的可视化图

```
Epoch [5/5], Loss: 0.2718
测试模型输出：tensor([[-0.5324,  0.4835, -1.1207, -0.0488,  0.0264,  0.5839,
          1.0030, -0.9436,  0.5744, -0.2834]], device='cuda:0')
```

8.2.4 动量法

动量法（Momentum）是一种优化算法，旨在加速梯度下降法的收敛速度，并帮助避免局部最优解。该方法通过引入动量概念，结合前几次的梯度信息来调整当前参数的更新。动量法的核心思想源自物理学中的动量概念。当参数更新时，不仅依赖于当前的梯度，还考虑了之前梯度的"动量"。这样可以使优化过程更为平滑，避免在陡峭的方向上过度更新，进而减少振荡现象。

在标准的SGD中，参数更新公式为：

$$\theta = \theta - \eta \nabla J(\theta)$$

而在动量法中，引入了一个动量变量 v 来积累过去的梯度，其更新公式为：

$$v = \beta v + (1-\beta) \nabla J(\theta)$$

$$\theta = \theta - \eta v$$

其中，θ 是模型参数，η 是学习率，$\nabla J(\theta)$ 是损失函数相对于 θ 的梯度，v 是动量变量，而 β 是动量衰减因子，通常设置为0.9或0.99。

总之，动量法通过引入过去梯度的影响，提高了优化算法的稳定性和效率。它是一种简单而有效的改进策略，广泛应用于深度学习和机器学习的各种优化任务中。

实例8-3 使用微积分优化动量法模型（源码路径：codes\8\Dong.py）

本实例基于MNIST数据集使用动量法训练一个简单的神经网络，最终可视化展示训练过程中的损失变化情况。

```python
# 超参数
batch_size = 64
learning_rate = 0.01
num_epochs = 5
momentum = 0.9

# 数据集准备
transform = transforms.Compose([
    transforms.ToTensor(),
    transforms.Normalize((0.5,), (0.5,))
])
trainset = torchvision.datasets.MNIST(root='data', train=True,
                                       download=True, transform=transform)
trainloader = torch.utils.data.DataLoader(trainset, batch_size=batch_size,
                                           shuffle=True)

# 定义神经网络
class SimpleNN(nn.Module):
```

```python
    def __init__(self):
        super(SimpleNN, self).__init__()
        self.fc1 = nn.Linear(28 * 28, 128)
        self.fc2 = nn.Linear(128, 10)
        self.relu = nn.ReLU()

    def forward(self, x):
        x = x.view(-1, 28 * 28)      # 展平输入
        x = self.fc1(x)
        x = self.relu(x)             # 激活函数
        x = self.fc2(x)
        return x

# 初始化模型、损失函数和动量优化器
model = SimpleNN().cuda()    # 使用GPU
criterion = nn.CrossEntropyLoss()
optimizer = optim.SGD(model.parameters(), lr=learning_rate,
momentum=momentum)

# 训练模型并可视化损失
losses = []
for epoch in range(num_epochs):
    running_loss = 0.0
    for inputs, labels in trainloader:
        inputs, labels = inputs.cuda(), labels.cuda()    # 使用GPU
        optimizer.zero_grad()
        outputs = model(inputs)
        # 计算损失
        loss = criterion(outputs, labels)
        losses.append(loss.item())
        # 反向传播
        loss.backward()
        optimizer.step()
        running_loss += loss.item()
    print(f"Epoch [{epoch + 1}/{num_epochs}], Loss: {running_loss / len(trainloader):.4f}")

# 可视化损失
plt.figure(figsize=(10, 5))
plt.plot(losses, label='Loss')
plt.xlabel('Iterations')
plt.ylabel('Loss')
plt.title('Training Loss with Momentum')
plt.grid()
plt.legend()
plt.show()
```

对上述代码的具体说明如下所示。

◆ **定义神经网络**：定义了一个简单的全连接神经网络，该网络包含两个线性层和一个ReLU激活函数。

◆ **动量优化器**：使用torch.optim.SGD创建了一个带有动量的随机梯度下降优化器。

◆ **训练过程**：在每个Epoch中，模型会进行前向传播和反向传播并更新参数。损失值会被记录下来，以便后续的可视化操作。

◆ **可视化损失**：使用Matplotlib绘制了训练过程中损失变化的可视化图，如图8-5所示。

在上述代码中，微积分的作用主要体现在以下几个方面。

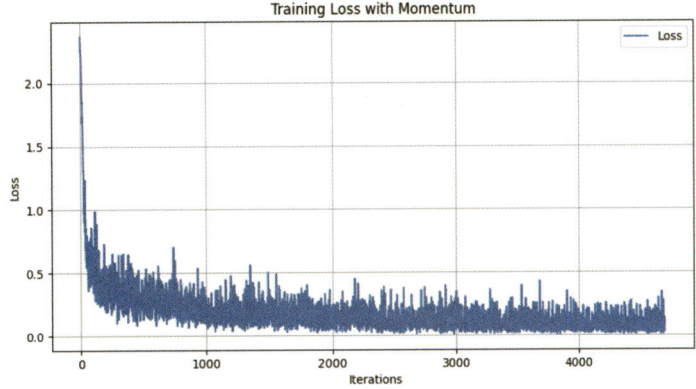

图8-5 损失变化的可视化图

◆ **导数的计算**：在反向传播过程中，使用loss.backward()计算损失函数相对于模型参数的导数（梯度）。这依赖于微积分中的导数概念，用于确定损失相对于模型参数的变化率。

◆ **梯度更新**：动量法的实现基于梯度更新机制，在每次迭代中，参数更新公式不仅利用当前梯度，还累积历史梯度信息。这一设计本质上是微积分中变化率动态累积过程的数值实现。

◆ **激活函数的导数**：在神经网络类SimpleNN的前向传播方法forward中，使用了ReLU激活函数，其输出的计算依赖于激活函数的导数。虽然在代码中没有明确计算这些导数，但在训练过程中，自动微分会根据定义计算出这些导数。

8.2.5 自适应学习率算法

自适应学习率算法是一类能够动态调整学习率的优化算法，旨在提高模型训练的效率和效果。与固定学习率的算法相比，自适应学习率算法可以根据参数更新的历史情况自动调整学习率，使得模型能够在不同训练阶段以更合适的速度进行学习。常见的自适应学习率算法如下所示。

◆ **AdaGrad**：根据参数的历史更新信息调整每个参数的学习率，较频繁更新的参数会得到较小的学习率，而较少更新的参数则会得到较大的学习率。

◆ **RMSProp**：改进了AdaGrad，通过引入指数衰减平均来避免学习率过早降低，适用于非平稳目标函数优化。

◆ **Adam（Adaptive Moment Estimation）**：结合了AdaGrad和RMSProp的优点，使用一阶矩（均值）和二阶矩（方差）的估计来动态调整每个参数的学习率。Adam通常被视为性能优越且广泛应用的优化算法。

◆ **Nadam**：在Adam的基础上结合了Nesterov加速梯度的方法，通过对梯度进行预先统计，进一步提高了收敛速度。

> **实例8-4** 使用微积分优化自适应学习率算法（源码路径：codes\8\Zi.py）

本实例使用PyTorch内置的MNIST数据集，通过Adam优化器展示微积分在自适应学习率算法中的应用过程。本实例包含了模型定义、训练过程和损失曲线的可视化等功能。

```python
import torch
import torch.nn as nn
import torch.optim as optim
import torchvision
import torchvision.transforms as transforms
import matplotlib.pyplot as plt

# 超参数
batch_size = 64
learning_rate = 0.001
num_epochs = 5

# 数据集准备
transform = transforms.Compose([
    transforms.ToTensor(),
    transforms.Normalize((0.5,), (0.5,))
])
trainset = torchvision.datasets.MNIST(root='data', train=True,
download=True, transform=transform)
trainloader = torch.utils.data.DataLoader(trainset, batch_size=batch_size,
                                          shuffle=True)

# 定义神经网络
class SimpleNN(nn.Module):
    def __init__(self):
        super(SimpleNN, self).__init__()
        self.fc1 = nn.Linear(28 * 28, 128)
        self.fc2 = nn.Linear(128, 10)
        self.relu = nn.ReLU()

    def forward(self, x):
        x = x.view(-1, 28 * 28)    # 展平输入
        x = self.fc1(x)
        x = self.relu(x)    # 激活函数
        x = self.fc2(x)
        return x

# 初始化模型、损失函数和优化器
device = torch.device("cuda" if torch.cuda.is_available() else "cpu")
model = SimpleNN().to(device)
criterion = nn.CrossEntropyLoss()
```

```python
optimizer = optim.Adam(model.parameters(), lr=learning_rate)
# 训练模型并可视化损失
losses = []
for epoch in range(num_epochs):
    running_loss = 0.0
    for inputs, labels in trainloader:
        inputs, labels = inputs.to(device), labels.to(device)
        optimizer.zero_grad()
        outputs = model(inputs)
        # 计算损失
        loss = criterion(outputs, labels)
        losses.append(loss.item())
        # 反向传播
        loss.backward()
        optimizer.step()
        running_loss += loss.item()
    print(f"Epoch [{epoch + 1}/{num_epochs}], Loss: {running_loss / len(trainloader):.4f}")

# 可视化损失
plt.figure(figsize=(10, 5))
plt.plot(losses, label='Loss')
plt.xlabel('Iteration')
plt.ylabel('Loss')
plt.title('Loss during training with Adam optimizer')
plt.legend()
plt.grid()
plt.show()

# 测试模型输出
test_input = torch.randn(1, 1, 28, 28).to(device)  # 随机输入
with torch.no_grad():
    test_output = model(test_input)
print("测试模型输出:", test_output)
```

上述代码的实现流程如下所示。

◆ **数据集准备**：使用MNIST手写数字数据集，并对其进行归一化处理。

◆ **模型定义**：构建一个简单的全连接神经网络。

◆ **优化器**：使用Adam优化器，它能够根据每个参数的历史梯度调整学习率，体现了自适应学习率算法的核心思想。

◆ **训练过程**：记录每次迭代的损失值，并使用loss.backward()进行反向传播。

◆ **可视化**：绘制可视化图以观察模型训练过程中的损失变化，如图8-6所示。

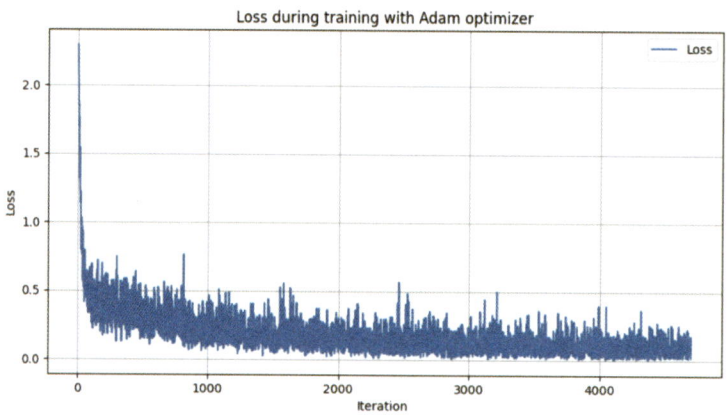

图 8-6 训练过程中的损失变化的可视化图

运行结果会输出在训练过程中的损失值,其中最后一行输出表示对随机输入数据的预测结果,显示了每个类别的未归一化得分。

```
Epoch [1/5], Loss: 0.3772
Epoch [2/5], Loss: 0.1908
Epoch [3/5], Loss: 0.1383
Epoch [4/5], Loss: 0.1088
Epoch [5/5], Loss: 0.0922
测试模型输出: tensor([[-3.8430, 2.0956, 0.3613, 1.1970, -5.2501, 0.6057,
            -1.0673, -3.2593, -4.1620, -2.2907]], device='cuda:0')
```

8.3 优化算法

优化算法是机器学习和深度学习中用于调整模型参数以最小化损失函数的重要工具。它们通过利用损失函数的导数信息来确定最佳参数更新方向和步长。常见的优化算法包括牛顿法与拟牛顿法,这些方法利用二阶导数和海森矩阵提高收敛速度。

8.3.1 牛顿法与拟牛顿法

牛顿法与拟牛顿法是用于解决模型优化问题的经典算法,尤其在求解最优化问题时具有广泛应用。

1. 牛顿法

牛顿法是一种利用函数二阶导数(即海森矩阵)信息的优化方法。它的基本思想是通过泰勒展开近似函数,并利用当前点的导数和海森矩阵来更新参数。具体步骤如下。

(1)计算梯度和海森矩阵

计算损失函数的梯度 $\nabla J(\theta)$ 和海森矩阵 $H(\theta)$。

(2)更新规则

使用以下公式更新参数:

$$\theta_{\text{new}} = \theta_{\text{old}} - H(\theta_{\text{old}})^{-1} \nabla J(\theta_{\text{old}})$$

上述更新过程会根据海森矩阵调整步长，从而在极小化方向上快速收敛。

2. 拟牛顿法

拟牛顿法是对牛顿法的一种改进，主要目的是避免直接计算海森矩阵，因为计算海森矩阵及其逆的代价较高。拟牛顿法通过迭代地构造Hessian矩阵逆的近似来提高效率。最常用的拟牛顿法是BFGS算法，其基本步骤如下。

（1）初始估计

从一个初始参数 θ_0 开始，并初始化海森矩阵的逆 B_0（通常取为单位矩阵）。

（2）更新规则

◆ 在每次迭代中计算梯度 $\nabla J(\theta)$ 并更新参数：

$$\theta_{\text{new}} = \theta_{\text{old}} - aB_{\text{old}} \nabla J(\theta_{\text{old}})$$

◆ 通过梯度的变化更新Hessian矩阵逆的近似：

$$B_{\text{new}} = B_{\text{old}} + \frac{y_k y_k^{\text{T}}}{y_k^{\text{T}} s_k} - \frac{B_{\text{old}} s_k s_k^{\text{T}} B_{\text{old}}}{s_k^{\text{T}} B_{\text{old}} s_k}$$

其中，S_k 是参数更新的变化，y_k 是梯度变化的变化。

总之，牛顿法因其快速收敛性在某些问题中表现出色，但计算复杂度高。而拟牛顿法在效率与精度之间取得了良好平衡，常用于大规模优化问题。两者都广泛应用于机器学习和深度学习中的模型优化。

3. 微积分的应用

微积分在牛顿法与拟牛顿法中起着核心作用，主要体现在以下几个方面。

（1）一阶导数的应用

在牛顿法中，首先需要计算损失函数的梯度（即一阶导数）：

$$\nabla J(\theta)$$

这个梯度用于指示损失函数在当前参数点的变化方向，是优化更新步骤的基础。

（2）二阶导数的应用

牛顿法的核心在于利用二阶导数（海森矩阵）来调整步长和方向，海森矩阵的形式为：

$$H(\theta) = \begin{bmatrix} \frac{\partial^2 J}{\partial \theta_1^2} & \frac{\partial^2 J}{\partial \theta_1 \partial \theta_2} & \cdots \\ \frac{\partial^2 J}{\partial \theta_2 \partial \theta_1} & \frac{\partial^2 J}{\partial \theta_2^2} & \cdots \\ \vdots & \vdots & \ddots \end{bmatrix}$$

矩阵主对角线上的元素是各个参数的二阶偏导数，非对角线元素是参数之间的混合二阶偏导数。这种表示方式完整地描述了目标函数在参数空间中的曲率信息。

牛顿法通过海森矩阵逆的近似来决定更新方向，使得更新过程能更快收敛到极小值。

（3）拟牛顿法中的导数近似

在拟牛顿法中，虽然不直接计算海森矩阵，但仍然需要用到一阶导数。通过对梯度变化的观察，拟牛顿法构造海森矩阵的近似。具体来说，通过记录前后两个梯度的变化（即 s_k 和 y_k）来更新 Hessian 矩阵逆的近似。

（4）迭代更新

在牛顿法与拟牛顿法中，微积分都用于迭代更新参数，使得优化过程能在每一步中朝着降低损失的方向前进。这种参数更新公式的构造依赖于导数的定义和计算。

实例8-5　使用拟牛顿法训练模型（源码路径：codes\8\Niu.py）

本实例生成了一组模拟数据并使用简单的线性模型进行训练。通过可视化损失值展示了拟牛顿法在训练过程中的损失变化情况。

```python
import torch
import torch.nn as nn
import numpy as np
import matplotlib.pyplot as plt

# 超参数
batch_size = 32
num_epochs = 50
learning_rate = 1    # LBFGS 不需要设置太小的学习率
epsilon = 1e-5       # 正则化常数

# 模拟数据集
np.random.seed(42)
torch.manual_seed(42)

# 生成模拟数据
X = np.random.rand(1000, 1) * 10    # 1000个样本，1个特征
y = 2 * (X ** 2) + 3 * X + 5 + np.random.randn(1000, 1) * 5    # 二次函数加噪声
X_tensor = torch.FloatTensor(X)
y_tensor = torch.FloatTensor(y)

# 数据加载器
dataset = torch.utils.data.TensorDataset(X_tensor, y_tensor)
data_loader = torch.utils.data.DataLoader(dataset, batch_size=batch_size,
                                          shuffle=True)

# 定义简单线性模型
class LinearModel(nn.Module):
    def __init__(self):
        super(LinearModel, self).__init__()
        self.fc = nn.Linear(1, 1)    # 1个输入，1个输出

    def forward(self, x):
        return self.fc(x)
```

```python
# 使用BFGS优化算法
def bfgs_method(model, criterion, data_loader, num_epochs):
    losses = []
    optimizer = torch.optim.LBFGS(model.parameters(), lr=learning_rate)

    for epoch in range(num_epochs):
        for inputs, labels in data_loader:
            inputs, labels = inputs.to(device), labels.to(device)

            # LBFGS要求一个closure函数来重新计算损失
            def closure():
                optimizer.zero_grad()
                outputs = model(inputs)
                loss = criterion(outputs, labels)
                loss.backward()
                return loss

            loss = optimizer.step(closure)
            losses.append(loss.item())

    return losses

# 初始化模型和损失函数
device = torch.device("cuda" if torch.cuda.is_available() else "cpu")
model_bfgs = LinearModel().to(device)
criterion = nn.MSELoss()

# 使用BFGS训练
losses_bfgs = bfgs_method(model_bfgs, criterion, data_loader, num_epochs)

# 可视化损失
plt.figure(figsize=(12, 6))
plt.plot(losses_bfgs, label='Quasi-Newton Method Loss')
plt.xlabel('Iteration')
plt.ylabel('Loss')
plt.title('Loss Comparison: Newton Method vs Quasi-Newton Method')
plt.legend()
plt.show()
```

上述代码的实现流程如下所示。

◆ 首先，生成了一组模拟数据，并创建了数据加载器。

◆ 其次，定义了一个线性模型，随后在函数bfgs_method中使用torch.optim.LBFGS优化器进行训练。由于BFGS需要通过一个闭包函数重新计算损失和梯度，所以代码中实现了一个closure函数来满足这一要求。

◆ 最后，通过可视化损失值，展示了训练过程中的损失变化，如图8-7所示。

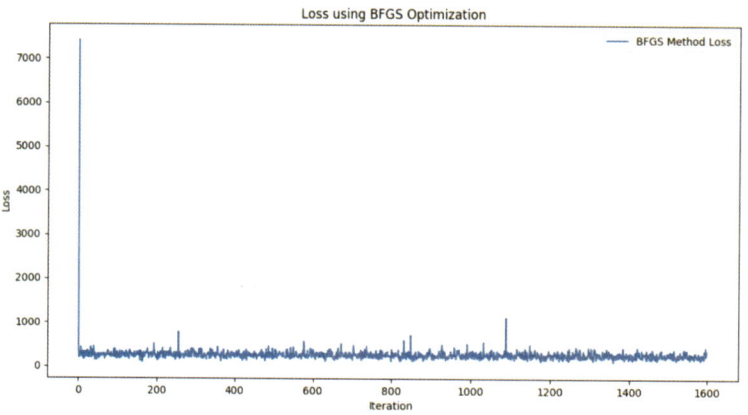

图8-7 训练过程中的损失变化可视化图

在本实例中，微积分的作用主要体现在损失函数的梯度计算上。优化算法利用这些梯度信息来调整模型参数，以最小化损失函数，从而提高模型的预测能力。

8.3.2 自适应优化算法

自适应优化算法能够根据每个参数的历史梯度动态调整学习率，从而提高模型训练的效率和效果。下面将详细介绍两种常用的自适应优化算法。

1. Adam算法

Adam算法结合了动量法和RMSprop算法的优点，通过计算梯度的一阶矩（均值）和二阶矩（未中心化的方差）来动态调整学习率。

（1）实现Adam算法

Adam的优势在于其收敛速度快，适合处理大规模数据和高维参数。实现Adam算法的步骤如图8-8所示。

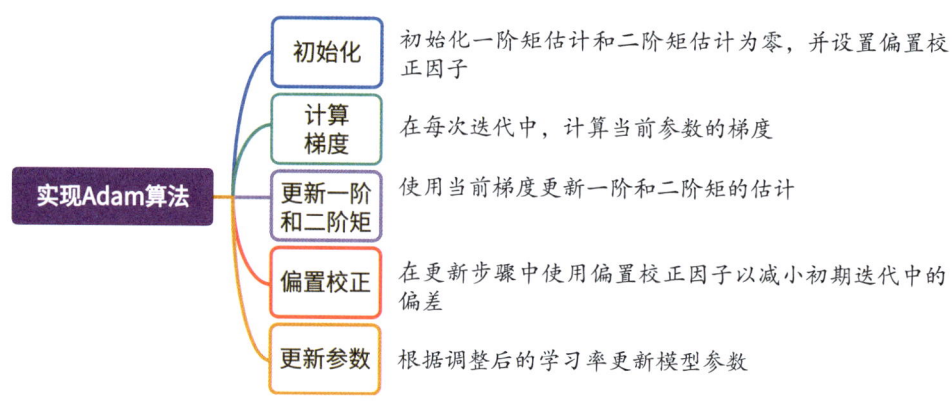

图8-8 实现Adam算法的步骤

（2）微积分的作用

在Adam算法中，微积分的作用主要体现在以下几个方面。

- **梯度计算**：Adam通过计算损失函数相对于模型参数的梯度来指导参数更新。这些梯度信息是利用微积分中的导数概念计算得出的，为优化提供了基础。
- **一阶和二阶矩估计**：Adam维护了一阶矩（梯度的均值）和二阶矩（梯度的方差），这些矩的计算依赖于对历史梯度的累积，体现了对导数的应用。
- **自适应学习率**：通过对梯度的平方进行平滑，Adam能够动态调整每个参数的学习率，确保在参数空间中以合适的步长进行优化。这种调整依赖于对梯度变化的理解和微积分的基本原理。

总之，微积分为Adam算法中的梯度计算和参数更新提供了理论基础，使得该算法能够高效地优化损失函数。

实例8-6 使用微积分优化Adam算法（源码路径：codes\8\Ada.py）

本实例基于MNIST数据集实现手写数字分类工作，展示了微积分在Adam算法中的实际应用。

```python
# 超参数
batch_size = 64
num_epochs = 5
learning_rate = 0.001

# 数据预处理和加载 MNIST 数据集
transform = transforms.Compose([transforms.ToTensor(), transforms.Normalize((0.5,), (0.5,))])
trainset = torchvision.datasets.MNIST(root='data', train=True, download=True, transform=transform)
trainloader = torch.utils.data.DataLoader(trainset, batch_size=batch_size,
                                          shuffle=True)

# 定义简单的神经网络
class SimpleNN(nn.Module):
    def __init__(self):
        super(SimpleNN, self).__init__()
        self.fc1 = nn.Linear(28 * 28, 128)
        self.fc2 = nn.Linear(128, 10)

    def forward(self, x):
        x = x.view(-1, 28 * 28)  # 将 28x28 的图像展平
        x = torch.relu(self.fc1(x))
        x = self.fc2(x)
        return x

# 初始化模型、损失函数和优化器
device = torch.device("cuda" if torch.cuda.is_available() else "cpu")
model = SimpleNN().to(device)
criterion = nn.CrossEntropyLoss()
optimizer = optim.Adam(model.parameters(), lr=learning_rate)

# 训练模型
```

```python
losses = []
for epoch in range(num_epochs):
    for inputs, labels in trainloader:
        inputs, labels = inputs.to(device), labels.to(device)
        # 前向传播
        outputs = model(inputs)
        loss = criterion(outputs, labels)
        # 后向传播和优化
        optimizer.zero_grad()
        loss.backward()
        optimizer.step()
        losses.append(loss.item())

# 可视化损失曲线
plt.figure(figsize=(12, 6))
plt.plot(losses, label='Loss')
plt.xlabel('Iterations')
plt.ylabel('Loss')
plt.title('Training Loss using Adam Optimizer')
plt.legend()
plt.show()
```

对上述代码的具体说明如下所示。

◆ **数据集**：使用PyTorch的内置MNIST数据集，并对数据进行标准化处理。

◆ **模型**：定义一个简单的FNN。

◆ **优化器**：使用Adam优化器进行模型参数更新。

◆ **训练**：在每个Epoch中，进行前向传播、损失计算和反向传播。

◆ **可视化**：绘制训练过程中损失变化的可视化曲线图，直观地展示模型学习的过程，如图8-9所示。

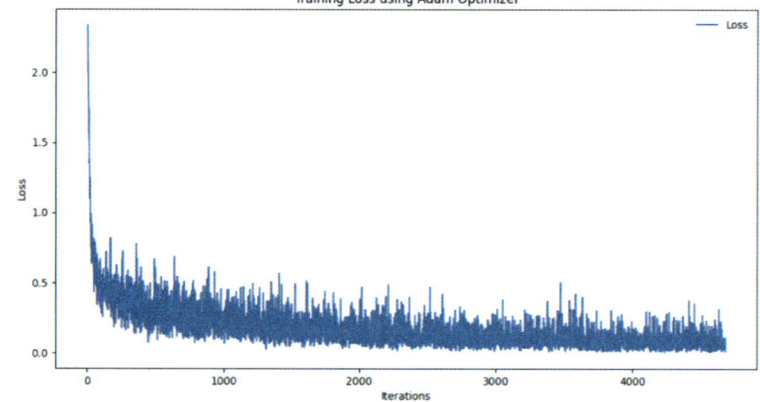

图8-9　训练过程中的损失变化可视化曲线图

在本实例中，微积分在Adam算法中的作用如下。

◆ **梯度计算**：通过反向传播计算损失相对于模型参数的梯度，以更新模型参数。

◆ **自适应学习率**：Adam算法自动调整学习率，利用历史梯度信息来加速收敛。

2. RMSprop算法

RMSprop（Root Mean Square Propagation）算法旨在解决学习率衰减的问题，并能够对每个参数的学习率进行自适应调整。关于RMSprop算法的具体说明如图8-10所示。

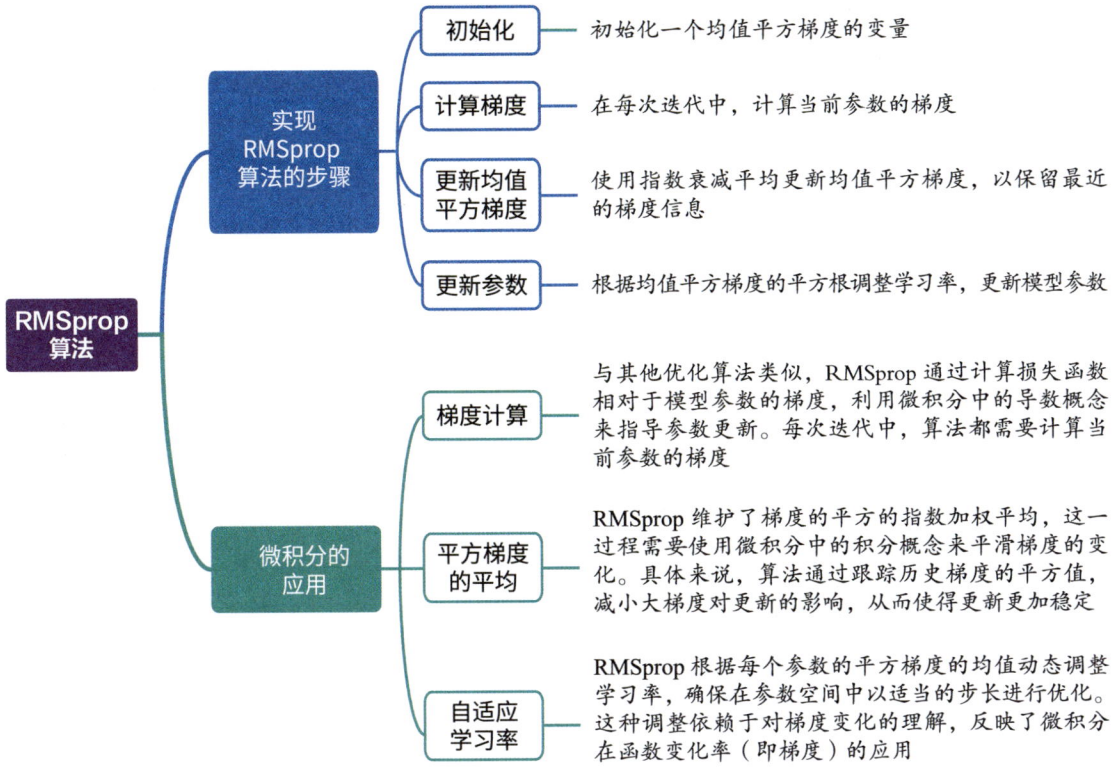

图 8-10 RMSprop 算法的说明

总之，微积分为RMSprop算法提供了梯度计算和动态学习率调整的理论基础，使得该算法在优化损失函数时更加高效和稳定。

实例8-7 使用RMSprop优化算法更新模型参数（源码路径：codes\8\Rm.py）

本实例构建了一个简单的CNN，用于训练MNIST手写数字数据集，并使用RMSprop优化算法来更新模型参数。训练过程中记录并可视化了损失变化，以展示优化效果。

```python
import torch
import torch.nn as nn
import torchvision.transforms as transforms
import torchvision.datasets as datasets
import matplotlib.pyplot as plt

# 超参数
batch_size = 64
num_epochs = 10
learning_rate = 0.01

# 数据集准备
transform = transforms.Compose([transforms.ToTensor(), transforms.
                                Normalize((0.5,), (0.5,))])
train_dataset = datasets.MNIST(root='data', train=True, download=True,
                               transform=transform)
```

```python
train_loader = torch.utils.data.DataLoader(dataset=train_dataset, batch_
                                            size=batch_size, shuffle=True)

# 定义简单的卷积神经网络
class SimpleCNN(nn.Module):
    def __init__(self):
        super(SimpleCNN, self).__init__()
        self.conv1 = nn.Conv2d(1, 32, kernel_size=3, padding=1)
        self.conv2 = nn.Conv2d(32, 64, kernel_size=3, padding=1)
        self.fc1 = nn.Linear(64 * 7 * 7, 128)
        self.fc2 = nn.Linear(128, 10)

    def forward(self, x):
        x = torch.relu(self.conv1(x))
        x = torch.max_pool2d(x, kernel_size=2)
        x = torch.relu(self.conv2(x))
        x = torch.max_pool2d(x, kernel_size=2)
        x = x.view(x.size(0), -1)
        x = torch.relu(self.fc1(x))
        x = self.fc2(x)
        return x

# 初始化模型、损失函数和优化器
device = torch.device("cuda" if torch.cuda.is_available() else "cpu")
model = SimpleCNN().to(device)
criterion = nn.CrossEntropyLoss()
optimizer = torch.optim.RMSprop(model.parameters(), lr=learning_rate)

# 训练模型
losses = []
for epoch in range(num_epochs):
    for inputs, labels in train_loader:
        inputs, labels = inputs.to(device), labels.to(device)

        # 前向传播
        outputs = model(inputs)
        loss = criterion(outputs, labels)

        # 反向传播和优化
        optimizer.zero_grad()
        loss.backward()
        optimizer.step()

        losses.append(loss.item())

# 可视化损失
```

```
plt.figure(figsize=(12, 6))
plt.plot(losses, label='RMSprop Loss')
plt.xlabel('Iteration')
plt.ylabel('Loss')
plt.title('Loss using RMSprop Optimization')
plt.legend()
plt.show()
```

在上述代码中，微积分的作用如下所示。

◆ **梯度计算：** 在每次迭代中，通过微积分计算损失函数相对于模型参数的梯度，指导参数更新。

◆ **平方梯度的平均：** RMSprop算法通过对历史梯度平方值的指数加权平均，使用微积分的概念来平滑梯度变化，确保更新更加稳定。

◆ **自适应学习率：** 通过微积分理解梯度的变化，RMSprop动态调整每个参数的学习率，以更有效地优化损失函数。

运行后会绘制训练过程中的损失变化可视化图，如图8-11所示。

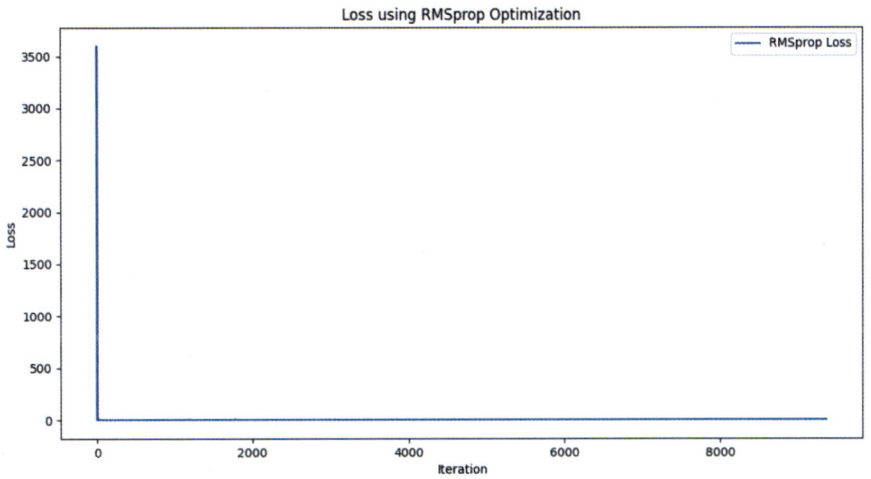

图8-11　训练过程中的损失变化可视化图

8.4　正则化技术

正则化技术是一种在模型训练过程中添加额外约束的方法，以防止过拟合并提高模型的泛化能力。正则化在优化过程中依赖微积分的应用，尤其是通过计算正则化项的导数来影响模型参数的更新，从而有效控制模型复杂度和提高预测性能。

8.4.1　正则化介绍

正则化是一种重要的技术，旨在提高机器学习模型的泛化能力，防止模型在训练数据上过拟合。正则化通过在模型的损失函数中引入额外的惩罚项来限制模型的复杂性，从而使模型更具鲁棒性和可解释性。关于正则化的具体说明如图8-12所示。

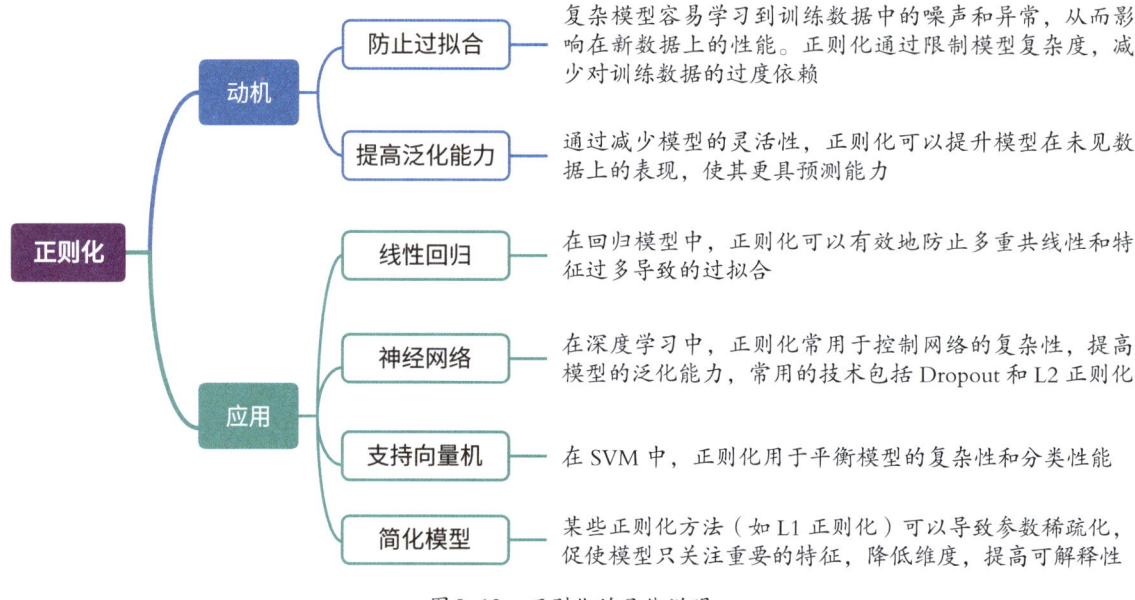

图 8-12　正则化的具体说明

8.4.2　L1 正则化

L1 正则化（也称为 Lasso 正则化）是一种通过在损失函数中加入权重参数绝对值的和来抑制模型复杂性的方法。其主要目的是减少模型的过拟合，提高模型的泛化能力。

1. 工作原理

（1）损失函数调整

在原始损失函数（如 MSE）中添加一个正则化项：

$$L = L_{原始} + \lambda \sum_{i=1}^{n} |w_i|$$

其中，L 是总损失，$L_{原始}$ 是原始损失，w_i 是模型参数，λ 是正则化强度超参数。

（2）稀疏性

L1 正则化的一个重要特性是它会促使某些权重参数变为零。这使得模型能够自动进行特征选择，仅保留最重要的特征，从而提高模型的可解释性。

（3）优化过程

在优化过程中，L1 正则化的绝对值惩罚会导致参数更新时出现"阈值效应"，即小的权重更容易被驱动为零。

2. 微积分在 L1 正则化中的应用

L1 正则化通过在损失函数中引入参数绝对值的惩罚项来抑制模型复杂度，而微积分在这一过程中起着关键作用。具体来说，微积分的应用主要体现在以下几个方面。

（1）梯度计算

在优化过程中，L1 正则化需要计算损失函数相对于模型参数的梯度。正则化项包含绝对值，梯度计算涉及导数的定义：

$$\frac{\partial}{\partial w_i}|w_i| = \begin{cases} 1 & \text{if } w_i > 0 \\ -1 & \text{if } w_i < 0 \\ 0 & \text{if } w_i = 0 \end{cases}$$

这意味着当权重为零时,不会受到更新的影响。

(2)优化算法

在使用梯度下降或其他优化算法时,微积分提供了计算损失函数变化率的方法,指导参数更新。L1正则化的绝对值惩罚导致某些参数被推至零,表现出"阈值效应"。

(3)收敛性分析

微积分工具可以用于分析模型在引入L1正则化后的收敛性。通过研究损失函数的导数,能够判断何时达到最优解或近似最优解。

(4)影响决策边界

在机器学习模型中,正则化的作用是通过改变损失函数的形状来影响决策边界的平滑程度。微积分帮助理解损失函数在不同参数下的形状,从而优化模型性能。

实例8-8 使用L1正则化对线性回归模型进行训练(源码路径:codes\8\Zheng01.py)

本实例使用L1正则化对线性回归模型进行训练,目的是减少过拟合并提高模型的泛化能力。通过可视化损失随迭代的变化,直观地展示了正则化对训练过程的影响。

```python
import torch
import torch.nn as nn
import torch.optim as optim
import torchvision.transforms as transforms
import torchvision.datasets as datasets
import matplotlib.pyplot as plt

# 超参数
batch_size = 64
num_epochs = 20
learning_rate = 0.01
l1_lambda = 0.01  # L1 正则化强度

# 数据加载
transform = transforms.Compose([
    transforms.ToTensor(),
    transforms.Normalize((0.5,), (0.5,))
])

train_dataset = datasets.MNIST(root='data', train=True, transform=transform,
                               download=True)
train_loader = torch.utils.data.DataLoader(dataset=train_dataset, batch_
                                size=batch_size, shuffle=True)
```

```python
# 定义模型
class SimpleNN(nn.Module):
    def __init__(self):
        super(SimpleNN, self).__init__()
        self.fc1 = nn.Linear(28 * 28, 128)
        self.fc2 = nn.Linear(128, 10)

    def forward(self, x):
        x = x.view(-1, 28 * 28)   # 展平输入
        x = torch.relu(self.fc1(x))
        x = self.fc2(x)
        return x

# 初始化模型、损失函数和优化器
device = torch.device("cuda" if torch.cuda.is_available() else "cpu")
model = SimpleNN().to(device)
criterion = nn.CrossEntropyLoss()
optimizer = optim.SGD(model.parameters(), lr=learning_rate)

# 训练模型
losses = []

for epoch in range(num_epochs):
    for inputs, labels in train_loader:
        inputs, labels = inputs.to(device), labels.to(device)
        optimizer.zero_grad()
        outputs = model(inputs)
        loss = criterion(outputs, labels)
        # L1 正则化
        l1_norm = sum(torch.sum(torch.abs(param)) for param in
                      model.parameters())
        loss += l1_lambda * l1_norm
        loss.backward()
        optimizer.step()
        losses.append(loss.item())

# 可视化损失
plt.figure(figsize=(12, 6))
plt.plot(losses, label='Loss with L1 Regularization')
plt.xlabel('Iteration')
plt.ylabel('Loss')
plt.title('Loss during Training with L1 Regularization')
plt.legend()
plt.show()
```

在上述代码中,微积分的作用主要体现在以下两个方面。

◆ **梯度计算**：在每次迭代中，通过反向传播计算损失函数相对于模型参数的梯度，这涉及微分运算。

◆ **正则化项的导数**：L1正则化通过对模型参数的绝对值求和来引入正则化项。在计算总损失时，需要计算该正则化项的梯度，并将其添加到总梯度中，这也是微积分的应用。

运行后会绘制训练过程中的损失变化曲线图，以可视化训练过程中损失的变化情况，如图8-13所示。

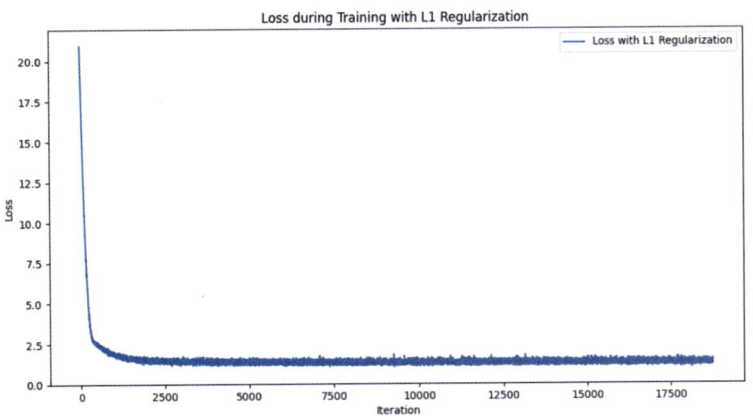

图8-13　训练过程中的损失变化曲线图

8.4.3　L2正则化

L2正则化，又称为岭回归，是一种通过在损失函数中增加权重参数的平方和作为惩罚项来防止模型过拟合的方法。具体来说，它通过在损失函数中加入一个与权重的平方成正比的项 $\lambda \sum_i w_i^2$，使得在训练模型时不仅要最小化预测误差，还要使权重尽量小，从而提高模型的稳定性和泛化能力。L2正则化有助于减小模型复杂度，避免过拟合，尤其是在特征数量较多的情况下。

微积分在L2正则化中的作用主要体现在以下两个方面。

（1）梯度计算

L2正则化通过将权重平方和添加到损失函数中，其梯度计算涉及微积分中的导数。例如，可以将损失函数表示为：

$$L(w) = \text{MSE}(w) + \lambda \sum_i w_i^2$$

当对该损失函数求导时，需要使用链式法则来计算正则化项对权重的影响。

（2）权重更新

在优化过程中，通过计算损失函数相对于权重的梯度，L2正则化使得在每次参数更新时，增加一个与当前权重成比例的项，形式为 $-\lambda w$。这反映了微积分在梯度下降法中的应用，确保权重在优化时向更小的值调整，从而控制模型复杂度。

总之，微积分为L2正则化提供了理论基础，使得通过梯度下降法调整权重以实现模型的稳定性和提高泛化能力成为可能。

实例8-9 使用L2正则化防止过拟合（源码路径：codes\8\Zheng02.py）

本实例实现了一个简单的线性回归模型，使用L2正则化防止过拟合，并通过PyTorch内置的波士顿房价数据集进行训练。在训练过程中，我们将记录并可视化损失值的变化，以展示正则化对模型性能的影响。

```python
import torch
import torch.nn as nn
import torch.optim as optim
import torchvision
import torchvision.transforms as transforms
import matplotlib.pyplot as plt

# 超参数
batch_size = 32
num_epochs = 10
learning_rate = 0.001
lambda_l2 = 0.01    # L2 正则化系数

# 数据加载和预处理
transform = transforms.Compose([
    transforms.ToTensor(),
    transforms.Normalize((0.5, 0.5, 0.5), (0.5, 0.5, 0.5))
])

trainset = torchvision.datasets.CIFAR10(root='data', train=True,
                                         download=True, transform=transform)
trainloader = torch.utils.data.DataLoader(trainset, batch_size=batch_size,
                                           shuffle=True)

# 定义简单的卷积神经网络
class SimpleCNN(nn.Module):
    def __init__(self):
        super(SimpleCNN, self).__init__()
        self.conv1 = nn.Conv2d(3, 32, 3, padding=1)
        self.conv2 = nn.Conv2d(32, 64, 3, padding=1)
        self.fc1 = nn.Linear(64 * 8 * 8, 512)
        self.fc2 = nn.Linear(512, 10)

    def forward(self, x):
        x = nn.ReLU()(self.conv1(x))
        x = nn.MaxPool2d(2)(x)
        x = nn.ReLU()(self.conv2(x))
        x = nn.MaxPool2d(2)(x)
        x = x.view(-1, 64 * 8 * 8)
        x = nn.ReLU()(self.fc1(x))
        x = self.fc2(x)
```

```python
        return x

# L2 正则化的损失函数
def l2_regularized_loss(model, criterion, outputs, labels, lambda_l2):
    loss = criterion(outputs, labels)
    l2_norm = sum(param.pow(2).sum() for param in model.parameters())
    return loss + lambda_l2 * l2_norm

# 初始化模型和损失函数
device = torch.device("cuda" if torch.cuda.is_available() else "cpu")
model = SimpleCNN().to(device)
criterion = nn.CrossEntropyLoss()
optimizer = optim.Adam(model.parameters(), lr=learning_rate)

# 训练模型
losses = []

for epoch in range(num_epochs):
    for inputs, labels in trainloader:
        inputs, labels = inputs.to(device), labels.to(device)

        optimizer.zero_grad()
        outputs = model(inputs)

        # 使用 L2 正则化的损失函数
        loss = l2_regularized_loss(model, criterion, outputs, labels, lambda_l2)
        losses.append(loss.item())

        loss.backward()
        optimizer.step()

# 可视化损失
plt.figure(figsize=(12, 6))
plt.plot(losses, label='L2 Regularized Loss')
plt.xlabel('Iteration')
plt.ylabel('Loss')
plt.title('Loss with L2 Regularization')
plt.legend()
plt.show()
```

在上述代码中，微积分的作用主要体现在以下两个方面。

◆ **计算梯度：**在每次训练迭代中，通过使用loss.backward()来计算损失函数关于模型参数的梯度。这个过程基于微积分中的导数概念，帮助优化算法确定如何调整参数以减小损失。

◆ **正则化项的导数：**L2正则化的实现涉及对模型参数的平方和进行求导，以此计算正则化项的梯度。这一过程反映了微积分在优化过程中的应用，确保在参数更新时考虑到正则化的影响。

运行后会生成训练过程中损失变化的可视化图，如图8-14所示。

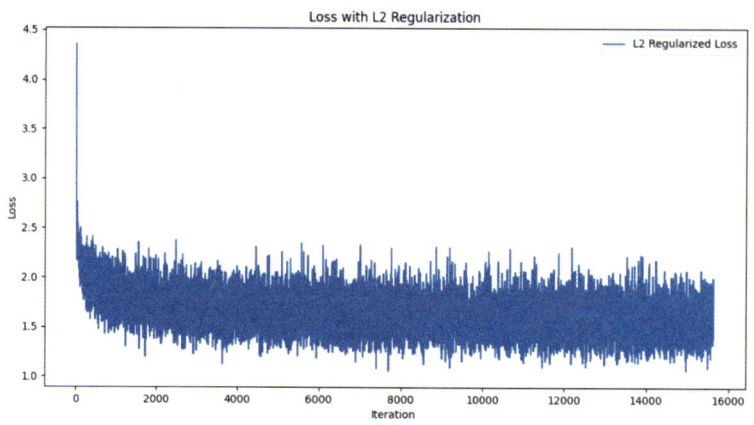

图8-14 训练过程中的损失变化的可视化图

8.4.4 Dropout

Dropout是一种有效的正则化技术,旨在减少深度学习模型中的过拟合现象。Dropout在许多深度学习框架(如TensorFlow和PyTorch)中得到了广泛应用,特别是在CNN和RNN中,用于处理图像分类、自然语言处理等任务。Dropout优化的工作原理及微积分应用信息如图8-15所示。

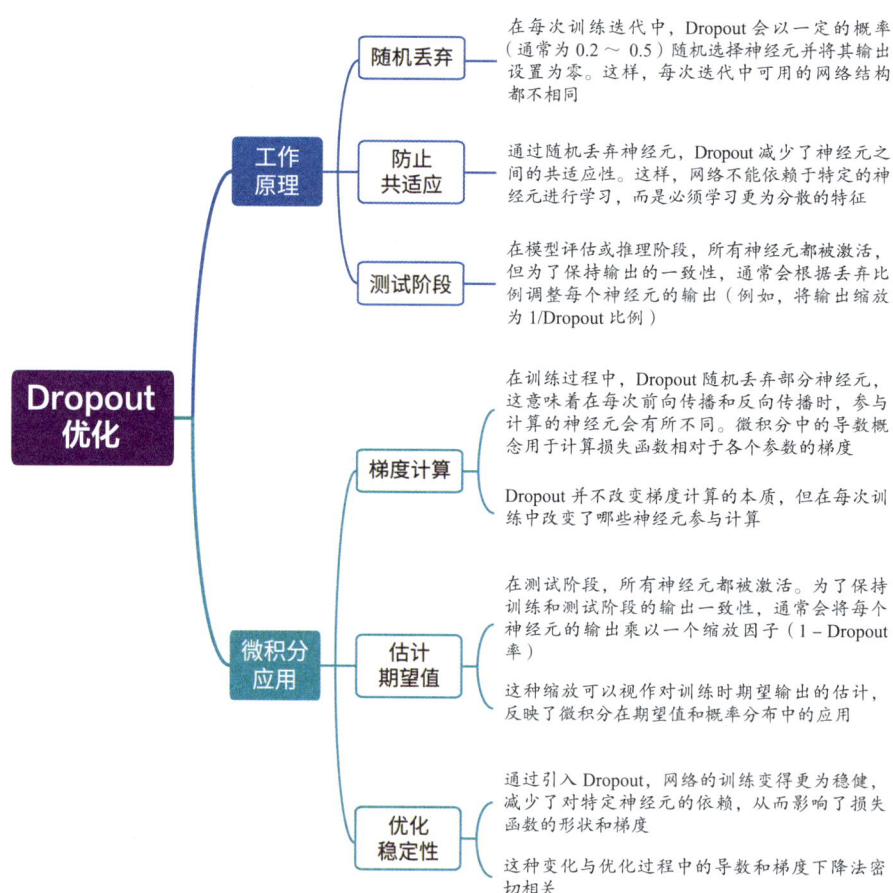

图8-15 Dropout优化的工作原理和微积分应用信息

总之,微积分为Dropout的有效性提供了理论基础,确保了模型能够在丢弃部分神经元的情况下,依然通过有效的梯度更新学习到有用的特征。

实例8-10 使用Dropout正则化防止过拟合(源码路径:codes\8\Zheng03.py)

本实例实现了一个CNN,使用CIFAR-10数据集进行训练,并在隐藏层应用Dropout正则化以防止过拟合。

```python
# 超参数
batch_size = 64
num_epochs = 5
learning_rate = 0.001
dropout_rate = 0.5  # Dropout 比例

# 数据预处理
transform = transforms.Compose([
    transforms.ToTensor(),
    transforms.Normalize((0.5, 0.5, 0.5), (0.5, 0.5, 0.5)),
])

# 加载 CIFAR-10 数据集
train_dataset = torchvision.datasets.CIFAR10(root='data', train=True,
            download=True, transform=transform)
train_loader = torch.utils.data.DataLoader(dataset=train_dataset, batch_
            size=batch_size, shuffle=True)

# 定义卷积神经网络模型
class CNN(nn.Module):
    def __init__(self):
        super(CNN, self).__init__()
        self.conv1 = nn.Conv2d(3, 16, kernel_size=5, padding=2)
        self.conv2 = nn.Conv2d(16, 32, kernel_size=5, padding=2)
        self.fc1 = nn.Linear(32 * 8 * 8, 256)
        self.fc2 = nn.Linear(256, 10)
        self.dropout = nn.Dropout(dropout_rate)

    def forward(self, x):
        x = nn.functional.relu(self.conv1(x))
        x = nn.MaxPool2d(2)(x)
        x = nn.functional.relu(self.conv2(x))
        x = nn.MaxPool2d(2)(x)
        x = x.view(-1, 32 * 8 * 8)  # Flatten
        x = self.dropout(nn.functional.relu(self.fc1(x)))
        x = self.fc2(x)
        return x
```

```python
# 初始化模型、损失函数和优化器
device = torch.device("cuda" if torch.cuda.is_available() else "cpu")
model = CNN().to(device)
criterion = nn.CrossEntropyLoss()
optimizer = optim.Adam(model.parameters(), lr=learning_rate)

# 训练模型
for epoch in range(num_epochs):
    for images, labels in train_loader:
        images, labels = images.to(device), labels.to(device)
        # 前向传播
        outputs = model(images)
        loss = criterion(outputs, labels)
        # 反向传播和优化
        optimizer.zero_grad()
        loss.backward()
        optimizer.step()

# 可视化网络的一些输出
# 随机选择一些样本进行测试
data_iter = iter(train_loader)
images, labels = next(data_iter)
images = images.to(device)

# 预测
model.eval()  # 切换到评估模式,关闭 Dropout
with torch.no_grad():
    outputs = model(images)
_, predicted = torch.max(outputs, 1)

# 可视化结果
def imshow(img, title):
    img = img / 2 + 0.5  # 反标准化
    plt.imshow(np.transpose(img.cpu().numpy(), (1, 2, 0)))
    plt.title(title)
    plt.axis('off')

plt.figure(figsize=(12, 6))
for i in range(6):
    plt.subplot(2, 3, i + 1)
    imshow(images[i], f'Predicted: {predicted[i].item()}, Actual: {labels[i].item()}')
plt.show()
```

上述代码的实现流程如下所示。

◆ 首先,加载CIFAR-10数据集并进行预处理。

- 其次，定义一个CNN结构，其中包含Dropout层。
- 再次，初始化损失函数和优化器，并进行模型训练。
- 最后，随机选择一些测试样本进行预测，并可视化展示预测结果与真实标签的对比，如图8-16所示。

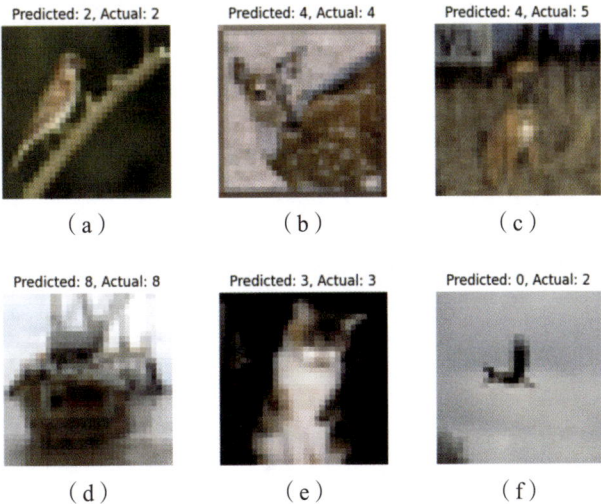

图8-16 预测结果与真实标签的对比效果可视化图

8.4.5 弹性网

弹性网（Elastic Net）是一种结合了L1正则化和L2正则化的线性回归模型，旨在同时利用两者的优点。通过在损失函数中添加L1和L2范数的惩罚项，弹性网不仅能处理特征选择（这是L1正则化的特性），还可以缓解共线性问题并提高模型的稳定性（这是L2正则化的优势）。弹性网特别适用于高维数据集，在特征数量远大于样本数量时表现优异，其损失函数形式为：

$$Loss = MSE + \lambda_1 \|w\|_1 + \lambda_2 \|w\|_2^2$$

其中，λ_1和λ_2分别控制L1和L2正则化的强度。通过合理选择这些超参数，弹性网能有效地平衡模型的复杂度和拟合能力。

微积分在弹性网中的应用主要体现在以下几个方面。

- **梯度计算：** 在优化目标函数时，需要计算损失函数相对于模型参数的梯度。微积分中的导数概念用于确定损失函数对每个参数的变化率，从而指导参数更新。
- **正则化项的导数：** 对于弹性网中的L1和L2正则化项，在计算总损失的梯度时，需要分别对它们求导。具体来说，L1正则化的导数为$sign(w)$（正负号），而L2正则化的导数为$2w$。这些导数在模型训练时用于更新参数。
- **损失函数的优化：** 通过使用梯度下降法等优化算法，并基于微积分原理，弹性网能够有效地调整参数以最小化损失函数。这涉及计算损失函数及其正则化部分的导数，并根据这些信息逐步更新模型参数。

总之，微积分为弹性网的优化提供了理论基础，确保通过合理的梯度更新实现对损失函数的有效最小化。

实例8-11 使用弹性网正则化控制模型的复杂性（源码路径：codes\8\Zheng04.py）

本实例展示了如何在一个CNN中应用弹性网正则化来控制模型的复杂性，使用CIFAR-10数据集进行图像分类。在训练过程中记录损失信息，并通过可视化图展示训练损失的变化情况。

```
# 超参数
batch_size = 64
```

```python
num_epochs = 10
learning_rate = 0.001
l1_lambda = 0.001    # L1 正则化参数
l2_lambda = 0.001    # L2 正则化参数

# 数据预处理和加载
transform = transforms.Compose([
    transforms.ToTensor(),
    transforms.Normalize((0.5, 0.5, 0.5), (0.5, 0.5, 0.5)),
])

train_dataset = datasets.CIFAR10(root='data', train=True, download=True,
                                 transform=transform)
train_loader = DataLoader(train_dataset, batch_size=batch_size, shuffle=True)

# 定义卷积神经网络
class ElasticNetCNN(nn.Module):
    def __init__(self):
        super(ElasticNetCNN, self).__init__()
        self.conv1 = nn.Conv2d(3, 32, kernel_size=3, padding=1)
        self.conv2 = nn.Conv2d(32, 64, kernel_size=3, padding=1)
        self.fc1 = nn.Linear(64 * 8 * 8, 256)
        self.fc2 = nn.Linear(256, 10)

    def forward(self, x):
        x = nn.ReLU()(self.conv1(x))
        x = nn.MaxPool2d(kernel_size=2, stride=2)(x)
        x = nn.ReLU()(self.conv2(x))
        x = nn.MaxPool2d(kernel_size=2, stride=2)(x)
        x = x.view(x.size(0), -1)   # 展平
        x = nn.ReLU()(self.fc1(x))
        x = self.fc2(x)
        return x

# 定义损失函数（含 L1 和 L2 正则化）
def elastic_net_loss(output, target, model):
    ce_loss = nn.CrossEntropyLoss()(output, target)
    l1_loss = 0.0
    l2_loss = 0.0
    for param in model.parameters():
        l1_loss += torch.sum(torch.abs(param))
        l2_loss += torch.sum(param ** 2)

    total_loss = ce_loss + l1_lambda * l1_loss + l2_lambda * l2_loss
```

```python
        return total_loss

# 训练模型
device = torch.device("cuda" if torch.cuda.is_available() else "cpu")
model = ElasticNetCNN().to(device)
optimizer = optim.Adam(model.parameters(), lr=learning_rate)

# 记录损失
losses = []

for epoch in range(num_epochs):
    for inputs, labels in train_loader:
        inputs, labels = inputs.to(device), labels.to(device)
        # 前向传播
        outputs = model(inputs)
        loss = elastic_net_loss(outputs, labels, model)
        losses.append(loss.item())
        # 反向传播和优化
        optimizer.zero_grad()
        loss.backward()
        optimizer.step()

# 可视化训练损失
plt.figure(figsize=(10, 5))
plt.plot(losses, label='Loss')
plt.xlabel('Iteration')
plt.ylabel('Loss')
plt.title('Training Loss with Elastic Net Regularization')
plt.legend()
plt.show()

# 打印最终损失
print(f'Final Loss: {loss.item()}')
```

上述代码展示了微积分在弹性网中的应用，通过计算损失函数的梯度，并利用正则化项控制模型的复杂性，从而提高模型的泛化能力。对上述代码的具体说明如下所示。

◆ **数据加载与预处理：** 使用CIFAR-10数据集进行训练，并对其进行归一化处理以提高模型训练效果。

◆ **模型定义：** 定义了一个ElasticNetCNN，用于处理CIFAR-10图像分类任务。

◆ **损失函数：** elastic_net_loss函数不仅计算交叉熵损失，还加入了L1和L2正则化项，这体现了微积分在优化中的应用。

◆ **训练过程：** 使用Adam优化器进行模型训练，并在每次迭代后记录损失值。

◆ **可视化：** 通过折线图可视化训练过程中的损失变化，如图8-17所示。

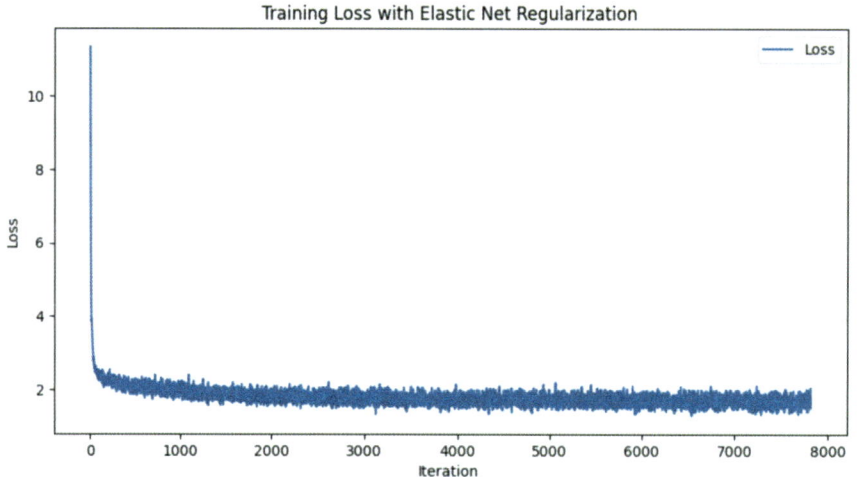

图8-17 训练过程中的损失变化可视化图

执行后会输出最终损失。

```
Files already downloaded and verified
Final Loss: 2.0613136291503906
```

8.5 超参数优化

超参数优化是机器学习中为了提升模型性能而调整模型超参数的过程。此过程包括如网格搜索和随机搜索等方法，以便在参数空间中寻找最佳配置。微积分在此过程中通过梯度信息指导参数调整，帮助实现更有效的优化策略。

8.5.1 超参数的定义与选择

1. 超参数的定义

超参数是在模型训练开始之前设定的参数，这些参数不会随着训练过程自动更新，需要在训练前进行选择和设置。超参数的选择直接影响模型性能和训练效率。常见的超参数如下。

- ◆ **学习率**：控制模型在每次更新中对损失函数梯度的响应程度。
- ◆ **批量大小**：每次迭代中使用的训练样本数量。
- ◆ **正则化系数**：用于控制模型复杂度，防止过拟合。
- ◆ **网络结构参数**：如层数、每层神经元数、激活函数类型等。

2. 超参数选择的重要性

选择合适的超参数至关重要，因为它们影响模型的收敛速度、最终的性能和泛化能力。例如，学习率过高可能导致训练不稳定，而过低则可能使训练过程缓慢并易于陷入局部最优。因此，合理选择和调整超参数是提高模型性能的关键步骤。

8.5.2 贝叶斯优化

贝叶斯优化是一种用于超参数优化的策略,尤其适用于成本高昂或计算复杂的函数评估问题。它通过构建代理模型来预测目标函数的表现,并利用概率模型来决定下一个评估点。贝叶斯优化的基本概念和微积分的应用信息如图8-18所示。

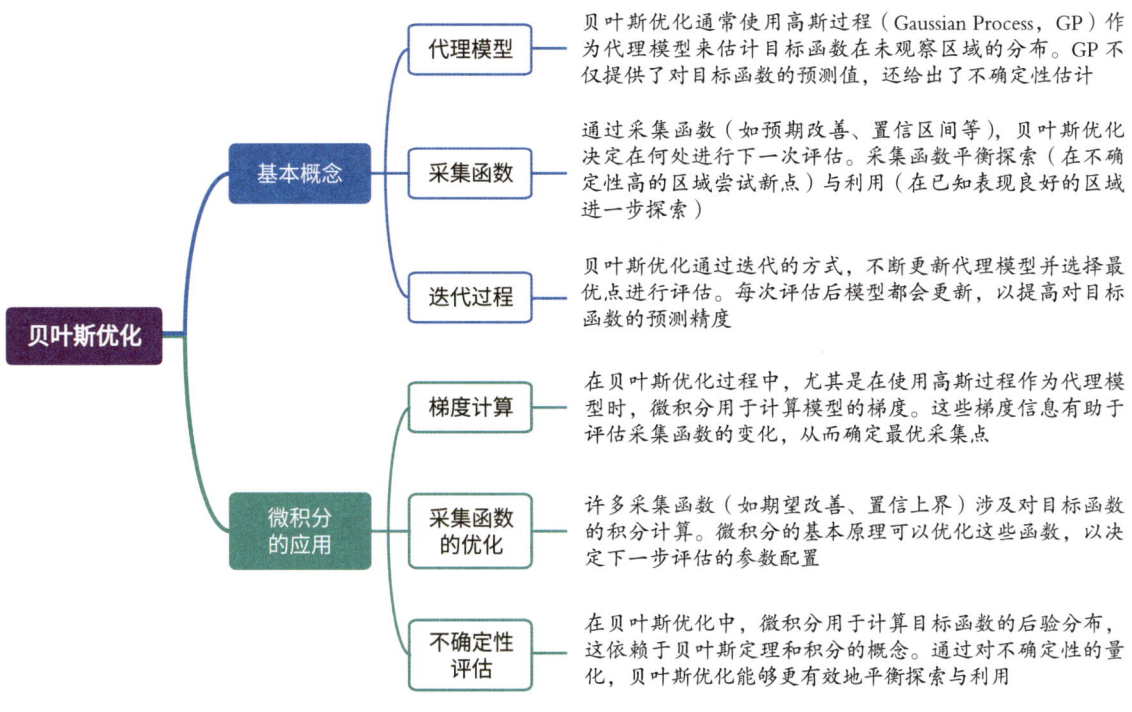

图8-18 贝叶斯优化的基本概念和微积分的应用

总之,微积分为贝叶斯优化提供了理论基础,使得优化过程中的模型更新和参数选择更加精确和高效。

实例8-12 使用贝叶斯优化方法自动调整CNN的学习率(源码路径:codes\8\Bei.py)

本实例使用贝叶斯优化方法来自动调整CNN的学习率,以最小化训练过程中的损失函数,并通过可视化展示优化的过程。

```python
import torch.nn.functional as F
import matplotlib.pyplot as plt
import torch
import torch.nn as nn
import torch.optim as optim
import torchvision.transforms as transforms
from torchvision.datasets import CIFAR10
from torch.utils.data import DataLoader
from skopt import gp_minimize
from skopt.space import Real
```

```python
# 数据预处理
transform = transforms.Compose([
    transforms.Resize((32, 32)),
    transforms.ToTensor(),
    transforms.Normalize((0.5, 0.5, 0.5), (0.5, 0.5, 0.5)),
])

# 加载CIFAR-10数据集
train_dataset = CIFAR10(root='data', train=True, download=True,
transform=transform)
train_loader = DataLoader(train_dataset, batch_size=16, shuffle=True)

# 定义卷积神经网络
class SimpleCNN(nn.Module):
    def __init__(self, learning_rate):
        super(SimpleCNN, self).__init__()
        self.conv1 = nn.Conv2d(3, 32, kernel_size=3, padding=1)
        self.conv2 = nn.Conv2d(32, 64, kernel_size=3, padding=1)
        self.pool = nn.MaxPool2d(kernel_size=2, stride=2)
        self.fc1 = nn.Linear(64 * 8 * 8, 128)
        self.fc2 = nn.Linear(128, 10)
        self.learning_rate = learning_rate

    def forward(self, x):
        x = self.pool(F.relu(self.conv1(x)))
        x = self.pool(F.relu(self.conv2(x)))
        x = x.view(-1, 64 * 8 * 8)
        x = F.relu(self.fc1(x))
        x = self.fc2(x)
        return x

def train_model(learning_rate):
    device = torch.device("cuda" if torch.cuda.is_available() else "cpu")
    model = SimpleCNN(learning_rate).to(device)
    criterion = nn.CrossEntropyLoss()
    optimizer = optim.Adam(model.parameters(), lr=learning_rate)
    for epoch in range(3):  # 使用较少的epoch进行测试
        for images, labels in train_loader:
            images, labels = images.to(device), labels.to(device)
            optimizer.zero_grad()
            outputs = model(images)
            loss = criterion(outputs, labels)
            loss.backward()
            optimizer.step()
    return loss.item()  # 返回最后的损失
```

```python
# 定义贝叶斯优化的目标函数
def objective(params):
    learning_rate = params[0]   # 从参数列表中提取学习率
    loss = train_model(learning_rate)
    return loss

# 贝叶斯优化的超参数空间
search_space = [Real(1e-5, 1e-1, prior='log-uniform')]
# 执行贝叶斯优化
results = gp_minimize(objective, search_space, n_calls=10, random_state=0)
# 可视化优化过程
plt.figure(figsize=(12, 6))
plt.plot(results.func_vals, label='Objective Value (Loss)')
plt.xlabel('Iteration')
plt.ylabel('Loss')
plt.title('Bayesian Optimization of Learning Rate')
plt.legend()
plt.show()
print("Best Learning Rate: ", results.x[0])
print("Best Loss: ", results.fun)
```

在这个例子中,微积分主要用于通过反向传播算法计算模型的梯度,从而优化损失函数,进而影响贝叶斯优化中的代理模型(即高斯过程)的表现。在优化过程中,使用的梯度信息对于选择下一个评估点至关重要,以确保优化过程既高效又准确。对上述代码的具体说明如下所示。

- **数据预处理和加载:** 使用PyTorch加载CIFAR-10数据集,并应用必要的转换。
- **定义CNN:** 创建一个简单的CNN,其中学习率作为参数。
- **训练模型:** 在目标函数中训练模型,并返回最终损失。
- **贝叶斯优化:** 使用gp_minimize优化学习率,并通过可视化展示优化的过程,如图8-19所示。

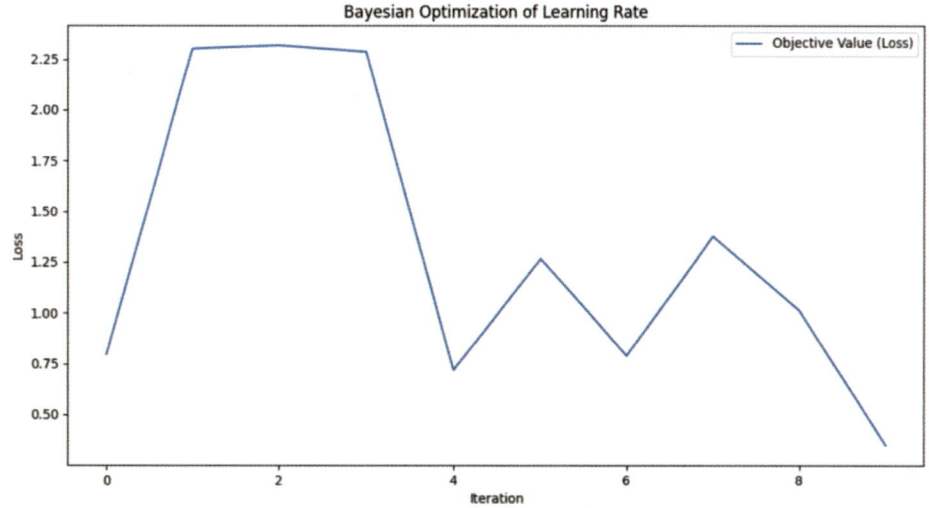

图8-19 贝叶斯优化过程中的损失函数变化图

8.6 课后练习

1. 基于梯度下降的正则化优化

构建一个线性回归模型,使用 MSE 损失函数并加入 L2 正则化项。通过梯度下降法优化模型参数,探索正则化强度对模型性能的影响。具体要求如下。

- 使用合成数据集训练模型,该数据集包含一定的噪声。
- 可视化不同正则化强度下的损失变化曲线和拟合效果。

2. 基于微积分的自适应学习率优化

构建一个简单的前馈神经网络,使用交叉熵损失函数,并结合 RMSProp 自适应优化算法训练模型。通过计算损失函数的梯度动态调整学习率,以优化网络权重。具体要求如下。

- 可视化 RMSProp 算法在训练过程中的损失变化曲线。
- 比较固定学习率与 RMSProp 算法在模型训练速度上的差异。

第 9 章 模型评估与解释

模型评估与解释是机器学习中的关键环节,旨在衡量模型的性能并理解其决策过程。评估过程主要包括使用准确率、召回率等指标来判断模型的效果,而解释则涉及分析模型如何得出结论,常用的工具包括微积分和灵敏度分析。这一过程不仅能帮助优化模型,还能提高其可解释性,使得结果更加透明和可信。本章将详细讲解模型评估与解释的知识,并通过具体实例来讲解各个知识点的用法。

9.1 模型评估的基本概念

模型评估是机器学习过程中不可或缺的一部分，它通过量化模型的性能来帮助我们理解模型的有效性和可靠性。准确的评估可以指导模型的选择和调整，以达到最佳的预测能力。

9.1.1 评估指标的定义与选择

评估指标是用来衡量模型性能的关键工具，它们提供了关于模型在特定任务中表现的量化信息。评估指标的选择取决于问题的性质和具体需求。在实际应用中，常用的评估指标如图9-1所示。

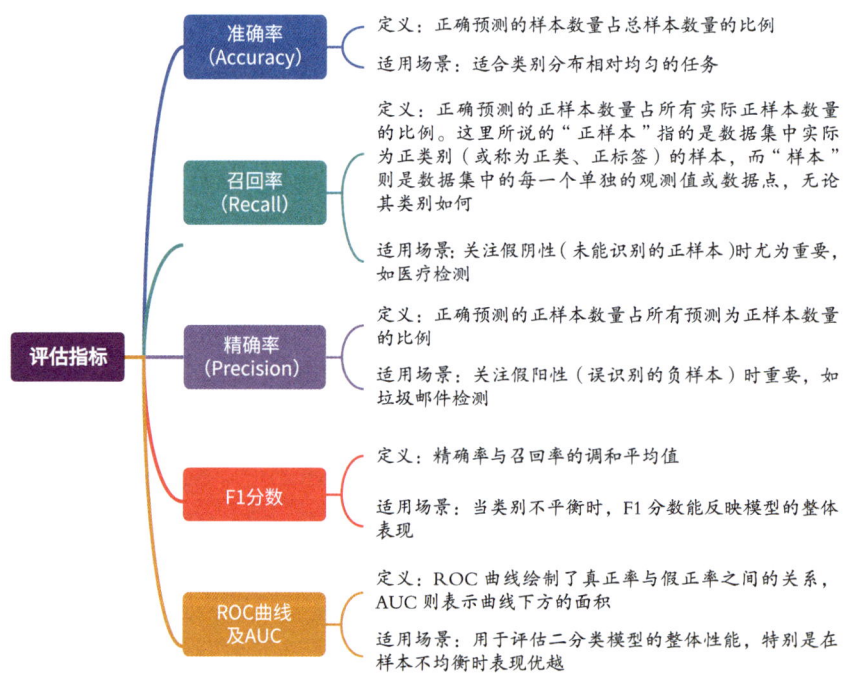

图9-1 常用的评估指标

在选择评估指标时，需要考虑具体任务的目标。例如，在风险评估或医疗诊断中，召回率可能更重要，因为漏诊可能带来严重后果。反之，在某些商业应用中，精确率可能是需要优先考虑的因素。在实际应用中，理想的做法是结合多种评估指标，从不同角度全面评估模型性能，以便做出更为合理的决策。

9.1.2 评估指标的数学基础

在使用前面介绍的准确率、召回率等评估指标时，高等数学为各个指标的计算和理解提供了理论支持，具体说明如下所示。

（1）准确率

计算公式为：

$$\text{Accuracy} = \frac{TP+TN}{TP+TN+FP+FN}$$

其中，TP（True Positive）是真阳性，TN（True Negative）是真阴性，FP（False Positive）是假阳性，FN（False Negative）是假阴性。准确率反映了模型整体正确预测的比例。

（2）召回率

计算公式为：

$$\text{Recall} = \frac{\text{TP}}{\text{TP+FN}}$$

召回率衡量的是模型捕捉到的实际正样本的比例，比例越高表示模型越能识别出真实的正样本。

（3）精确率

计算公式为：

$$\text{Precision} = \frac{\text{TP}}{\text{TP+FP}}$$

精确率指的是模型预测为正样本中真正为正样本的比例，高精确率意味着较少的假阳性。

（4）F1分数

计算公式为：

$$F1 = 2 \times \frac{\text{Precision} \times \text{Recall}}{\text{Precision} + \text{Recall}}$$

F1分数是精确率和召回率的调和平均，适用于需要平衡这两者的场景。

（5）真阳性率（TPR）

计算公式为：

$$\text{TPR} = \frac{\text{TP}}{\text{TP} + \text{FN}}$$

（6）假阳性率（FPR）

计算公式为：

$$\text{FPR} = \frac{\text{FP}}{\text{FP+TN}}$$

上述数学公式为评估模型的性能提供了定量依据，理解这些数学基础有助于在不同应用场景中选择合适的评估指标，从而优化模型的表现。

实例9-1　计算评估指标并利用微积分优化模型（源码路径：codes\9\Zong.py）

本实例训练了一个神经网络模型来识别MNIST手写数字，并计算了模型的准确率。通过生成混淆矩阵和分类报告，进一步分析了模型在各个类别上的表现。

```python
import numpy as np
import torch
import torchvision
import torchvision.transforms as transforms
import torch.nn as nn
import torch.optim as optim
import matplotlib.pyplot as plt
from sklearn.metrics import confusion_matrix, classification_report
import seaborn as sns
```

```python
# 数据预处理和加载
transform = transforms.Compose([
    transforms.ToTensor(),
    transforms.Normalize((0.5,), (0.5,))
])

trainset = torchvision.datasets.MNIST(root='data', train=True,
                                      download=True, transform=transform)
trainloader = torch.utils.data.DataLoader(trainset, batch_size=64,
                                          shuffle=True)

testset = torchvision.datasets.MNIST(root='data', train=False,
                                     download=True, transform=transform)
testloader = torch.utils.data.DataLoader(testset, batch_size=64,
                                         shuffle=False)

# 定义简单神经网络
class SimpleNN(nn.Module):
    def __init__(self):
        super(SimpleNN, self).__init__()
        self.fc1 = nn.Linear(28*28, 128)
        self.fc2 = nn.Linear(128, 10)

    def forward(self, x):
        x = x.view(-1, 28*28)
        x = torch.relu(self.fc1(x))
        x = self.fc2(x)
        return x

# 训练模型
device = torch.device("cuda" if torch.cuda.is_available() else "cpu")
model = SimpleNN().to(device)
criterion = nn.CrossEntropyLoss()
optimizer = optim.Adam(model.parameters(), lr=0.001)

epochs = 5
for epoch in range(epochs):
    for inputs, labels in trainloader:
        inputs, labels = inputs.to(device), labels.to(device)

        optimizer.zero_grad()
        outputs = model(inputs)
        loss = criterion(outputs, labels)
        loss.backward()   # 微积分：计算梯度
        optimizer.step()

# 评估模型
model.eval()
```

```python
all_preds = []
all_labels = []

with torch.no_grad():
    for inputs, labels in testloader:
        inputs, labels = inputs.to(device), labels.to(device)
        outputs = model(inputs)
        _, preds = torch.max(outputs, 1)
        all_preds.extend(preds.cpu().numpy())
        all_labels.extend(labels.cpu().numpy())

# 计算评估指标
accuracy = (np.array(all_preds) == np.array(all_labels)).mean()
print(f'Accuracy: {accuracy:.4f}')

# 混淆矩阵和分类报告
cm = confusion_matrix(all_labels, all_preds)
report = classification_report(all_labels, all_preds)

# 可视化混淆矩阵
plt.figure(figsize=(10, 7))
sns.heatmap(cm, annot=True, fmt='d', cmap='Blues', xticklabels=range(10),
            yticklabels=range(10))
plt.xlabel('Predicted')
plt.ylabel('True')
plt.title('Confusion Matrix')
plt.show()

print(report)
```

上面的代码计算了多个评估指标，包括准确率、精确率、召回率和F1分数。对上述代码的具体说明如下所示。

◆ **数据集**：使用MNIST数据集，包含手写数字。

◆ **神经网络**：构建一个简单的全连接神经网络。

◆ **训练过程**：通过反向传播（loss.backward()）使用微积分计算梯度并更新模型权重。

◆ **评估指标**：计算准确率，并生成混淆矩阵和分类报告。

◆ **可视化**：使用Seaborn绘制混淆矩阵可视化图，显示了模型在各个类别上的预测表现，如图9-2所示。其中每个单元格表示真实类别与预测类别之间的关系。对角线上的值表示正确分类的样本数量，非对角线上的值表示错误分类的样本。通过颜色深

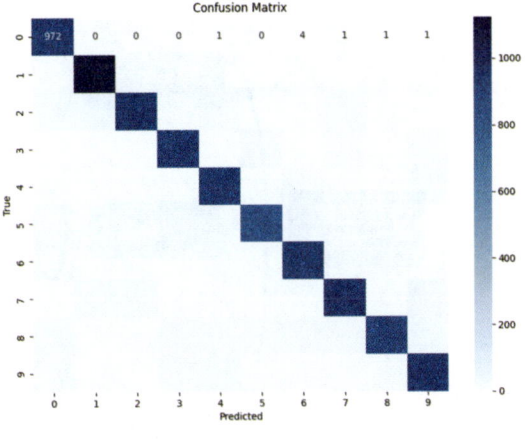

图9-2　混淆矩阵的可视化图

浅，可以直观地看到模型在哪些类别上表现良好或较差，帮助我们识别潜在的问题，指明改进的方向。运行后会输出：

```
Accuracy: 0.9688
              precision    recall  f1-score   support
           0       0.96      0.99      0.97       980
           1       0.97      0.99      0.98      1135
           2       0.98      0.96      0.97      1032
           3       0.97      0.96      0.97      1010
           4       0.96      0.98      0.97       982
           5       0.97      0.96      0.96       892
           6       0.97      0.98      0.97       958
           7       0.97      0.96      0.96      1028
           8       0.99      0.94      0.96       974
           9       0.95      0.96      0.96      1009

    accuracy                           0.97     10000
   macro avg       0.97      0.97      0.97     10000
weighted avg       0.97      0.97      0.97     10000
```

9.2 性能度量与损失函数

性能度量是评估模型预测能力的指标，如准确率、召回率和F1分数，帮助我们量化模型的分类效果。损失函数则用于衡量模型预测值与实际值之间的差距，指导模型的训练和优化过程。两者相辅相成，确保模型在优化过程中有效地提高性能。

9.2.1 损失函数与性能度量的关系

在AI大模型开发应用中，损失函数与性能度量（如准确率、召回率和F1分数）之间存在密切关系，但它们的作用和侧重点不同，具体说明如图9-3所示。

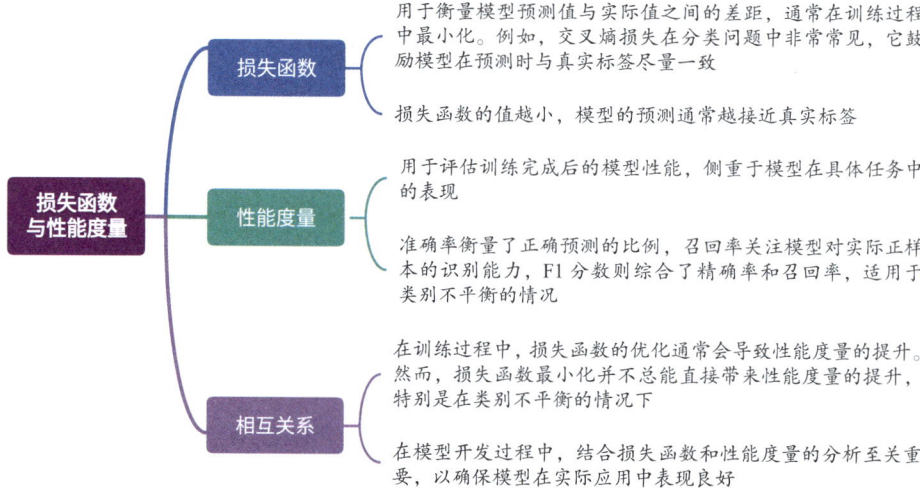

图9-3 损失函数与性能度量的关系

9.2.2 微积分在性能度量中的应用

微积分在性能度量中的应用主要体现在以下几个方面。

◆ **梯度计算**：在训练过程中，通过反向传播算法计算损失函数相对于模型参数的梯度。这些梯度用于优化模型，使性能度量（如准确率、召回率和F1分数）得以提高。在训练过程中，损失函数 $L(\theta)$ 通常会通过链式法则计算其相对于模型参数 θ 的梯度：

$$\nabla L(\theta) = \frac{\partial L}{\partial \theta}$$

◆ **优化算法**：许多优化算法（如梯度下降）依赖于微积分的原理，通过不断调整模型参数，最小化损失函数，从而提高性能度量的值。例如，在进行梯度下降时，微积分帮助我们确定在参数空间中的最优更新方向。以梯度下降法为例，参数更新规则为：

$$\theta \leftarrow \theta - \eta \nabla L(\theta)$$

其中，η 是学习率。通过不断迭代这个过程，模型的损失函数值会逐步减小，进而提高准确率、召回率等性能度量。

◆ **灵敏度分析**：通过计算性能度量相对于输入或参数的导数，可以评估模型对变化的敏感性。这有助于识别哪些特征对模型性能影响最大，进而进行特征选择或模型改进。

$$\frac{\partial A}{\partial \theta}$$

总之，微积分在性能度量中起到关键作用，通过优化和灵敏度分析提升模型的整体表现水平。

实例9-2 使用微积分优化并评估模型的性能（源码路径：codes\9\Xing.py）

本实例基于MNIST数据集展示了微积分在性能度量中的应用，包括梯度计算和性能度量的可视化，分别计算了准确率和损失值，并在训练过程中可视化这些指标的变化。

```
# 数据预处理和加载
transform = transforms.Compose([
    transforms.ToTensor(),
    transforms.Normalize((0.5,), (0.5,))
])

trainset = torchvision.datasets.MNIST(root='data', train=True,
                                      download=True, transform=transform)
trainloader = torch.utils.data.DataLoader(trainset, batch_size=64,
                                          shuffle=True)


testset = torchvision.datasets.MNIST(root='data', train=False,
download=True, transform=transform)
testloader = torch.utils.data.DataLoader(testset, batch_size=64,
                                         shuffle=False)
```

```python
# 定义简单神经网络
class SimpleNN(nn.Module):
    def __init__(self):
        super(SimpleNN, self).__init__()
        self.fc1 = nn.Linear(28*28, 128)
        self.fc2 = nn.Linear(128, 10)

    def forward(self, x):
        x = x.view(-1, 28*28)
        x = torch.relu(self.fc1(x))
        x = self.fc2(x)
        return x

# 训练模型并记录性能指标
device = torch.device("cuda" if torch.cuda.is_available() else "cpu")
model = SimpleNN().to(device)
criterion = nn.CrossEntropyLoss()
optimizer = optim.Adam(model.parameters(), lr=0.001)

epochs = 5
train_losses = []
train_accuracies = []

for epoch in range(epochs):
    model.train()
    running_loss = 0.0
    correct = 0
    total = 0

    for inputs, labels in trainloader:
        inputs, labels = inputs.to(device), labels.to(device)

        optimizer.zero_grad()
        outputs = model(inputs)
        loss = criterion(outputs, labels)
        loss.backward()    # 微积分：计算梯度
        optimizer.step()

        running_loss += loss.item()
        _, predicted = torch.max(outputs.data, 1)
        total += labels.size(0)
        correct += (predicted == labels).sum().item()

    avg_loss = running_loss / len(trainloader)
    accuracy = correct / total
```

```python
    train_losses.append(avg_loss)
    train_accuracies.append(accuracy)

    print(f'Epoch [{epoch+1}/{epochs}], Loss: {avg_loss:.4f}, Accuracy: '
        {accuracy:.4f}')

# 可视化训练过程中的损失值和准确率
plt.figure(figsize=(12, 5))

# 绘制损失
plt.subplot(1, 2, 1)
plt.plot(train_losses, label='Training Loss', color='blue')
plt.title('Training Loss')
plt.xlabel('Epoch')
plt.ylabel('Loss')
plt.ylim(0, None)   # 设置 y 轴从 0 开始
plt.xlim(0, epochs) # 设置 x 轴从 0 到训练的 epochs 数
plt.legend()

# 绘制准确率
plt.subplot(1, 2, 2)
plt.plot(train_accuracies, label='Training Accuracy', color='green')
plt.title('Training Accuracy')
plt.xlabel('Epoch')
plt.ylabel('Accuracy')
plt.ylim(0.85, 1.0)   # 设置 y 轴从 0.85 开始，根据实际数据调整
plt.xlim(0, epochs)   # 设置 x 轴从 0 到训练的 epochs 数
plt.legend()

plt.tight_layout()
plt.show()
```

对上述代码的具体说明如下所示。

◆ **数据集**：使用MNIST手写数字数据集。

◆ **神经网络**：构建一个简单的全连接神经网络。

◆ **训练过程**：在训练过程中，使用反向传播计算梯度，通过优化算法更新参数。记录每个Epoch的平均损失值和准确率。

◆ **可视化**：使用Matplotlib可视化训练过程中的损失值和准确率变化，如图9-4所示。

运行后会输出在每个Epoch后的损失值和准确率，如下所示。

```
Epoch [1/5], Loss: 0.4084, Accuracy: 0.8823
Epoch [2/5], Loss: 0.2178, Accuracy: 0.9358
Epoch [3/5], Loss: 0.1597, Accuracy: 0.9523
Epoch [4/5], Loss: 0.1311, Accuracy: 0.9609
Epoch [5/5], Loss: 0.1129, Accuracy: 0.9663
```

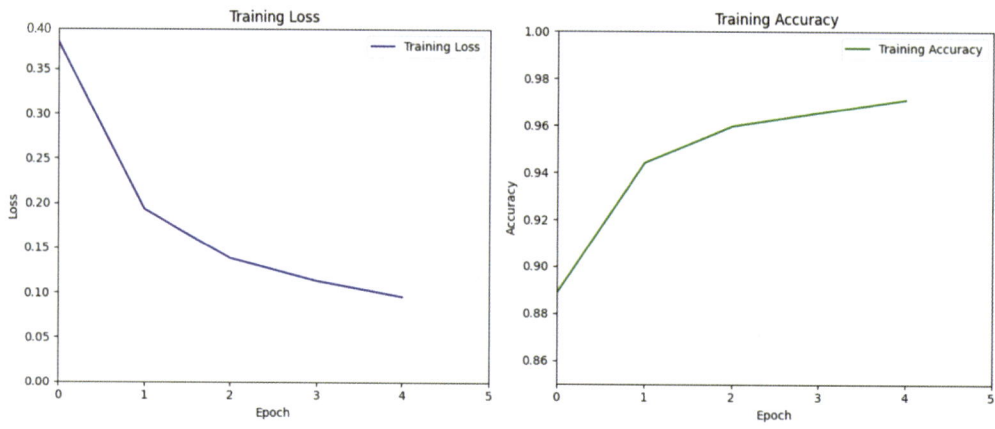

图 9-4　训练过程中的损失值和准确率变化可视化图

9.3 模型解释性

模型解释性指的是理解和解释模型决策过程的能力,帮助我们了解模型是如何得出特定预测的。良好的模型解释性不仅能增强用户的信任,还能识别模型的潜在偏差,指明改进方向。

9.3.1 模型解释性的基本概念

模型解释性是理解、验证和信任机器学习模型的关键因素,在确保模型的安全性、合规性及道德性方面起着重要作用。模型解释性相关的基本概念如图 9-5 所示。

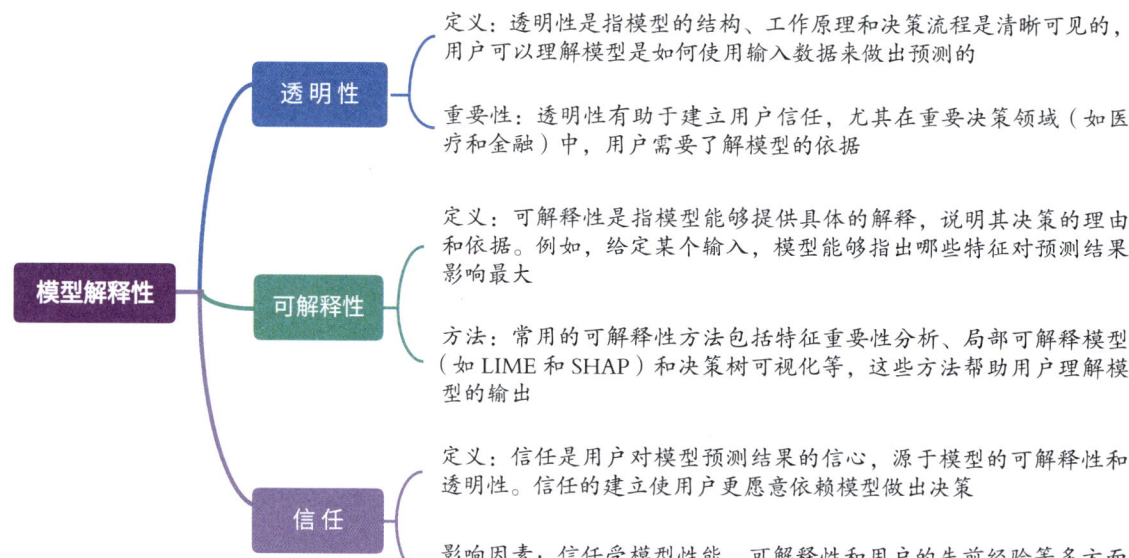

图 9-5　模型解释性相关基本概念

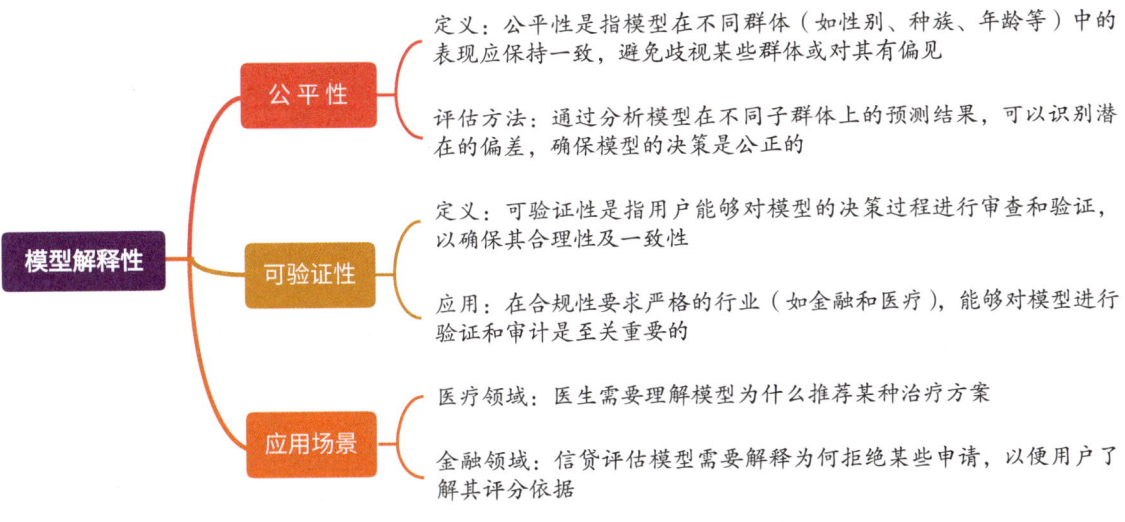

图 9-5 与模型解释性相关的基本概念（续）

9.3.2 微积分在模型解释中的应用：梯度的角色

微积分在模型解释中的应用，尤其是梯度的应用主要体现在以下几个方面。

（1）梯度可作为灵敏度的数学表征

梯度可以表示模型输出对输入特征变化的灵敏度。具体来说，给定一个模型 f 和输入特征 x，梯度 $\nabla f(x)$ 反映了输出 $f(x)$ 相对于每个输入特征的变化率。这意味着，当输入特征 x_i 发生微小变化时，输出的变化量可以通过相应的梯度来估计，帮助我们理解哪些特征对模型预测影响最大。

（2）局部可解释性

梯度信息可以用于局部可解释模型（如 LIME 和 SHAP）。通过计算输入特征在某一点的梯度，可以生成关于模型在该点附近的行为的解释。这种方法有助于揭示模型如何在特定输入情况下作出决策。

（3）特征重要性分析

◆ 梯度可以用来评估特征的重要性。例如，通过计算损失函数相对于特征的梯度，可以了解哪些特征对最终预测结果贡献最大。

◆ 特征的重要性可以按照绝对梯度值的大小进行排序，从而识别对模型决策影响较大的特征。

（4）反向传播与解释

◆ 在神经网络中，反向传播算法依赖于梯度计算。通过反向传播，模型能够调整参数以最小化损失函数，同时这也为模型决策的解释提供了依据。

◆ 通过分析反向传播过程中每层的梯度，可以理解各层在特定输入下的决策贡献。

（5）可视化

梯度信息可以用于生成可视化图表，如梯度热图。这些可视化图表展示了模型在特定输入图像中的敏感区域，帮助解释模型在图像分类等任务中的决策依据。

实例9-3 解释模型对特定输入特征的敏感性和影响（源码路径：codes\9\Jie.py）

本实例展示了微积分梯度在模型解释中的应用。该程序将训练一个卷积神经网络，基于输入梯度生成热图，直观反映模型对输入图像中各区域的敏感性。

```python
# 数据预处理和加载
transform = transforms.Compose([
    transforms.ToTensor(),
    transforms.Normalize((0.5, 0.5, 0.5), (0.5, 0.5, 0.5))
])

trainset = torchvision.datasets.CIFAR10(root='data', train=True,
                                        download=True, transform=transform)
trainloader = torch.utils.data.DataLoader(trainset, batch_size=64,
                                          shuffle=True)

testset = torchvision.datasets.CIFAR10(root='data', train=False,
                                       download=True, transform=transform)
testloader = torch.utils.data.DataLoader(testset, batch_size=64,
                                         shuffle=False)

# 定义卷积神经网络
class SimpleCNN(nn.Module):
    def __init__(self):
        super(SimpleCNN, self).__init__()
        self.conv1 = nn.Conv2d(3, 32, 3, padding=1)
        self.conv2 = nn.Conv2d(32, 64, 3, padding=1)
        self.fc1 = nn.Linear(64 * 8 * 8, 128)
        self.fc2 = nn.Linear(128, 10)

    def forward(self, x):
        x = nn.ReLU()(self.conv1(x))
        x = nn.MaxPool2d(2)(x)
        x = nn.ReLU()(self.conv2(x))
        x = nn.MaxPool2d(2)(x)
        x = x.view(-1, 64 * 8 * 8)
        x = nn.ReLU()(self.fc1(x))
        x = self.fc2(x)
        return x

# 训练模型
device = torch.device("cuda" if torch.cuda.is_available() else "cpu")
model = SimpleCNN().to(device)
criterion = nn.CrossEntropyLoss()
optimizer = optim.Adam(model.parameters(), lr=0.001)

epochs = 5

for epoch in range(epochs):
```

```python
    model.train()
    running_loss = 0.0
    
    for inputs, labels in trainloader:
        inputs, labels = inputs.to(device), labels.to(device)
        
        optimizer.zero_grad()
        outputs = model(inputs)
        loss = criterion(outputs, labels)
        loss.backward()    # 计算梯度
        optimizer.step()
        running_loss += loss.item()
    print(f'Epoch [{epoch+1}/{epochs}], Loss: {running_loss/len(trainloader):.4f}')

def plot_gradcam(model, input_tensor, target_class):
    model.eval()
    input_tensor.requires_grad_()
    # 前向传播
    output = model(input_tensor.unsqueeze(0))
    loss = output[0][target_class]
    model.zero_grad()
    
    # 反向传播
    loss.backward()
    # 获取梯度
    gradients = input_tensor.grad.cpu().data.numpy()    # shape: (C, H, W)
    # 计算热图
    heatmap = np.mean(gradients, axis=0)    # 在通道维度上求平均
    heatmap = np.maximum(heatmap, 0)        # 取正值
    heatmap /= np.max(heatmap)              # 归一化
    plt.imshow(heatmap, cmap='jet')
    plt.colorbar(label='Gradient Magnitude')
    plt.title('Gradient Heatmap')
    plt.xlabel('Width')
    plt.ylabel('Height')
    
    plt.axis('on')
    plt.show()

# 测试某个样本
test_data_iter = iter(testloader)
images, labels = next(test_data_iter)

# 随机选择一张图像和其对应标签
index = np.random.randint(0, len(images))
```

```
input_image = images[index].to(device)
target_class = labels[index].item()

# 可视化
plot_gradcam(model, input_image, target_class)
```

上述代码通过计算梯度帮助我们优化模型参数并生成热图，以解释模型对特定输入特征的敏感性和影响。上述代码的实现流程如下所示。

- **准备数据集**：使用CIFAR-10图像数据集。
- **神经网络**：构建一个简单的卷积神经网络。
- **训练过程**：模型在训练过程中使用反向传播计算梯度，优化损失函数。
- **梯度热图**：通过计算梯度并生成梯度热图，展示模型在特定输入图像上的敏感区域，帮助解释模型的决策依据，如图9-6所示。

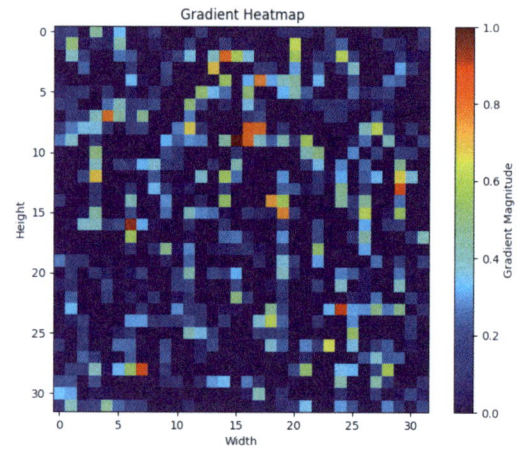

图9-6 梯度热图

9.4 灵敏度分析与梯度检查

在AI模型开发过程中，灵敏度分析通过计算模型性能度量相对于输入特征或参数的导数，评估模型对输入变化的敏感性，帮助我们识别对预测结果影响最大的特征。梯度检查则是通过比较数值梯度与解析梯度，验证反向传播算法的正确性，以确保模型训练的稳定性和可靠性。

9.4.1 灵敏度分析

灵敏度分析是评估模型对输入特征变化敏感性的重要工具，主要用于理解模型的决策过程和识别关键特征。

例如，在一阶灵敏度分析方法中，对于模型输出 $f(x)$ 和输入特征 x_i，一阶灵敏度可以表示为：

$$Si = \frac{\partial f(x)}{\partial x_i}$$

其中，较大的 x_i 表示该特征对模型输出有显著影响。

常用的灵敏度分析方法如图9-7所示。

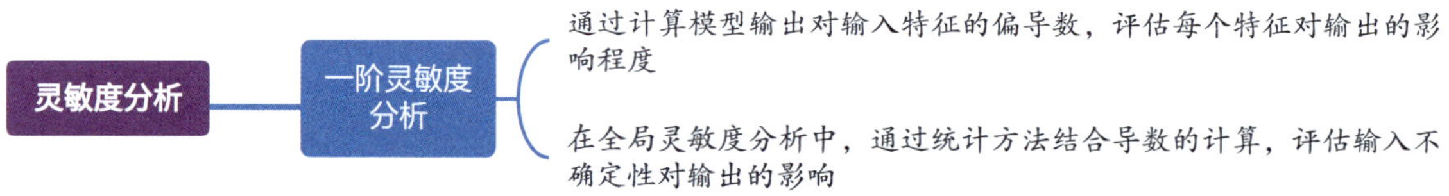

图9-7 常用的灵敏度分析方法

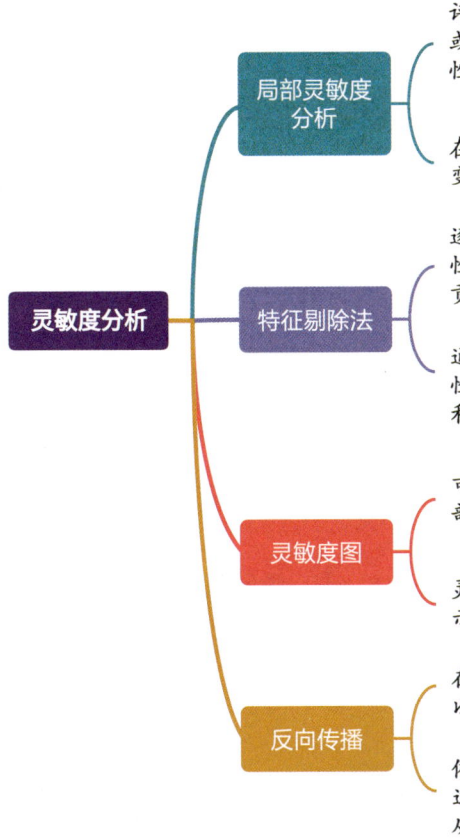

图9-7 常用的灵敏度分析方法（续）

实例9-4 评估模型输出的灵敏度（源码路径：codes\9\Ling.py）

本实例演示微积分在灵敏度分析中的应用，使用微积分计算输入特征的梯度以评估对模型输出的灵敏度。本实例基于CIFAR-10数据集实现，构建了一个简单的卷积神经网络，通过一阶灵敏度分析的方法评估输入特征对模型输出的影响。

```python
# 数据预处理和加载
transform = transforms.Compose([
    transforms.ToTensor(),
    transforms.Normalize((0.5, 0.5, 0.5), (0.5, 0.5, 0.5))
])
trainset = torchvision.datasets.CIFAR10(root='data', train=True,
                                        download=True, transform=transform)
trainloader = torch.utils.data.DataLoader(trainset, batch_size=64,
                                          shuffle=True)

testset = torchvision.datasets.CIFAR10(root='data', train=False,
                                       download=True, transform=transform)
testloader = torch.utils.data.DataLoader(testset, batch_size=64,
                                         shuffle=False)
```

```python
# 定义卷积神经网络
class SimpleCNN(nn.Module):
    def __init__(self):
        super(SimpleCNN, self).__init__()
        self.conv1 = nn.Conv2d(3, 32, 3, padding=1)
        self.conv2 = nn.Conv2d(32, 64, 3, padding=1)
        self.fc1 = nn.Linear(64 * 8 * 8, 128)
        self.fc2 = nn.Linear(128, 10)

    def forward(self, x):
        x = nn.ReLU()(self.conv1(x))
        x = nn.MaxPool2d(2)(x)
        x = nn.ReLU()(self.conv2(x))
        x = nn.MaxPool2d(2)(x)
        x = x.view(-1, 64 * 8 * 8)
        x = nn.ReLU()(self.fc1(x))
        x = self.fc2(x)
        return x

# 训练模型
device = torch.device("cuda" if torch.cuda.is_available() else "cpu")
model = SimpleCNN().to(device)
criterion = nn.CrossEntropyLoss()
optimizer = optim.Adam(model.parameters(), lr=0.001)

epochs = 5

for epoch in range(epochs):
    model.train()
    running_loss = 0.0
    for inputs, labels in trainloader:
        inputs, labels = inputs.to(device), labels.to(device)
        optimizer.zero_grad()
        outputs = model(inputs)
        loss = criterion(outputs, labels)
        loss.backward()
        optimizer.step()
        running_loss += loss.item()
    print(f'Epoch [{epoch + 1}/{epochs}], Loss: {running_loss / len(trainloader):.4f}')

# 灵敏度分析函数
def compute_sensitivity(model, input_tensor, target_class):
    input_tensor.requires_grad_()
    output = model(input_tensor.unsqueeze(0))
    loss = output[0][target_class]
```

```python
        model.zero_grad()
        loss.backward()
        # 获取输入特征的梯度
        gradients = input_tensor.grad.data.cpu().numpy()  # shape: (C, H, W)
        return gradients

# 测试某个样本
test_data_iter = iter(testloader)
images, labels = next(test_data_iter)

# 随机选择一张图像和其对应标签
index = np.random.randint(0, len(images))
input_image = images[index].to(device)
target_class = labels[index].item()

# 计算灵敏度
gradients = compute_sensitivity(model, input_image, target_class)
# 可视化灵敏度图
plt.figure(figsize=(10, 5))

# 原始图像
plt.subplot(1, 2, 1)
plt.imshow(input_image.permute(1, 2, 0).detach().cpu().numpy() / 2 + 0.5)
plt.title('Original Image')
plt.axis('off')

# 灵敏度图
plt.subplot(1, 2, 2)
plt.imshow(np.mean(gradients, axis=0), cmap='jet')
plt.title('Sensitivity Map')
plt.colorbar()
plt.axis('off')
plt.show()
```

对上述代码的具体说明如下所示。

◆ **数据加载和预处理**：使用CIFAR-10数据集，并进行标准化处理。

◆ **定义模型**：创建一个简单的卷积神经网络。

◆ **训练模型**：对模型进行训练，打印每个Epoch的损失值。

◆ **灵敏度分析**：在函数compute_sensitivity中，通过计算模型输出的梯度来评估输入特征的灵敏度。

◆ **可视化**：展示原始图像和相应的灵敏度图，如图9-8所示，灵敏度图显示了不同特征对模型输出的影响。

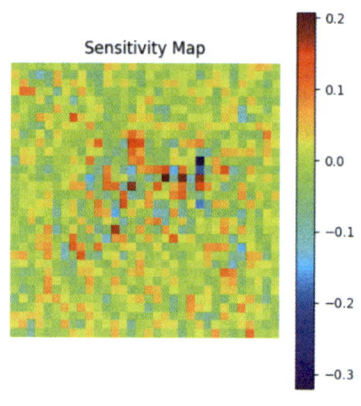

(a)原始图像　　　　　　　　　　　(b)灵敏度图

图 9-8　原始图像和相应的灵敏度图

9.4.2　梯度检查

梯度检查是用来验证计算机程序中梯度计算是否正确的一种技术，通常被应用于机器学习和深度学习模型的优化过程中。梯度的准确性对于模型的训练和收敛至关重要，因此梯度检查是确保模型性能的重要步骤。

1. 梯度的定义

在机器学习中，梯度是损失函数关于模型参数的偏导数，表示损失函数在参数空间中的变化方向和速度。梯度的计算通常通过反向传播算法来实现，但程序实现可能存在错误，因此需要进行检查。

2. 实现步骤

梯度检查的基本思想是使用数值方法近似计算梯度，并将其与解析梯度进行比较。实现梯度检查的具体步骤如下。

（1）计算解析梯度

通过反向传播或链式法则计算损失函数相对于参数的梯度，记为 $\nabla L(\theta)$。

（2）计算数值梯度

使用有限差分法近似计算梯度。对于参数 θ，计算数值梯度的公式为：

$$\nabla L(\theta) \approx \frac{L(\theta+\epsilon) - L(\theta-\epsilon)}{2\epsilon}$$

其中 ϵ 是一个非常小的正数（如 10^{-5}）。

（3）比较梯度

将解析梯度和数值梯度进行比较，可以使用以下公式计算相对误差：

$$\text{relative error} = \frac{|\nabla L_{num} - \nabla L_{analytical}|}{|\nabla L_{num} + \nabla L_{analytical}|}$$

如果相对误差很小（通常小于 10^{-7}），则说明梯度计算是正确的。

实例9-5　通过计算梯度优化模型训练（源码路径：codes\9\Ti.py）

本实例通过微积分计算梯度帮助模型训练，并在梯度检查中使用数值方法和导数公式验证计算的准确性。

```python
# 数据预处理和加载
transform = transforms.Compose([
    transforms.ToTensor(),
    transforms.Normalize((0.5, 0.5, 0.5), (0.5, 0.5, 0.5))
])

trainset = torchvision.datasets.CIFAR10(root='data', train=True,
                                        download=True, transform=transform)
trainloader = torch.utils.data.DataLoader(trainset, batch_size=64,
                                          shuffle=True)

# 定义一个简单的卷积神经网络
class SimpleCNN(nn.Module):
    def __init__(self):
        super(SimpleCNN, self).__init__()
        self.conv1 = nn.Conv2d(3, 16, 3, padding=1)
        self.conv2 = nn.Conv2d(16, 32, 3, padding=1)
        self.fc1 = nn.Linear(32 * 8 * 8, 128)
        self.fc2 = nn.Linear(128, 10)

    def forward(self, x):
        x = torch.relu(self.conv1(x))
        x = torch.max_pool2d(x, 2)
        x = torch.relu(self.conv2(x))
        x = torch.max_pool2d(x, 2)
        x = x.view(-1, 32 * 8 * 8)
        x = torch.relu(self.fc1(x))
        x = self.fc2(x)
        return x

# 使用 GPU 训练模型
device = torch.device("cuda" if torch.cuda.is_available() else "cpu")
model = SimpleCNN().to(device)
criterion = nn.CrossEntropyLoss()
optimizer = optim.Adam(model.parameters(), lr=0.001)

# 训练模型
epochs = 5
for epoch in range(epochs):
    model.train()
    running_loss = 0.0
    for inputs, labels in trainloader:
        inputs, labels = inputs.to(device), labels.to(device)
        optimizer.zero_grad()
```

```python
            outputs = model(inputs)
            loss = criterion(outputs, labels)
            loss.backward()  # 反向传播，计算梯度
            optimizer.step()
            running_loss += loss.item()
    print(f'epoch [{epoch + 1}/{epochs}], Loss: {running_loss / 
len(trainloader):.4f}')

# 梯度检查函数：计算数值梯度并与解析梯度进行比较
def gradient_check(model, inputs, target, epsilon=1e-8):
    model.eval()
    inputs.requires_grad = True

    # 复制一个输入张量用于数值梯度计算，避免对原张量进行就地操作
    inputs_numerical = inputs.clone().detach()
    inputs_numerical.requires_grad = False

    # 前向传播
    outputs = model(inputs)
    loss = criterion(outputs, target)

    # 计算解析梯度
    loss.backward()
    analytical_gradients = inputs.grad.clone()

    # 数值梯度
    numerical_gradients = torch.zeros_like(inputs)

    for i in range(inputs_numerical.size(0)):
        for j in range(inputs_numerical.size(1)):
            for k in range(inputs_numerical.size(2)):
                for l in range(inputs_numerical.size(3)):
                    # 进行数值梯度计算时对副本进行操作
                    inputs_numerical[i, j, k, l] += epsilon
                    output_plus = model(inputs_numerical).clone()
                    loss_plus = criterion(output_plus, target)
                    inputs_numerical[i, j, k, l] -= 2 * epsilon
                    output_minus = model(inputs_numerical).clone()
                    loss_minus = criterion(output_minus, target)
                    numerical_gradients[i, j, k, l] = (loss_plus - 
                        loss_minus) / (2 * epsilon)
                    inputs_numerical[i, j, k, l] += epsilon
    # 可视化数值梯度和解析梯度的差异
    relative_error = torch.abs(analytical_gradients - numerical_gradients) / 
                    (torch.abs(analytical_gradients) + 
                        torch.abs(numerical_gradients) + 1e-8)
```

```python
    print(f"Max relative error: {relative_error.max().item()}")
# 绘制梯度图
plt.figure(figsize=(10, 5))
plt.subplot(1, 2, 1)
plt.imshow(analytical_gradients[0, 0].cpu().detach().numpy(), cmap='jet')
plt.title('Analytical Gradient')
plt.colorbar()

plt.subplot(1, 2, 2)
plt.imshow(numerical_gradients[0, 0].cpu().detach().numpy(), cmap='jet')
plt.title('Numerical Gradient')
plt.colorbar()
plt.show()

# 获取一个样本
testset = torchvision.datasets.CIFAR10(root='data', train=False,
                                        download=True, transform=transform)
testloader = torch.utils.data.DataLoader(testset, batch_size=1,
                                          shuffle=False)
data_iter = iter(testloader)
input_image, label = next(data_iter)

input_image = input_image.to(device)
label = label.to(device)

# 执行梯度检查
gradient_check(model, input_image, label)
```

上述代码的实现流程如下所示。

◆ **数据集**：使用PyTorch的CIFAR-10数据集作为训练数据。
◆ **模型**：定义了一个简单的卷积神经网络SimpleCNN。
◆ **训 练**：模 型 在GPU上训练了5个Epoch。
◆ **梯度检查**：比较通过数值方法（有限差分）与解析方法（反向传播）计算的梯度，并计算相对误差。如果误差较小，则说明梯度计算正确。
◆ **可视化**：绘制解析梯度和数值梯度的可视化热图，直观展示两者的差异，如图9-9所示。

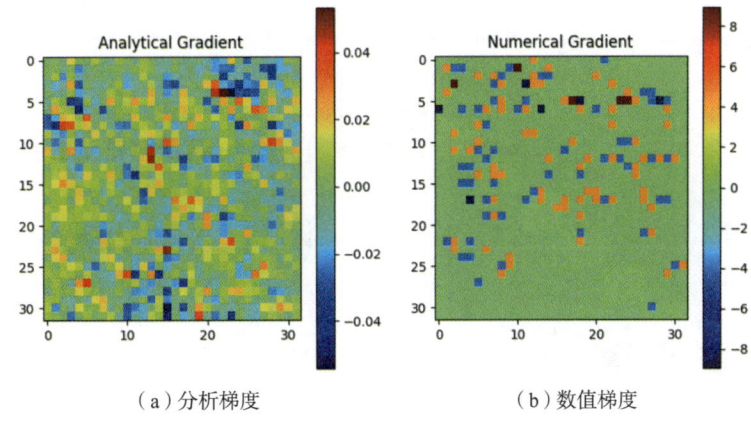

（a）分析梯度　　　　　　　（b）数值梯度

图9-9　分析梯度和数值梯度的可视化热图

9.5 特征重要性分析

特征重要性分析是一种评估输入特征对模型输出影响程度的技术，旨在识别哪些特征对预测结果最关键。常用的方法包括基于模型的特征重要性评估（如树模型）和模型无关的方法，如LIME（Local Interpretable Model-agnostic Explanations，局部可解释模型无关解释）和SHAP（Shapley Additive exPlanations，沙普利加性解释），通过这些方法可以直观理解特征在决策过程中的作用。

在机器学习中，特征重要性的计算方法用于评估不同输入特征对模型预测结果的贡献，微积分在这些方法中扮演着重要角色。常用的特征重要性分析方法如图9-10所示。

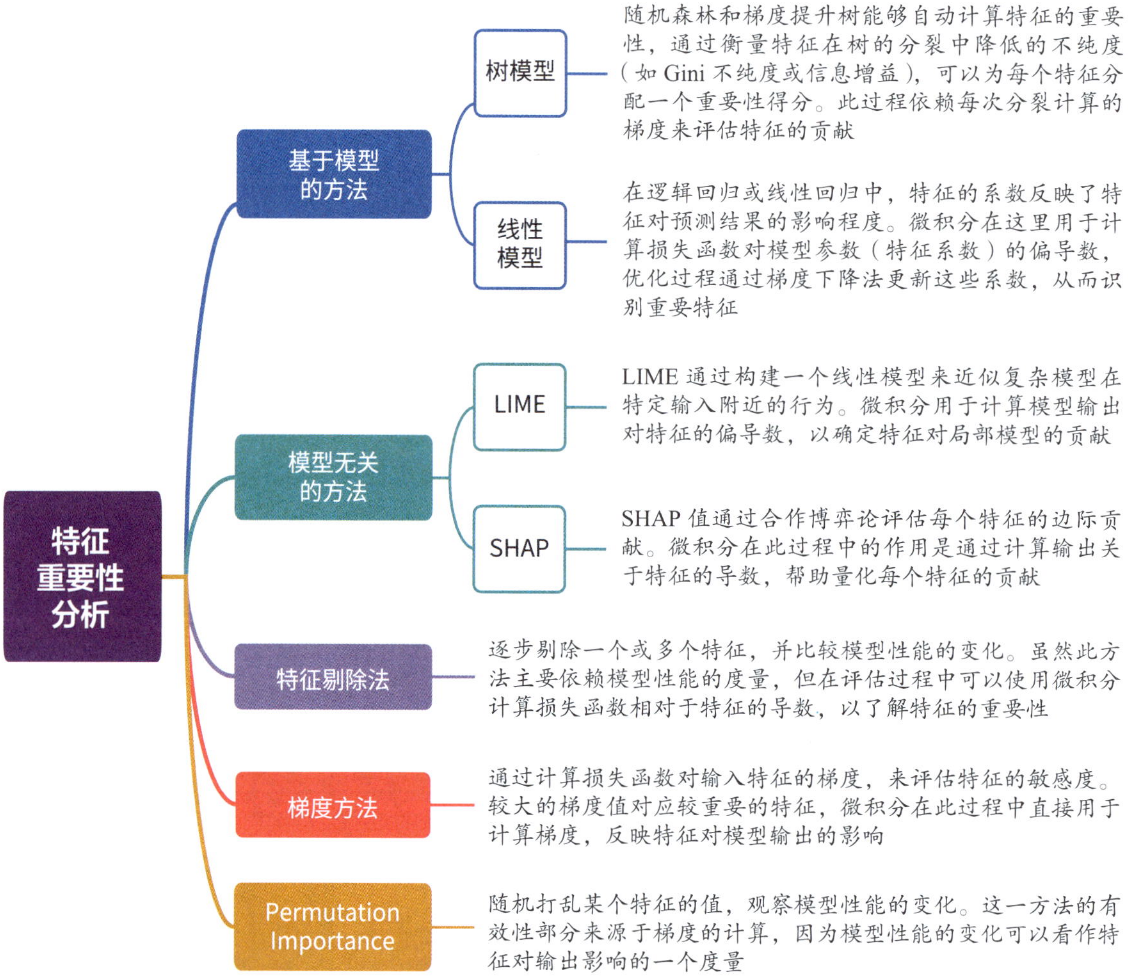

```
特征重要性分析
├── 基于模型的方法
│   ├── 树模型：随机森林和梯度提升树能够自动计算特征的重要性，通过衡量特征在树的分裂中降低的不纯度（如Gini不纯度或信息增益），可以为每个特征分配一个重要性得分。此过程依赖每次分裂计算的梯度来评估特征的贡献
│   └── 线性模型：在逻辑回归或线性回归中，特征的系数反映了特征对预测结果的影响程度。微积分在这里用于计算损失函数对模型参数（特征系数）的偏导数，优化过程通过梯度下降法更新这些系数，从而识别重要特征
├── 模型无关的方法
│   ├── LIME：LIME通过构建一个线性模型来近似复杂模型在特定输入附近的行为。微积分用于计算模型输出对特征的偏导数，以确定特征对局部模型的贡献
│   └── SHAP：SHAP值通过合作博弈论评估每个特征的边际贡献。微积分在此过程中的作用是通过计算输出关于特征的导数，帮助量化每个特征的贡献
├── 特征剔除法：逐步剔除一个或多个特征，并比较模型性能的变化。虽然此方法主要依赖模型性能的度量，但在评估过程中可以使用微积分计算损失函数相对于特征的导数，以了解特征的重要性
├── 梯度方法：通过计算损失函数对输入特征的梯度，来评估特征的敏感度。较大的梯度值对应较重要的特征，微积分在此过程中直接用于计算梯度，反映特征对模型输出的影响
└── Permutation Importance：随机打乱某个特征的值，观察模型性能的变化。这一方法的有效性部分来源于梯度的计算，因为模型性能的变化可以看作特征对输出影响的一个度量
```

图9-10 常用的特征重要性分析方法

总之，微积分在特征重要性计算中起着核心作用，通过计算梯度和偏导数，帮助我们量化特征对模型输出的影响。这些计算为理解模型决策提供了数学基础，并使特征选择和模型优化更有效。

实例9-6 使用微积分方法分析特征重要性（源码路径：codes\9\Te.py）

本实例训练了一个线性回归模型，并通过计算损失函数对输入特征的梯度来分析特征的重要性。较大的梯度值表示特征对模型输出的影响较大，最终以柱状图形式可视化各特征的重要性得分。

```python
import torch
import torch.nn as nn
import torch.optim as optim
import numpy as np
import matplotlib.pyplot as plt
# 生成示例数据
def generate_data(n_samples=1000):
    X = np.random.rand(n_samples, 10)    # 10 个特征
    y = X[:, 0] * 3 + X[:, 1] * 2 + np.random.randn(n_samples) * 0.1
                                          # 线性关系加上一些噪声
    return X, y

# 线性回归模型
class LinearRegressionModel(nn.Module):
    def __init__(self):
        super(LinearRegressionModel, self).__init__()
        self.linear = nn.Linear(10, 1)

    def forward(self, x):
        return self.linear(x)

# 特征重要性分析
def feature_importance_analysis(model, X, y):
    X_tensor = torch.tensor(X, dtype=torch.float32)
    y_tensor = torch.tensor(y, dtype=torch.float32).view(-1, 1)
    # 计算损失
    model.eval()
    with torch.no_grad():
        outputs = model(X_tensor)
        baseline_loss = nn.MSELoss()(outputs, y_tensor)
    importances = []
    for i in range(X.shape[1]):
        # 计算梯度
        X_tensor.requires_grad_()
        outputs = model(X_tensor)
        loss = nn.MSELoss()(outputs, y_tensor)
        loss.backward()
        # 特征的重要性与损失的梯度相关
        importance = torch.abs(X_tensor.grad[:, i]).mean().item()
        importances.append(importance)
        X_tensor.requires_grad_(False)    # 关闭梯度计算
    return importances
# 生成数据
X, y = generate_data()
# 训练模型
model = LinearRegressionModel()
```

```python
optimizer = optim.Adam(model.parameters(), lr=0.01)
loss_fn = nn.MSELoss()

for epoch in range(100):
    model.train()
    optimizer.zero_grad()
    outputs = model(torch.tensor(X, dtype=torch.float32))
    loss = loss_fn(outputs, torch.tensor(y, dtype=torch.float32).view(-1, 1))
    loss.backward()
    optimizer.step()
# 特征重要性分析
importances = feature_importance_analysis(model, X, y)

# 可视化特征重要性
plt.bar(range(len(importances)), importances)
plt.xlabel('Feature Index')
plt.ylabel('Importance Score')
plt.title('Feature Importance Analysis using Gradients')
plt.show()
```

上述代码的实现流程如下所示。

◆ **数据准备：** 生成自定义的示例数据，包含 1000 个样本和 10 个特征，特征与目标值之间存在线性关系并添加噪声。

◆ **模型定义：** 定义一个简单的线性回归模型，仅包含一个线性层。

◆ **训练模型：** 在每个训练周期中，输入特征通过模型进行预测，计算损失函数值（MSE）。使用反向传播算法计算损失函数相对于模型参数的梯度，微积分在这里的作用是提供梯度信息，指导模型调整参数以最小化损失。

◆ **计算特征的重要性：** 通过计算损失函数对输入特征的梯度，识别出各个特征对模型输出的影响程度。微积分用于计算偏导数，从而量化特征的贡献，较大的梯度值表示该特征对模型预测的影响较大。

◆ **可视化特征重要性：** 使用柱状图展示不同特征的重要性得分，直观地呈现哪些特征对模型决策影响最大，如图 9-11 所示。

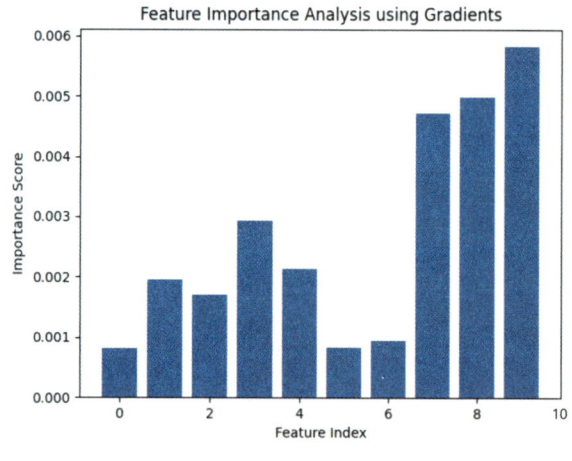

图 9-11　特征柱状图

9.6 误差分析与模型诊断

误差分析与模型诊断是评估模型性能和识别潜在问题的重要过程，通过计算不同误差指标（如 MSE、平均绝对误差等）来量化模型的预测能力。微积分在这一过程中发挥着关键作用，帮助我们优化模型参数和分析输入特征对误差的影响，以实现更精确的预测。

9.6.1 误差分析介绍

在实际应用中,误差分析不仅能帮助我们评估模型性能,而且也通过微积分提供了重要的工具,用于优化模型和提高预测准确性。有关误差分析的具体说明如图9-12所示。

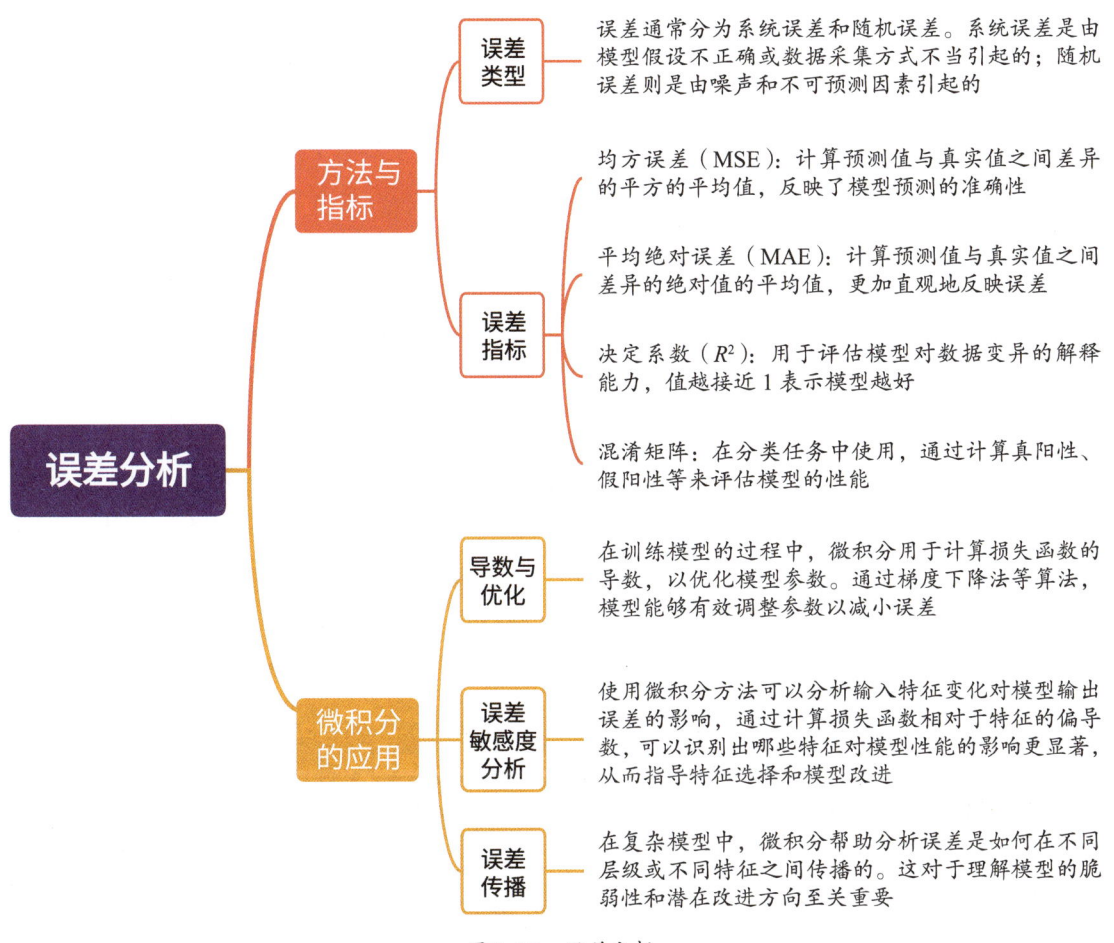

图9-12 误差分析

实例9-7 使用微积分分析误差的灵敏度(源码路径:codes\9\Wu.py)

本实例通过训练一个基于MNIST数据集的神经网络,计算均方误差和平均绝对误差,并使用微积分来分析误差的灵敏度。

```
# 1. 数据集准备
transform = transforms.Compose([transforms.ToTensor(), transforms.
                                Normalize((0.5,), (0.5,))])
train_set = torchvision.datasets.MNIST(root='data', train=True,
                                download=True, transform=transform)
train_loader = torch.utils.data.DataLoader(train_set, batch_size=64,
                                shuffle=True)
# 2. 定义简单的神经网络
class SimpleNN(nn.Module):
    def __init__(self):
```

```python
        super(SimpleNN, self).__init__()
        self.fc1 = nn.Linear(28*28, 128)
        self.fc2 = nn.Linear(128, 10)

    def forward(self, x):
        x = x.view(-1, 28*28)
        x = torch.relu(self.fc1(x))
        x = self.fc2(x)
        return x

# 3. 模型训练
device = torch.device("cuda" if torch.cuda.is_available() else "cpu")
model = SimpleNN().to(device)
criterion = nn.CrossEntropyLoss()
optimizer = optim.Adam(model.parameters(), lr=0.001)

num_epochs = 20
for epoch in range(num_epochs):
    for images, labels in train_loader:
        images, labels = images.to(device), labels.to(device)
        optimizer.zero_grad()
        outputs = model(images)
        loss = criterion(outputs, labels)
        loss.backward()   # 计算梯度
        optimizer.step()
    print(f'Epoch [{epoch+1}/{num_epochs}], Loss: {loss.item():.4f}')

# 4. 计算 MSE 和 MAE
def calculate_errors(model, data_loader):
    model.eval()
    total_mse = 0
    total_mae = 0
    num_samples = 0
    with torch.no_grad():
        for images, labels in data_loader:
            images, labels = images.to(device), labels.to(device)
            outputs = model(images)
            mse = nn.MSELoss()(outputs, nn.functional.one_hot(labels, num_
                        classes=10).float().to(device))
            mae = nn.L1Loss()(outputs, nn.functional.one_hot(labels, num_
                        classes=10).float().to(device))
            total_mse += mse.item() * images.size(0)
            total_mae += mae.item() * images.size(0)
            num_samples += images.size(0)
    return total_mse / num_samples, total_mae / num_samples

mse, mae = calculate_errors(model, train_loader)
```

```
print(f'Mean Squared Error: {mse:.4f}, Mean Absolute Error: {mae:.4f}')

# 5. 可视化损失
losses = []
for epoch in range(num_epochs):
    losses.append(loss.item())
plt.plot(range(1, num_epochs + 1), losses, marker='o')
plt.xlabel('Epoch')
plt.ylabel('Loss')
plt.title('Training Loss')
plt.show()
```

对上述代码的具体说明如下所示。

◆ **定义神经网络：** 构建一个简单的全连接神经网络，其中使用了ReLU激活函数。

◆ **模型训练：** 使用反向传播算法计算损失函数的导数（梯度），通过loss.backward()来更新模型参数。在这里，微积分的作用体现在计算损失函数相对于模型参数的偏导数，以优化模型。

◆ **计算误差：** 计算均方误差和平均绝对误差，用以评估模型性能。使用微积分方法（如导数计算）来分析模型输出与真实标签之间的误差，从而了解模型的预测能力。

◆ **可视化损失：** 绘制每个Epoch的损失曲线，直观展示模型训练过程中的表现，如图9-13所示。

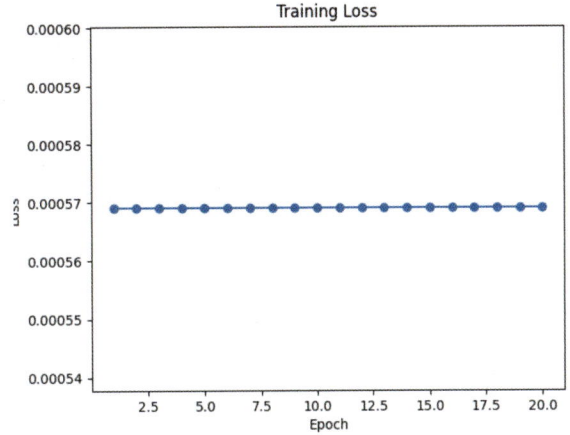

图9-13　每个Epoch的损失曲线图

9.6.2　模型诊断

模型诊断是机器学习和统计建模中一个重要的过程，旨在评估和改进模型的性能。通过对模型进行分析，可以识别潜在的问题，从而采取措施提高模型的准确性和鲁棒性。模型诊断的基本信息如图9-14所示。

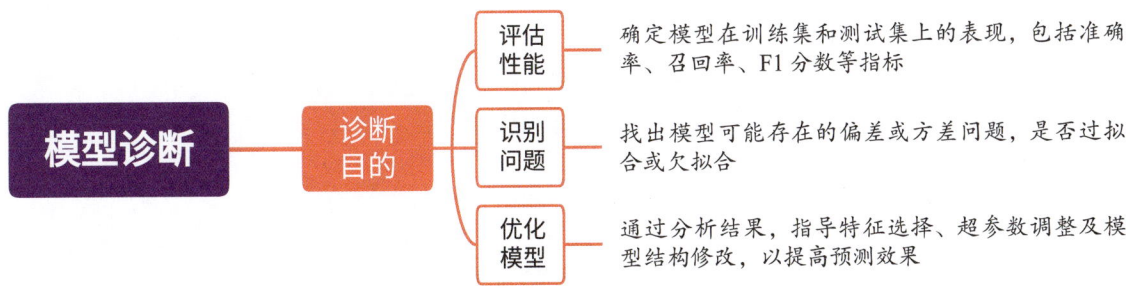

图9-14　模型诊断

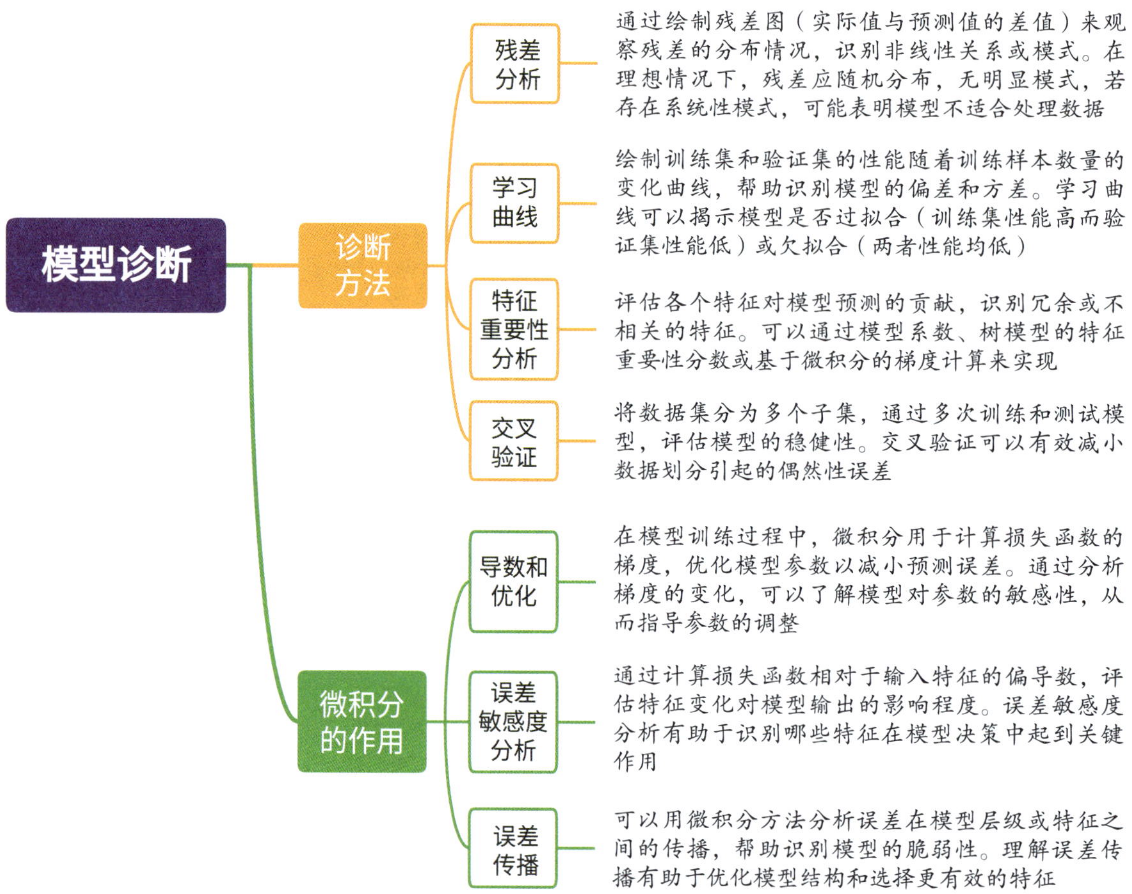

图9-14 模型诊断（续）

实例9-8 使用微积分方法诊断模型（源码路径：codes\9\Zhen.py）

本实例实现了一个简单的神经网络模型，通过训练MNIST数据集来进行数字分类，记录每个训练轮次的损失并在测试集上评估模型性能。它还通过计算残差并绘制残差分布图和学习曲线，帮助我们分析模型的预测能力与潜在问题，从而为进一步的优化提供依据。

```
# 设置设备
device = torch.device("cuda" if torch.cuda.is_available() else "cpu")

# 数据预处理和加载
transform = transforms.Compose([
    transforms.ToTensor(),
    transforms.Normalize((0.5,), (0.5,))
])
train_dataset = datasets.MNIST(root='data', train=True, download=True,
                                transform=transform)
test_dataset = datasets.MNIST(root='data', train=False, download=True,
                               transform=transform)
train_loader = DataLoader(train_dataset, batch_size=64, shuffle=True)
test_loader = DataLoader(test_dataset, batch_size=64, shuffle=False)
```

```python
# 定义模型
class SimpleNN(nn.Module):
    def __init__(self):
        super(SimpleNN, self).__init__()
        self.fc1 = nn.Linear(28 * 28, 128)
        self.fc2 = nn.Linear(128, 10)

    def forward(self, x):
        x = x.view(x.size(0), -1)
        x = torch.relu(self.fc1(x))
        x = self.fc2(x)
        return x

# 训练模型
model = SimpleNN().to(device)
criterion = nn.CrossEntropyLoss()
optimizer = optim.Adam(model.parameters(), lr=0.001)

num_epochs = 5
train_losses = []
for epoch in range(num_epochs):
    model.train()
    epoch_loss = 0.0
    for images, labels in train_loader:
        images, labels = images.to(device), labels.to(device)
        # 前向传播
        outputs = model(images)
        loss = criterion(outputs, labels)
        # 反向传播和优化
        optimizer.zero_grad()
        loss.backward()
        optimizer.step()
        epoch_loss += loss.item()
    avg_loss = epoch_loss / len(train_loader)
    train_losses.append(avg_loss)
    print(f'Epoch [{epoch + 1}/{num_epochs}], Loss: {avg_loss:.4f}')

# 评估模型并计算残差
model.eval()
all_preds = []
all_labels = []
with torch.no_grad():
    for images, labels in test_loader:
        images, labels = images.to(device), labels.to(device)
        outputs = model(images)
        _, preds = torch.max(outputs, 1)
```

```python
        all_preds.append(preds.cpu().numpy())
        all_labels.append(labels.cpu().numpy())

# 将预测和真实标签转换为数组
all_preds = np.concatenate(all_preds)
all_labels = np.concatenate(all_labels)
# 计算残差
residuals = all_labels - all_preds
# 可视化残差
plt.figure(figsize=(10, 6))
plt.hist(residuals, bins=30, alpha=0.7, color='blue', edgecolor='black')
plt.title('Residuals Distribution')
plt.xlabel('Residuals')
plt.ylabel('Frequency')
plt.grid(True)
plt.show()
# 可视化学习曲线
plt.figure(figsize=(10, 6))
plt.plot(range(1, num_epochs + 1), train_losses, marker='o',
label='Training Loss')
plt.title('Learning Curve')
plt.xlabel('Epochs')
plt.ylabel('Loss')
plt.legend()
plt.grid(True)
plt.show()
```

在上述代码中，微积分的作用如下所示。

◆ **优化损失函数**：在训练过程中，微积分用于计算损失函数的梯度，帮助我们优化模型参数，从而减小误差。

◆ **残差分析**：通过分析残差，可以利用微积分的概念来理解模型预测与真实结果之间的差距，从而识别模型的不足之处。

◆ **学习曲线**：学习曲线的形状反映了模型训练过程中误差的变化，微积分可以用于分析变化的原因，指导后续的模型调整。

运行后会生成训练损失随训练轮数变化的学习曲线，以评估模型的训练过程是否存在过拟合或欠拟合的情况，如图9-15所示。

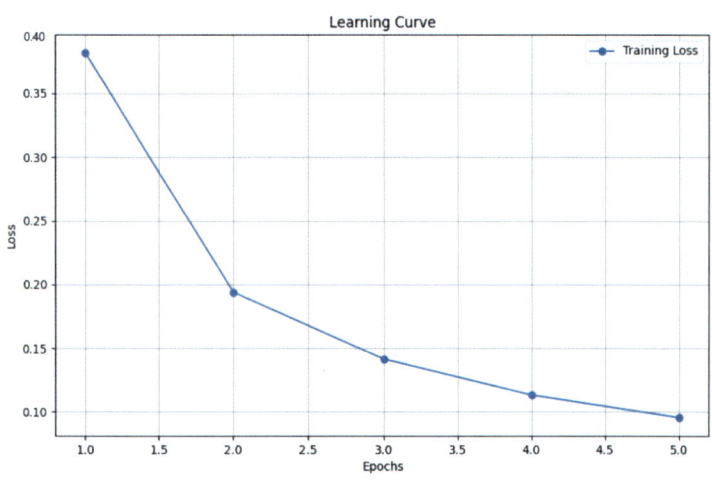

图9-15 训练损失变化曲线图

9.7 课后练习

1. 基于微积分的性能度量与梯度分析

构建一个二元分类模型(可以选择逻辑回归或神经网络),并将交叉熵作为损失函数。根据梯度计算,展示性能度量(如精度、召回率、F1-score)的变化,并在训练过程中使用微积分方法来分析梯度在优化过程中的变化。要求:

- 使用合成数据集构建一个二元分类模型。
- 定义交叉熵损失函数,并通过反向传播计算梯度。
- 可视化训练过程中精度、召回率、F1-score 的变化。
- 计算梯度,并在每次更新中检查梯度值的变化,探索梯度对模型性能的影响。

2. 基于微积分的特征重要性分析与灵敏度分析

使用一个简单的机器学习模型(如决策树或神经网络),实现基于微积分的特征重要性分析。通过灵敏度分析,探索输入特征对模型输出的灵敏度,并通过梯度计算对不同特征的重要性进行排序。要求:

- 使用一个合成数据集(如房价预测或二元分类模型)。
- 计算每个特征对模型输出的梯度,分析其对模型输出的影响。
- 实现灵敏度分析,评估不同特征对模型性能的贡献。
- 对比基于微积分的特征重要性与其他特征选择方法(如随机森林中的特征重要性)的结果。

第10章 自然语言处理和微积分

微积分在自然语言处理中发挥着关键作用,特别是在模型训练和优化过程中。例如,在神经网络模型中,微积分用于计算损失函数的梯度,通过反向传播算法更新模型参数,从而提高预测准确性。此外,微积分也用于分析词向量之间的关系,如通过计算向量的偏导数来衡量特征的重要性,从而优化文本分类、情感分析和机器翻译等任务的性能。

10.1 自然语言处理基础

NLP是人工智能的一个分支,旨在使计算机能够理解、生成和处理自然语言,与人类进行交互。NLP涉及语音识别、文本分析、情感分析和机器翻译等多个领域,致力于提升人机沟通的效率和准确性。

10.1.1 NLP的基本概念与应用领域

NLP是计算机科学、人工智能和语言学的交叉学科,旨在使计算机能够理解、分析、生成和处理自然语言,其基本信息如图10-1所示。

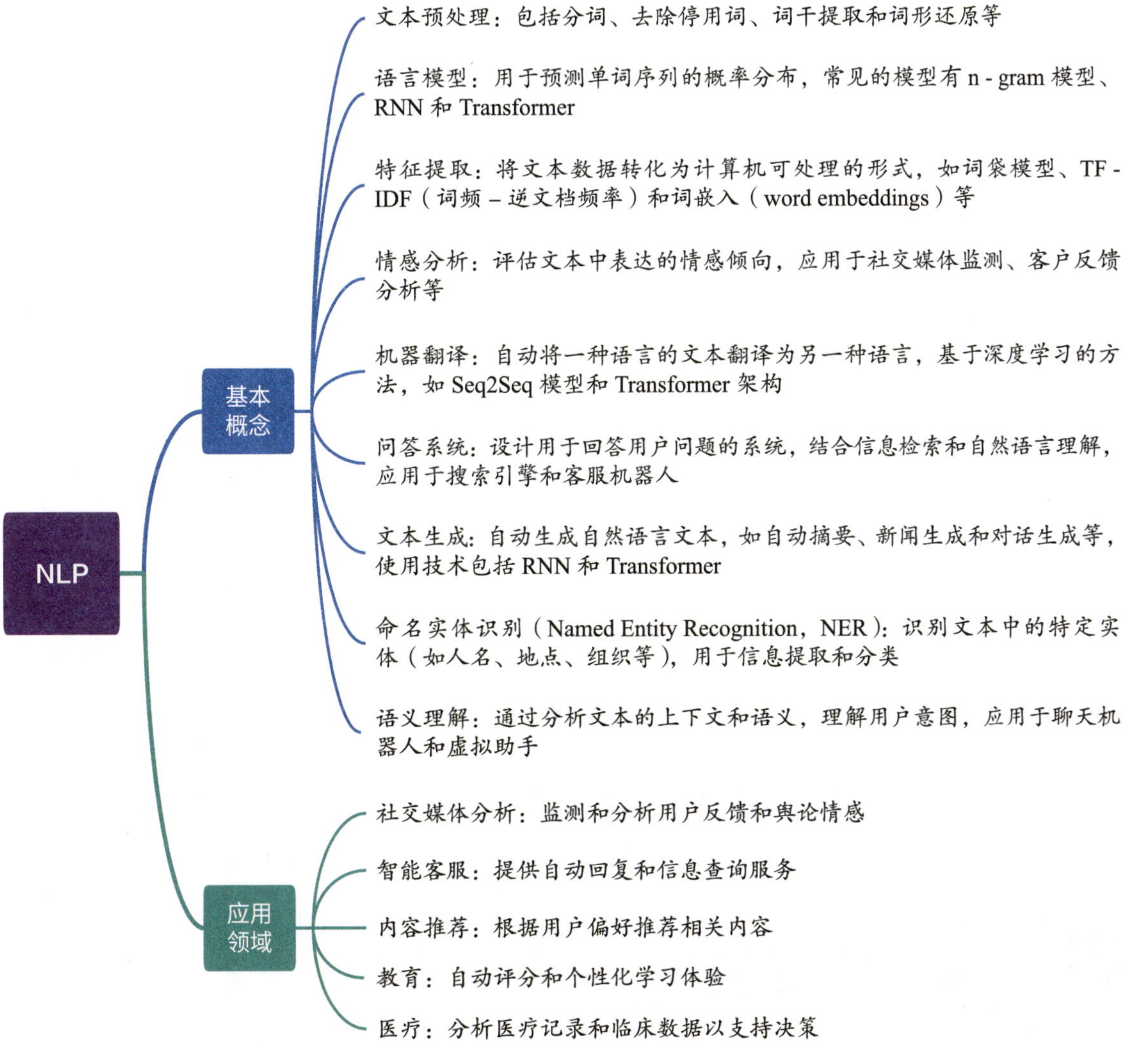

NLP
- 基本概念
  - 文本预处理:包括分词、去除停用词、词干提取和词形还原等
  - 语言模型:用于预测单词序列的概率分布,常见的模型有n-gram模型、RNN和Transformer
  - 特征提取:将文本数据转化为计算机可处理的形式,如词袋模型、TF-IDF(词频–逆文档频率)和词嵌入(word embeddings)等
  - 情感分析:评估文本中表达的情感倾向,应用于社交媒体监测、客户反馈分析等
  - 机器翻译:自动将一种语言的文本翻译为另一种语言,基于深度学习的方法,如Seq2Seq模型和Transformer架构
  - 问答系统:设计用于回答用户问题的系统,结合信息检索和自然语言理解,应用于搜索引擎和客服机器人
  - 文本生成:自动生成自然语言文本,如自动摘要、新闻生成和对话生成等,使用技术包括RNN和Transformer
  - 命名实体识别(Named Entity Recognition, NER):识别文本中的特定实体(如人名、地点、组织等),用于信息提取和分类
  - 语义理解:通过分析文本的上下文和语义,理解用户意图,应用于聊天机器人和虚拟助手
- 应用领域
  - 社交媒体分析:监测和分析用户反馈和舆论情感
  - 智能客服:提供自动回复和信息查询服务
  - 内容推荐:根据用户偏好推荐相关内容
  - 教育:自动评分和个性化学习体验
  - 医疗:分析医疗记录和临床数据以支持决策

图10-1 NLP基本信息

总之,NLP使计算机能够更好地理解人类语言,推动了许多行业的创新与发展。

10.1.2 微积分在 NLP 中的作用概述

微积分在 NLP 中发挥着重要作用，主要体现在以下几个方面。

◆ **优化模型参数**：在训练机器学习模型（如神经网络）时，微积分用于计算损失函数的梯度。这些梯度指示了如何调整模型参数以最小化预测误差，从而提高模型性能。

◆ **损失函数的分析**：微积分帮助我们分析损失函数的形状和特性，例如，识别损失函数的局部极小值、鞍点等。这些分析对选择合适的学习率和调整优化策略至关重要。

◆ **灵敏度分析**：通过计算损失函数相对于输入特征的偏导数，微积分可评估输入特征变化对模型输出的影响。这种分析有助于识别关键特征，优化特征选择，并理解模型决策的原因。

◆ **序列模型的训练**：在处理序列数据（如文本）时，RNN 和 LSTM 等模型利用微积分计算时间步之间的梯度，确保模型能够捕捉到上下文信息。这对于语言生成和翻译任务至关重要。

◆ **正则化技术**：在模型训练中，微积分用于实现正则化方法（如 L1、L2 正则化），以防过拟合。这些方法通过在损失函数中添加额外项，来影响模型的学习过程。

通过上述应用，微积分为 NLP 中的模型训练、性能优化和理解提供了基础，推动了 NLP 技术的发展。

10.2 词嵌入

词嵌入是将词汇映射为低维向量的技术，旨在捕捉词语之间的语义关系和上下文信息，从而提升自然语言处理模型的性能。

10.2.1 词嵌入介绍

词嵌入是一种将词语转化为实数向量的方法，使相似的词在向量空间中相互靠近。这种表示能够捕捉词汇之间的语义和语法关系，常用于自然语言处理（NLP）任务，如文本分类、机器翻译和情感分析。

微积分在词嵌入中的应用主要体现在梯度计算和优化过程中，具体说明如图 10-2 所示。

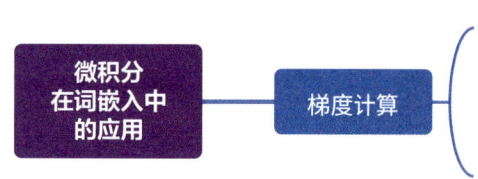

在训练词嵌入模型（如 Word2Vec 和 GloVe）时，微积分用于计算损失函数对模型参数的梯度。词嵌入的目标是通过最大化相似词的相似度来优化词向量，使相似词的向量距离较近，而不相似的词则距离较远

损失函数的选择通常与词语的上下文有关。例如，Skip-Gram 模型中的损失函数，通过最大化目标词在上下文中出现的概率来更新词向量。这需要计算目标词向量和上下文词向量之间的相似度，并根据这个相似度计算损失

图 10-2 微积分在词嵌入中的应用

微积分在词嵌入中的应用
优化算法
梯度下降法：通过计算损失函数的梯度，模型能够有效调整参数以降低误差。每次迭代时，根据梯度的方向和大小更新词向量，使模型逐步收敛到最优解
学习率调整：在梯度下降过程中，微积分帮助确定每次更新的步长（学习率），从而平衡收敛速度和稳定性
向量的距离度量
微积分还用于计算向量之间的距离度量，如欧几里得距离或余弦相似度，这些距离度量有助于在嵌入空间中评估词语之间的相似性
微积分应用于计算偏导数，通过计算相似度的导数，可以优化词向量，使相似词在向量空间中的位置更加接近
模型评估与验证
微积分在模型评估过程中同样重要。通过分析损失函数的变化，评估模型在不同训练阶段的表现，判断模型是否出现了过拟合或欠拟合问题

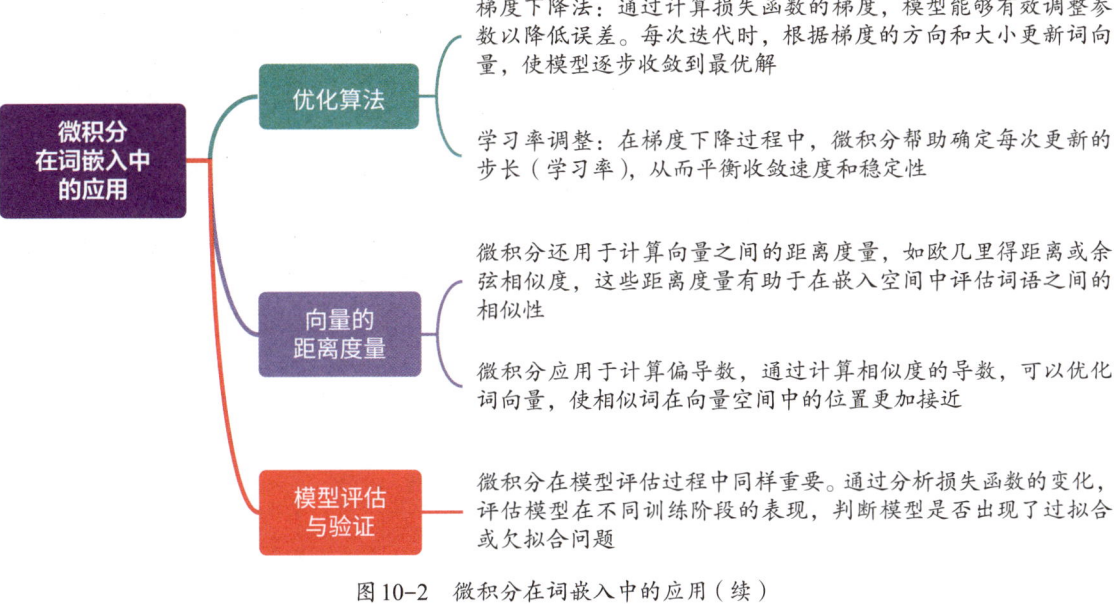

图 10-2　微积分在词嵌入中的应用（续）

10.2.2 词嵌入模型

词嵌入模型是NLP中的一种关键技术，用于将词语映射到连续的向量空间中，以便计算机能够理解和处理文本数据。这些模型通过捕捉词语之间的语义和上下文关系，使相似词的向量在空间中距离较近，从而提升了机器学习任务的效果。图10-3详细列出了几种常用的词嵌入模型。

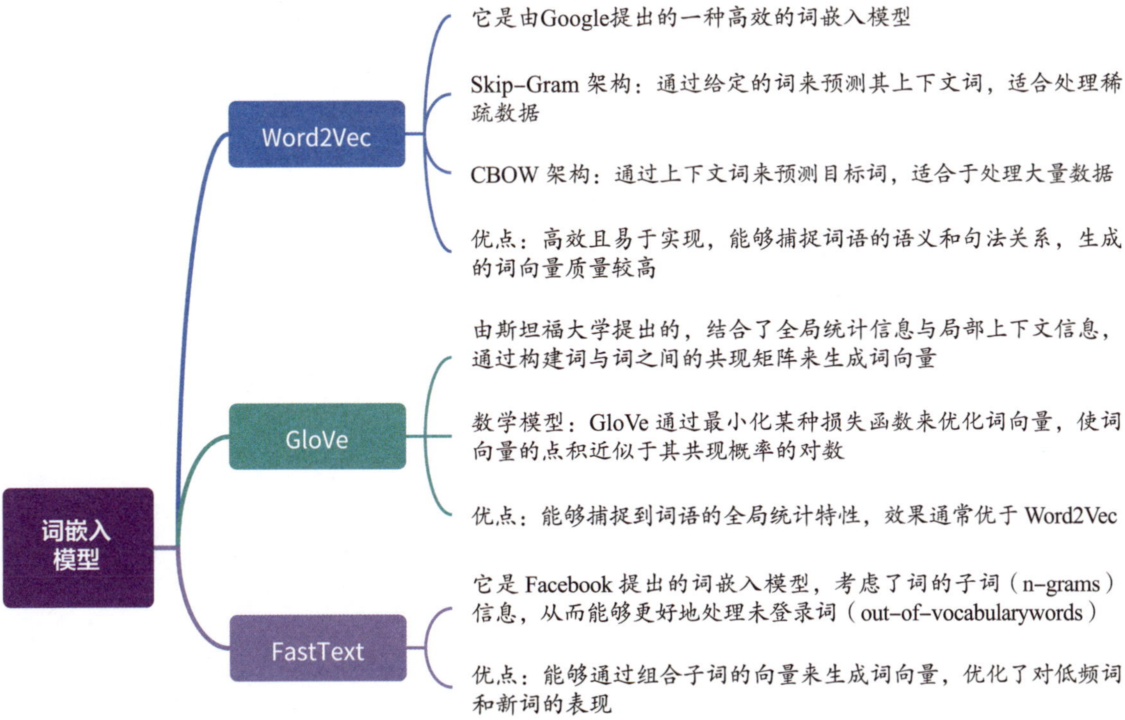

词嵌入模型
Word2Vec
它是由Google提出的一种高效的词嵌入模型
Skip-Gram 架构：通过给定的词来预测其上下文词，适合处理稀疏数据
CBOW 架构：通过上下文词来预测目标词，适合于处理大量数据
优点：高效且易于实现，能够捕捉词语的语义和句法关系，生成的词向量质量较高
GloVe
由斯坦福大学提出的，结合了全局统计信息与局部上下文信息，通过构建词与词之间的共现矩阵来生成词向量
数学模型：GloVe 通过最小化某种损失函数来优化词向量，使词向量的点积近似于其共现概率的对数
优点：能够捕捉到词语的全局统计特性，效果通常优于 Word2Vec
FastText
它是 Facebook 提出的词嵌入模型，考虑了词的子词（n-grams）信息，从而能够更好地处理未登录词（out-of-vocabularywords）
优点：能够通过组合子词的向量来生成词向量，优化了对低频词和新词的表现

图 10-3　常用的词嵌入模型

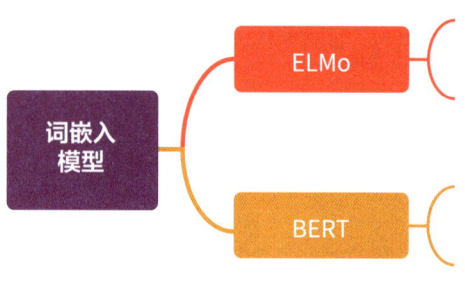

它是由 Allen Institute 提出的上下文词嵌入模型，通过双向语言模型生成词向量，可以根据上下文进行动态调整

优点：能够为同一词提供不同的向量表示，根据其在句子中的不同上下文，捕捉到更丰富的语义信息

它是一种基于 Transformer 的模型，通过双向上下文来生成词向量，能够捕捉到复杂的语义关系

优点：在多个 NLP 任务上表现优异，能够生成上下文敏感的词表示，并在下游任务中具备强大的迁移学习能力

图 10-3　常用的词嵌入模型（续）

实例10-1　使用微积分提升Word2Vec模型的性能（源码路径：codes\10\Qian.py）

本实例通过微积分计算损失函数的梯度，优化模型参数，减小预测误差。模型通过反向传播更新权重，优化词嵌入的表示，使语义相似的词向量在空间中更接近。

```python
import torch
import torch.nn as nn
import torch.optim as optim
import numpy as np
import matplotlib.pyplot as plt

# 生成示例文本数据
corpus = "the quick brown fox jumps over the lazy dog"
words = corpus.split()
vocab = list(set(words))
vocab_size = len(vocab)
word_to_index = {word: i for i, word in enumerate(vocab)}

# 词嵌入模型
class WordEmbeddingModel(nn.Module):
    def __init__(self, vocab_size, embedding_dim):
        super(WordEmbeddingModel, self).__init__()
        self.embeddings = nn.Embedding(vocab_size, embedding_dim)

    def forward(self, input):
        return self.embeddings(input)

# 超参数
embedding_dim = 10
num_epochs = 100
learning_rate = 0.01

# 初始化模型、损失函数和优化器
model = WordEmbeddingModel(vocab_size, embedding_dim)
loss_function = nn.CrossEntropyLoss()
optimizer = optim.SGD(model.parameters(), lr=learning_rate)
```

```python
# 训练模型
for epoch in range(num_epochs):
    total_loss = 0
    for i in range(1, len(words) - 1):
        context = word_to_index[words[i - 1]]
        target = word_to_index[words[i]]
        model.zero_grad()
        log_probs = model(torch.tensor([context]))
        # 确保目标索引在范围内
        target_tensor = torch.tensor([target]).long()
        # 将 log_probs 的形状从 (1, embedding_dim) 转换为 (1, vocab_size)
        log_probs = log_probs.view(1, -1)
        loss = loss_function(log_probs, target_tensor)
        loss.backward()
        optimizer.step()
        total_loss += loss.item()
    if epoch % 10 == 0:
        print(f"Epoch [{epoch}/{num_epochs}], Loss: {total_loss:.4f}")

# 可视化词嵌入
with torch.no_grad():
    word_embeddings = model.embeddings.weight.numpy()

plt.figure(figsize=(10, 8))
for i, word in enumerate(vocab):
    plt.scatter(word_embeddings[i, 0], word_embeddings[i, 1])
    plt.annotate(word, (word_embeddings[i, 0], word_embeddings[i, 1]),
                 textcoords="offset points", xytext=(0, 5),
                 ha='center')
plt.xlabel('Embedding Dimension 1')
plt.ylabel('Embedding Dimension 2')
plt.title('Word Embeddings Visualization')
plt.grid()
plt.show()
```

上述代码的实现流程如下。

◆ **数据准备**：通过一段示例文本生成词汇表，将每个单词映射到唯一的索引，构建词到索引的字典。

◆ **模型定义**：定义了一个简单的 WordEmbeddingModel 类，继承自 PyTorch 的 nn.Module。该模型包含一个嵌入层，用于将词汇索引转换为固定维度的向量表示。

◆ **超参数设置**：设置词嵌入的维度、训练的轮数以及学习率。

◆ **模型训练**：在指定的轮数内，遍历文本中的每个词，以当前词的上下文词作为输入，目标词作为输出。模型计算输入词的向量表示，并生成对目标词的预测概率分布（对数概率）。通过对比预测概率与目标词的真实索引，计算交叉熵损失，衡量预测与实际的差异。接着，利用反向传播算法计算梯度，并依据优化器（如随机梯度下降）更新模型参数（词嵌入向量），逐步降低预测误差，优化词嵌入表示。

◆ **损失输出**：每经过10个Epoch，输出当前的训练损失，帮助我们监控模型的学习进度。

◆ **可视化**：训练完成后生成词嵌入结果可视化图，将每个词的向量在二维平面上绘制出来，便于观察相似词之间的空间关系，如图10-4所示。

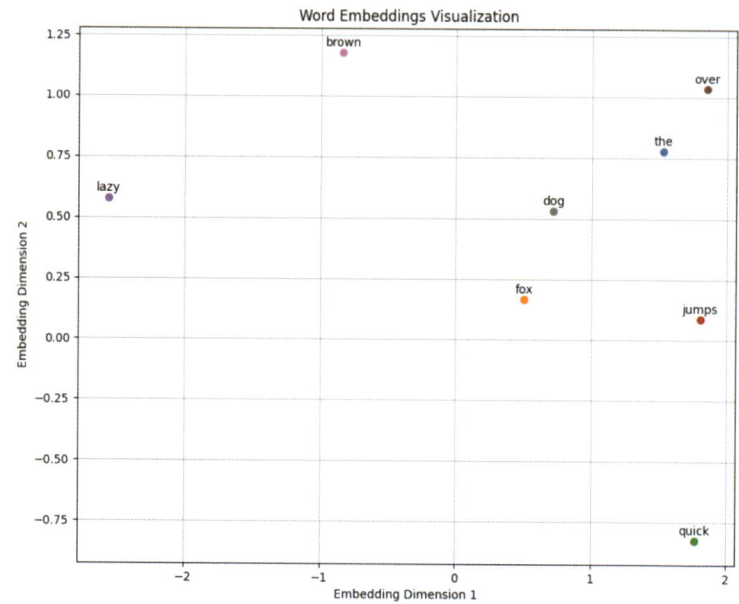

图10-4 词嵌入结果可视化图

10.3 表示学习

表示学习（Representation Learning）是机器学习中的一种方法，旨在从原始数据中自动学习有效的表示或特征，以便更好地进行下游任务。NLP中的表示学习尤其重要，因为语言数据往往是复杂且高维的，如何表示文本信息直接影响模型的性能。

10.3.1 表示学习介绍

表示学习的核心思想是将数据映射到一个更适合计算的空间，通常是低维的向量空间。这种表示能够捕捉到数据的内在结构，使后续任务（如分类、聚类、生成等）更加高效。对于NLP而言，表示学习的目标是将单词、句子或文档转换为向量表示，这样计算机就能更好地理解和处理文本数据。

在实际应用中，常见的表示学习方法如下。

◆ **词嵌入（Word Embeddings）**：词嵌入模型如Word2Vec、GloVe和FastText，能够将词语映射到低维向量空间，保留词之间的语义关系。例如，类似的词会在向量空间中接近，能够捕捉同义词和反义词之间的关系。

◆ **上下文嵌入（Contextual Embeddings）**：ELMo、BERT等模型通过上下文信息生成词的动态表示。例如，BERT使用双向Transformer结构，能够根据上下文生成不同的词向量，这使模型能更好地理解语义的细微差别。

◆ **句子和文档表示**：对于句子和文档，常见的方法包括使用词嵌入的平均或加权和、RNN或LSTM来生成表示。这些表示可以用于文本分类、情感分析等任务。

10.3.2 微积分在表示学习中的应用

微积分在表示学习中起着重要的作用，尤其是在分析和优化模型性能方面，具体说明如下所示。

1. 损失函数优化

在训练表示学习模型时，微积分用于计算损失函数的梯度。这些梯度指导模型参数的更新，以最小化预测误差。例如，在使用梯度下降法时，通过计算损失函数相对于模型参数的偏导数，调整权重以优化模型的表现。

2. 特征灵敏度分析

微积分帮助我们评估输入特征变化对模型输出的影响，通过计算损失函数相对于输入特征的偏导数，我们可以识别哪些特征在模型决策中起关键作用。这有助于特征选择和模型改进，提升模型性能。

3. 误差传播分析

在复杂模型中，微积分用于分析误差在不同层级或特征之间的传播。理解误差的传播路径有助于识别模型的脆弱性和潜在改进方向，确保模型在不同情况下的鲁棒性。

4. 模型评估

对模型输出进行微积分分析，可以检测到模型的偏差和方差。例如，通过学习曲线可以分析训练集和验证集的表现，识别是否存在过拟合或欠拟合的问题。

总之，微积分为表示学习提供了强有力的工具，支持模型的优化、特征分析和评估，帮助提高机器学习任务中的性能。通过结合微积分，表示学习能够更加有效地理解和处理复杂的数据。

实例10-2 Word2Vec模型的嵌入表示（源码路径：codes\10\Biao.py）

本实例实现了一个简单的词嵌入模型，使用Skip-gra方法训练词向量并输出每个词的嵌入表示。在训练完成后，可视化展示了词嵌入的二维分布，展示了词之间的语义关系。

```python
import torch
import torch.nn as nn
import torch.optim as optim
import numpy as np
import matplotlib.pyplot as plt

# 生成示例文本数据
corpus = "the quick brown fox jumps over the lazy dog"
words = corpus.split()
vocab = list(set(words))
vocab_size = len(vocab)
word_to_index = {word: i for i, word in enumerate(vocab)}
# 词嵌入模型
class WordEmbeddingModel(nn.Module):
    def __init__(self, vocab_size, embedding_dim):
        super(WordEmbeddingModel, self).__init__()
```

```python
        self.embeddings = nn.Embedding(vocab_size, embedding_dim)
        self.linear = nn.Linear(embedding_dim, vocab_size)
                                                    # 将嵌入映射到词汇表大小

    def forward(self, input):
        embeds = self.embeddings(input)
        return self.linear(embeds)  # 返回线性层的输出

# 超参数
embedding_dim = 10  # 嵌入维度
num_epochs = 100
learning_rate = 0.01

# 初始化模型、损失函数和优化器
model = WordEmbeddingModel(vocab_size, embedding_dim)
loss_function = nn.CrossEntropyLoss()
optimizer = optim.SGD(model.parameters(), lr=learning_rate)

# 训练模型
for epoch in range(num_epochs):
    total_loss = 0
    for i in range(1, len(words) - 1):
        context = word_to_index[words[i - 1]]
        target = word_to_index[words[i]]

        model.zero_grad()

        # 前向传播
        log_probs = model(torch.tensor([context]))

        # 确保目标索引在范围内
        target_tensor = torch.tensor([target]).long()

        # 计算损失
        loss = loss_function(log_probs, target_tensor)

        # 反向传播
        loss.backward()
        optimizer.step()
        total_loss += loss.item()

    if epoch % 10 == 0:
        print(f"Epoch [{epoch}/{num_epochs}], Loss: {total_loss:.4f}")
```

```
# 可视化词嵌入
with torch.no_grad():
    word_embeddings = model.embeddings.weight.numpy()

plt.figure(figsize=(8, 6))
for i, word in enumerate(vocab):
    plt.scatter(word_embeddings[i, 0], word_embeddings[i, 1])
    plt.annotate(word, (word_embeddings[i, 0], word_embeddings[i, 1]),
                 textcoords="offset points", xytext=(0, 5),
                 ha='center')
plt.xlabel('Embedding Dimension 1')
plt.ylabel('Embedding Dimension 2')
plt.title('Word Embeddings Visualization')
plt.grid()
plt.show()
```

微积分在上述代码中的主要作用如下。

◆ **损失函数优化：** 使用交叉熵损失函数（nn.CrossEntropyLoss）来衡量模型预测和实际目标之间的差距。通过计算损失函数相对于模型参数的梯度，模型可以进行反向传播，更新参数，以最小化损失。在反向传播过程中，微积分的链式法则用于计算梯度，确保模型在训练过程中朝着正确的方向调整权重。

◆ **参数更新：** 在每个训练迭代中，使用优化器（如随机梯度下降，optim.SGD）根据计算得到的梯度更新模型参数。这个过程基于微积分中的梯度下降法，即沿着梯度的反方向调整参数，从而降低损失函数的值。

运行后会生成词嵌入的二维分布图，如图10-5所示。

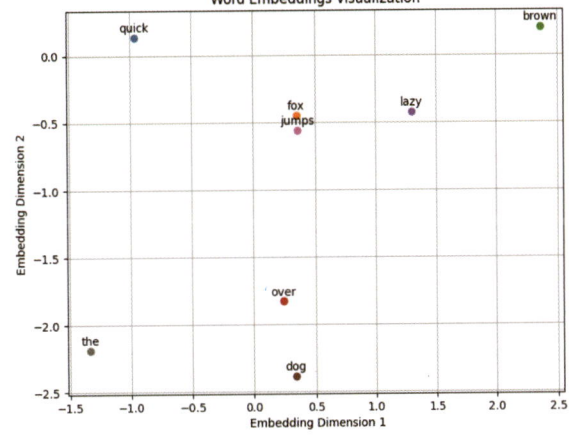

图10-5 词嵌入的二维分布可视化图

10.4 语言模型与序列建模

语言模型是一种通过学习文本数据中单词的概率分布来预测下一个单词的模型，广泛应用于NLP任务。序列建模则关注处理和预测时间序列数据或序列数据中的依赖关系，通常使用RNN或LSTM来捕捉序列中的上下文信息。

10.4.1 语言模型的定义与作用

语言模型是一种统计模型，用于估计一段文本中单词序列的概率分布。它的主要目标是根据给定的上下文预测下一个单词或单词序列的可能性。语言模型可以通过不同的方法构建，如基于 n-gram 的模型、RNN、LSTM、Transformer 等。

语言模型的作用如图 10-6 所示。

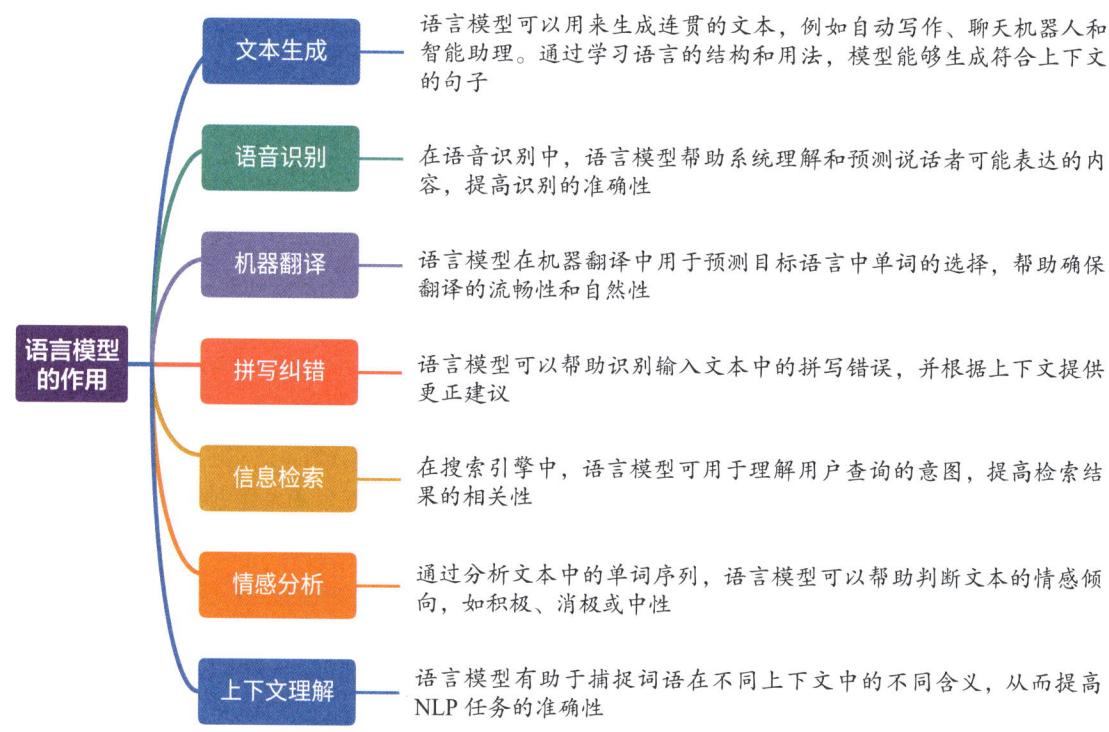

图 10-6　语言模型的作用

总之，语言模型是 NLP 中的基础工具，通过对语言的建模，它在多种应用中发挥着关键作用，能帮助计算机更好地理解和生成自然语言。

10.4.2　微积分在语言模型中的应用

在日常应用中，微积分在语言模型中的主要应用如图 10-7 所示。

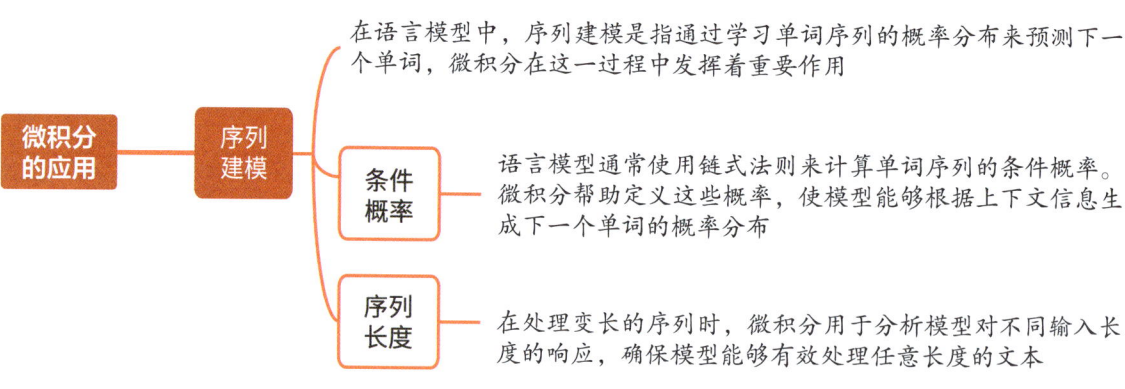

图 10-7　微积分在语言模型中的主要应用

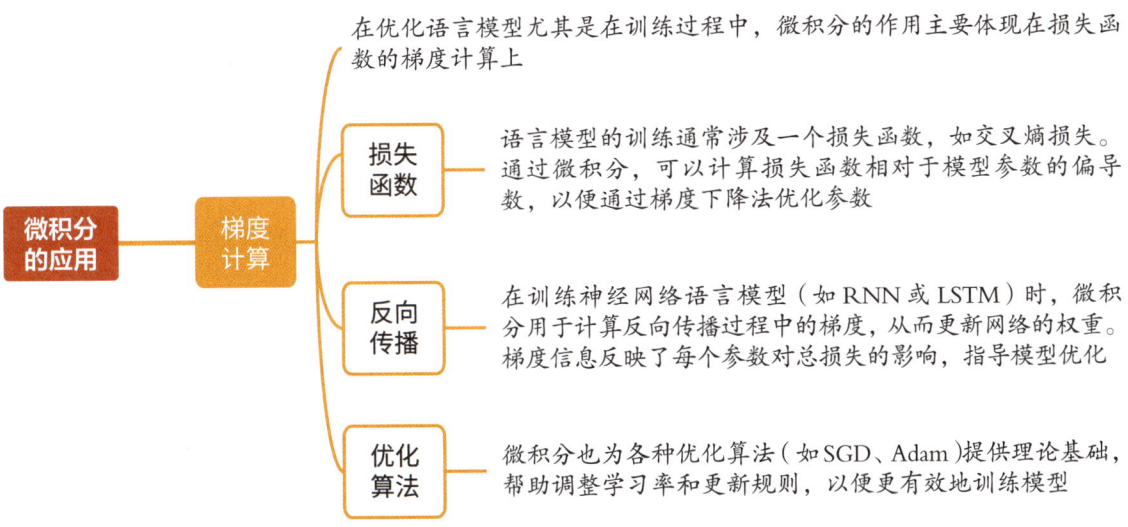

图 10-7　微积分在语言模型中的主要应用（续）

总之，微积分在语言模型中通过序列建模和梯度计算确保了模型的有效性与准确性，使模型能够学习复杂的语言结构，并在训练过程中优化参数，从而提高 NLP 任务的性能。

实例 10-3　使用微积分优化语言模型（源码路径：codes\10\Mo.py）

本实例实现了一个简单的语言模型，使用 RNN 结构进行单词预测，并通过计算损失函数值优化模型参数。执行后会发现在训练过程中的损失值逐渐降低，这表明模型有效地学习了输入文本的语义关系。

```python
import torch
import torch.nn as nn
import torch.optim as optim
import matplotlib.pyplot as plt

# 准备数据
corpus = "the quick brown fox jumps over the lazy dog"
words = corpus.split()
vocab = list(set(words))
word_to_index = {word: i for i, word in enumerate(vocab)}
index_to_word = {i: word for i, word in enumerate(vocab)}

# 超参数
embedding_dim = 10
hidden_dim = 5
num_epochs = 100
learning_rate = 0.01

# 创建训练数据
def create_training_data(words):
    X = []
    y = []
```

```python
        for i in range(1, len(words) - 1):
            X.append(word_to_index[words[i - 1]])
            y.append(word_to_index[words[i]])
        return torch.tensor(X), torch.tensor(y)

X, y = create_training_data(words)

# 定义 RNN 模型
class RNNModel(nn.Module):
    def __init__(self, vocab_size, embedding_dim, hidden_dim):
        super(RNNModel, self).__init__()
        self.embedding = nn.Embedding(vocab_size, embedding_dim)
        self.rnn = nn.RNN(embedding_dim, hidden_dim, batch_first=True)
        self.fc = nn.Linear(hidden_dim, vocab_size)

    def forward(self, x):
        embedded = self.embedding(x)
                                    # 输入的形状是 (batch_size, sequence_length)
        output, hidden = self.rnn(embedded.unsqueeze(1))   # 增加时间步维度
        return self.fc(hidden)   # 返回最后一个时间步的输出

# 初始化模型、损失函数和优化器
model = RNNModel(len(vocab), embedding_dim, hidden_dim)
loss_function = nn.CrossEntropyLoss()
optimizer = optim.SGD(model.parameters(), lr=learning_rate)

# 训练模型
losses = []
for epoch in range(num_epochs):
    model.train()
    total_loss = 0
    optimizer.zero_grad()
    # 前向传播
    log_probs = model(X)
    # 计算损失
    loss = loss_function(log_probs.view(-1, len(vocab)), y.view(-1))
                                                # 确保目标的形状一致
    # 反向传播
    loss.backward()    # 微积分应用：计算梯度
    optimizer.step()
    total_loss += loss.item()
    losses.append(total_loss)
    if (epoch + 1) % 10 == 0:
        print(f'Epoch [{epoch + 1}/{num_epochs}], Loss: {total_loss:.4f}')

# 可视化训练过程中的损失变化
```

```python
plt.figure(figsize=(10, 6))
plt.plot(losses, marker='o')
plt.xlabel('Epoch')
plt.ylabel('Loss')
plt.title('Training Loss Over Epochs')
plt.xlim(0, num_epochs)              # 设置 X 轴范围从 0 到训练的 epoch 数
plt.ylim(0, max(losses) * 1.1)       # 设置 Y 轴范围从 0 到最大损失值的 1.1 倍
plt.grid()
plt.show()
```

上述代码展示了微积分在语言模型中优化模型的用法，通过计算梯度并更新参数来降低损失。上述代码的实现流程如下。

- **数据准备：** 手动创建一个小的文本语料库，并将其转换为索引形式，以便输入模型中。
- **模型定义：** 创建一个简单的 RNN 模型，包含嵌入层、RNN 层和全连接层。
- **训练过程：** 在训练过程中计算损失，应用反向传播来更新模型参数，展示微积分在梯度计算中的应用。
- **可视化：** 绘制训练过程中的损失变化曲线，帮助我们理解模型性能的提升，如图 10-8 所示。

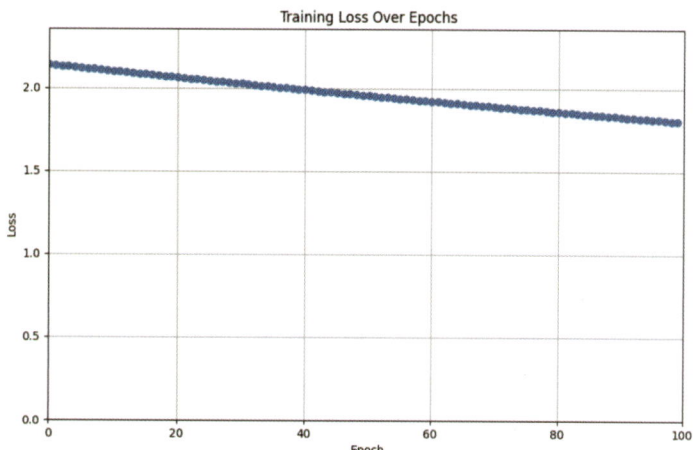

图 10-8　损失变化曲线的可视化图

10.5　注意力机制与 Transformer

注意力机制是一种通过动态权重分配来提升模型对输入数据关注能力的技术，使其能够更有效地捕捉重要信息。在 Transformer 模型中，注意力机制使每个输入元素可以根据其相关性对其他元素进行加权，从而提升了序列建模和翻译等任务的性能。

10.5.1　微积分在注意力机制中的应用

注意力机制是一种模仿人类注意力过程的技术，用于提升模型对输入数据中特定部分的关注度。在处理序列数据时，模型可以根据上下文动态调整对不同输入元素的权重，从而聚焦于和当前任务最相关的信息。这种机制在 NLP、计算机视觉等领域得到了广泛应用，显著优化了模型的表现。

微积分在注意力机制中的主要作用如下。

- **梯度计算：** 在训练使用注意力机制的模型时，微积分用于计算损失函数的梯度。通过反向传播算法，模型能够更新权重，最小化预测误差。例如，注意力权重的计算涉及对输入特征的线性组

合，微积分帮助我们确定这些权重如何影响模型输出。

◆ **权重调整**：微积分也用于评估输入特征变化对注意力权重的影响。通过计算损失函数相对于注意力权重的偏导数，模型可以理解哪些输入特征在生成注意力分布时起关键作用，从而指导特征选择和模型改进。

◆ **自注意力机制的导数计算**：在Transformer模型中，自注意力机制的实现需要计算查询、键和值的相似性，微积分帮助我们确定这些相似性如何影响最终的注意力分布。这一过程的导数计算是优化模型的重要环节，有助于提高模型的训练效率和效果。

通过结合微积分，注意力机制能够更有效地学习和调整模型的权重，从而在复杂的任务中实现更好的性能。

实例10-4　使用微积分优化自注意力机制（源码路径：codes\10\Zhuyi.py）

本实例实现了自注意力机制的导数计算和梯度更新，通过损失反向传播可以看到模型如何根据输入数据和目标输出进行学习。

```python
# 定义自注意力机制
class SelfAttention(nn.Module):
    def __init__(self, input_dim, output_dim):
        super(SelfAttention, self).__init__()
        self.W_q = nn.Linear(input_dim, output_dim)
        self.W_k = nn.Linear(input_dim, output_dim)
        self.W_v = nn.Linear(input_dim, output_dim)

    def forward(self, x):
        q = self.W_q(x)
        k = self.W_k(x)
        v = self.W_v(x)
        # 计算注意力权重
        attn_weights = torch.softmax(torch.matmul(q, k.transpose(-2, -1)) /
                                     np.sqrt(q.size(-1)), dim=-1)
        attn_output = torch.matmul(attn_weights, v)
        return attn_output, attn_weights

# 超参数
input_dim = 8
output_dim = 8
num_epochs = 100
learning_rate = 0.01
# 初始化自注意力模型
model = SelfAttention(input_dim, output_dim)
optimizer = optim.Adam(model.parameters(), lr=learning_rate)
loss_function = nn.MSELoss()
# 示例数据
data = torch.randn(10, 5, input_dim)    # (batch_size, seq_length, input_dim)
target = torch.randn(10, 5, output_dim)  # 目标输出
```

```python
# 训练模型
for epoch in range(num_epochs):
    model.train()
    optimizer.zero_grad()
    # 前向传播
    output, attn_weights = model(data)
    # 计算损失
    loss = loss_function(output, target)
    # 反向传播
    loss.backward()
    # 打印梯度
    for name, param in model.named_parameters():
        if param.grad is not None:
            print(f'{name}.grad: {param.grad.norm().item():.4f}')
                                                            # 打印每个参数的梯度范数
    optimizer.step()
    if epoch % 10 == 0:
        print(f"Epoch [{epoch}/{num_epochs}], Loss: {loss.item():.4f}")
# 可视化注意力权重
plt.figure(figsize=(8, 6))
plt.imshow(attn_weights.detach().numpy()[0], cmap='hot',
           nterpolation='nearest')
plt.colorbar()
plt.title('Attention Weights')
plt.xlabel('Keys')
plt.ylabel('Queries')
plt.show()
```

对上述代码的具体说明如下所示。

◆ **梯度计算：** 通过loss.backward()计算损失函数对模型参数的梯度。

◆ **权重调整：** 使用优化器的step()方法更新模型参数。

◆ **打印梯度：** 在每个Epoch中打印每个参数的梯度范数，以观察梯度的变化。

运行后会使用Matplotlib绘制注意力权重的可视化图，如图10-9所示。

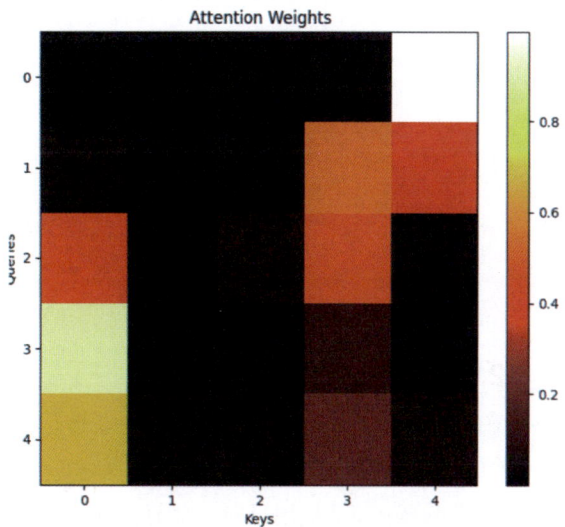

图10-9 注意力权重的可视化图

10.5.2 Transformer的基本概念和微积分的应用

Transformer模型是一种用于NLP和其他序列到序列任务的深度学习模型，其创新之处在于引入了自注意力机制，减少了传统循环神经网络和长短时记忆网络中的顺序依赖，使模型更容易并行化，加速训练过程。由于 Transformer 架构具有良好的并行性，使它能够高效地在大规模数据上训练。这种架构的成功促进了许多后续模型的发展，包括 BERT、GPT 等。

1. Transformer 的基本概念

Transformer 模型在 NLP 任务中取得了巨大的成功，如机器翻译、文本生成和问答系统等。Transformer 模型的基本概念如图 10-10 所示。

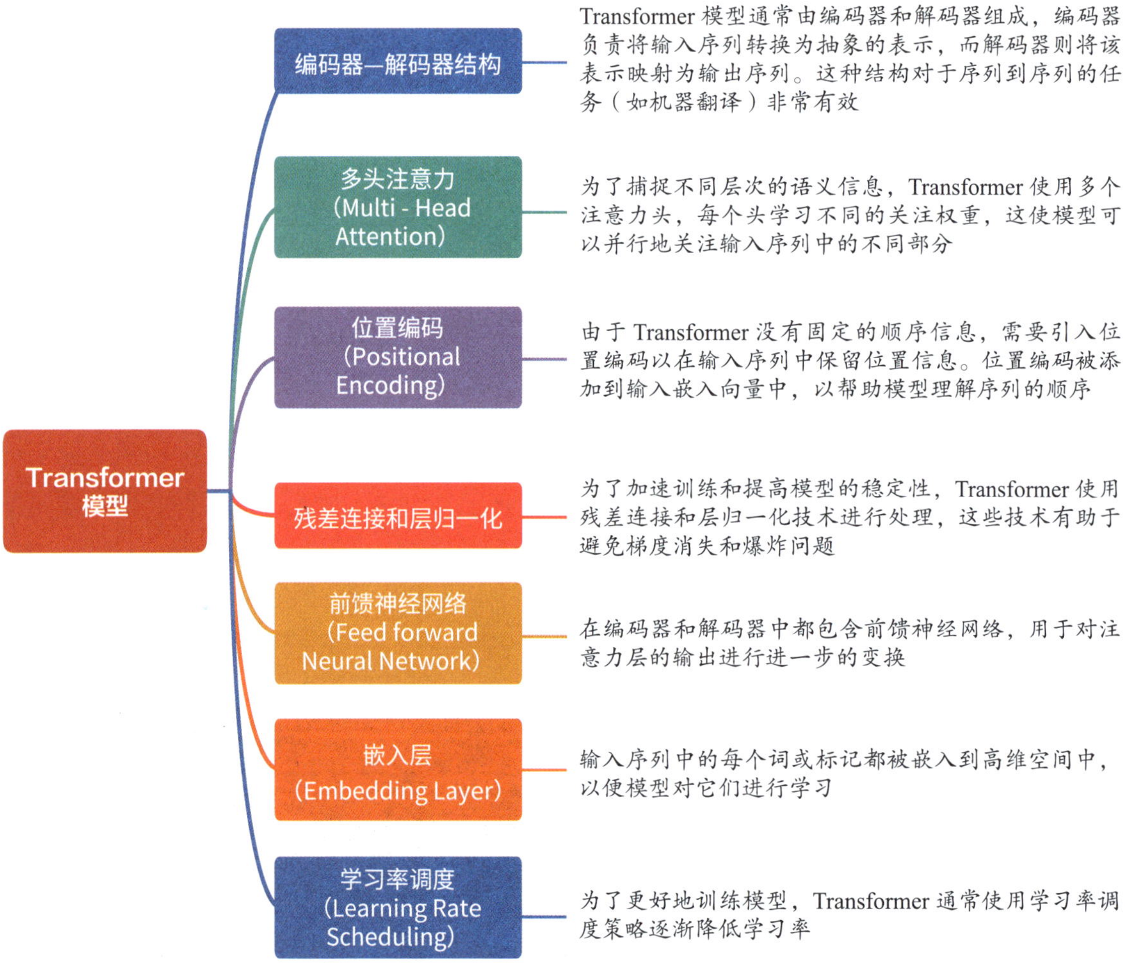

图 10-10 Transformer 模型的基本概念

2. 微积分的应用

在 Transformer 中，微积分的应用主要体现在以下几个方面。

（1）梯度计算与权重调整

Transformer 模型使用反向传播算法计算损失函数相对于模型参数的梯度，这些梯度通过微积分计算得出。调整权重以最小化损失函数值，可以优化模型性能。

使用梯度下降法更新权重的公式为：

$$\theta = \theta - \eta \frac{\partial L}{\partial \theta}$$

其中，θ是模型参数，η是学习率，L是损失函数。

（2）自注意力机制的导数计算

自注意力机制中，注意力权重通过softmax函数来计算，而softmax的导数在反向传播中用于更新权重。例如，对于一个softmax输出y_i，其导数可以表示为：

$$\frac{\partial y_i}{\partial z_j} = y_i(\delta_{ij} - y_j)$$

在这里，z是未归一化的logits，δ_{ij}是Kronecker delta，表示i和j是否相等。这一导数在反向传播中用于计算注意力权重的梯度，从而优化自注意力层的参数。

实例10-5 实现一个基于自注意力机制的Transformer模型（源码路径：codes\10\Trf.py）

本实例实现了一个基于自注意力机制的Transformer模型，用于处理输入数据并进行分类。通过反向传播和梯度计算，模型在训练过程中逐步优化权重，并使用可视化图展示损失变化。

```python
import torch
import torch.nn as nn
import torch.optim as optim
import numpy as np
import matplotlib.pyplot as plt

# 生成示例数据
torch.manual_seed(42)
data = torch.randint(0, 10, (100, 5))    # 100个样本，每个样本5个特征
labels = torch.randint(0, 10, (100,))    # 目标标签

# 定义嵌入维度
embed_size = 16

# 将输入数据调整为三维形状
data = data.float()                      # 转换为浮点数
data = data.view(100, 5, 1)              # 转换为 (100, 5, 1)

# 定义自注意力机制
class SelfAttention(nn.Module):
    def __init__(self, embed_size, heads):
        super(SelfAttention, self).__init__()
        self.embed_size = embed_size
        self.heads = heads
        self.head_dim = embed_size // heads
        assert (
            self.head_dim * heads == embed_size
        ), "Embedding size must be divisible by heads"
        self.values = nn.Linear(1, embed_size, bias=False)    # 输入特征数为1
        self.keys = nn.Linear(1, embed_size, bias=False)
        self.queries = nn.Linear(1, embed_size, bias=False)
        self.fc_out = nn.Linear(embed_size, embed_size)
```

```python
    def forward(self, x):
        N, length, _ = x.shape   # 批次大小、序列长度、特征维度

        # Split embedding into multiple heads
        values = self.values(x).view(N, length, self.heads, self.head_dim)
        keys = self.keys(x).view(N, length, self.heads, self.head_dim)
        queries = self.queries(x).view(N, length, self.heads, self.head_dim)
        values = values.permute(0, 2, 1, 3)    # (N, heads, length, head_dim)
        keys = keys.permute(0, 2, 1, 3)        # (N, heads, length, head_dim)
        queries = queries.permute(0, 2, 1, 3)  # (N, heads, length, head_dim)
        energy = torch.einsum("nqhd,nkhd->nqk", [queries, keys])
                                               # (N, heads, query_len, key_len)
        attention = torch.softmax(energy / (self.head_dim ** (1 / 2)), dim=2)
        out = torch.einsum("nqk,nvhd->nqhd", [attention, values]).reshape(
            N, length, self.embed_size
        )
        return self.fc_out(out)

# 定义 Transformer 模型
class TransformerModel(nn.Module):
    def __init__(self, embed_size):
        super(TransformerModel, self).__init__()
        self.attention = SelfAttention(embed_size, heads=4)
        self.fc = nn.Linear(embed_size, 10)   # 输出层，10 个类别

    def forward(self, x):
        attention_output = self.attention(x)
        # 这里取最后一个时间步的输出作为分类
        output = attention_output[:, -1, :]   # (N, embed_size)
        return self.fc(output)                # (N, 10)

# 超参数设置
num_epochs = 100
learning_rate = 0.01

# 初始化模型、损失函数和优化器
model = TransformerModel(embed_size)
loss_function = nn.CrossEntropyLoss()
optimizer = optim.Adam(model.parameters(), lr=learning_rate)

# 训练模型
loss_values = []
for epoch in range(num_epochs):
    model.train()
    optimizer.zero_grad()
    # 前向传播
```

```
output = model(data)    # 输入数据形状为 (100, 5, 1)
loss = loss_function(output, labels)    # labels 形状为 (100,)
# 反向传播
loss.backward()
optimizer.step()
loss_values.append(loss.item())
if epoch % 10 == 0:
    print(f"Epoch [{epoch}/{num_epochs}], Loss: {loss.item():.4f}")

# 可视化损失变化
plt.plot(loss_values)
plt.xlabel('Epochs')
plt.ylabel('Loss')
plt.title('Loss Over Epochs')
plt.show()
```

在上述代码中，微积分主要用于实现梯度计算与权重调整功能，通过反向传播算法计算损失函数对模型参数的导数，从而优化模型性能。此外，在自注意力机制中通过计算softmax导数来更新注意力权重，以提高模型的准确性和效率。

上述代码的实现流程如下。

◆ **数据准备**：加载并预处理输入数据，确保其格式适合模型训练，包括归一化以及分割为训练集和测试集。

◆ **模型定义**：构建Transformer模型，包括自注意力机制和前馈神经网络，以处理序列数据并生成输出。

◆ **训练循环**：在训练过程中，通过前向传播计算输出和损失，使用反向传播计算梯度，并更新模型权重以最小化损失。

◆ **可视化**：在训练过程中定期记录损失值，并使用图形化工具展示损失曲线和注意力权重，帮助我们分析模型性能。如图10-11所示。

◆ **评估和预测**：在测试集上评估模型性能，并对新数据进行预测，展示模型的实际应用效果。

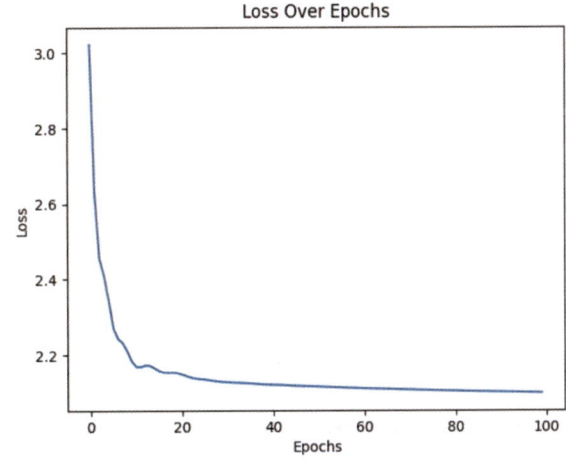

图10-11 损失曲线和注意力权重的可视化图

10.6 情感分析与文本分类

情感分析是通过NLP技术识别和提取文本中情感信息的过程，通常用于判断文本的积极、消极或中立情感倾向。文本分类则是将文本自动归类到预定类别的任务，广泛应用于垃圾邮件过滤、主题识别等场景。

10.6.1 情感分析与文本分类的基本方法

在现实应用中,情感分析与文本分类的基本方法如图10-12所示。

图10-12 情感分析与文本分类的基本方法

上述方法既可以单独使用,也可以组合使用,以提高情感分析与文本分类的准确性和可靠性。

10.6.2 微积分在情感分析与文本分类中的应用

微积分在情感分析与文本分类中的应用主要体现在以下几个方面。

◆ **损失函数的优化:** 在机器学习和深度学习模型中,损失函数用于衡量模型预测与真实标签之间的差距。通过微积分中的梯度下降法,可以计算损失函数的梯度,更新模型参数,以最小化损失。

◆ **特征选择与变换:** 微积分可用于优化特征选择过程。例如,使用梯度方法进行特征重要性评估,确定哪些特征对情感分类更为重要。

◆ **激活函数的使用:** 在深度学习模型中,激活函数(如Sigmoid、ReLU等)通常是通过微积分来定义的,影响模型的非线性学习能力,进而影响情感分析的效果。

◆ **模型评估指标:** 微积分可以帮助我们推导和计算多种评估指标(如AUC-ROC曲线的面积),以定量评估情感分析与文本分类模型的性能。

应用微积分能够提高模型的训练效率和分类准确性,推动情感分析和文本分类技术的发展。

实例10-6 使用BERT模型进行文本分类(源码路径:codes\10\classification.ipynb)

本实例使用TensorFlow和IMDB影评数据集(内置情感分析数据集)实现了一个情感分析程序,展示了微积分(梯度下降与反向传播)在深度学习中的作用。

1. 数据集介绍

本项目使用的是 IMDb 电影评论数据集，这是一个广泛应用于自然语言处理和情感分析任务的数据集。IMDb 数据集的特点如下。

- **数据规模**：包含 50000 条英文电影评论，其中 25000 条用于训练、25000 条用于测试。
- **情感标签**：每条评论都被标记为正面（好评）或负面（差评），正负样本比例均衡。
- **语言风格**：评论文本具有多样性，涵盖了不同的语言风格、情感表达方式以及主题。
- **数据预处理**：数据集中的评论已经进行了简单的预处理，例如将文本转换为词汇索引形式。

2. 具体实现

实例文件 Film.py 的具体实现代码如下所示。

```python
import tensorflow as tf
from tensorflow.keras.datasets import imdb
from tensorflow.keras.preprocessing.sequence import pad_sequences
from tensorflow.keras.models import Sequential
from tensorflow.keras.layers import Embedding, GlobalAveragePooling1D, Dense
import matplotlib.pyplot as plt  # 新增可视化库
import numpy as np
from sklearn.decomposition import PCA  # 新增降维库

# 设置随机种子
tf.random.set_seed(42)

# 1. 加载数据（自动下载）
VOCAB_SIZE = 10000
MAX_LEN = 256

(x_train, y_train), (x_test, y_test) = imdb.load_data(num_words=VOCAB_SIZE)

# 2. 数据预处理
x_train = pad_sequences(x_train, maxlen=MAX_LEN, padding='post', truncating='post')
x_test = pad_sequences(x_test, maxlen=MAX_LEN, padding='post', truncating='post')

# 3. 构建模型
model = Sequential([
    Embedding(input_dim=VOCAB_SIZE, output_dim=16, name="embedding"),
    GlobalAveragePooling1D(),
    Dense(16, activation='relu'),
    Dense(1, activation='sigmoid')
])
```

```python
# 4. 编译模型
model.compile(
    optimizer='adam',
    loss='binary_crossentropy',
    metrics=['accuracy']
)

# 5. 训练模型
history = model.fit(
    x_train, y_train,
    epochs=5,
    batch_size=512,
    validation_split=0.2,
    verbose=1
)

# =============== 6.可视化部分 ===============
# 可视化1：训练过程曲线
plt.figure(figsize=(12, 5))

# 损失曲线
plt.subplot(1, 2, 1)
plt.plot(history.history['loss'], label='Train Loss')
plt.plot(history.history['val_loss'], label='Validation Loss')
plt.title('Training and Validation Loss')
plt.xlabel('Epochs')
plt.ylabel('Loss')
plt.legend()

# 准确率曲线
plt.subplot(1, 2, 2)
plt.plot(history.history['accuracy'], label='Train Accuracy')
plt.plot(history.history['val_accuracy'], label='Validation Accuracy')
plt.title('Training and Validation Accuracy')
plt.xlabel('Epochs')
plt.ylabel('Accuracy')
plt.legend()

plt.tight_layout()
plt.show()

# 可视化2：词嵌入可视化（前100个常用词）
embedding_layer = model.get_layer("embedding")
weights = embedding_layer.get_weights()[0]
```

```python
# 获取词汇表
word_index = imdb.get_word_index()
reverse_word_index = {v: k for (k, v) in word_index.items()}

# 提取前100个常用词的嵌入向量
common_words = [reverse_word_index.get(i, '?') for i in range(1, 101)]
embeddings = weights[1:101]  # 索引0对应padding

# 使用PCA降维到2D
pca = PCA(n_components=2)
embeddings_2d = pca.fit_transform(embeddings)

# 绘制词向量分布
plt.figure(figsize=(15, 10))
plt.scatter(embeddings_2d[:, 0], embeddings_2d[:, 1])

# 添加词标签
for i, word in enumerate(common_words):
    plt.annotate(word,
                 (embeddings_2d[i, 0], embeddings_2d[i, 1]),
                 textcoords="offset points",
                 xytext=(5,2),
                 ha='center')

plt.title("Word Embedding Visualization (PCA)")
plt.xlabel("PC1")
plt.ylabel("PC2")
plt.show()

# 6. 评估模型
test_loss, test_acc = model.evaluate(x_test, y_test, verbose=0)
print(f"\n测试集准确率: {test_acc*100:.2f}%")

# 7. 预测示例
word_index = imdb.get_word_index()
reverse_word_index = {v: k for (k, v) in word_index.items()}

def decode_review(text):
    return ' '.join([reverse_word_index.get(i, '?') for i in text])

def predict_sentiment(text):
    # 将文本转换为模型输入格式
    tokens = tf.keras.preprocessing.text.text_to_word_sequence(text)
    tokens = [word_index.get(word, 0) for word in tokens]
    padded = pad_sequences([tokens], maxlen=MAX_LEN)
    return model.predict(padded, verbose=0)[0][0]
```

```
# 测试样例
test_review = "This movie was absolutely fantastic! The plot was gripping and the acting superb."
print(f"\n正面评论置信度：{predict_sentiment(test_review)*100:.2f}%")
```

上述代码的实现流程如下。

（1）数据加载与预处理

◆ **加载数据：** 使用imdb.load_data()加载 IMDb 数据集，限制词汇表大小为 10000（VOCAB_SIZE）。

◆ **序列填充：** 使用pad_sequences()将评论文本的长度统一为256（MAX_LEN），不足的部分用0填充，超出的部分截断。

（2）模型架构

◆ 使用Embedding层将词汇索引映射为固定大小的密集向量。

◆ 使用GlobalAveragePooling1D层对序列进行全局平均池化，减少序列长度。

◆ 添加两个Dense层，第一层有16个神经元，激活函数为ReLU；最后一层输出一个神经元，激活函数为sigmoid，用于二元分类。

（3）模型训练

◆ 训练模型5个周期（epochs），每批512个样本（batch_size）。

◆ 使用20%的训练数据作为验证集（validation_split）。

◆ 输出训练过程的日志（verbose=1）。

（4）可视化

◆ **训练过程可视化：** 绘制损失曲线和准确率曲线，如图10-13所示。

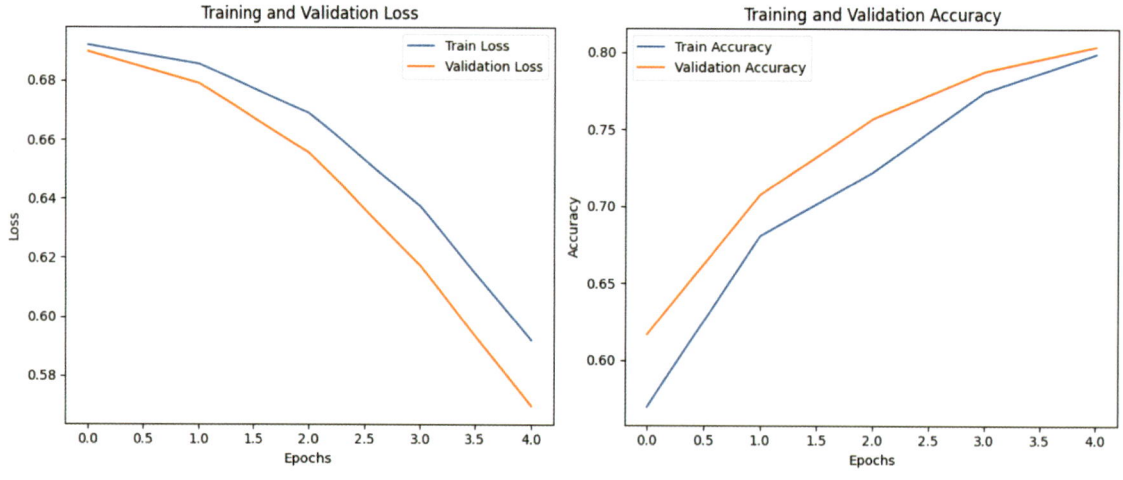

图10-13 训练集和验证集的损失曲线和准确率曲线图

◆ **词嵌入可视化：** 提取Embedding层的权重，使用PCA将前100个常用词的嵌入向量降维到2D。绘制词向量分布图并标注常用词，如图10-14所示。

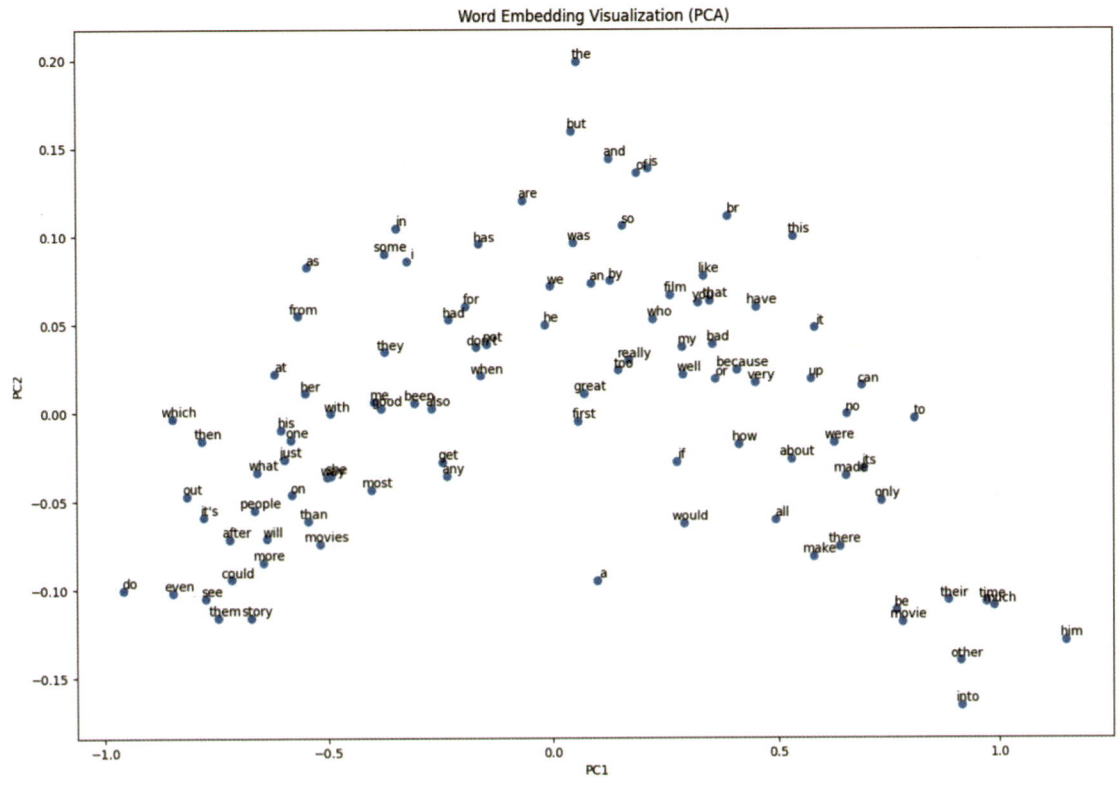

图 10-14 前 100 个常用词的可视化图

（5）模型评估与预测

在测试集上评估模型，输出测试集的准确率。定义一个函数 predict_sentiment()，将文本输入转换为模型可接受的格式，并输出情感预测的概率。最后，测试一个正面评论的预测结果。执行后会输出测试集准确率和正面评论置信度：

测试集准确率：79.37%
正面评论置信度：55.32%

3. 微积分的应用总结

在本实例中，微积分的作用主要体现在以下几个方面。

◆ **梯度下降算法：** 在神经网络训练中，优化器（如 Adam）的核心思想是通过梯度下降来最小化损失函数，梯度下降依赖于对损失函数的梯度（即偏导数）进行计算。梯度反映了损失函数在当前参数点的变化率，通过沿着梯度的反方向更新参数，可以逐步找到损失函数的最小值。在本实例中，使用了 Adam 优化器来训练模型。Adam 优化器基于梯度下降的思想，通过计算损失函数对模型参数的梯度来更新参数，从而优化模型性能。

◆ **损失函数的优化：** 损失函数（如二元交叉熵）用于衡量模型预测值与真实值之间的差异。损失函数的优化过程本质上是一个求极值问题，通过计算损失函数的梯度（即对参数的偏导数），可以找到使损失函数最小化的参数值。在本实例中，使用二元交叉熵作为损失函数。在训练过程中，优化器通过计算损失函数对模型参数的梯度来更新参数，从而逐步降低损失值。

◆ **反向传播算法：** 反向传播是神经网络训练的核心算法，用于计算损失函数对每个参数的梯度。反向传播基于链式法则，通过逐层计算梯度，将损失函数的变化传递到网络的每一层。链式法则是微积分中的一个重要概念，用于计算复合函数的导数。在本实例中，模型的训练过程依赖于反向传播算法。通过反向传播，模型能够计算出损失函数对每个参数的梯度，并通过优化器更新参数。

◆ **全局平均池化层：** 全局平均池化层用于对序列数据进行降维处理。我们可以将全局平均池化看作是对序列数据的积分操作，通过计算序列的平均值来提取特征。在本实例中，使用了 GlobalAveragePooling1D 层对嵌入后的序列进行降维，从而减少模型的复杂度并提取关键特征。

总之，微积分为模型的学习与优化提供了理论基础，使通过计算和分析能够更有效地调整模型参数，提升性能。

10.7 课后练习

1. 基于微积分的词嵌入优化

构建一个简单的词嵌入模型，使用梯度下降法优化词向量，并通过最小化负对数似然损失函数来更新词向量。要求：

- ◆ 选择一个小型语料库（如电影评论数据集）。
- ◆ 定义一个基本的词嵌入模型，采用 Skip-Gram 或 CBOW 模型。
- ◆ 通过微积分计算词嵌入的梯度，并使用梯度下降法优化词向量。
- ◆ 可视化训练过程中词向量的变化，并展示优化后最接近的词汇。

2. 微积分在文本分类中的应用

使用神经网络构建一个文本分类模型，并使用反向传播算法优化模型。通过微积分分析训练过程中权重的梯度更新，探索不同超参数对模型效果的影响。要求：

- ◆ 使用一个常见的文本分类数据集（如 IMDb 电影评论数据集）。
- ◆ 构建一个简单的神经网络进行二元分类任务。
- ◆ 计算梯度并分析在不同学习率、批次大小等超参数下的梯度变化。
- ◆ 可视化模型训练过程中损失函数值和精度的变化，分析梯度对模型优化的影响。

第 11 章 人工智能视觉技术和微积分

人工智能视觉技术结合了计算机视觉和深度学习，旨在使计算机能够理解和解析图像与视频中的信息。微积分在这一领域中发挥着关键作用，尤其是在训练神经网络时，可以通过优化算法（如梯度下降）计算损失函数的导数，以调整网络权重，从而提高模型的识别精度。这种结合不仅推动了图像处理、物体识别和人脸识别等应用的发展，也为自动驾驶、医疗影像分析等前沿技术提供了强大的支持。

11.1 计算机视觉基础

计算机视觉是研究如何使计算机理解和处理视觉信息的领域，涵盖图像获取、处理和分析等技术。它利用机器学习和深度学习算法，从图像中提取特征，完成物体识别、图像分割和运动分析等任务。计算机视觉被广泛应用于自动驾驶、医疗影像分析、安防监控和增强现实等领域，旨在模拟人类的视觉能力，提高机器的智能水平。

11.1.1 计算机视觉的定义与应用领域

计算机视觉的应用领域十分广泛，如图11-1所示。

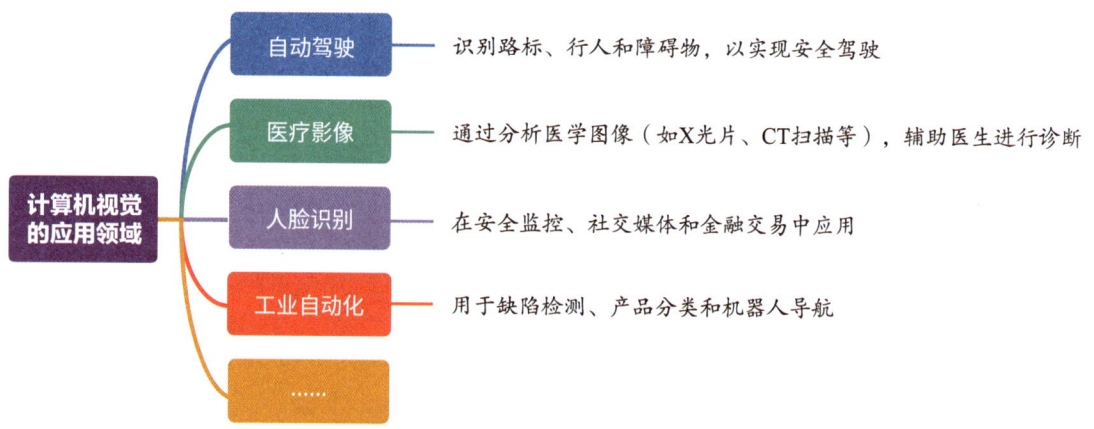

图11-1 计算机视觉的应用领域

11.1.2 微积分在计算机视觉中的作用

微积分在计算机视觉中发挥着至关重要的作用，主要体现在如图11-2所示的几个方面。

图11-2 微积分在计算机视觉中的作用

总体而言，微积分为计算机视觉提供了数学基础，促进了各类视觉任务的实现与优化。

11.2 图像处理与变换

图像处理与变换是计算机视觉的重要组成部分,涉及对图像进行各种操作以增强、分析或提取信息。常见的处理方法包括图像滤波、增强、去噪和边缘检测等,这些操作可以提高图像质量或突出特征。

11.2.1 常用的图像处理技术

在实际应用中,常用的图像处理技术如图 11-3 所示。

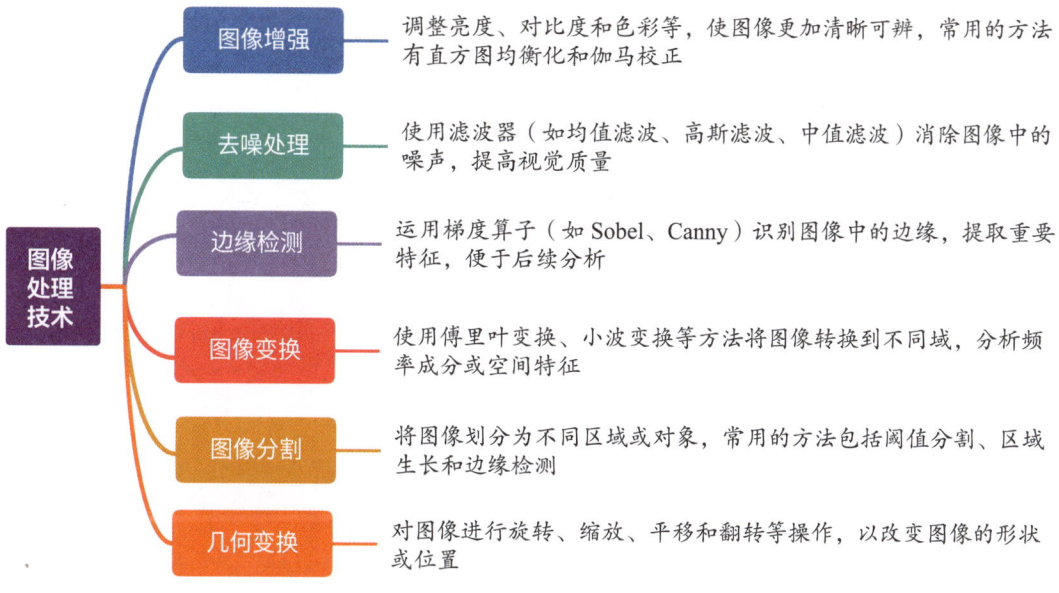

图 11-3　常用的图像处理技术

上述技术为图像分析、识别和理解提供了基础,有助于完成更复杂的计算机视觉任务。

11.2.2 梯度计算与边缘检测

梯度计算是图像处理中用于描述图像亮度变化的重要工具。梯度是一个向量,指示在某一点上亮度变化的方向和速率。对于二维图像 $I(x,y)$,其梯度 ∇I 可以表示为:

$$\nabla I = \left(\frac{\partial I}{\partial x}, \frac{\partial I}{\partial y} \right)$$

其中,$\frac{\partial I}{\partial x}$ 和 $\frac{\partial I}{\partial y}$ 分别表示图像在水平方向和垂直方向的导数。

边缘检测是识别图像中亮度急剧变化的区域,即边缘。这些边缘通常对应物体的边界或重要特征。边缘检测算法(如 Sobel 算子和 Canny 算法)通过计算图像强度函数的离散梯度来定位边缘特征。边缘通常在梯度幅值高的区域,因此可以用以下公式表示边缘检测:

$$E(x,y) = \sqrt{\left(\frac{\partial I}{\partial x}\right)^2 + \left(\frac{\partial I}{\partial y}\right)^2}$$

其中，$E(x,y)$ 表示在像素点 (x,y) 处的边缘强度。

微积分在梯度计算和边缘检测中发挥着重要作用，能够帮助我们理解图像亮度的变化，并通过导数提供关于变化速率的信息。通过计算图像的导数，我们能够获得梯度信息，进而识别边缘。微积分在梯度计算和边缘检测中的具体应用如下所示。

◆ **导数的计算**：微积分提供了计算图像中亮度变化的数学工具。通过对图像进行一阶导数计算，我们能够确定梯度。

◆ **边缘检测算法**：许多边缘检测算法依赖微积分进行梯度计算，微分运算能够帮助我们识别图像中亮度变化最显著的部分，从而检测到边缘。

◆ **非极大值抑制**：在Canny算法中，微积分用于找出局部最大值，以精确定位边缘。这一过程依赖于对梯度的进一步分析，确保只保留最重要的边缘信息。

通过这些应用，微积分不仅为图像处理提供了理论基础，还促进了算法的开发与优化，提升了计算机视觉技术的效果。

实例11-1 对指定的图像实现梯度计算和边缘检测（源码路径：codes\11\Bian.py）

本实例首先读取了彩色图像并将其转换为灰度图像，以便进行处理。接着使用Sobel算子计算图像在水平方向和垂直方向的梯度，从而得到每个像素的梯度幅值。最后利用Canny算法进行边缘检测，识别出图像中的显著边缘。

```python
import cv2
import numpy as np
import matplotlib.pyplot as plt

# 读取彩色图像
image = cv2.imread('1.jpg')

# 将图像转换为灰度图像
gray_image = cv2.cvtColor(image, cv2.COLOR_BGR2GRAY)

# 计算图像的梯度
# 使用Sobel算子计算水平和垂直方向的梯度
grad_x = cv2.Sobel(gray_image, cv2.CV_64F, 1, 0, ksize=3)  # 水平梯度
grad_y = cv2.Sobel(gray_image, cv2.CV_64F, 0, 1, ksize=3)  # 垂直梯度

# 计算梯度幅值
gradient_magnitude = np.sqrt(grad_x**2 + grad_y**2)

# 使用Canny算法进行边缘检测
edges = cv2.Canny(gray_image, 100, 200)

# 显示原图（彩色）、梯度幅值和边缘检测结果
plt.figure(figsize=(12, 6))
```

```
plt.subplot(1, 3, 1)
plt.title('Original Image')
plt.imshow(cv2.cvtColor(image, cv2.COLOR_BGR2RGB))  # 转换为 RGB 格式以正确显示
plt.axis('off')

plt.subplot(1, 3, 2)
plt.title('Gradient Magnitude')
plt.imshow(gradient_magnitude, cmap='gray')
plt.axis('off')

plt.subplot(1, 3, 3)
plt.title('Edges Detected (Canny)')
plt.imshow(edges, cmap='gray')
plt.axis('off')

plt.tight_layout()
plt.show()
```

微积分在上述代码中的作用如下。

◆ **梯度计算:** 使用Sobel算子计算图像的水平和垂直梯度,Sobel算子通过计算图像亮度变化的导数,反映了图像在水平方向和垂直方向的变化率。梯度的计算本质上是对像素亮度的微分,反映了亮度变化的速率。

◆ **梯度幅值:** 通过计算水平和垂直梯度的欧几里得范数,得到每个像素点的梯度幅值。这是利用微积分中的平方和开根号运算,获得变化的整体强度。

◆ **边缘检测:** Canny边缘检测算法利用梯度信息来识别边缘,依赖于对梯度的进一步分析,包括非极大值抑制和双阈值处理。边缘的定位和检测过程直接与微分(导数)的概念相关,基于梯度信息来判断哪些点是边缘。

代码运行后通过Matplotlib显示原图、梯度幅值和边缘检测结果,为我们呈现直观的可视化效果,如图11-4所示。

图11-4 Matplotlib可视化图

11.2.3 图像增强

图像增强是图像处理中的一个重要方法,旨在改善图像的视觉质量,使其更适合特定的分析任务。通过应用各种技术,图像增强可以突出图像的重要特征、提高对比度、消除噪声或增强细节。常见的图像增强方法包括直方图均衡化、滤波、锐化和去噪等,这些技术帮助用户更容易地识别图像中的对象和特征。

微积分在图像增强中发挥着重要作用,主要体现在以下几个方面。

(1)导数与边缘检测

在图像锐化中,通过微积分计算图像的导数来检测边缘。例如,图像的拉普拉斯算子可以用于锐化,定义为:

$$\nabla^2 I(x,y) = \frac{\partial^2 I}{\partial x^2} + \frac{\partial^2 I}{\partial y^2}$$

这里,$\nabla^2 I(x,y)$表示图像I在点(x,y)的拉普拉斯,利用二阶导数信息增强边缘。

(2)平滑与去噪

在去噪处理中,微积分帮助我们实现平滑操作。例如,高斯模糊可以通过卷积操作实现,其中高斯函数$G(x,y)$定义为:

$$G(x,y) = \frac{1}{2\pi\sigma^2} e^{\frac{x^2+y^2}{2\sigma^2}}$$

通过与图像进行卷积,能够平滑图像并降低噪声,在这里通过积分操作实现图像的平滑。

(3)增强对比度

通过计算图像的梯度,微积分能够帮助我们识别图像中亮度变化的区域,从而实现对比度增强。增强对比度的过程可以基于梯度信息,使用如下公式:

$$E(x,y) = I(x,y) + k \cdot \nabla I(x,y)$$

其中,$E(x,y)$表示增强后的图像,k是一个增强系数。

通过上面的应用,微积分不仅为图像增强提供了理论基础,还促进了各种增强算法的开发,提升了图像处理的效果。

实例11-2 对指定图片实现图像增强(源码路径:codes\11\Zeng.py)

本实例通过锐化和对比度增强来体现微积分的作用。

```python
import cv2
import numpy as np
import matplotlib.pyplot as plt

# 读取图像
image = cv2.imread('2.jpg')
gray_image = cv2.cvtColor(image, cv2.COLOR_BGR2GRAY)
# 计算图像的拉普拉斯
laplacian = cv2.Laplacian(gray_image, cv2.CV_64F)
# 将拉普拉斯图像转换为8位无符号整数
```

```python
laplacian = cv2.convertScaleAbs(laplacian)
# 锐化图像：原图加上拉普拉斯
sharpened_image = cv2.addWeighted(gray_image, 1.5, laplacian, -0.5, 0)

# 直方图均衡化：增强对比度
equalized_image = cv2.equalizeHist(gray_image)

# 显示原图、锐化图像和增强对比度的图像
plt.figure(figsize=(12, 6))
plt.subplot(1, 3, 1)
plt.title('Original Image')
plt.imshow(cv2.cvtColor(image, cv2.COLOR_BGR2RGB))   # 转换为 RGB 格式
plt.axis('off')

plt.subplot(1, 3, 2)
plt.title('Sharpened Image')
plt.imshow(sharpened_image, cmap='gray')
plt.axis('off')

plt.subplot(1, 3, 3)
plt.title('Equalized Image')
plt.imshow(equalized_image, cmap='gray')
plt.axis('off')

plt.tight_layout()
plt.show()
```

对上述代码的具体说明如下所示。

◆ **图像读取：** 首先读取一幅图像并将其转换为灰度图像，以便进行处理。

◆ **拉普拉斯计算：** 使用OpenCV的拉普拉斯算子计算图像的二阶导数，得到边缘信息。

◆ **图像锐化：** 通过加权和操作将拉普拉斯结果添加到原图上，从而增强图像的边缘细节。这体现了微积分中导数的概念。

◆ **直方图均衡化：** 使用OpenCV的直方图均衡化方法，增强图像的对比度，使图像的亮度分布更加均匀。

◆ **显示结果：** 使用Matplotlib显示原图、锐化后的图像和对比度增强后的图像，如图11-5所示。

图11-5　原图、锐化后和对比度增强后的效果

11.2.4 几何变换和图像变换

几何变换是图像变换的一部分，专注于图像的形状和位置变化。图像变换涵盖了更广泛的技术，涉及任何改变图像表示的操作，包括几何变换和其他类型的变换。

1. 几何变换

几何变换是指通过数学操作改变图像中像素的空间位置，以实现图像的形状、大小或方向的变化。在实际应用中，常见的几何变换如下所示。

（1）平移

将图像中的每个像素沿某个方向移动一定的距离。其变换矩阵可以表示为：

$$\begin{pmatrix} x' \\ y' \end{pmatrix} = \begin{pmatrix} 1 & 0 & t_x \\ 0 & 1 & t_y \\ 0 & 0 & 1 \end{pmatrix} \begin{pmatrix} x \\ y \\ 1 \end{pmatrix}$$

其中，t_x 和 t_y 表示平移的距离。

（2）旋转

围绕某个点旋转图像，旋转矩阵为：

$$\begin{pmatrix} x' \\ y' \end{pmatrix} = \begin{pmatrix} cos\theta & -sin\theta \\ sin\theta & cos\theta \end{pmatrix} \begin{pmatrix} x \\ y \end{pmatrix}$$

其中，θ 表示旋转角度。

（3）缩放

改变图像的大小，缩放矩阵为：

$$\begin{pmatrix} x' \\ y' \end{pmatrix} = \begin{pmatrix} s_x & 0 \\ 0 & s_y \end{pmatrix} \begin{pmatrix} x \\ y \end{pmatrix}$$

其中，s_x 和 s_y 分别表示水平方向和垂直方向的缩放因子。

2. 图像变换

图像变换是一个更广泛的概念，包括任何通过数学操作改变图像表示的过程。除了几何变换，图像变换还可以涉及以下两类。

◆ **颜色空间变换**：将图像从一种颜色空间转换到另一种（如从RGB转换到HSV）。

◆ **频域变换**：通过傅里叶变换等方法将图像从空间域转换到频域，以进行滤波等操作。

图像变换的主要目标是提高图像质量或提取图像中的重要特征，以便后续的分析和处理。

微积分在几何变换和图像变换中起着重要作用，特别是在以下方面。

（1）导数与变换的计算

在进行几何变换时，图像的梯度（导数）可以用来判断图像中的边缘和特征，帮助我们优化变换过程。梯度计算公式为：

$$\nabla I(x,y) = \left(\frac{\partial I}{\partial x}, \frac{\partial I}{\partial y} \right)$$

这里，∇I 是图像 I 在点 (x,y) 的梯度。

（2）优化变换

在进行图像变换时，微积分用于优化算法，确保变换后图像的质量。例如，在进行图像对齐或配准时，通过最小化误差函数，使用导数信息来调整变换参数。

（3）滤波与特征提取

在频域变换中，微积分帮助我们进行滤波和特征提取。通过对图像进行卷积操作（与滤波器进行积分），可以提取出重要特征或平滑图像，可以将此处的卷积运算表示为：

$$(f*g)(x,y)=\int_{-\infty}^{\infty}\int_{-\infty}^{\infty}f(x',y')g(x-x',y-y')\mathrm{d}x'\mathrm{d}y'$$

其中，f 是图像，g 是滤波器。

通过上面介绍的应用，微积分不仅为几何变换和图像变换提供了理论基础，还促进了各种变换算法的开发，提高了图像处理的效果。

实例11-3 对指定图片实现几何变换（源码路径：codes\11\Jihe.py）

本实例将使用OpenCV库和NumPy库实现，通过计算图像的梯度来展示微积分的作用。

```python
import cv2
import numpy as np
import matplotlib.pyplot as plt


# 读取图像
image = cv2.imread('image.jpg')
# 将图像转换为灰度
gray_image = cv2.cvtColor(image, cv2.COLOR_BGR2GRAY)

# 1. 几何变换

# 平移
tx, ty = 50, 30  # 平移距离
M_translate = np.float32([[1, 0, tx], [0, 1, ty]])
translated_image = cv2.warpAffine(image, M_translate, (image.shape[1],
                                                       image.shape[0]))


# 旋转
angle = 45  # 旋转角度
M_rotate = cv2.getRotationMatrix2D((image.shape[1] / 2, image.shape[0] / 2),
                                   angle, 1)
rotated_image = cv2.warpAffine(image, M_rotate, (image.shape[1], image.shape[0]))

# 缩放
scale_factor = 1.5  # 缩放因子
M_scale = np.float32([[scale_factor, 0, 0], [0, scale_factor, 0]])
scaled_image = cv2.warpAffine(image, M_scale, (int(image.shape[1] * scale_
                              factor), int(image.shape[0] * scale_factor)))

# 2. 图像变换 - 颜色空间转换
```

```python
hsv_image = cv2.cvtColor(image, cv2.COLOR_BGR2HSV)

# 3. 计算图像的梯度（展示微积分的作用）
gradient_x = cv2.Sobel(gray_image, cv2.CV_64F, 1, 0, ksize=5)
gradient_y = cv2.Sobel(gray_image, cv2.CV_64F, 0, 1, ksize=5)
gradient_magnitude = np.sqrt(gradient_x**2 + gradient_y**2)

# 4. 显示结果
plt.figure(figsize=(15, 10))

plt.subplot(2, 3, 1)
plt.title('Original Image')
plt.imshow(cv2.cvtColor(image, cv2.COLOR_BGR2RGB))
plt.axis('off')

plt.subplot(2, 3, 2)
plt.title('Translated Image')
plt.imshow(cv2.cvtColor(translated_image, cv2.COLOR_BGR2RGB))
plt.axis('off')

plt.subplot(2, 3, 3)
plt.title('Rotated Image')
plt.imshow(cv2.cvtColor(rotated_image, cv2.COLOR_BGR2RGB))
plt.axis('off')

plt.subplot(2, 3, 4)
plt.title('Scaled Image')
plt.imshow(cv2.cvtColor(scaled_image, cv2.COLOR_BGR2RGB))
plt.axis('off')

plt.subplot(2, 3, 5)
plt.title('HSV Image')
plt.imshow(cv2.cvtColor(hsv_image, cv2.COLOR_BGR2RGB))
plt.axis('off')

plt.subplot(2, 3, 6)
plt.title('Gradient Magnitude')
plt.imshow(gradient_magnitude, cmap='gray')
plt.axis('off')

plt.tight_layout()
plt.show()
```

上述代码的实现流程如下所示。

（1）图像读取与灰度转换：读取输入图像，并将其转换为灰度图像以便后续处理。

（2）几何变换。

◆ **平移**：通过定义一个平移矩阵，对图像进行平移操作。

- **旋转**：使用旋转矩阵围绕图像中心旋转图像。
- **缩放**：定义一个缩放矩阵以改变图像的大小。

（3）图像变换：将原始图像转换到HSV颜色空间，以展示颜色空间变换。

（4）梯度计算：使用Sobel算子计算图像的梯度，展示微积分在图像处理中的应用。

（5）结果显示：使用Matplotlib展示原图，平移、旋转、缩放后的图像，HSV图像及梯度幅值图像如图11-6所示。

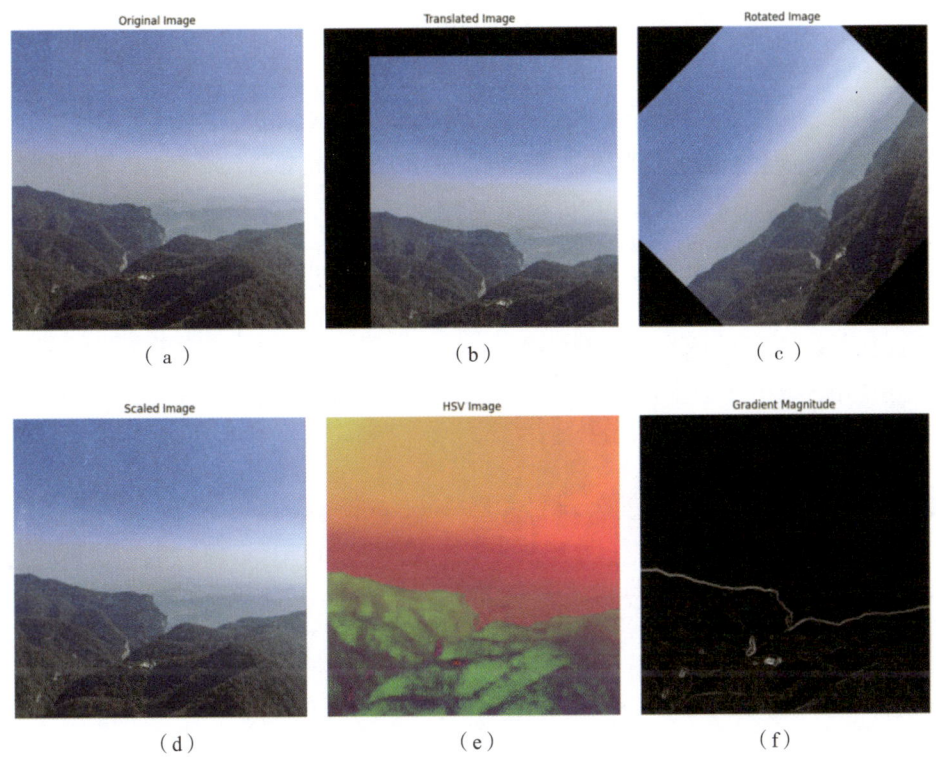

图11-6 几何变换和图像变换可视化图

11.2.5 图像分割

图像分割是计算机视觉和图像处理中的一项技术，其主要目标是将图像划分成若干个具有相似特征的区域，以便于后续的分析和处理。图像分割技术可以提取出目标物体、分离前景与背景，或者识别图像中的不同区域。在实际应用中，常见的图像分割方法如图11-7所示。

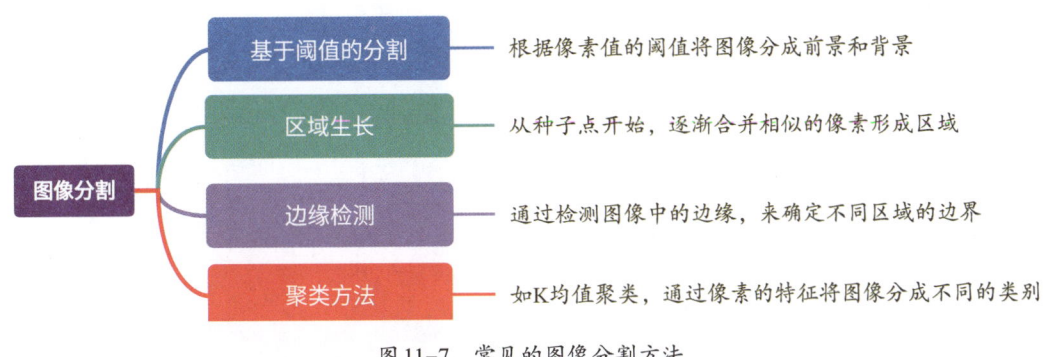

图11-7 常见的图像分割方法

微积分在图像分割中发挥着重要的作用，主要体现在以下几个方面。

（1）边缘检测

通过微积分计算图像中像素强度的变化率（即导数）来检测边缘。边缘通常位于图像强度变化较大的地方。可以使用一阶导数来检测边缘，使用二阶导数来检测更明显的边界。例如，对于图像$I(x,y)$，梯度可以表示为：

$$E = \iint \left(|I(x,y) - \mu|^2 + \lambda |\nabla I(x,y)^2| \right) dxdy$$

其中，μ是区域的均值，λ是平衡项，确保分割区域的平滑性。

（2）活动轮廓模型

活动轮廓模型（或蛇形模型）是一种基于微积分的分割方法。通过定义一个能量函数来驱动轮廓向目标物体的边界演化。能量函数通常包括内部能量（控制轮廓的光滑性）和外部能量（吸引轮廓向边界）。微积分用于求解轮廓演化的方程。

（3）多尺度分析

在某些分割方法中，可以使用小波变换或其他多尺度方法。微积分帮助我们理解信号在不同频率下的表现，从而有助于选择最佳的分割尺度。

通过上述应用，微积分在图像分割中不仅提供了理论基础，还促进了各种分割算法的发展，提高了分割效果。

实例11-4 基于K均值聚类的图像分割（源码路径：codes\11\Ge.py）

本实例通过将图像划分为若干个具有相似特征的区域来实现图像分割，并通过计算梯度展示微积分的作用。

```python
import cv2
import numpy as np
import matplotlib.pyplot as plt
from sklearn.cluster import KMeans

# 读取图像
image = cv2.imread('1.jpg')
# 将图像转换为RGB格式
image_rgb = cv2.cvtColor(image, cv2.COLOR_BGR2RGB)

# 将图像转换为二维数据
pixel_values = image_rgb.reshape((-1, 3))
pixel_values = np.float32(pixel_values)

# K均值聚类
num_clusters = 3  # 要分的区域数量
kmeans = KMeans(n_clusters=num_clusters, random_state=0)
kmeans.fit(pixel_values)

# 将每个像素分配到相应的集群
segmented_image = kmeans.cluster_centers_[kmeans.labels_]
```

```python
segmented_image = segmented_image.reshape(image_rgb.shape)

# 计算图像的梯度（展示微积分的作用）
gray_image = cv2.cvtColor(image, cv2.COLOR_BGR2GRAY)
gradient_x = cv2.Sobel(gray_image, cv2.CV_64F, 1, 0, ksize=5)  # x方向梯度
gradient_y = cv2.Sobel(gray_image, cv2.CV_64F, 0, 1, ksize=5)  # y方向梯度
gradient_magnitude = np.sqrt(gradient_x**2 + gradient_y**2)

# 显示结果
plt.figure(figsize=(12, 8))

plt.subplot(2, 2, 1)
plt.title('Original Image')
plt.imshow(image_rgb)
plt.axis('off')

plt.subplot(2, 2, 2)
plt.title('Segmented Image (K-means)')
plt.imshow(segmented_image / 255)  # 归一化显示
plt.axis('off')

plt.subplot(2, 2, 3)
plt.title('Gradient Magnitude')
plt.imshow(gradient_magnitude, cmap='gray')
plt.axis('off')

plt.subplot(2, 2, 4)
plt.title('Cluster Centers')
cluster_centers = kmeans.cluster_centers_.astype(int)
cluster_image = np.zeros((100, 100, 3), dtype=np.uint8)
for i, center in enumerate(cluster_centers):
    cluster_image[i * 33:(i + 1) * 33, :] = center  # 显示聚类中心
plt.imshow(cluster_image)
plt.axis('off')

plt.tight_layout()
plt.show()
```

对上述代码的具体说明如下所示。

◆ **图像读取与转换**：读取输入图像并将其转换为RGB格式。

◆ **K均值聚类**：将图像的像素值转换为二维数据，以便进行K均值聚类。设定区域数量（num_clusters），并应用K均值算法将像素分配到不同的聚类中。

◆ **梯度计算**：将图像转换为灰度图以计算梯度，使用Sobel算子计算x方向和y方向的梯度，并计算梯度幅值，展示微积分在图像处理中的作用。

◆ **结果显示：** 使用Matplotlib展示原图、分割后的图像、梯度幅值图以及聚类中心图。运行后我们会看到图像被划分为若干个具有相似特征的区域，如图11-8所示。

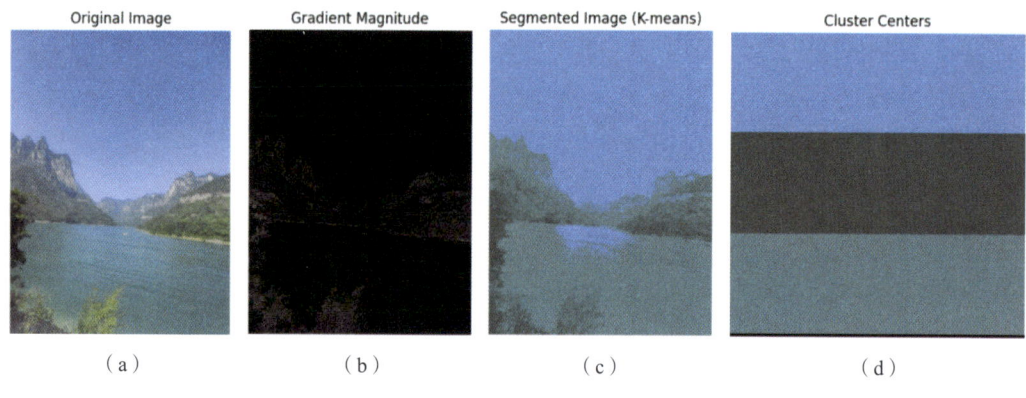

图11-8 分割后的可视化图

11.3 特征提取与描述

特征提取与描述是计算机视觉和图像处理中的关键步骤，旨在从图像中提取有意义的特征，以便进行分析和识别。特征提取涉及识别图像中的关键点、边缘、纹理或其他显著区域，并将其转换为数值表示。这些特征通常包括形状、颜色、纹理等信息。特征描述则是为提取的特征生成一个描述符，通常是一个向量，能够有效地表示特征的属性和结构，以便后续的匹配、分类或聚类。

11.3.1 特征提取的基本方法

特征提取是计算机视觉和图像处理中的重要步骤，旨在从图像中提取有用的信息以进行分析和识别。常用的特征提取方法如图11-9所示。

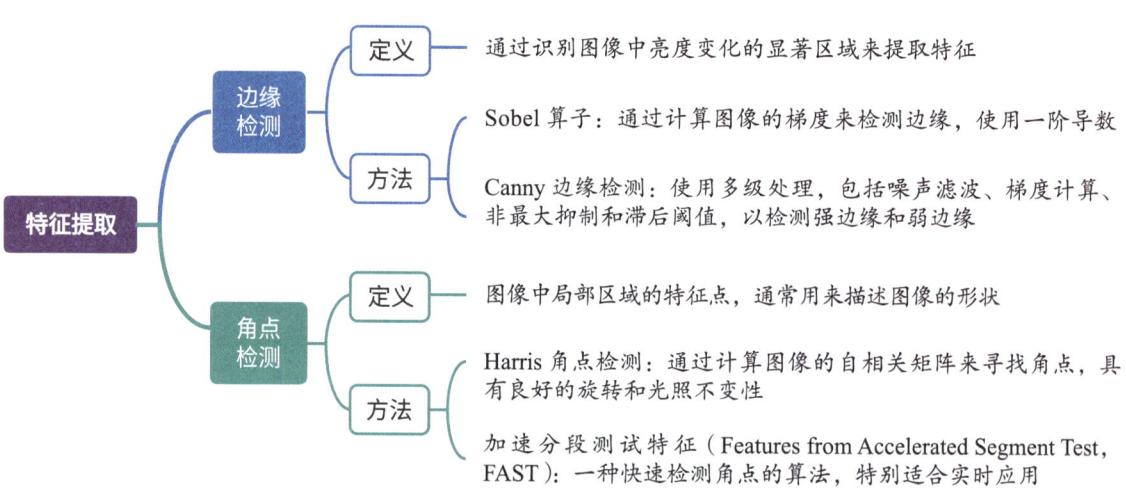

图11-9 常用的特征提取方法

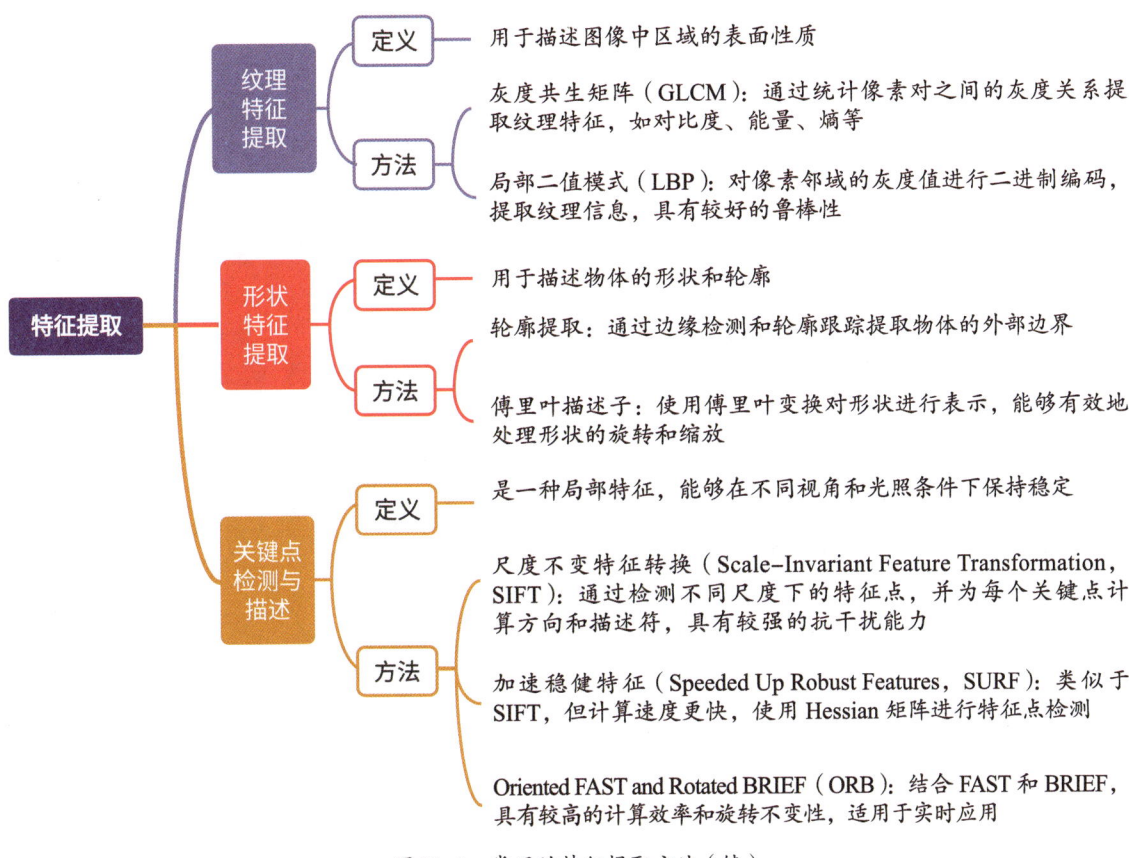

图 11-9 常用的特征提取方法（续）

11.3.2 微积分在特征提取中的应用

微积分在特征提取中扮演着重要角色，尤其是在边缘检测、角点检测和纹理分析等方面。

1. 边缘检测

边缘是图像中亮度变化最剧烈的区域，通过微积分计算图像的梯度来识别这些区域。

◆ 梯度计算——使用一阶导数来检测像素值的变化，可以将梯度的计算表示为：

$$G(x,y) = \nabla I(x,y) = \left(\frac{\partial I}{\partial x}, \frac{\partial I}{\partial y}\right)$$

其中，$I(x,y)$ 表示图像的像素值，$\frac{\partial I}{\partial x}$ 和 $\frac{\partial I}{\partial y}$ 分别表示图像在 x 方向和 y 方向上的导数。

◆ Sobel算子和Canny边缘检测都基于梯度的计算，通过寻找梯度的极大值来确定边缘。

📝 **实例11-5** 实现Sobel算子和Canny边缘检测（源码路径：codes\11\Jian.py）

本实例将读取一张指定图片，计算梯度并进行边缘检测。

```python
import cv2
import numpy as np
import matplotlib.pyplot as plt
```

```python
# 读取彩色图像
image = cv2.imread('1.jpg')

# 将 BGR 格式转换为 RGB 格式
image_rgb = cv2.cvtColor(image, cv2.COLOR_BGR2RGB)

# 使用 Sobel 算子计算水平和垂直方向的梯度（在灰度图上）
gray_image = cv2.cvtColor(image, cv2.COLOR_BGR2GRAY)
grad_x = cv2.Sobel(gray_image, cv2.CV_64F, 1, 0, ksize=3)  # 水平梯度
grad_y = cv2.Sobel(gray_image, cv2.CV_64F, 0, 1, ksize=3)  # 垂直梯度

# 计算梯度幅值
gradient_magnitude = np.sqrt(grad_x**2 + grad_y**2)

# 使用 Canny 算法进行边缘检测
edges = cv2.Canny(gray_image, 100, 200)

# 显示原图、Sobel 梯度和 Canny 边缘检测结果
plt.figure(figsize=(12, 6))

plt.subplot(1, 3, 1)
plt.title('Original Image')
plt.imshow(image_rgb)
plt.axis('off')

plt.subplot(1, 3, 2)
plt.title('Gradient Magnitude (Sobel)')
plt.imshow(gradient_magnitude, cmap='gray')
plt.axis('off')

plt.subplot(1, 3, 3)
plt.title('Edges Detected (Canny)')
plt.imshow(edges, cmap='gray')
plt.axis('off')

plt.tight_layout()
plt.show()
```

对上述代码的具体说明如下所示。

◆ **读取图像**：使用OpenCV读取指定路径的图像并将其转换为灰度图。

◆ **Sobel算子**：通过cv2.Sobel函数计算水平和垂直方向的梯度，得到grad_x和grad_y。

◆ **梯度幅值计算**：使用公式计算梯度的幅值，表示图像中亮度变化的强度。

◆ **Canny边缘检测**：使用cv2.Canny函数进行边缘检测，找到图像中的边缘。

◆ **结果可视化展示**：使用Matplotlib可视化显示原图、Sobel梯度图和Canny边缘检测图，如

图11-10所示。

图11-10　原图、Sobel梯度图和Canny边缘检测可视化图

2. 角点检测

角点通常是图像中具有显著变化的区域，微积分能帮助我们识别这些区域。例如，Harris角点检测法使用图像的自相关矩阵，通过计算二阶导数（海森矩阵）来确定角点的位置。

📝 **实例11-6**　对指定图像实现角点检测（源码路径：codes\11\Jiao.py）

本实例通过微积分计算图像的二阶导数（海森矩阵）来识别角点位置，从而捕捉到图像中亮度变化显著的区域。具体而言，Harris角点检测依赖于对图像导数的计算，来确定像素间的变化程度，从而有效地检测出角点。

```python
import cv2
import numpy as np
import matplotlib.pyplot as plt

# 读取图像
image = cv2.imread('2.jpg')
image_gray = cv2.cvtColor(image, cv2.COLOR_BGR2GRAY)

# Harris 角点检测
# 设置角点检测参数
block_size = 2
aperture_size = 3
k = 0.04

# 计算 Harris 角点
harris_corners = cv2.cornerHarris(image_gray, block_size, aperture_size, k)

# 结果扩展至原图像的大小
harris_corners = cv2.dilate(harris_corners, None)
```

```python
# 设置阈值，标记角点
threshold = 0.01 * harris_corners.max()
image[harris_corners > threshold] = [0, 0, 255]  # 将角点标记为红色

# 显示原图和角点检测结果
plt.figure(figsize=(10, 5))
plt.subplot(1, 2, 1)
plt.title('Original Image')
plt.imshow(cv2.cvtColor(image, cv2.COLOR_BGR2RGB))
plt.axis('off')

plt.subplot(1, 2, 2)
plt.title('Harris Corners Detected')
plt.imshow(cv2.cvtColor(image, cv2.COLOR_BGR2RGB))
plt.axis('off')

plt.tight_layout()
plt.show()
```

对上述代码的具体说明如下所示。

（1）读取图像

使用OpenCV读取指定路径的图像，并将其转换为灰度图。

（2）Harris角点检测

- 使用cv2.cornerHarris函数计算Harris角点，传入参数包括块大小、Sobel算子的大小和常数k。
- 对计算结果进行膨胀处理，以更好地显示角点。

（3）角点标记

通过设置阈值，将角点标记为红色。

（4）结果展示

使用Matplotlib可视化显示原图和带有角点标记的图像，如图11-11所示。

图11-11　可视化显示原图和带有角点标记的图像

3. 提取纹理特征

在纹理分析中，微积分用于描述图像中像素灰度的变化。局部二值模式（LBP）可以通过微分来分析图像中局部区域的灰度变化，虽然LBP本身并不直接基于微积分，但在图像预处理和特征计算时常常涉及梯度计算。

> **实例11-7** 提取指定图像中的纹理特征（源码路径：codes\11\Ti.py）

本实例通过微积分计算梯度，帮助分析图像中局部区域的灰度变化，尽管LBP本身并不直接基于微积分，但在图像预处理和特征计算过程中，微积分的思想促使我们理解像素间的关系，从而有效提取纹理特征。

```python
import cv2
import numpy as np
import matplotlib.pyplot as plt

def lbp(image):
    # 获取图像的尺寸
    height, width = image.shape
    lbp_image = np.zeros((height, width), dtype=np.uint8)

    # 遍历每个像素
    for i in range(1, height-1):
        for j in range(1, width-1):
            # 计算LBP值
            center = image[i, j]
            binary_string = ''
            for y in range(-1, 2):
                for x in range(-1, 2):
                    if (x, y) != (0, 0):
                        binary_string += '1' if image[i + y, j + x] > center else '0'
            lbp_value = int(binary_string, 2)
            lbp_image[i, j] = lbp_value

    return lbp_image

# 读取图像并转换为灰度图
image = cv2.imread('1.jpg')
gray_image = cv2.cvtColor(image, cv2.COLOR_BGR2GRAY)

# 计算LBP纹理特征
lbp_image = lbp(gray_image)

# 显示原图和LBP特征图
plt.figure(figsize=(10, 5))
```

```
plt.subplot(1, 2, 1)
plt.title('Original Image')
plt.imshow(cv2.cvtColor(image, cv2.COLOR_BGR2RGB))
plt.axis('off')

plt.subplot(1, 2, 2)
plt.title('LBP Texture Features')
plt.imshow(lbp_image, cmap='gray')
plt.axis('off')

plt.tight_layout()
plt.show()
```

对上述代码的具体说明如下所示。

（1）读取图像

使用OpenCV读取指定路径的图像，并将其转换为灰度图。

（2）计算LBP特征

◆ 定义lbp函数，遍历每个像素，通过比较中心像素与其周围邻域的像素值，生成二进制字符串表示。

◆ 将二进制字符串转换为十进制值作为LBP特征值。

（3）可视化展示

使用Matplotlib显示原图和LBP特征图，如图11-12所示。

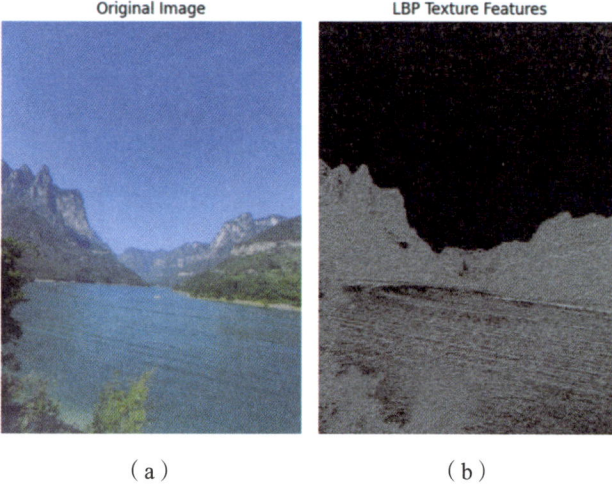

图11-12 可视化展示原图和LBP特征图

4. 提取形状特征

形状描述常依赖边界的曲率，曲率的计算是微积分的直接应用。对于形状边界的曲线，曲率可以通过二阶导数来描述：

$$K = \frac{|y''|}{\left(1+(y')^2\right)^{3/2}}$$

其中，y'和y''分别为一阶和二阶导数，表示曲线的斜率和变化率。

实例11-8 提取指定图像形状特征（源码路径：codes\11\Xing.py）

本实例通过微积分计算曲线的二阶导数来描述形状的曲率，从而有效提取形状特征。具体而言，曲率的计算依赖于对边界点斜率和变化率的分析，展示了微积分在形状描述中的直接应用。

```
import cv2
import numpy as np
import matplotlib.pyplot as plt
```

```python
def calculate_curvature(contour):
    # 计算曲率
    curvatures = []
    for i in range(1, len(contour) - 1):
        # 计算一阶导数（斜率）
        dy = contour[i + 1][0][1] - contour[i - 1][0][1]
        dx = contour[i + 1][0][0] - contour[i - 1][0][0]
        first_derivative = dy / dx if dx != 0 else 0

        # 计算二阶导数
        d2y = contour[i][0][1] - contour[i - 1][0][1]
        d2x = contour[i][0][0] - contour[i - 1][0][0]
        second_derivative = d2y / d2x if d2x != 0 else 0

        # 计算曲率 K
        curvature = second_derivative / (1 + first_derivative ** 2) ** (3 / 2) \
            if first_derivative != 0 else 0
        curvatures.append(curvature)

    return curvatures

# 读取图像并转换为灰度图
image = cv2.imread('3.jpg')
gray_image = cv2.cvtColor(image, cv2.COLOR_BGR2GRAY)

# 使用 Canny 算法进行边缘检测
edges = cv2.Canny(gray_image, 100, 200)

# 查找轮廓
contours, _ = cv2.findContours(edges, cv2.RETR_EXTERNAL,
                                cv2.CHAIN_APPROX_SIMPLE)

# 假设提取第一个轮廓进行曲率计算
if contours:
    curvature_values = calculate_curvature(contours[0])

# 显示原图和边缘检测结果
plt.figure(figsize=(10, 5))

plt.subplot(1, 2, 1)
plt.title('Original Image')
plt.imshow(cv2.cvtColor(image, cv2.COLOR_BGR2RGB))
plt.axis('off')

plt.subplot(1, 2, 2)
plt.title('Edges Detected')
```

```
plt.imshow(edges, cmap='gray')
plt.axis('off')

plt.tight_layout()
plt.show()

# 打印曲率值
print("Curvature values:", curvature_values)
```

对上述代码的具体说明如下所示。

（1）读取图像

使用OpenCV读取指定路径的图像，并将其转换为灰度图。

（2）边缘检测

使用Canny算法检测图像的边缘。

（3）轮廓提取

使用cv2.findContours提取边缘的轮廓。

（4）计算曲率

◆ 定义calculate_curvature函数，遍历轮廓的每个点，计算一阶和二阶导数。

◆ 使用微积分公式计算曲率，并将结果存储在列表中。

（5）结果可视化展示

使用Matplotlib可视化显示原图和边缘检测图并打印曲率值，如图11-13所示。

（a）原图　　　　　　　　　（b）边缘检测图

图11-13　可视化显示原图和边缘检测图

11.4　卷积神经网络（CNN）

卷积神经网络（CNN）是一种深度学习模型，专门用于处理图像和视频等具有网格结构的数据。CNN通过局部连接、共享权重和池化层等机制，能够有效地提取图像的特征，从而完成图像分类、目标检测和语义分割等任务。

11.4.1 CNN 的基本结构与应用

CNN 的基本结构主要由图 11-14 所示的层组成。

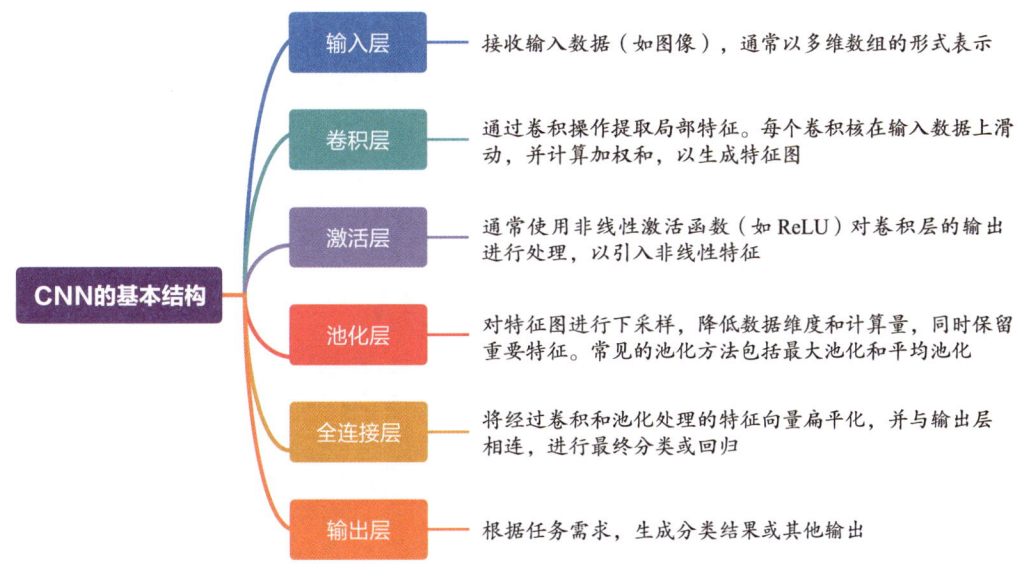

图 11-14　CNN 的基本结构

CNN 广泛应用于计算机视觉领域，主要包括以下几方面。

◆ **图像分类**：如识别图像中物体的类别。
◆ **目标检测**：定位图像中多个物体的位置和类别。
◆ **语义分割**：对图像中的每个像素进行分类，以实现精细的分割效果。
◆ **人脸识别**：识别和验证人脸特征。
◆ **图像生成**：生成新图像或实现图像风格转换。

CNN 的结构和灵活性使其在各种视觉任务中展现出卓越的性能。

11.4.2 微积分在 CNN 中的应用

微积分在 CNN 中的应用主要体现在以下几个方面。

◆ **梯度计算**：在训练 CNN 时，使用反向传播算法来更新权重，依赖于对损失函数的梯度计算。通过计算损失函数相对于网络参数的偏导数，微积分帮助我们优化模型的性能。

◆ **卷积操作**：卷积运算本质上涉及积分的概念。对于连续函数，卷积可以被视为在一定区域内对函数值的加权平均。虽然在 CNN 中使用离散卷积，但其思想源于微积分中的卷积定义。

◆ **激活函数的导数**：CNN 中的激活函数（如 ReLU、Sigmoid 和 Tanh）需要计算导数，以便在反向传播中更新权重。微积分为这些函数的梯度计算提供了基础。

◆ **池化操作的梯度传播**：在池化层，尤其是最大池化，微积分帮助我们确定在反向传播过程中哪些特征被保留，以及如何有效传播梯度。

◆ **特征图的平滑性**：在图像预处理和特征提取过程中，微积分帮助我们分析图像的平滑性和边缘，指导 CNN 更好地捕捉重要的特征。

通过以上方式，微积分在CNN中发挥了至关重要的作用，推动了计算机视觉任务性能和效率的提升。

实例11-9 使用CNN实现图像分类（源码路径：codes\11\Xun.py）

本实例在反向传播过程中，通过微积分计算损失函数的梯度起到了关键作用，使模型能够更新其权重，以逐步优化性能。具体而言，Adam优化器利用一阶和二阶导数（梯度和动量）来调整学习率，从而加速收敛。此外，基于积分思想的卷积操作，有助于提取图像特征。

```python
import tensorflow as tf
from tensorflow.keras import layers, models
from tensorflow.keras.datasets import cifar10
import matplotlib.pyplot as plt

# 加载CIFAR-10数据集
(x_train, y_train), (x_test, y_test) = cifar10.load_data()
x_train, x_test = x_train / 255.0, x_test / 255.0  # 归一化处理

# 定义CNN模型
model = models.Sequential([
    layers.Conv2D(32, (3, 3), activation='relu', input_shape=(32, 32, 3)),
    layers.MaxPooling2D((2, 2)),
    layers.Conv2D(64, (3, 3), activation='relu'),
    layers.MaxPooling2D((2, 2)),
    layers.Conv2D(64, (3, 3), activation='relu'),
    layers.Flatten(),
    layers.Dense(64, activation='relu'),
    layers.Dense(10, activation='softmax')   # 10类输出
])

# 编译模型
model.compile(optimizer='adam',
              loss='sparse_categorical_crossentropy',
              metrics=['accuracy'])

# 训练模型
history = model.fit(x_train, y_train, epochs=10, validation_data=(x_test, y_test))

# 可视化训练过程
plt.plot(history.history['accuracy'], label='accuracy')
plt.plot(history.history['val_accuracy'], label='val_accuracy')
plt.xlabel('Epoch')
plt.ylabel('Accuracy')
plt.legend()
plt.title('Model Accuracy')
plt.show()
```

```
# 使用模型进行预测
predictions = model.predict(x_test)
predicted_classes = tf.argmax(predictions, axis=1)

# 显示一些预测结果
plt.figure(figsize=(10, 10))
for i in range(9):
    plt.subplot(3, 3, i + 1)
    plt.imshow(x_test[i])
    plt.title(f'Predicted: {predicted_classes[i].numpy()}, Actual: {y_test[i][0]}')
    plt.axis('off')
plt.show()
```

对上述代码的具体说明如下所示。

◆ **数据加载和预处理**：加载CIFAR-10数据集并进行归一化处理，以更好地适应CNN模型。

◆ **CNN模型定义**：构建一个包含多个卷积层和池化层的CNN，最后通过全连接层进行分类。

◆ **模型编译**：使用Adam优化器和交叉熵损失函数编译模型。

◆ **模型训练**：训练模型并记录训练和验证的准确率。

◆ **结果可视化**：可视化训练过程中的准确率变化，并展示预测结果（见图11-15）和一些测试图像及其对应的预测类别和实际类别（见图11-16）。

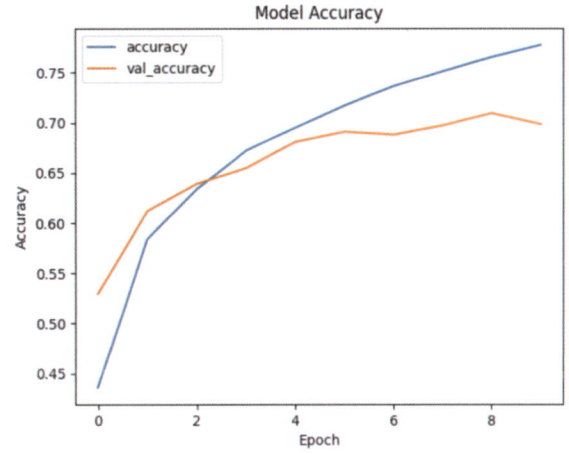

图11-15　准确率变化的可视化

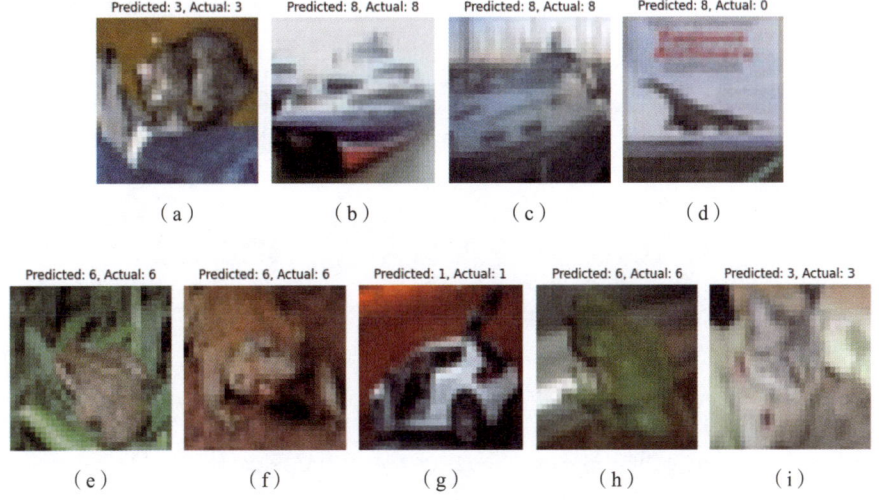

图11-16　CIFAR-10数据集中的9个子图

11.5 目标检测与分割

目标检测与分割是计算机视觉中的两个重要任务,目标检测旨在识别图像中所有目标的类别和位置,通常输出边界框以标识每个目标的位置。而目标分割则进一步细化,将图像中的每个像素分配到不同的类别,生成精确的物体轮廓。目标检测通常用于实时应用,如自动驾驶和监控系统,而目标分割则在医学影像分析和场景理解等领域尤为重要。两者相辅相成,共同推动了智能视觉系统的发展。

11.5.1 目标检测的基本方法

在实际应用中,目标检测的基本方法主要包括以下几类。

1. 传统方法

◆ **基于滑动窗口:** 通过在图像上滑动窗口并使用分类器,如Haar特征或方向梯度直方图(Histogram of Oriented Gradient,HOG)对每个窗口进行分类。这种方法计算量大且效率较低。

◆ **基于区域提议:** 使用算法(如Selective Search)生成一系列候选区域,然后对这些区域进行分类。常见的框架包括R-CNN及其变体。

微积分在传统目标检测方法中发挥了重要作用,主要体现在以下几个方面。

◆ **特征提取:** 在基于滑动窗口的方法中,微积分用于计算图像的梯度和边缘,帮助我们提取关键特征。例如,HOG特征利用局部梯度信息来描述图像的形状和纹理,这些梯度的计算涉及一阶导数。

◆ **区域提议的优化:** 在基于区域提议的方法中,微积分帮助我们优化区域选择。例如,在R-CNN中,通过计算图像的二阶导数(海森矩阵)可以更好地识别图像中显著变化的区域,从而提高候选区域的质量。

📝 **实例11-10** 提取指定图像的HOG特征(源码路径:codes\11\Mu.py)

在本实例中,从指定图像中提取了梯度特征和HOG特征,其中HOG特征能够有效描述图像的形状和边缘信息。这些特征可以为后续的图像分类和目标检测等工作做好基础。首先,读取了一幅图像并将其转换为灰度图;其次,通过Sobel算子计算图像的梯度幅度,展示边缘信息;最后,使用HOG算法提取特征,并将原图、梯度幅度图和HOG特征图一起显示。

```
import cv2
import numpy as np
from skimage.feature import hog
import matplotlib.pyplot as plt

# 读取图像
image = cv2.imread('3.jpg')
image_gray = cv2.cvtColor(image, cv2.COLOR_BGR2GRAY)
```

```python
# 微积分运算：计算图像的梯度
# 使用Sobel算子计算x和y方向的梯度
sobel_x = cv2.Sobel(image_gray, cv2.CV_64F, 1, 0, ksize=3)   # ∂I/∂x
sobel_y = cv2.Sobel(image_gray, cv2.CV_64F, 0, 1, ksize=3)   # ∂I/∂y

# 计算梯度的幅度
gradient_magnitude = np.sqrt(sobel_x**2 + sobel_y**2)
                                        # G = $\sqrt{\left(\left(\partial I/\partial x\right)^2+\left(\partial I/\partial y\right)^2\right)}$

# 使用HOG提取特征
features, hog_image = hog(image_gray, orientations=9, pixels_per_cell=(8, 8),
                          cells_per_block=(2, 2), visualize=True)

# 绘制结果
plt.figure(figsize=(12, 8))

plt.subplot(1, 3, 1)
plt.title('Original Image')
plt.imshow(cv2.cvtColor(image, cv2.COLOR_BGR2RGB))

plt.subplot(1, 3, 2)
plt.title('Gradient Magnitude')
plt.imshow(gradient_magnitude, cmap='gray')

plt.subplot(1, 3, 3)
plt.title('HOG Features')
plt.imshow(hog_image, cmap='gray')

plt.tight_layout()
plt.show()
```

在上述代码中，微积分的作用主要体现在以下几个方面。

◆ **梯度计算**：通过Sobel算子计算图像的 x 和 y 方向的梯度（$\partial I/\partial x$ 和 $\partial I/\partial y$），这反映了图像强度的变化。这是微积分的直接应用，用于提取图像的边缘信息。

◆ **梯度幅度**：进一步计算梯度的幅度（$G = \sqrt{\left(\left(\partial I/\partial x\right)^2+\left(\partial I/\partial y\right)^2\right)}$），这一过程结合了一阶导数的平方和，帮助识别图像中强烈变化的区域，提升了特征提取的效果。

◆ **特征提取**：使用HOG算法提取图像特征，HOG的计算依赖于之前获得的梯度信息，通过局部梯度的统计进一步描述图像的形状和结构，最终为目标检测和分类提供了关键特征。

执行后生成三幅图像，如图11-17所示，具体说明如下。

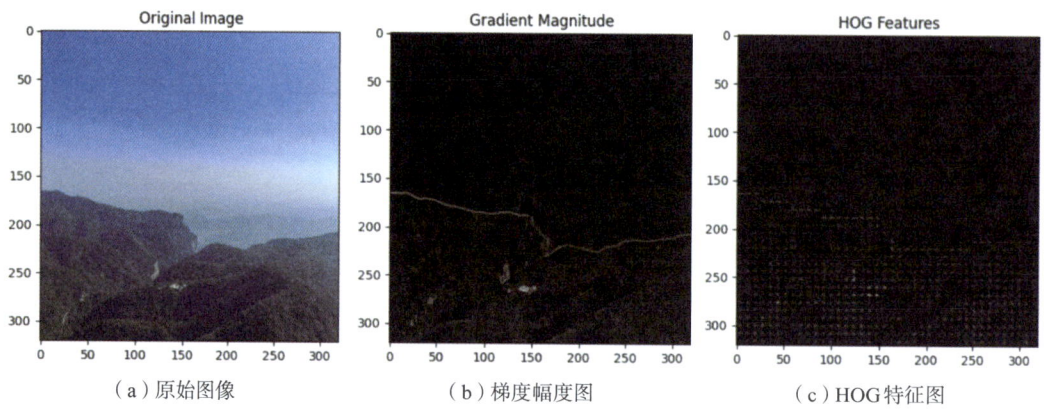

图 11-17 可视化展示原始图像、梯度幅度图和 HOG 特征图

- **原始图像**：展示输入的原始彩色图像。
- **梯度幅度图**：显示图像中每个像素的梯度幅度，通常是灰度图像，反映了图像的边缘和强度变化。
- **HOG 特征图**：展示通过 HOG 算法提取的特征图，通常也是灰度图像，强调了图像的形状和结构特征。

2. 深度学习方法

- **YOLO（实时单次检测器）**：将目标检测视为回归问题，直接在图像上预测边界框和类别，速度快且适用于实时检测。
- **SSD（单次多框检测器）**：类似于 YOLO，利用多尺度特征图进行检测，兼顾速度和准确性。
- **Faster R-CNN**：结合区域提议网络（Region Proposal Network，RPN）和 R-CNN，先生成候选区域，再进行分类和回归，准确率高，但速度较慢。
- **Transformer 方法**：例如常用的 DETR（DEtection TRansformer）方法基于 Transformer 架构，直接将目标检测问题建模为集合预测，简化了传统的目标检测流程。

微积分在深度学习方法中的作用体现在多个方面，如下所示。

- **梯度下降优化**：深度学习模型的训练依赖于优化算法，微积分用于计算损失函数的梯度，从而更新网络权重。通过反向传播算法，模型能够最小化损失，提升预测精度。
- **卷积运算**：在 YOLO 和 SSD 等方法中，卷积操作涉及微积分中的卷积定理。通过滑动卷积核，模型提取图像特征并进行边界框的预测。
- **特征图的空间变化**：在 Faster R-CNN 和 Transformer 方法中，特征图的处理涉及微积分中的偏导数，帮助我们捕捉特征之间的空间关系，增强模型对复杂图像的理解能力。
- **局部和全局上下文建模**：在 DETR 等 Transformer 方法中，微积分通过自注意力机制对特征进行加权，允许模型关注图像中的重要区域，优化目标检测的表现。

📝 **实例 11-11** 使用 SSD 模型对现有的素材图像进行目标检测（源码路径：codes\11\tu.py）

本实例首先计算图像的边缘强度，然后使用预训练的模型检测图像中的目标并绘制检测框。

```
import cv2
import numpy as np
```

```python
# 加载预训练的模型和标签
model = cv2.dnn.readNetFromCaffe('deploy.prototxt', 'model.caffemodel')
with open('labels.txt', 'r') as f:
    labels = f.read().splitlines()

# 读取图像
image = cv2.imread('999.jpg')

# 转换为灰度图以进行边缘检测
gray_image = cv2.cvtColor(image, cv2.COLOR_BGR2GRAY)

# 使用Sobel算子计算图像的梯度
grad_x = cv2.Sobel(gray_image, cv2.CV_64F, 1, 0, ksize=3)  # 水平梯度
grad_y = cv2.Sobel(gray_image, cv2.CV_64F, 0, 1, ksize=3)  # 垂直梯度
gradient_magnitude = cv2.magnitude(grad_x, grad_y)

# 将梯度图像归一化到[0, 255]范围
gradient_magnitude = cv2.normalize(gradient_magnitude, None, 0, 255, cv2.
                                   NORM_MINMAX)
gradient_magnitude = np.uint8(gradient_magnitude)

# 将梯度图像转换为三通道图像
gradient_magnitude_color = cv2.cvtColor(gradient_magnitude,
                                        cv2.COLOR_GRAY2BGR)

# 创建一个blob(二进制大对象)从图像进行前处理
blob = cv2.dnn.blobFromImage(gradient_magnitude_color, 0.007843,
                             (300, 300), (127.5, 127.5, 127.5),
                             swapRB=True, crop=False)

# 将blob输入模型中进行推理
model.setInput(blob)
detections = model.forward()

# 处理检测结果
for i in range(detections.shape[2]):
    confidence = detections[0, 0, i, 2]
    if confidence > 0.1:  # 设定置信度阈值为0.1
        class_id = int(detections[0, 0, i, 1])
        label = labels[class_id]
        x1 = int(detections[0, 0, i, 3] * image.shape[1])
        y1 = int(detections[0, 0, i, 4] * image.shape[0])
        x2 = int(detections[0, 0, i, 5] * image.shape[1])
        y2 = int(detections[0, 0, i, 6] * image.shape[0])
```

```
# 在图像上绘制检测结果
cv2.rectangle(image, (x1, y1), (x2, y2), (0, 255, 0), 2)
cv2.putText(image, label, (x1, y1 - 10), cv2.FONT_HERSHEY_SIMPLEX,
            0.9, (0, 255, 0), 2)

# 显示图像
cv2.imshow('SSD Object Detection', image)
cv2.imshow('Gradient Magnitude', gradient_magnitude)
cv2.waitKey(0)
cv2.destroyAllWindows()
```

对上述代码的具体说明如下所示。

◆ **加载模型与标签：** 使用OpenCV加载预训练的深度学习模型和对应的标签文件。

◆ **读取图像：** 加载待检测的图像并进行预处理，生成一个二进制大对象（Blob），以适应模型输入要求。

◆ **目标检测：** 将处理后的图像输入模型中进行推理，获取检测结果。

◆ **处理结果：** 遍历检测结果，根据设定的置信度阈值筛选出有效检测，提取目标的边界框坐标和标签，并在原图上可视化检测结果。

◆ **显示结果：** 可视化展示目标检测结果，如图11-18所示，其还绘制了Gradient Magnitude图，表示图像中每个像素的梯度幅值，常用于边缘检测，显示图像中亮度变化最剧烈的区域，如图11-19所示。

图11-18　目标检测结果可视化

图11-19　Gradient Magnitude图

11.5.2　目标分割的基本方法

在实际应用中，目标分割的基本知识如图11-20所示。

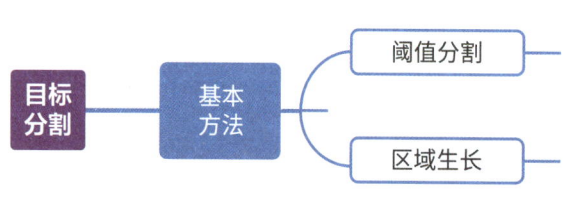

图11-20　目标分割的基本知识

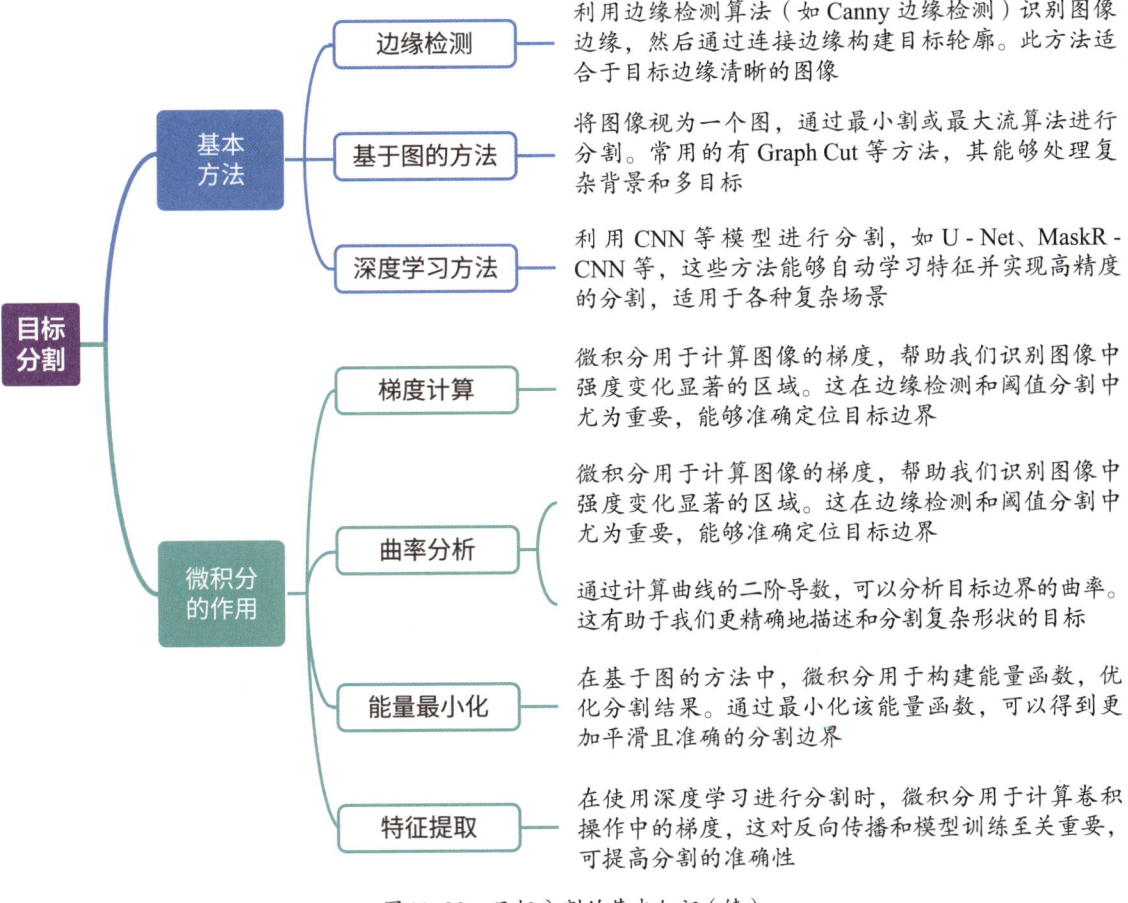

图 11-20 目标分割的基本知识（续）

总体而言，微积分为目标分割提供了重要的数学工具，帮助我们提取特征、优化算法和提高精度。

实例11-12 使用预训练的FCN模型实现图像分割（源码路径：codes\11\fcn.py）

本实例首先加载了一幅图像并进行预处理，然后将处理后的图像输入模型中进行分割。最后可视化原始图像及其分割结果，展示模型如何将图像中的不同区域进行分类。

```python
import torch
import torchvision
import matplotlib.pyplot as plt
from PIL import Image
import numpy as np
import cv2

# 加载预训练的FCN（Fully Convolutional Networks，全卷积网络）模型
fcn = torchvision.models.segmentation.fcn_resnet50(weights='DEFAULT')

# 设置模型为评估模式
fcn.eval()
```

```python
# 加载图像并进行预处理
image = Image.open('1.jpg')
preprocess = torchvision.transforms.Compose([
    torchvision.transforms.ToTensor(),
    torchvision.transforms.Normalize(mean=[0.485, 0.456, 0.406], std=[0.229, 0.224, 0.225])
])
input_tensor = preprocess(image)
input_batch = input_tensor.unsqueeze(0)

# 将输入图像传递给模型进行分割
with torch.no_grad():
    output = fcn(input_batch)['out'][0]
output_predictions = output.argmax(0)

# 可视化分割结果
plt.figure(figsize=(10, 5))
plt.subplot(1, 2, 1)
plt.imshow(image)
plt.title('Original Image')

plt.subplot(1, 2, 2)
plt.imshow(output_predictions)
plt.title('Segmentation')

plt.show()

# 微积分运算：计算图像的梯度
# 将输入图像转换为灰度图
image_gray = cv2.cvtColor(np.array(image), cv2.COLOR_RGB2GRAY)

# 使用Sobel算子计算x和y方向的梯度
sobel_x = cv2.Sobel(image_gray, cv2.CV_64F, 1, 0, ksize=3)   # ∂I/∂x
sobel_y = cv2.Sobel(image_gray, cv2.CV_64F, 0, 1, ksize=3)   # ∂I/∂y

# 计算梯度的幅度
gradient_magnitude = np.sqrt(sobel_x**2 + sobel_y**2)
                                                # G = $\sqrt{\left(\left(\partial I/\partial x\right)^2+\left(\partial I/\partial y\right)^2\right)}$

# 绘制梯度幅度图
plt.figure(figsize=(10, 5))
plt.title('Gradient Magnitude')
plt.imshow(gradient_magnitude, cmap='gray')
plt.axis('off')
plt.show()
```

在本实例中，微积分的作用主要体现在以下几个方面。

◆ **梯度计算**：通过计算图像的梯度，微积分帮助我们提取边缘信息，这对于理解图像的结构至关重要。梯度反映了图像亮度变化的速率，有助于我们识别边界和细节。

◆ **特征提取**：微积分用于分析图像中的变化，帮助模型在分割任务中识别不同区域。这些变化信息使模型能够更有效地分类和分割图像中的不同对象。

◆ **优化与学习**：在深度学习过程中，微积分在反向传播算法中发挥关键作用，通过计算损失函数的梯度，优化模型参数，提高分割精度。

执行后生成了三幅可视化图，左侧是原始图像，中间是经过梯度计算得到的梯度幅度图，右侧是模型生成的分割结果图，如图11-21所示。梯度幅度图展示了图像中边缘和细节的强度，而分割结果图则使用不同颜色表示不同区域或对象的分类。

 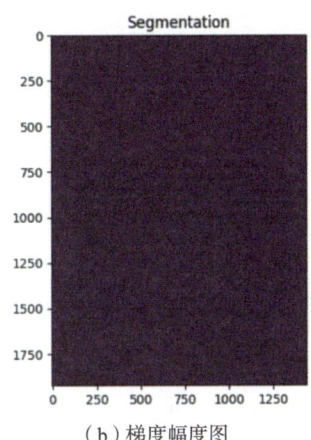 

（a）原始图像　　　　　　　（b）梯度幅度图　　　　　　　（c）分割结果图

图11-21　三幅可视化图

11.6　图像生成与变换

图像生成与变换是计算机视觉中的重要领域，主要涉及使用深度学习模型生成新图像或对现有图像进行变换。生成对抗网络（GAN）和变分自编码器（Variational Auto-Encoder，VAE）是常用的图像生成模型，能够生成高质量的合成图像。通过这些技术，我们可以实现图像的风格转换、超分辨率重建和图像修复等多种功能。

11.6.1　图像生成模型的基本概念

图像生成模型旨在创建新的图像数据，主要包括GAN和VAE。

◆ **GAN**：由两个神经网络组成——生成器和判别器。生成器负责生成新图像，判别器负责判断图像是真实的还是生成的。通过两个网络的对抗训练，生成器逐渐学习生成更加真实的图像。

◆ **VAE**：通过编码器将输入图像映射到潜在空间，然后在潜在空间重建图像。VAE通过优化重构损失和KL散度，使生成的图像具有多样性，并且能够从潜在空间中采样生成新图像。

这两种模型在艺术创作、数据增强和图像修复等领域具有广泛应用。

11.6.2 微积分在图像生成中的应用

微积分在图像生成中发挥着重要作用,特别是在训练生成GAN和VAE时。

1. GAN

GAN的训练目标是,通过交替最小化生成器的生成损失与判别器的判别损失,实现二者的对抗训练。损失函数通常定义为:

$$L(D,G) = -E_{x \sim pdata(x)}\left[\log D(x)\right] - E_{z \sim pz(z)}\left[\log\left(1 - D(G(z))\right)\right]$$

其中,$D(x)$是判别器对真实样本的预测,$G(z)$是生成器生成的图像,z是潜在空间的随机变量。微积分用于计算损失函数的梯度,以优化生成器和判别器。

实例11-13 使用GAN生成手写数字(源码路径:codes\11\Gan.py)

本实例实现了一个GAN模型,用于生成28×28像素的图像,GAN模型通过优化生成器和判别器的损失函数来提高生成图像的质量。在训练过程中使用了微积分计算梯度,更新模型参数以最小化损失函数。

```python
import torch
import torch.nn as nn
import torch.optim as optim
import torchvision
import torchvision.transforms as transforms
import matplotlib.pyplot as plt

# 超参数
batch_size = 64
num_epochs = 5
latent_dim = 100

# 数据加载
transform = transforms.Compose([transforms.ToTensor(), transforms.
                    Normalize((0.5,), (0.5,))])
mnist_dataset = torchvision.datasets.MNIST(root='data', train=True,
                            transform=transform,
                            download=True)
data_loader = torch.utils.data.DataLoader(mnist_dataset, batch_size=batch_
                            size, shuffle=True)

# 检查GPU可用性
device = torch.device("cuda" if torch.cuda.is_available() else "cpu")

# 生成器模型
class Generator(nn.Module):
    def __init__(self):
```

```python
        super(Generator, self).__init__()
        self.model = nn.Sequential(
            nn.Linear(latent_dim, 256),
            nn.ReLU(),
            nn.Linear(256, 512),
            nn.ReLU(),
            nn.Linear(512, 784),
            nn.Tanh()  # 输出范围 [-1, 1]
        )

    def forward(self, z):
        return self.model(z)

# 判别器模型
class Discriminator(nn.Module):
    def __init__(self):
        super(Discriminator, self).__init__()
        self.model = nn.Sequential(
            nn.Linear(784, 512),
            nn.ReLU(),
            nn.Linear(512, 256),
            nn.ReLU(),
            nn.Linear(256, 1),
            nn.Sigmoid()  # 输出范围 [0, 1]
        )

    def forward(self, x):
        return self.model(x)

# 初始化模型和优化器,并移动到 GPU
generator = Generator().to(device)
discriminator = Discriminator().to(device)
criterion = nn.BCELoss()    # 二元交叉熵损失
optimizer_G = optim.Adam(generator.parameters(), lr=0.0002)
optimizer_D = optim.Adam(discriminator.parameters(), lr=0.0002)

# 训练过程
for epoch in range(num_epochs):
    for real_images, _ in data_loader:
        real_images = real_images.view(-1, 784).to(device)
                                    # 确保真实图像为 (batch_size, 784)

        # 生成随机噪声
        z = torch.randn(real_images.size(0), latent_dim).to(device)
                                    # 使用真实图像的批量大小
```

```python
            fake_images = generator(z)

            # 判别器的训练
            optimizer_D.zero_grad()
            real_labels = torch.ones(real_images.size(0), 1).to(device)
                                                    # 确保标签大小与真实图像一致
            fake_labels = torch.zeros(real_images.size(0), 1).to(device)
                                                    # 确保标签大小与假图像一致

            real_loss = criterion(discriminator(real_images), real_labels)
            fake_loss = criterion(discriminator(fake_images.detach()), fake_labels)
            d_loss = real_loss + fake_loss
            d_loss.backward()    # 计算梯度
            optimizer_D.step()

            # 生成器的训练
            optimizer_G.zero_grad()
            g_loss = criterion(discriminator(fake_images), real_labels)
            g_loss.backward()    # 计算梯度
            optimizer_G.step()

        print(f'Epoch [{epoch+1}/{num_epochs}], d_loss: {d_loss.item():.4f}, '
              f'g_loss: {g_loss.item():.4f}')

# 可视化生成的图像
with torch.no_grad():
    z = torch.randn(64, latent_dim).to(device)
    generated_images = generator(z).view(-1, 1, 28, 28)
    grid = torchvision.utils.make_grid(generated_images, nrow=8,
                                       normalize=True)
    plt.imshow(grid.permute(1, 2, 0).cpu().numpy(), cmap='gray')
                                                    # 移动到CPU进行可视化
    plt.title("Generated Images")
    plt.axis("off")
    plt.show()
```

对上述代码的具体说明如下所示。

（1）加载数据

使用torchvision加载MNIST数据集，并进行归一化处理。

（2）定义模型

定义生成器和判别器的网络结构，生成器将随机噪声映射到图像空间，判别器用于判断图像是真实的还是生成的。

（3）训练过程

◆ 在每个训练周期中，生成器生成假图像，判别器接收真实图像和假图像，并计算损失。

◆ 使用微积分（backward()方法）计算损失函数的梯度，以更新模型参数。

（4）结果可视化

可视化展示生成的图像，如图11-22所示。

本实例使用了微积分的概念，具体体现在以下几个方面。

◆ **计算损失函数的梯度：** 在训练生成器和判别器时，通过调用backward()方法计算损失函数的梯度。微积分的基本原理用于求解损失函数相对于模型参数的梯度，这些梯度用于更新模型的权重。

◆ **优化过程：** 使用优化算法（如Adam）时，微积分的概念被用来更新模型参数，以最小化损失函数。更新公式通常依赖于梯度信息，这涉及微分的应用。

◆ **反向传播：** 在神经网络中，反向传播算法利用链式法则进行多层梯度的计算。这个过程中的每一步都依赖微积分的原理。

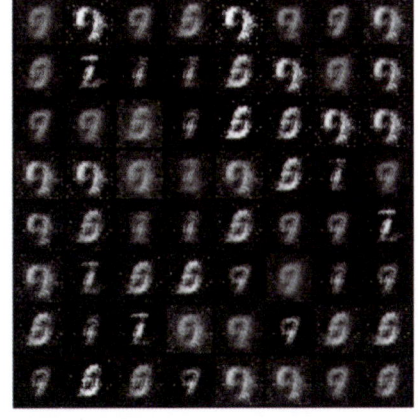

图 11-22　生成的图像

2. VAE

VAE的目标是最大化变分下界（Evidence Lower Bound，ELBO）：

$$L(x) = Eq_{(z|x)}\left[\log p(x|z)\right] - KL\left(q(z|x) \| p(z)\right)$$

其中，$p(x|z)$是重构概率，$q(z|x)$是编码器输出的潜在分布，KL是Kullback-Leibler散度。微积分在这里用于优化重构损失和KL散度，以更新模型参数。

> 实例11-14　实现变分自编码器（VAE）（源码路径：codes\11\Zibian.py）

本实例通过微积分反向传播计算损失函数（包括重构损失和KL散度）的梯度，帮助我们优化模型参数。具体来说，通过loss.backward()计算损失相对于模型参数的梯度，以更新模型权重。

```python
import torch
import torch.nn as nn
import torch.optim as optim
import torchvision
import torchvision.transforms as transforms
import matplotlib.pyplot as plt

# 检查CUDA是否可用
device = torch.device("cuda" if torch.cuda.is_available() else "cpu")
# 设置随机种子
torch.manual_seed(0)

# VAE模型
class VAE(nn.Module):
    def __init__(self):
        super(VAE, self).__init__()
        self.encoder = nn.Sequential(
            nn.Linear(784, 400),
            nn.ReLU()
```

```python
        )
        self.fc_mu = nn.Linear(400, 20)
        self.fc_logvar = nn.Linear(400, 20)
        self.decoder = nn.Sequential(
            nn.Linear(20, 400),
            nn.ReLU(),
            nn.Linear(400, 784),
            nn.Sigmoid()
        )

    def encode(self, x):
        h1 = self.encoder(x)
        return self.fc_mu(h1), self.fc_logvar(h1)

    def reparameterize(self, mu, logvar):
        std = torch.exp(0.5 * logvar)
        eps = torch.randn_like(std)
        return mu + eps * std

    def decode(self, z):
        return self.decoder(z)

    def forward(self, x):
        mu, logvar = self.encode(x.view(-1, 784))
        z = self.reparameterize(mu, logvar)
        return self.decode(z), mu, logvar

# 损失函数
def loss_function(recon_x, x, mu, logvar):
    BCE = nn.functional.binary_cross_entropy(recon_x, x.view(-1, 784),
                                             reduction='sum')
    KLD = -0.5 * torch.sum(1 + logvar - mu.pow(2) - logvar.exp())
    return BCE + KLD

# 初始化模型和优化器
vae = VAE().to(device)   # 将模型移到 GPU
optimizer = optim.Adam(vae.parameters(), lr=0.001)

# 数据加载
transform = transforms.Compose([
    transforms.ToTensor(),
    transforms.Lambda(lambda x: x.view(-1))
])
train_dataset = torchvision.datasets.MNIST(root='data', train=True,
                                           download=True,
                                           transform=transform)
```

```python
train_loader = torch.utils.data.DataLoader(train_dataset, batch_size=64,
                                            shuffle=True)

# 训练过程
num_epochs = 10
for epoch in range(num_epochs):
    for batch_idx, (data, _) in enumerate(train_loader):
        data = data.to(device)    # 将数据移到GPU
        optimizer.zero_grad()
        recon_batch, mu, logvar = vae(data)
        loss = loss_function(recon_batch, data, mu, logvar)
        loss.backward()   # 计算梯度
        optimizer.step()  # 更新参数

# 可视化生成的图像
with torch.no_grad():
    sample = torch.randn(64, 20).to(device)   # 将样本移到GPU
    generated_images = vae.decode(sample).view(-1, 1, 28, 28)
    grid = torchvision.utils.make_grid(generated_images, nrow=8, normalize=True)
    plt.imshow(grid.permute(1, 2, 0))
    plt.title("Generated Images")
    plt.axis("off")
    plt.show()
```

上述代码首先定义了VAE模型，包括编码器和解码器。然后加载MNIST数据集并进行预处理。其次初始化模型和优化器，使用训练循环进行模型训练，在每次迭代中计算重构损失和KL散度。最后生成新的图像并可视化结果，以展示VAE生成的手写数字，如图11-23所示。

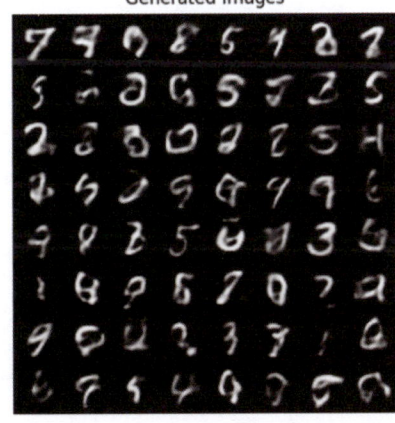

图11-23　VAE生成的手写数字

11.7　课后练习

1. 基于微积分的边缘检测与梯度计算

实现一个基于微积分的边缘检测算法。使用Sobel算子计算图像的梯度，并可视化梯度图像。要求：

◆ 选择一个合适的图像（如自然图像或手写数字图像）。

- 基于微积分原理（梯度计算）实现Sobel算子。
- 可视化原始图像、梯度图像，以及边缘检测后的图像。

2. 基于微积分的CNN模型训练与梯度优化

构建一个简单的CNN模型进行图像分类任务（如CIFAR-10数据集）。使用反向传播算法计算梯度，并通过梯度下降法优化网络权重。要求：

- 使用微积分分析梯度在反向传播过程中的计算。
- 训练CNN模型，记录并可视化训练过程中的损失变化。
- 分析不同学习率对梯度下降过程的影响。

第12章 推荐系统和微积分

推荐系统利用用户数据和行为分析,为用户提供个性化的推荐服务。微积分在推荐系统中扮演重要角色,尤其是在优化算法中,通过导数计算和梯度下降法调整模型参数,可最小化预测误差。深入了解这两者的结合,可以揭示推荐系统背后的数学原理与优化逻辑。本章将详细讲解微积分在推荐系统中的作用,并通过具体实例来讲解各个知识点的用法。

12.1 推荐系统概述

推荐系统是一种信息过滤技术，旨在根据用户的偏好和兴趣，为其提供个性化的推荐服务。推荐系统通过分析用户的历史行为、偏好、兴趣，及用户的相似性等数据，来预测用户可能喜欢的物品或信息，并将这些推荐内容展示给用户。推荐系统被广泛应用于电子商务、社交媒体、音乐和视频流媒体、新闻和文章推荐等领域，可以帮助用户发现新的产品、服务或内容，提高用户满意度和忠诚度，促进销售额和交易量的增长。

12.1.1 推荐系统的定义与分类

推荐系统是一种信息过滤技术，通过分析用户的历史行为、偏好和社交网络等数据，为用户推荐个性化的内容或产品。推荐系统的主要分类如图12-1所示。

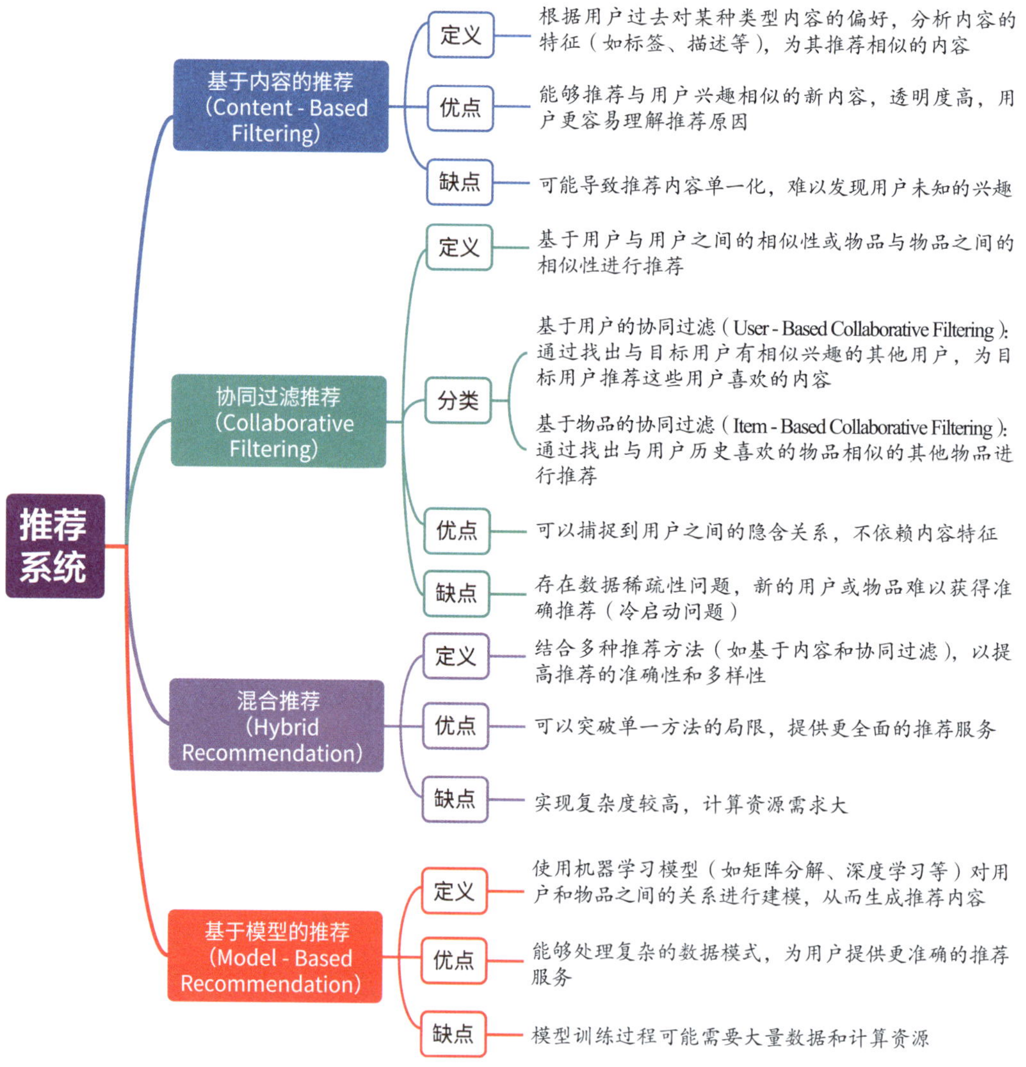

图12-1 推荐系统的主要分类

推荐系统在电商、社交媒体、视频平台等领域广泛应用,帮助用户发现新产品和内容。理解不同类型的推荐系统及其优缺点,有助于我们选择适合特定应用场景的方法。

12.1.2 推荐系统的应用领域

推荐系统的应用领域非常广泛,主要应用领域如图12-2所示。

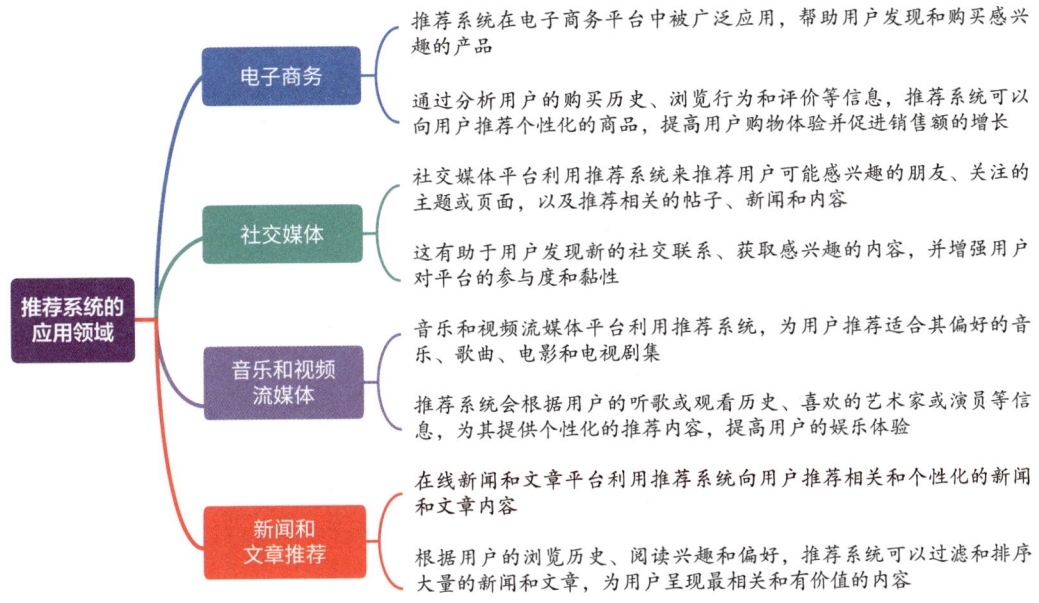

图12-2 推荐系统的应用领域

除上述应用领域外,推荐系统还在旅游、餐饮、在线学习、广告推荐等多个行业得到应用。随着数据量的增长和机器学习技术的进步,推荐系统在提供个性化服务、提高用户满意度和促进商业增长方面发挥着越来越重要的作用。

12.1.3 微积分在推荐系统中的作用概述

微积分在推荐系统中的作用主要体现在优化和模型训练上,其关键应用主要体现在如图12-3所示的几个方面。

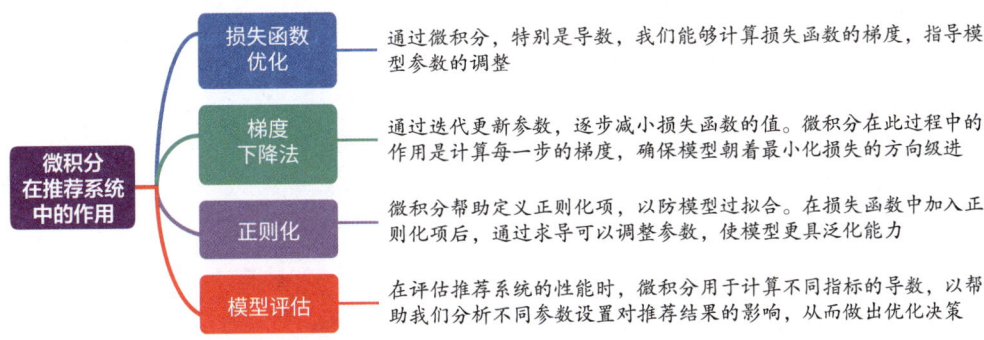

图12-3 微积分在推荐系统中的作用

通过这些方法,微积分帮助推荐系统实现更高效、更准确的个性化推荐。

12.2 推荐算法基础

推荐算法基础包括分析用户行为和内容特征,以提供个性化推荐服务。主要方法有基于内容的推荐和协同过滤,两者各有优缺点,适用于不同场景。

12.2.1 基于内容的推荐

基于内容的推荐是通过分析用户过去的偏好和内容特征,向用户推荐相似的内容。其核心在于将内容转化为特征向量,并通过计算这些特征之间的相似性来生成推荐内容。例如,电影推荐可能基于类型、导演、演员等特征。

微积分在基于内容推荐中的主要作用是优化相似度计算和调整模型参数,具体过程如下。

(1)相似度计算

常用的相似度度量如余弦相似度,其公式为:

$$\text{cosine\_similarity}(A, B) = \frac{A \cdot B}{\|A\| \|B\|}$$

其中,A 和 B 是内容特征向量,$\cdot$ 表示向量点积,$\|\cdot\|$ 表示向量的范数。

(2)模型优化

在训练模型时,微积分用于最小化损失函数,如均方误差:

$$\text{MSE} = \frac{1}{n} \sum_{i=1}^{n} n \left(y_i - \hat{y}_i \right)^2$$

其中,y_i 为实际值,$\hat{y}_i$ 为预测值。通过计算导数并应用梯度下降法来调整特征权重,从而提升推荐效果。

实例12-1 电影评论分类和推荐系统(源码路径:codes\12\Nldk.py)

本实例实现了一个电影评论分类和推荐系统,通过朴素贝叶斯和SVM分类器对评论进行情感分析,并利用余弦相似度推荐与给定评论相似的其他评论。同时,还展示了使用微积分中的梯度下降方法来优化特征权重的过程。

在本实例中,微积分的功能体现在通过梯度下降法优化特征权重,以提高模型的预测精度。在推荐系统中,使用微积分的思想调整权重可以有效地最小化预测误差,从而使分类器在情感分析时更准确地识别正面或负面的评论,并提升推荐的相关性和质量。

```
import nltk
from nltk.corpus import movie_reviews
from nltk.probability import FreqDist
from nltk.classify import NaiveBayesClassifier
from nltk.classify.scikitlearn import SklearnClassifier
from sklearn.svm import SVC
from sklearn.metrics.pairwise import cosine_similarity
import numpy as np
```

```python
# 下载电影评论数据集
nltk.download('movie_reviews')

# 加载电影评论数据集
reviews = [(list(movie_reviews.words(fileid)), category)
           for category in movie_reviews.categories()
           for fileid in movie_reviews.fileids(category)]

# 构建词袋模型
all_words = [word.lower() for review in reviews for word in review[0]]
all_words_freq = FreqDist(all_words)
word_features = list(all_words_freq)[:2000]

# 定义特征提取函数
def extract_features(document):
    document_words = set(document)
    features = {}
    for word in word_features:
        features[word] = (word in document_words)
    return features

# 构建特征集
featuresets = [(extract_features(review), category) for (review, category)
               in reviews]

# 划分训练集和测试集
train_set = featuresets[:1500]
test_set = featuresets[1500:]

# 使用朴素贝叶斯分类器进行分类
classifier = NaiveBayesClassifier.train(train_set)

# 测试分类器的准确率
accuracy = nltk.classify.accuracy(classifier, test_set)
print("朴素贝叶斯分类器准确率:", accuracy)

# 使用 SVM 分类器进行分类
svm_classifier = SklearnClassifier(SVC())
svm_classifier.train(train_set)

# 测试 SVM 分类器的准确率
svm_accuracy = nltk.classify.accuracy(svm_classifier, test_set)
print("SVM 分类器准确率:", svm_accuracy)

# 微积分功能
def update_weights(features, target, weights, learning_rate=0.01):
```

```python
    # 计算预测
    prediction = np.dot(features, weights)
    error = target - prediction

    # 使用梯度下降更新权重
    weights += learning_rate * error * features
    return weights

# 推荐系统逻辑
def recommend(movie_review):
    review_features = extract_features(movie_review)
    review_vector = np.array([1 if review_features[word] else 0 for word in
                    word_features]).reshape(1, -1)

    # 计算所有评论的特征向量
    feature_vectors = np.array(
        [np.array([1 if features[word] else 0 for word in word_features])
            for features, _ in featuresets])

    # 计算余弦相似度
    similarities = cosine_similarity(review_vector, feature_vectors)

    # 找到最相似的评论
    similar_indices = similarities[0].argsort()[-5:][::-1]
                                                            # 找到 5 个最相似的评论
    recommended_reviews = [reviews[i][0] for i in similar_indices]

    return recommended_reviews, review_vector.flatten()  # 返回推荐评论和
review_vector

# 示例：推荐与某条评论相似的评论
example_review = "This movie was fantastic and had a great storyline."
recommended_reviews, review_vector = recommend(example_review)
print("推荐的评论:", recommended_reviews)

# 使用微积分更新特征权重的示例
# 假设我们有初始权重和目标
initial_weights = np.random.rand(len(word_features))
target = 1  # 假设目标为 1，表示正面评论
updated_weights = update_weights(review_vector, target, initial_weights)
print("更新后的权重:", updated_weights)
```

对上述代码的具体说明如下所示。

- **数据加载**：从nltk库下载并加载电影评论数据集，并整理评论和对应的情感标签。
- **特征提取**：构建词袋模型，提取最常用的2000个词作为特征，并定义特征提取函数以生成

每条评论的特征向量。
- **训练与测试集划分**：将特征集划分为训练集（前1500条）和测试集（后500条）。
- **模型训练**：使用朴素贝叶斯和SVM分类器分别训练模型，并计算其准确率。
- **推荐系统逻辑**：定义推荐函数，计算给定评论与其他评论的余弦相似度，返回最相似的评论。
- **权重更新**：展示微积分的应用，通过梯度下降法更新特征权重，以优化模型性能。

运行后会输出：

```
朴素贝叶斯分类器准确率：0.78
SVM 分类器准确率：0.616
推荐的评论：[['a', 'couple', 'of', 'criminals', '(', 'mario', 'van',
            'peebles', 'and', 'loretta', 'devine', ')'...
更新后的权重：[0.53466729 0.29327281 0.23392154 ... 0.55474054 0.07244927
            0.71813561]
```

根据输出结果，朴素贝叶斯分类器的准确率为0.78，表明其在情感分析任务中的表现良好，而SVM分类器的准确率为0.616，稍显逊色。推荐的评论展示了与输入评论相似的文本，表明推荐系统能够有效找到相关评论。更新后的权重数组显示了通过微积分方法优化后的特征权重，提升了模型的预测能力。

12.2.2 基于协同过滤的推荐

基于协同过滤的推荐系统是一种利用用户之间的相似性或物品之间的相似性来进行推荐的方法。该方法基于这样的假设：如果用户A与用户B在过去对一些物品的评分上表现相似，那么用户A可能会对用户B喜欢但尚未接触的物品表现出类似的喜好。协同过滤主要分为两类：基于用户的协同过滤和基于物品的协同过滤。用户协同过滤根据相似用户的偏好推荐物品，而物品协同过滤则根据用户对相似物品的评价进行推荐。

在协同过滤中，微积分的作用主要体现在优化推荐模型的参数和计算相似度上。具体来说，可以通过最小化损失函数来优化模型，使预测的评分尽可能接近真实评分。常用的损失函数是均方误差（MSE），用于衡量预测值与实际值之间的差异，其数学表达式为：

$$L(w) = \frac{1}{n}\sum_{i=1}^{n}(y_i - \hat{y}_i)^2$$

其中，y_i 为实际评分，$\hat{y}_i$ 为预测的评分。通过对损失函数进行求导，利用梯度下降法来更新模型参数 w，从而逐步减小预测误差：

$$w \leftarrow w - \eta \nabla L(w)$$

其中，η 是学习率，$\nabla L(w)$ 是损失函数关于参数 w 的梯度。

在计算用户或物品相似度时，微积分也可用于计算相似度度量，如余弦相似度：

$$\text{cosine\_similarity}(A, B) = \frac{A \cdot B}{\|A\|\|B\|}$$

其中，**A** 和 **B** 是两个用户或物品的评分向量，$\|\cdot\|$ 表示向量的范数。通过这些数学工具，协同过滤能够更加精准地为用户推荐感兴趣的物品。

实例 12-2 基于协同过滤的电影推荐系统（源码路径：codes\12\Ju.py）

本实例实现了一个基于协同过滤的电影推荐系统，使用奇异值分解（Singular Value Decomposition，SVD）算法训练模型并预测用户的电影评分，同时计算并可视化均方误差及用户之间的相似度。实例还展示了根据用户的历史评分生成 Top N 推荐电影的过程，并使用热图可视化用户评分矩阵。

在本实例中，微积分在协同过滤推荐系统中发挥了关键作用，主要体现在优化模型参数和计算相似度方面。通过最小化损失函数（如 MSE），微积分帮助模型调整参数以缩小预测与实际评分之间的差距，同时在计算用户或物品的相似度时，利用梯度下降法和相似度度量（如余弦相似度）提升推荐的准确性和效果。

```python
import pandas as pd
from surprise import Dataset, Reader, SVD
from surprise.model_selection import train_test_split
import numpy as np
import matplotlib.pyplot as plt
import seaborn as sns
import matplotlib

# 设置字体为支持中文的字体
matplotlib.rcParams['font.family'] = 'sans-serif'
matplotlib.rcParams['font.sans-serif'] = ['SimHei']   # 使用黑体
matplotlib.rcParams['axes.unicode_minus'] = False     # 解决负号乱码

# 电影评分数据
ratings = {
    "User1": {"Movie1": 4, "Movie2": 5, "Movie3": 3, "Movie4": 4, "Movie5": 2},
    "User2": {"Movie1": 3, "Movie2": 4, "Movie3": 4, "Movie4": 3, "Movie5": 5},
    "User3": {"Movie1": 5, "Movie2": 2, "Movie3": 4, "Movie4": 3, "Movie5": 5},
}

# 将字典转换为 DataFrame
df = pd.DataFrame(ratings).stack().reset_index()
df.columns = ["user", "movie", "rating"]

# 构建数据集
reader = Reader(rating_scale=(1, 5))
data = Dataset.load_from_df(df[["user", "movie", "rating"]], reader)

# 划分训练集和测试集
trainset, testset = train_test_split(data, test_size=0.2)

# 训练模型
model = SVD()
model.fit(trainset)
```

```python
# 计算损失函数（均方误差）
def compute_mse(predictions):
    y_true = [pred.r_ui for pred in predictions]
    y_pred = [pred.est for pred in predictions]
    mse = np.mean((np.array(y_true) - np.array(y_pred)) ** 2)
    return mse

# 预测评分
predictions = model.test(testset)

# 计算并打印 MSE
mse = compute_mse(predictions)
print("均方误差 (MSE):", mse)

# 可视化 MSE
plt.figure(figsize=(6, 4))
sns.barplot(x=['MSE'], y=[mse])
plt.title('均方误差 (MSE) 可视化')
plt.ylabel('MSE 值 ')
plt.ylim(0, max(mse + 1, 5))
plt.show()

# 打印用户的 Top N 推荐电影
user_id = "User1"
top_n = 5
user_ratings = ratings[user_id]
rated_movies = user_ratings.keys()
recommendations = []
for movie_id in model.trainset.ir.keys():
    if movie_id not in rated_movies:
        predicted_rating = model.predict(user_id, movie_id).est
        recommendations.append((movie_id, predicted_rating))
recommendations = sorted(recommendations, key=lambda x: x[1], reverse=True)
                   [:top_n]

print(f"Top {top_n} recommendations for {user_id}:")
for movie_id, _ in recommendations:
    print("Movie ID:", movie_id)

# 示例：计算余弦相似度
def cosine_similarity(A, B):
    return np.dot(A, B) / (np.linalg.norm(A) * np.linalg.norm(B))

# 示例：计算某两个用户的相似度
user1_ratings = np.array([4, 5, 3, 4, 2])  # User1 的评分
```

```python
user2_ratings = np.array([3, 4, 4, 3, 5])  # User2 的评分
similarity = cosine_similarity(user1_ratings, user2_ratings)
print("User1 与 User2 的余弦相似度:", similarity)

# 可视化用户之间的相似度
similarities = np.array([user1_ratings, user2_ratings])
plt.figure(figsize=(6, 4))
sns.heatmap(similarities, annot=True, cmap='coolwarm',
            xticklabels=['Movie1', 'Movie2', 'Movie3', 'Movie4', 'Movie5'],
            yticklabels=['User1', 'User2'])
plt.title('用户评分矩阵 ')
plt.ylabel('用户 ')
plt.xlabel('电影 ')
plt.show()
```

对上述代码的具体说明如下所示。

◆ **数据准备：** 定义一个包含用户对电影评分的字典，然后将其转换为 Pandas DataFrame 格式，以便后续处理。

◆ **构建数据集：** 使用 Surprise 库中的 Reader 类和 Dataset 类构建推荐数据集，指定评分范围。

◆ **划分数据集：** 将数据集分为训练集和测试集，以便用于模型训练和性能评估。

◆ **模型训练：** 使用 SVD 算法训练推荐模型。

◆ **预测评分：** 对测试集进行预测，生成用户对未评分电影的预测评分。

◆ **生成推荐：** 根据预测评分，为特定用户推荐 Top N 的电影，筛选出用户未评分的电影并按预测评分排序。

◆ **可视化：** 计算均方误差并生成热图，以可视化用户评分矩阵及其相似度，便于分析推荐效果，如图 12-4 所示。

运行后会输出：

```
Top 5 recommendations for User1:
Movie ID: 0
Movie ID: 1
Movie ID: 2
User1 与 User2 的余弦相似度： 0.9108865383319075
```

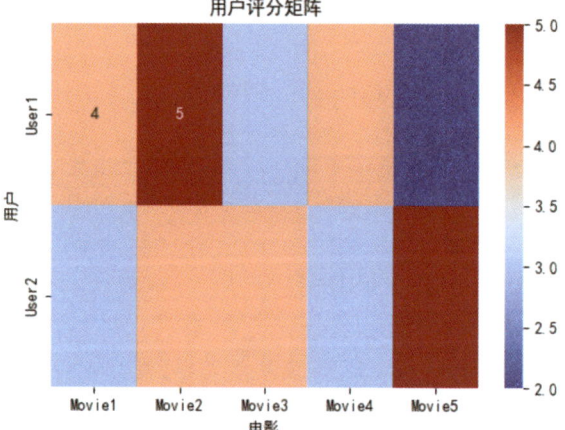

图 12-4 用户评分矩阵及其相似度的可视化图

12.3 基于标签的推荐

基于标签的推荐是一种常见的推荐系统方法，它使用事先定义好的标签或者标签集合来描述物品（如电影、音乐、图书等）的特征，然后根据用户的兴趣和偏好，通过匹配标签来推荐相关的物品。

12.3.1 获取用户的标签

在 Python 程序中,获取用户标签的方法取决于具体的应用场景和数据来源。常见的获取用户标签的方法如图 12-5 所示。

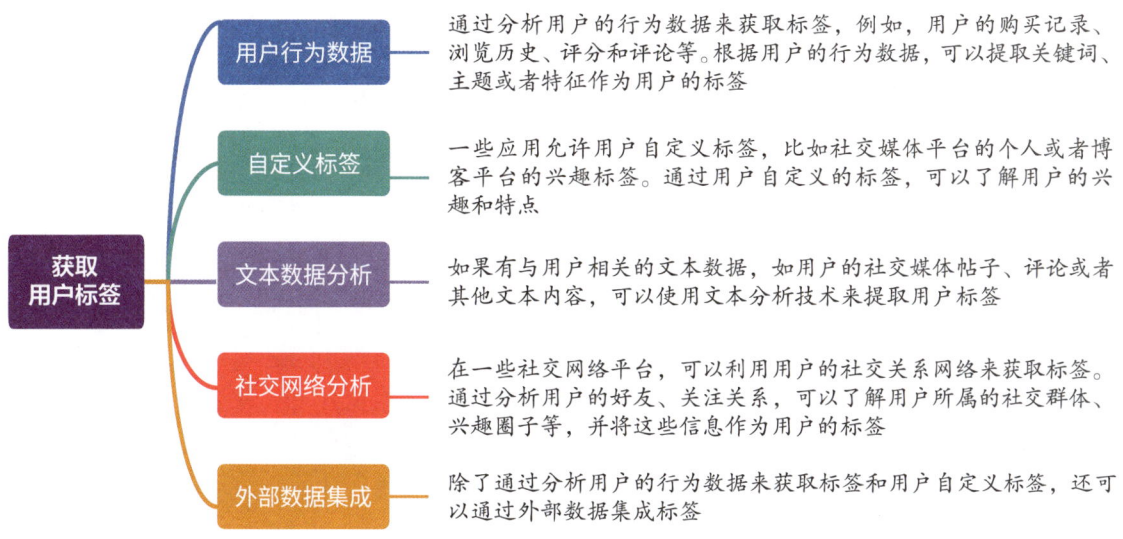

图 12-5 获取用户标签的方法

注意:在获取用户标签时,需要考虑用户隐私和数据安全的问题。确保在获取用户标签时遵守数据隐私和安全规定,并尊重用户的隐私权。

12.3.2 基于用户兴趣标签的推荐算法

基于用户兴趣标签的推荐算法是一种常见的推荐系统算法,它利用用户的标签信息来推荐用户感兴趣的物品。这种算法的实现流程如图 12-6 所示。

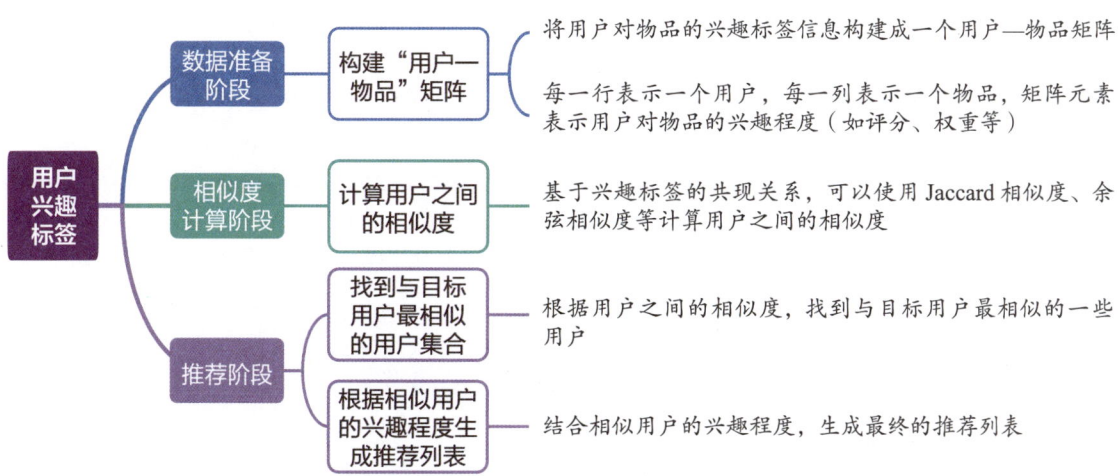

图 12-6 基于用户兴趣标签的推荐算法的实现流程

微积分在基于用户兴趣标签的推荐算法中起着重要作用,主要体现在优化模型和计算相似度方面。通过最小化损失函数(如 MSE),可以优化用户对物品的兴趣预测,使推荐结果更准确。具体而言,

损失函数可以表示为：

$$L(w)=\frac{1}{n}\sum_{i=1}^{n}(y_i-\hat{y}_i)^2$$

通过求导并利用梯度下降法更新参数 w：

$$w \leftarrow w - \eta \nabla L(w)$$

更新参数 w 后可以逐步减小预测误差。此外，在计算用户或物品的相似度时，微积分也用于评估相似度度量，如余弦相似度的计算，进一步提升推荐的准确性和有效性。

实例12-3　基于用户标签的推荐算法（源码路径：codes\12\Yong.py）

本实例通过微积分优化模型参数（如用户间相似度计算）和更新推荐结果（如通过调整权重来最小化预测误差）来提高推荐精度。具体来说，使用相似度度量（如余弦相似度）可以视作对用户行为的微积分分析，以便计算用户偏好的梯度，从而生成更精准的推荐内容。

```python
import numpy as np
import pandas as pd
import matplotlib.pyplot as plt
from sklearn.metrics.pairwise import cosine_similarity

# 数据准备阶段：构建用户-物品矩阵
data = {
    'User1': [5, 3, 0, 0, 2],
    'User2': [4, 0, 0, 2, 3],
    'User3': [0, 2, 5, 3, 0],
    'User4': [1, 0, 0, 5, 4],
}
items = ['Item1', 'Item2', 'Item3', 'Item4', 'Item5']
user_item_matrix = pd.DataFrame(data, index=items)

# 可视化用户-物品矩阵
plt.figure(figsize=(8, 6))
plt.imshow(user_item_matrix, cmap='hot', interpolation='nearest')
plt.colorbar(label='Interest Level')
plt.xticks(ticks=range(len(user_item_matrix.columns)), labels=user_item_
                    matrix.columns)
plt.yticks(ticks=range(len(user_item_matrix.index)), labels=user_item_
                    matrix.index)
plt.title('User-Item Interest Matrix')
plt.show()

# 相似度计算阶段：计算用户之间的余弦相似度
user_similarity = cosine_similarity(user_item_matrix.T)
user_similarity_df = pd.DataFrame(user_similarity, index=user_item_matrix.
                    columns, columns=user_item_matrix.columns)
```

```python
# 推荐阶段：找到与目标用户最相似的用户集合
target_user = 'User1'
similar_users = user_similarity_df[target_user].sort_values(ascending=False)

# 生成推荐列表
recommendations = {}
for user in similar_users.index[1:]:  # 排除自己
    for item in user_item_matrix.index:
        if user_item_matrix.loc[item, user] > 0 and user_item_matrix.loc[item, target_user] == 0:
            if item not in recommendations:
                recommendations[item] = 0
            recommendations[item] += user_item_matrix.loc[item, user] * similar_users[user]

# 按照推荐评分排序
recommended_items = sorted(recommendations.items(), key=lambda x: x[1], reverse=True)
print(f"Top recommendations for {target_user}:")
for item, score in recommended_items[:5]:
    print(f"{item}: {score:.2f}")

# 可视化推荐结果
recommended_items_df = pd.DataFrame(recommended_items, columns=['Item', 'Score'])
recommended_items_df.set_index('Item', inplace=True)

plt.figure(figsize=(10, 5))
recommended_items_df['Score'].plot(kind='bar', color='skyblue')
plt.title(f'Top Recommendations for {target_user}')
plt.ylabel('Recommendation Score')
plt.xticks(rotation=45)
plt.show()
```

对上述代码的具体说明如下所示。

- **数据准备**：构建"用户–物品"兴趣矩阵，展示用户对不同物品的评分。
- **相似度计算**：使用余弦相似度计算用户之间的相似度，并生成相似度矩阵。
- **推荐生成**：找到与目标用户最相似的用户，根据相似用户的评分生成推荐列表。
- **可视化**：展示"用户–物品"兴趣矩阵和推荐结果，帮助用户直观理解推荐效果，如图12-7所示。

运行后会输出：

```
Top recommendations for User1:
Item4: 3.67
Item3: 0.79
```

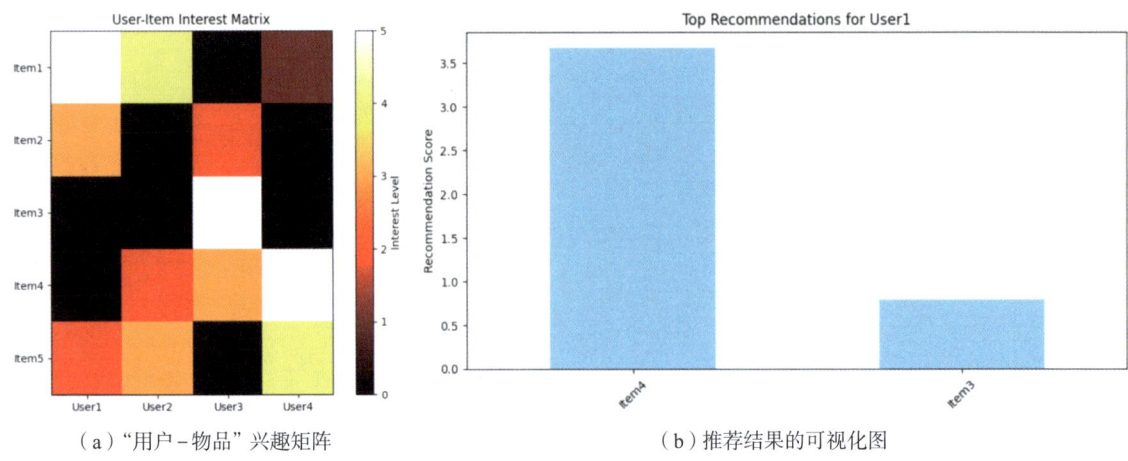

（a）"用户-物品"兴趣矩阵　　　　　　　　（b）推荐结果的可视化图

图12-7　"用户-物品"兴趣矩阵和推荐结果的可视化图

12.3.3　基于物品标签的推荐算法

基于物品标签的推荐算法是一种基于物品的特征标签信息来进行推荐的算法。在这种算法中，每个物品都被关联到一组标签，这些标签描述了物品的属性、特征或内容。通过分析物品之间标签的相似度，可以确定它们之间的相关性，从而进行推荐。

基于物品标签的推荐算法的基本思想是，如果两个物品具有相似的标签，那么它们很可能具有相似的特征或内容，因此喜欢某个物品的用户，也可能对具有相似标签的其他物品感兴趣。在实际应用中，基于物品标签推荐算法的常用方法如图12-8所示。

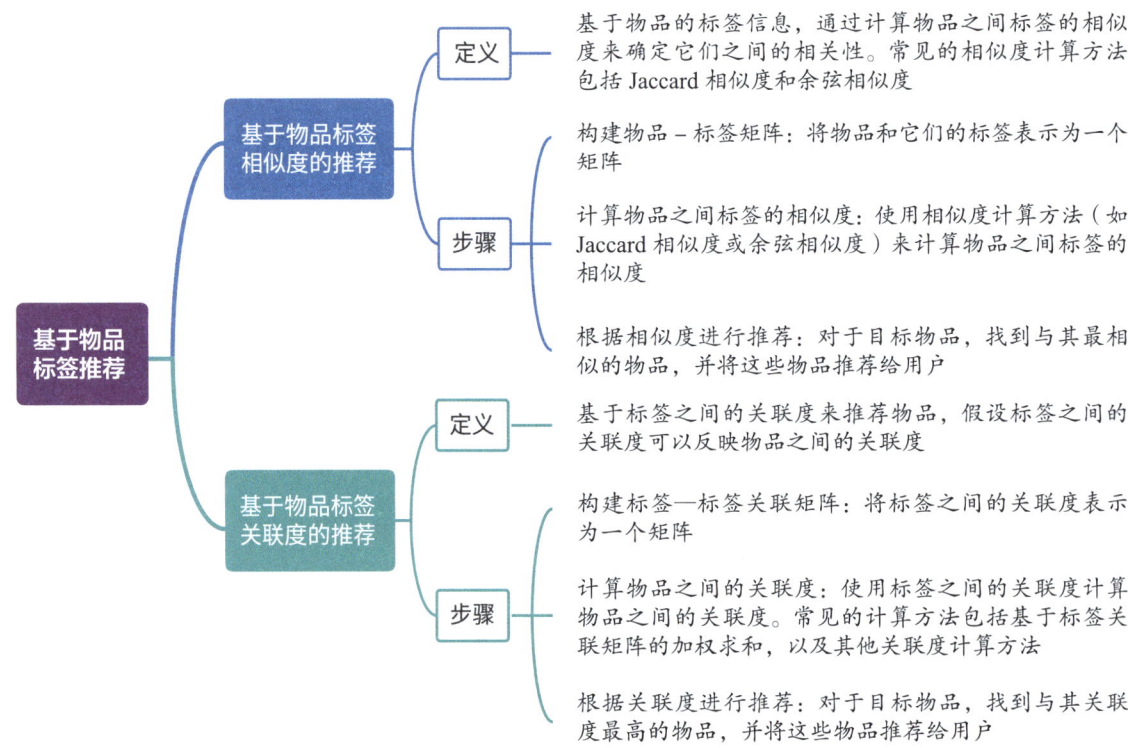

图12-8　基于物品标签推荐算法的常用方法

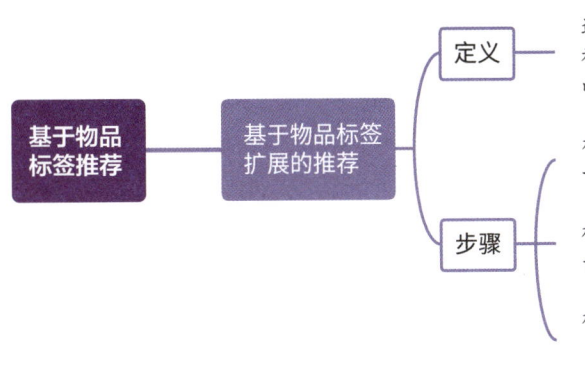

图 12-8 基于物品标签推荐算法的常用方法（续）

我们可以根据不同的应用场景和数据特点选择使用上面列出的推荐算法。它们利用标签信息来提高推荐系统的准确性和个性化程度，帮助用户发现更感兴趣的物品。

微积分在基于物品标签的推荐算法中主要用于优化模型和计算相似度，确保推荐的准确性和有效性。

◆ **相似度计算：** 在物品标签推荐中，常用的相似度计算（如余弦相似度）涉及向量运算，微积分帮助我们理解和计算这些向量的关系。

◆ **优化推荐模型：** 在训练推荐模型时，微积分用于最小化损失函数（如MSE），确保预测的标签或评分尽可能接近真实值。

上述微积分的应用确保了基于物品标签的推荐算法能够准确地识别用户的潜在兴趣和偏好，从而生成更加个性化的推荐结果。

实例12-4 使用物品标签的相似度进行推荐（源码路径：codes\12\Wu.py）

在本实例中，微积分的应用主要体现在以下两方面。

◆ **相似度计算：** 通过余弦相似度公式，涉及向量的内积和范数的计算，这些运算基于微积分中的极限和导数概念。

◆ **模型优化：** 在进一步的推荐系统中，微积分可用于优化模型参数，通过最小化损失函数（如MSE）来提高推荐的准确性。

```python
import numpy as np
import pandas as pd
import matplotlib.pyplot as plt
from sklearn.metrics import pairwise
from sklearn.preprocessing import normalize

# 构建物品 - 标签矩阵
data = {
    'Item1': [1, 0, 1, 1, 0],
    'Item2': [0, 1, 1, 1, 1],
    'Item3': [1, 1, 0, 0, 0],
    'Item4': [0, 0, 1, 1, 1],
    'Item5': [1, 1, 1, 0, 0]
}
```

```python
labels = ['Action', 'Comedy', 'Drama', 'Horror', 'Sci-Fi']
item_label_matrix = pd.DataFrame(data, index=labels).T

# 计算余弦相似度
similarity_matrix = pairwise.cosine_similarity(item_label_matrix)

# 可视化相似度矩阵
plt.figure(figsize=(8, 6))
plt.imshow(similarity_matrix, cmap='hot', interpolation='nearest')
plt.colorbar()
plt.xticks(range(len(data)), data.keys())
plt.yticks(range(len(data)), data.keys())
plt.title('Cosine Similarity Matrix')
plt.show()

# 基于物品标签相似度推荐
def get_recommendations(item_name, similarity_matrix, item_label_matrix,
                       top_n=2):
    item_idx = list(data.keys()).index(item_name)
    similar_indices = np.argsort(similarity_matrix[item_idx])[::-1][1:top_n+1]
    similar_items = [(list(data.keys())[i], similarity_matrix[item_idx][i])
                     for i in similar_indices]
    return similar_items

# 推荐给用户
item_to_recommend = 'Item1'
recommendations = get_recommendations(item_to_recommend, similarity_matrix,
                                      item_label_matrix)

# 打印推荐结果
print(f"Top recommendations for {item_to_recommend}:")
for item, score in recommendations:
    print(f"{item}: {score:.2f}")
```

对上述代码的具体说明如下所示。

◆ **数据准备：** 构建一个物品—标签矩阵，每行表示一个物品，每列表示一个标签，矩阵元素表示物品与标签的关系（1表示存在，0表示不存在）。

◆ **相似度计算：** 使用余弦相似度算法计算物品之间的相似度。

◆ **推荐功能：** 根据输入的物品名称，找出与之最相似的物品，生成推荐列表。

◆ **可视化：** 使用热力图可视化展示余弦相似度矩阵，使用户可以直观地理解物品间的相似关系，如图12-9所示。

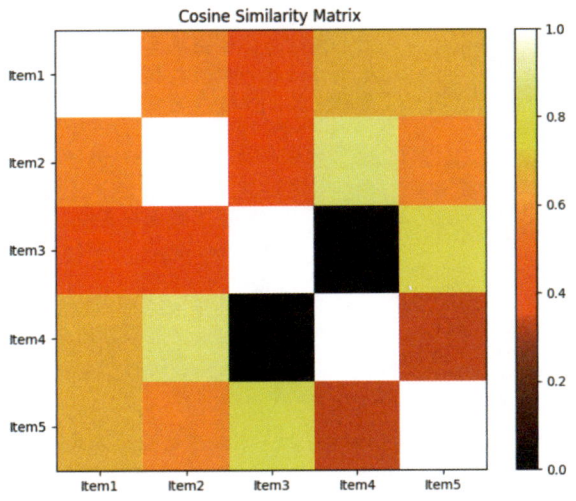

图 12-9 余弦相似度矩阵的可视化图

12.4 基于神经网络的推荐模型

基于神经网络的推荐模型,用于预测用户对物品的偏好或生成个性化的推荐结果。该模型利用神经网络的强大表达能力,学习用户和物品之间的复杂关系,为用户提供更准确和个性化的推荐服务。

12.4.1 深度学习在推荐系统中的应用

深度学习技术在推荐系统中有着广泛的应用,常见的应用方式如图12-10所示。这些方法都利用了深度学习的强大能力,通过更好地建模用户和物品之间的关系、自动学习特征表示、处理复杂的数据结构等,提高了推荐系统的准确性和效果。深度学习技术在推荐系统中的应用持续推动了个性化推荐领域的发展。

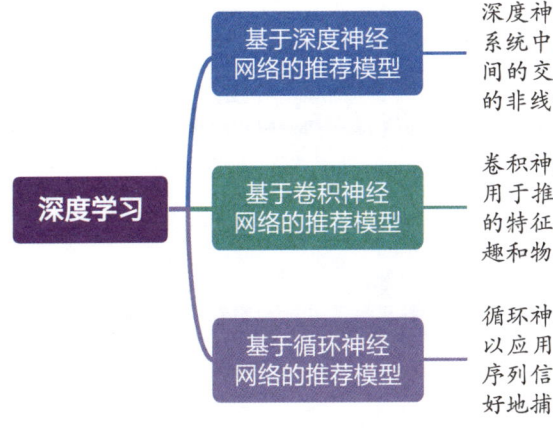

图 12-10 深度学习技术在推荐系统中的应用方式

深度学习
基于自注意力机制的推荐模型
自注意力机制（Self-Attention）可以帮助模型自动关注重要的上下文信息，这在推荐系统中特别有用。Transformer 模型就是基于自注意力机制构建的，它在自然语言处理任务中取得了重要的突破，并被广泛应用于推荐系统中
基于深度强化学习的推荐模型
深度强化学习可以用于推荐系统中的策略优化和探索利用问题。它通过建立一个智能体（Agent）来学习推荐决策，并通过强化学习算法不断优化策略，使推荐系统能够在长期收益最大化的目标下进行推荐
深度学习与传统模型的结合
可以将深度学习与传统推荐模型相结合，形成混合模型。这种方法能够充分利用深度学习的能力，同时结合传统模型的优点。例如，利用深度模型进行特征学习，然后将学习到的特征输入传统模型中进行推荐

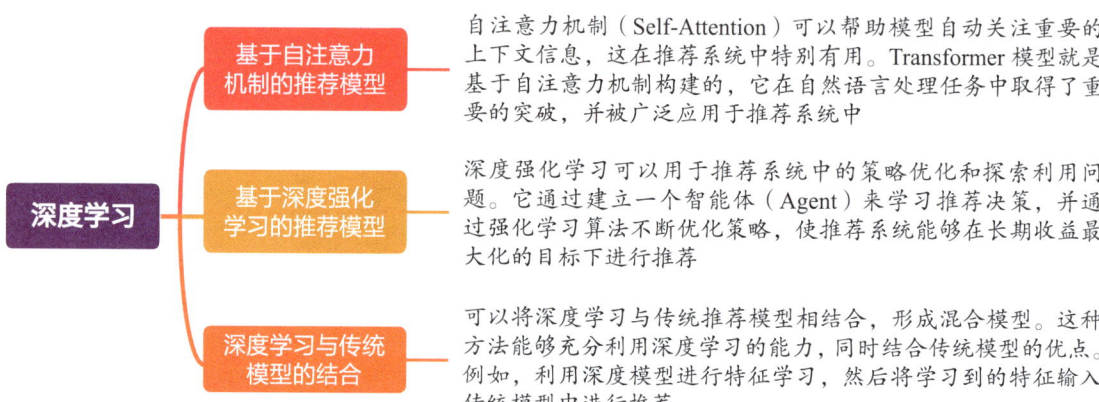

图 12-10　深度学习技术在推荐系统中的应用方式（续）

12.4.2 基于多层感知器的推荐模型

基于多层感知器（Multilayer Perceptron，MLP）的推荐模型是一种常见的深度学习推荐模型。MLP 是一种前馈神经网络，由多个全连接层组成，每层都由多个神经元组成。在推荐系统中，MLP 可以用于建模用户和物品之间的关系，从而进行个性化的推荐。基于 MLP 的推荐模型的实现流程如图 12-11 所示。

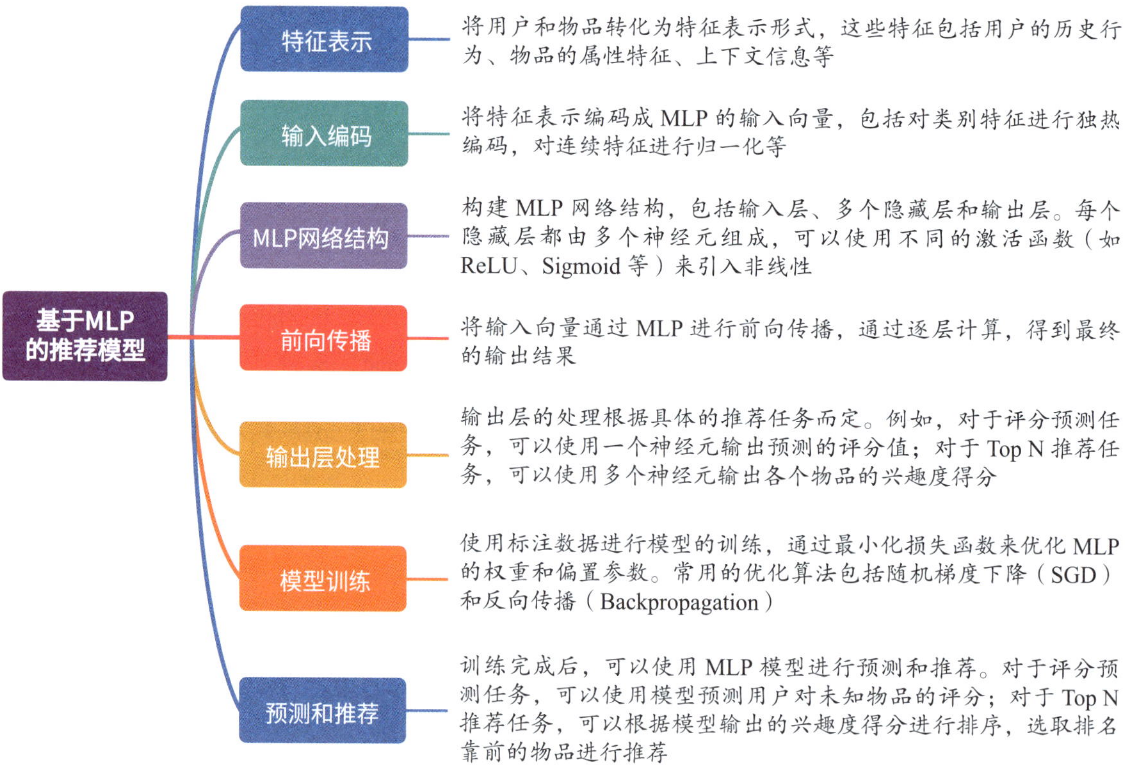

基于MLP的推荐模型
特征表示
将用户和物品转化为特征表示形式，这些特征包括用户的历史行为、物品的属性特征、上下文信息等
输入编码
将特征表示编码成 MLP 的输入向量，包括对类别特征进行独热编码，对连续特征进行归一化等
MLP网络结构
构建 MLP 网络结构，包括输入层、多个隐藏层和输出层。每个隐藏层都由多个神经元组成，可以使用不同的激活函数（如 ReLU、Sigmoid 等）来引入非线性
前向传播
将输入向量通过 MLP 进行前向传播，通过逐层计算，得到最终的输出结果
输出层处理
输出层的处理根据具体的推荐任务而定。例如，对于评分预测任务，可以使用一个神经元输出预测的评分值；对于 Top N 推荐任务，可以使用多个神经元输出各个物品的兴趣度得分
模型训练
使用标注数据进行模型的训练，通过最小化损失函数来优化 MLP 的权重和偏置参数。常用的优化算法包括随机梯度下降（SGD）和反向传播（Backpropagation）
预测和推荐
训练完成后，可以使用 MLP 模型进行预测和推荐。对于评分预测任务，可以使用模型预测用户对未知物品的评分；对于 Top N 推荐任务，可以根据模型输出的兴趣度得分进行排序，选取排名靠前的物品进行推荐

图 12-11　基于 MLP 的推荐模型的实现流程

微积分在基于 MLP 的推荐模型中起着关键作用，主要体现在以下几个方面。

(1)损失函数优化

在训练MLP模型时,目标是最小化损失函数(如MSE)。损失函数可以表示为:

$$L(w) = \frac{1}{n}\sum_{i=1}^{n}(y_i - \hat{y}_i)^2$$

(2)激活函数的导数

在前向传播过程中,MLP的每一层使用激活函数(如ReLU或Sigmoid)来引入非线性。在反向传播中,计算梯度时需要使用激活函数的导数。例如,Sigmoid函数的导数为:

$$\sigma'(x) = \sigma(x)(1 - \sigma(x))$$

这对于更新神经元的权重至关重要。

(3)参数调整

微积分帮助我们理解如何调整模型参数,以便更好地拟合用户与物品之间的复杂关系,通过优化学习到的表示来提升推荐效果。

上述微积分知识确保了MLP模型能够有效学习和捕捉用户偏好,从而生成精准的推荐结果。通过优化算法的使用,MLP能够在大量数据中识别出潜在的模式和特征,进而提升推荐的个性化和准确性。

实例12-5 使用MLP模型的推荐系统(源码路径:codes\12\Duo.py)

本实例通过微积分计算损失函数(MSE)在训练过程中优化模型参数。使用梯度下降法(涉及微分)来最小化损失,从而提高预测的准确性。

```python
import numpy as np
import pandas as pd
import matplotlib.pyplot as plt
from sklearn.model_selection import train_test_split
from sklearn.neural_network import MLPRegressor
from sklearn.metrics import mean_squared_error
from sklearn.preprocessing import StandardScaler

# 构建用户-物品评分矩阵
data = {
    'User1': [5, 3, 0, 1],
    'User2': [4, 0, 0, 1],
    'User3': [1, 1, 0, 5],
    'User4': [0, 0, 5, 4],
    'User5': [1, 0, 4, 0]
}
items = ['Item1', 'Item2', 'Item3', 'Item4']
ratings = pd.DataFrame(data, index=items).T

# 数据预处理
X = ratings.fillna(0).values
y = ratings.values.flatten()
```

```python
# 确保X和y的维度一致
X = np.repeat(X, X.shape[1], axis=0)[:len(y)]

# 标准化数据
scaler = StandardScaler()
X_scaled = scaler.fit_transform(X)

# 拆分训练集和测试集
X_train, X_test, y_train, y_test = train_test_split(X_scaled, y,
                                    test_size=0.2, random_state=42)

# 创建MLP模型
mlp = MLPRegressor(hidden_layer_sizes=(10,), max_iter=1000,
                   learning_rate_init=0.01, random_state=42)

# 训练模型并记录损失
losses = []
for _ in range(mlp.max_iter):
    mlp.fit(X_train, y_train)
    y_pred = mlp.predict(X_train)
    loss = mean_squared_error(y_train, y_pred)
    losses.append(loss)

# 评估模型
y_test_pred = mlp.predict(X_test)
mse = mean_squared_error(y_test, y_test_pred)

# 可视化损失变化
plt.figure(figsize=(10, 5))
plt.plot(losses, label='Training Loss', color='blue')
plt.title('Loss During Training')
plt.xlabel('Iterations')
plt.ylabel('Mean Squared Error')
plt.legend()
plt.grid()
plt.show()

# 打印评估结果
print(f'Mean Squared Error on Test Set: {mse:.4f}')
```

对上述代码的具体说明如下所示。

- **数据构建**：构建一个"用户-物品"评分矩阵，模拟用户对不同物品的评分。
- **数据预处理**：填补缺失值并生成输入特征和目标值。
- **拆分数据集**：将数据拆分为训练集和测试集。

- **构建MLP模型：** 使用 MLPRegressor 构建一个多层感知器模型。
- **训练模型：** 训练模型并记录每次迭代的损失（MSE）。
- **评估模型：** 在测试集上预测评分并计算MSE。
- **可视化：** 绘制训练过程中损失的变化曲线，展示微积分在优化过程中的作用。

12.4.3 基于卷积神经网络的推荐模型

CNN在推荐系统中的应用通常涉及图像、文本或序列数据的处理。对于用户和物品特征的表示来说，常见的CNN推荐方法如图12-12所示。

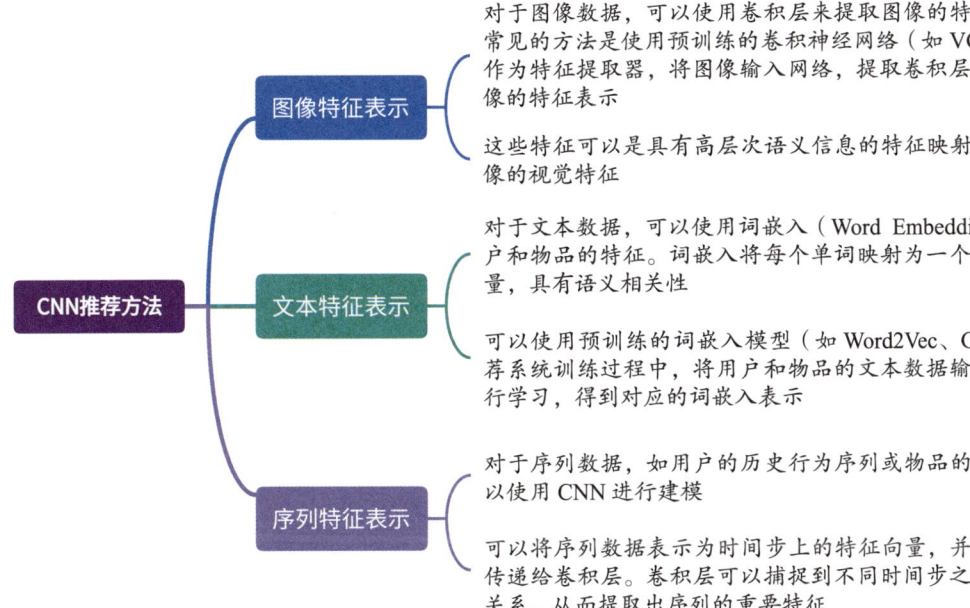

图12-12 常见的CNN推荐方法

以上列出的是表示用户和物品特征在CNN的常用方法，在具体项目中，大家可以根据具体的数据和任务需求，还可以根据需要进行特征的处理、组合和扩展，以提高模型的表达能力和推荐效果。

实例12-6 基于CNN的推荐系统（源码路径：codes\12\Juan.py）

在本实例中，微积分的作用主要体现在梯度计算和损失优化的过程中。在训练模型时，通过使用反向传播算法，微积分帮助我们计算损失函数相对于模型参数的梯度。这些梯度表示模型在参数空间中的变化趋势，指示我们如何调整参数以减小预测误差。具体来说，使用 tf.GradientTape 计算损失函数的导数，进而更新权重，使模型更好地拟合训练数据，从而实现有效的学习和预测。

```python
import numpy as np
import matplotlib.pyplot as plt
import tensorflow as tf
from tensorflow.keras.models import Sequential
from tensorflow.keras.layers import Conv2D, MaxPooling2D, Flatten, Dense
from tensorflow.keras import backend as K
```

```python
class CNNRecommendationModel:
    def __init__(self):
        self.model = Sequential()
        self.model.add(Conv2D(16, kernel_size=(3, 3), activation='relu',
                              input_shape=(32, 32, 3)))
        self.model.add(MaxPooling2D(pool_size=(2, 2)))
        self.model.add(Conv2D(32, kernel_size=(3, 3), activation='relu'))
        self.model.add(MaxPooling2D(pool_size=(2, 2)))
        self.model.add(Flatten())
        self.model.add(Dense(64, activation='relu'))
        self.model.add(Dense(10, activation='softmax'))

    def train(self, X, y):
        self.model.compile(optimizer='adam', loss='categorical_
                           crossentropy', metrics=['accuracy'])
        self.losses = []

        # 记录损失和梯度
        for epoch in range(10):
            history = self.model.fit(X, y, epochs=1, batch_size=32, verbose=0)
            self.losses.append(history.history['loss'][0])
            self.calculate_gradients(X, y)

    def predict(self, X):
        return self.model.predict(X)

    def calculate_gradients(self, X, y):
        with tf.GradientTape() as tape:
            predictions = self.model(X)
            loss = K.categorical_crossentropy(y, predictions)
        gradients = tape.gradient(loss, self.model.trainable_variables)
        # 记录梯度的均值
        self.mean_gradients = [tf.reduce_mean(grad) for grad in gradients]

    def visualize_prediction(self, X, y, index):
        prediction = self.predict(np.expand_dims(X[index], axis=0))[0]
        predicted_label = np.argmax(prediction)

        plt.imshow(X[index])
        plt.axis('off')
        plt.title(f"Predicted Label: {predicted_label}, True Label: {np.
                  argmax(y[index])}")
        plt.show()

    def visualize_loss(self):
        plt.figure(figsize=(10, 5))
```

```python
            plt.plot(self.losses, label='Training Loss', color='blue')
            plt.title('Loss During Training')
            plt.xlabel('Epochs')
            plt.ylabel('Loss')
            plt.legend()
            plt.grid()
            plt.show()

        def visualize_gradients(self):
            plt.figure(figsize=(10, 5))
            plt.bar(range(len(self.mean_gradients)), [K.eval(grad) for grad in
                    self.mean_gradients])
            plt.title('Mean Gradients of Model Weights')
            plt.xlabel('Weight Index')
            plt.ylabel('Mean Gradient Value')
            plt.show()

# 自定义数据集
X = np.random.rand(1000, 32, 32, 3)
y = np.random.randint(0, 10, size=(1000,))

# 将标签进行 one-hot 编码
y_one_hot = np.zeros((len(y), 10))
y_one_hot[np.arange(len(y)), y] = 1

# 创建并训练推荐模型
model = CNNRecommendationModel()
model.train(X, y_one_hot)

# 可视化损失变化
model.visualize_loss()

# 可视化梯度
model.visualize_gradients()

# 进行预测并可视化结果
index = 0  # 选择一个样本进行预测和可视化
model.visualize_prediction(X, y_one_hot, index)
```

对上述代码的具体说明如下所示。

◆ **数据准备**：生成一个自定义数据集，包含随机生成的图像数据（X）和对应的标签（y）。将标签进行 one-hot 编码，以适应模型的输出格式。

◆ **模型构建**：创建一个 CNN 类 CNNRecommendationModel，包含多个卷积层、池化层、展平层和全连接层。

◆ **模型编译与训练**：在 train 方法中编译模型，设置优化器（如 Adam）和损失函数（如 categorical crossentropy）。使用 fit 方法训练模型，通过输入特征 X 和目标标签 y 来优化模型参数。

◆ **预测与可视化：** 在 predict 方法中，使用训练好的模型对输入数据进行预测。在 visualize_prediction 方法中，选择一个样本进行预测，并通过 Matplotlib 显示可视化图像及其预测结果和真实标签。如图 12-13 所示，可以看到训练过程中的损失变化及模型各个权重的梯度分布，从而直观展示微积分在模型训练中的作用。

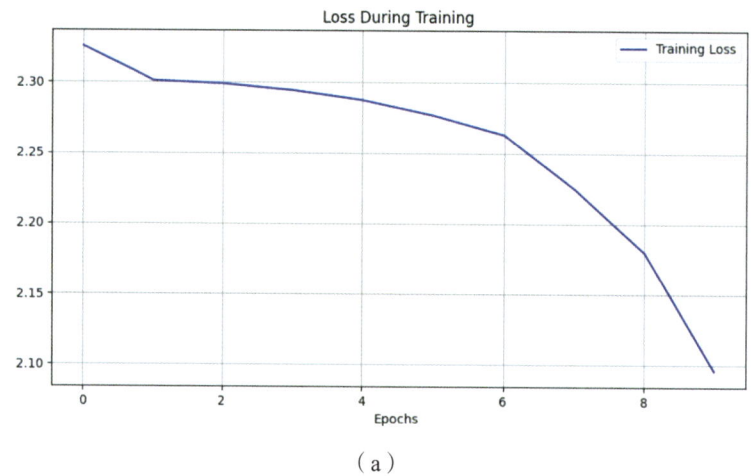

(a)

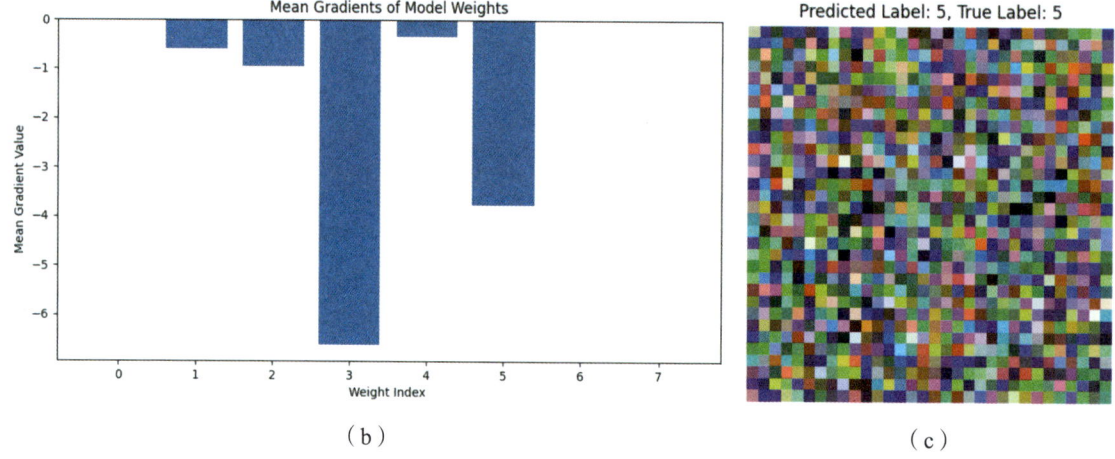

(b)　　　　　　　　　　　　　　　(c)

图 12-13　可视化图像及其预测结果和真实标签

◆ **执行与展示：** 创建模型实例并调用训练方法，进行预测并可视化结果，展示模型的预测能力。

12.4.4　基于循环神经网络的推荐模型

基于 RNN 的推荐模型适用于序列数据的建模，其中推荐是基于用户的历史行为或物品的历史信息。RNN 模型能够捕捉序列数据中的时序关系，因此对于推荐系统来说，可以使用 RNN 来利用用户的历史行为序列或物品的历史信息序列进行推荐。

在推荐系统中，可以将序列数据分为两类，如图 12-14 所示。

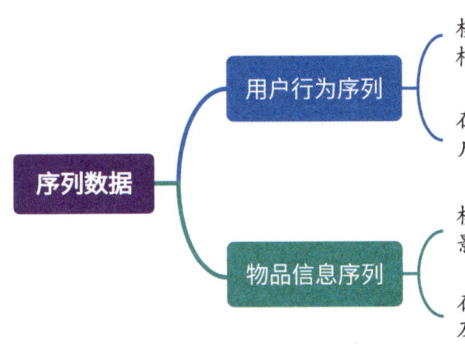

图12-14 序列数据的分类

在建模序列数据时,可以使用不同类型的RNN单元,如简单RNN、长短时记忆(LSTM)和门控循环单元(Gated Recurrent Unit,GRU)。这些RNN单元都能够处理序列数据,并具有记忆能力,可以捕捉长期依赖关系。

实例12-7 基于给定文本语料库生成新文本(源码路径:codes\12\Xun.py)

本实例构建了一个字符级RNN模型,用于训练一个基于莎士比亚作品的语料库生成新的莎士比亚风格的文本。首先,代码构建了字符映射,并将文本数据转化为训练样本。其次,模型经过多个周期的训练,优化损失函数,并通过可视化展示训练过程中的损失变化。最后,生成基于初始文本的延续内容。

```python
import torch
import torch.nn as nn
import matplotlib.pyplot as plt

# (1) 定义文本语料库
corpus = """
From fairest creatures we desire increase,
That thereby beauty's rose might never die,
But as the riper should by time decease,
His tender heir might bear his memory:
But thou contracted to thine own bright eyes,
Feed'st thy light's flame with self-substantial fuel,
Making a famine where abundance lies,
Thy self thy foe, to thy sweet self too cruel:
"""

# (2) 创建字符级语料库
chars = list(set(corpus))
char_to_idx = {ch: i for i, ch in enumerate(chars)}
idx_to_char = {i: ch for i, ch in enumerate(chars)}
num_chars = len(chars)

# (3) 将文本拆分为训练样本
```

```python
seq_length = 100
dataX = []
dataY = []
for i in range(0, len(corpus) - seq_length, 1):
    seq_in = corpus[i:i + seq_length]
    seq_out = corpus[i + seq_length]
    dataX.append([char_to_idx[ch] for ch in seq_in])
    dataY.append(char_to_idx[seq_out])

# (4) 将训练数据转换为Tensor，并移动到GPU
device = torch.device("cuda" if torch.cuda.is_available() else "cpu")
dataX = torch.tensor(dataX, dtype=torch.long).to(device)
dataY = torch.tensor(dataY, dtype=torch.long).to(device)

# (5) 定义循环神经网络模型
class RNNModel(nn.Module):
    def __init__(self, input_size, hidden_size, output_size):
        super(RNNModel, self).__init__()
        self.hidden_size = hidden_size
        self.embedding = nn.Embedding(input_size, hidden_size)
        self.lstm = nn.LSTM(hidden_size, hidden_size, batch_first=True)
        self.fc = nn.Linear(hidden_size, output_size)

    def forward(self, x, hidden):
        embedded = self.embedding(x)
        output, hidden = self.lstm(embedded, hidden)
        output = self.fc(output[:, -1, :])
        return output, hidden

    def init_hidden(self, batch_size):
        return (torch.zeros(1, batch_size, self.hidden_size, device=device),
                torch.zeros(1, batch_size, self.hidden_size, device=device))

# (6) 定义超参数
input_size = num_chars
hidden_size = 128
output_size = num_chars
num_epochs = 50
batch_size = 1

# (7) 创建数据加载器
dataset = torch.utils.data.TensorDataset(dataX, dataY)
data_loader = torch.utils.data.DataLoader(dataset, batch_size=batch_size,
                                          shuffle=True)

# (8) 实例化模型并移动到GPU
```

```python
model = RNNModel(input_size, hidden_size, output_size).to(device)

# (9) 定义损失函数和优化器
criterion = nn.CrossEntropyLoss()
optimizer = torch.optim.Adam(model.parameters(), lr=0.01)

# (10) 定义学习率调度器
scheduler = torch.optim.lr_scheduler.ReduceLROnPlateau(optimizer, 'min',
            patience=5, factor=0.5)

# 记录损失
losses = []

# (11) 训练模型
for epoch in range(num_epochs):
    model.train()
    hidden = model.init_hidden(batch_size)

    epoch_loss = 0

    for inputs, targets in data_loader:
        optimizer.zero_grad()
        hidden = tuple(h.detach() for h in hidden)
        outputs, hidden = model(inputs.to(device), hidden)
        loss = criterion(outputs.view(-1, output_size), targets.view(-1).
                         to(device))
        loss.backward()
        optimizer.step()

        epoch_loss += loss.item()

    avg_loss = epoch_loss / len(data_loader)
    losses.append(avg_loss)

    # 调整学习率
    scheduler.step(avg_loss)

    if (epoch + 1) % 10 == 0:
        print(f"Epoch {epoch + 1}/{num_epochs}, Loss: {avg_loss}")

# (12) 可视化损失
plt.plot(losses)
plt.title('Training Loss')
plt.xlabel('Epochs')
plt.ylabel('Loss')
plt.show()
```

```python
# (13) 生成新文本
model.eval()
hidden = model.init_hidden(1)
start_seq = "From fairest creatures we desire increase,"
generated_text = start_seq

with torch.no_grad():
    input_seq = torch.tensor([char_to_idx[ch] for ch in start_seq], dtype=torch.long).view(1, -1).to(device)
    while len(generated_text) < 500:
        output, hidden = model(input_seq, hidden)
        _, predicted_idx = torch.max(output, 1)
        predicted_ch = idx_to_char[predicted_idx.item()]
        generated_text += predicted_ch
        input_seq = torch.tensor([predicted_idx.item()], dtype=torch.long).view(1, -1).to(device)

print("Generated Text:")
print(generated_text)
```

在上述代码中，微积分的作用主要体现在模型的优化和训练过程中，具体说明如下所示。

◆ **优化损失函数**：微积分用于计算损失函数的梯度，这些梯度指示了模型参数的更新方向。通过反向传播算法，微积分帮助模型逐步减小预测误差，从而提高性能。

◆ **调整学习率**：微积分的概念可以用于动态调整学习率，以便更有效地收敛到最优解，如使用自适应学习率方法（如Adam优化器）。

◆ **模型评估与可视化**：微积分可以用于分析模型的学习曲线，通过损失函数的变化趋势来评估模型的学习效果，帮助开发者调整模型架构和训练策略，如图12-15所示。

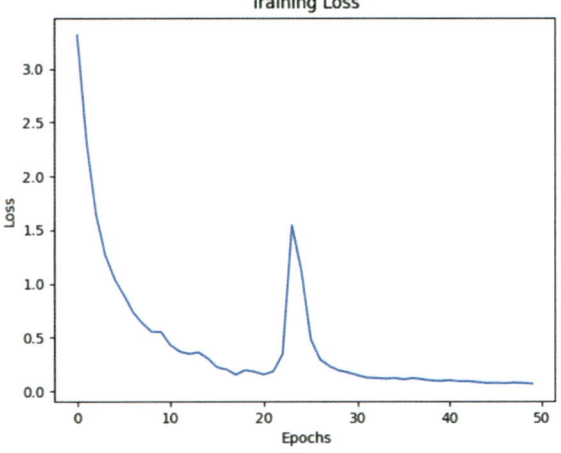

图12-15 调整的变化趋势可视化图

执行后会输出最终结果。

```
Epoch 10/50, Loss: 0.5518253166722032
Epoch 20/50, Loss: 0.1765711516690507
Epoch 30/50, Loss: 0.16932843611066686
Epoch 40/50, Loss: 0.09075850842090342
Epoch 50/50, Loss: 0.06434522305913844
Generated Text:
From fairest creatures we desire increase,
His tender heir might eyes,
```

```
Feed'st thy light's flame with self thy foe, to thy sweet self thy foe, to
thy sweet self thy foe, to thy sweet self thy foe, to thy sweet self thy
foe, to thy sweet self thy foe, to thy sweet self thy foe, to thy sweet
self thy foe, to thy sweet self thy foe, to thy sweet self thy foe, to thy
sweet self thy foe, to thy sweet self thy foe, to thy sweet self thy foe,
to thy sweet self thy foe, to thy sweet self thy foe, to thy
```

上面的输出显示了模型的训练进程和生成的新文本。在训练过程中，损失逐渐降低，表明模型在学习并提升了预测能力。最终生成的文本展现了莎士比亚风格的写作，尽管有些重复，但仍然保持了一定的文学风格。

12.4.5 基于自注意力机制的推荐模型

自注意力机制的基本思想是将输入序列中的每个元素作为查询（Query）、键（Key）和值（Value）进行表示，然后通过计算查询与键之间的相似度得到关联权重，再使用这些权重来加权求和对应的值，从而生成新的表示。这样，每个元素都可以通过与其他元素的相互关系来更新自己的表示。

自注意力机制的核心思想是通过计算输入序列中元素之间的相似度，生成新的表示。假设我们有输入序列 $X = [x_1, x_2, \ldots, x_n]$，每个元素 x_i 可以被表示为查询、键和值，如下所示。

- ◆ **查询**：$Q = XW_Q$
- ◆ **键**：$K = XW_K$
- ◆ **值**：$V = XW_V$

其中，W_Q、W_K 和 W_V 是可学习的参数矩阵。

在训练过程中，推荐模型的目标是最小化损失函数，如均方误差或交叉熵损失。损失函数通常是关于模型参数的函数，微积分用于求导和优化。

（1）损失函数的定义

设 y 为真实标签，$\hat{y}$ 为模型预测值，则损失函数可以定义为：

$$L(w) = \frac{1}{n} \sum_{i=1}^{n} (y_i - \hat{y}_i)^2$$

（2）求导与优化

为了优化损失函数，我们需要计算损失关于模型参数的梯度：

$$\frac{\partial L}{\partial w} = \frac{1}{n} \sum_{i=1}^{n} -2(y_i - \hat{y}_i) \frac{\partial \hat{y}_i}{\partial w}$$

在这里，$\frac{\partial \hat{y}_i}{\partial w}$ 可以通过链式法则递归计算得到，涉及自注意力机制中的权重计算和特征更新过程。

（3）参数更新

使用梯度下降法更新模型参数：

$$W \leftarrow W - \eta \frac{\partial L}{\partial w}$$

其中，η 是学习率。

微积分在基于自注意力机制的推荐模型中起到至关重要的作用，通过优化损失函数来提升模型的推荐准确性。这一过程涉及对损失函数的求导和利用自注意力机制生成的新表示，从而实现个性化推荐。

实例12-8 基于自注意力机制的推荐系统（源码路径：codes\12\Zhu.py）

在本实例中，微积分的作用主要体现在优化和学习算法上，通过计算导数来寻找函数的最小值或最大值。在机器学习中，微积分帮助我们确定模型的损失函数，从而指导模型参数的更新，如在梯度下降法中使用导数来调整参数，以提高预测的准确性。此外，微积分在神经网络中也用于反向传播，优化模型的训练过程。

```python
import tensorflow as tf
import numpy as np
import matplotlib.pyplot as plt

class ProductDataset:
    def __init__(self, num_users, num_items):
        self.num_users = num_users
        self.num_items = num_items

    def generate_data(self, num_samples):
        user_ids = np.random.randint(0, self.num_users, size=(num_samples,))
        item_ids = np.random.randint(0, self.num_items, size=(num_samples,))
        return user_ids, item_ids

class AttentionBasedRecommendationModel(tf.keras.Model):
    def __init__(self, num_users, num_items, embedding_dim):
        super(AttentionBasedRecommendationModel, self).__init__()
        self.user_embedding = tf.keras.layers.Embedding(num_users, embedding_dim)
        self.item_embedding = tf.keras.layers.Embedding(num_items, embedding_dim)
        self.query = tf.keras.layers.Dense(embedding_dim)
        self.key = tf.keras.layers.Dense(embedding_dim)
        self.value = tf.keras.layers.Dense(embedding_dim)
        self.softmax = tf.keras.layers.Softmax(axis=-1)

    def call(self, user_ids, item_ids):
        user_embed = self.user_embedding(user_ids)
        item_embed = self.item_embedding(item_ids)

        q = self.query(user_embed)
        k = self.key(item_embed)
        v = self.value(item_embed)

        attention_weights = self.softmax(tf.matmul(q, k, transpose_b=True))
        weighted_sum = tf.matmul(attention_weights, v)

        return weighted_sum
```

```python
# 定义超参数和数据集大小
num_users = 100
num_items = 100
embedding_dim = 64
num_samples = 1000
num_epochs = 20
batch_size = 32

# 构建数据集
dataset = ProductDataset(num_users, num_items)
user_ids, item_ids = dataset.generate_data(num_samples)

# 划分训练集和测试集
train_size = int(0.8 * num_samples)
train_user_ids, train_item_ids = user_ids[:train_size], item_ids[:train_size]
test_user_ids, test_item_ids = user_ids[train_size:], item_ids[train_size:]

# 构建模型
model = AttentionBasedRecommendationModel(num_users, num_items, embedding_dim)

# 定义损失函数和优化器
loss_fn = tf.keras.losses.MeanSquaredError()
optimizer = tf.keras.optimizers.Adam()

# 定义训练函数
@tf.function
def train_step(user_ids, item_ids):
    with tf.GradientTape() as tape:
        outputs = model(user_ids, item_ids)
        item_ids = tf.expand_dims(item_ids, axis=1)   # 添加维度以匹配outputs
        loss = loss_fn(item_ids, outputs)
    gradients = tape.gradient(loss, model.trainable_variables)
    optimizer.apply_gradients(zip(gradients, model.trainable_variables))
    return loss

# 训练模型
train_losses = []
for epoch in range(num_epochs):
    epoch_loss = 0.0
    num_batches = train_size // batch_size
    for batch_idx in range(num_batches):
        start_idx = batch_idx * batch_size
        end_idx = (batch_idx + 1) * batch_size
        user_batch = train_user_ids[start_idx:end_idx]
```

```python
            item_batch = train_item_ids[start_idx:end_idx]

            loss = train_step(user_batch, item_batch)
            epoch_loss += loss

    epoch_loss /= num_batches
    train_losses.append(epoch_loss)
    print(f"Epoch {epoch+1}/{num_epochs}, Loss: {epoch_loss.numpy()}")

# 可视化训练损失
plt.plot(range(1, num_epochs + 1), train_losses)
plt.xlabel('Epoch')
plt.ylabel('Loss')
plt.title('Training Loss')
plt.grid()
plt.show()

# 模型预测
test_outputs = model(test_user_ids, test_item_ids)

# 选择每个样本的第一个输出,确保形状一致
test_outputs_flat = test_outputs[:, 0]   # 选择第一个输出

# 确保输出的形状
print(f'Test Item IDs shape: {test_item_ids.shape}')
print(f'Test Outputs shape: {test_outputs_flat.shape}')

# 可视化预测结果
fig, ax = plt.subplots()
ax.scatter(test_item_ids, test_outputs_flat.numpy(), alpha=0.5)  # 现在形状一致
ax.plot(test_item_ids, test_item_ids, color='r')    # 理想的预测线
ax.set_xlabel('True Item IDs')
ax.set_ylabel('Predicted Item IDs')
ax.set_title('Item ID Prediction')
plt.grid()
plt.show()
```

对上述代码的具体说明如下所示。

- **数据准备**:加载并预处理数据,包括标准化和划分训练集与测试集。
- **模型构建**:定义神经网络的结构,选择合适的激活函数和损失函数。
- **训练模型**:使用训练数据对模型进行训练,通过多次迭代优化参数,计算损失值并进行反向传播。
- **评估性能**:在测试集上评估模型的性能,观察损失值和准确率等指标。
- **结果可视化**:将预测结果与实际值进行可视化对比,帮助分析模型的表现,如图12-16所示。

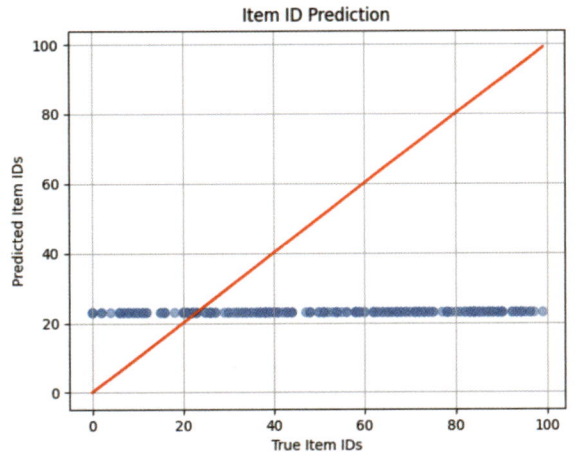

图 12-16　预测结果与实际值的可视化对比图

12.5　课后练习

1. 基于微积分的推荐系统优化

构建一个基于协同过滤的推荐系统，并使用梯度下降法优化推荐算法中的权重。要求：

- 使用一个合成用户-物品评分数据集。
- 定义协同过滤的损失函数，并通过反向传播算法计算梯度、优化权重。
- 可视化训练过程中损失函数的变化。
- 计算每个用户对物品的推荐分数，并展示优化前后推荐结果的变化。

2. 基于微积分的深度学习推荐系统

实现一个基于 MLP 的推荐系统，并通过反向传播算法进行训练。要求：

- 使用一个包含用户行为数据（如电影评分数据集）的合成数据集。
- 定义神经网络模型，通过反向传播计算梯度并优化权重。
- 探索不同的超参数（如学习率、批次大小）对模型训练过程的影响。
- 可视化训练过程中损失值变化，并分析梯度更新对推荐效果的影响。

第13章 强化学习和微积分

强化学习是一种机器学习方法,通过与环境交互学习最佳策略,以最大化累积奖励。微积分在强化学习中起关键作用,尤其是在计算策略梯度和价值函数时,能够帮助我们优化模型的性能,提高收敛速度。将强化学习与微积分结合,能够帮助我们深入探究如何借助微积分优化决策流程,进而让强化学习实现更高效的学习效果。

13.1 强化学习基础

强化学习（Reinforcement Learning，RL）是一种机器学习方法，其主要任务是让智能体（Agent）通过与环境的互动学习，以最大化某种累积奖励信号或目标函数的值。在强化学习中，智能体通过不断采取行动来探索环境，观察环境对其行动的反馈，并根据这些反馈来调整其行为策略，以使其在特定任务中表现得更好。这种学习方式与监督学习不同，因为在强化学习中，智能体必须在没有明确标签或指导的情况下从试错中学习。

13.1.1 强化学习的核心特点

强化学习的核心特点如图 13-1 所示。

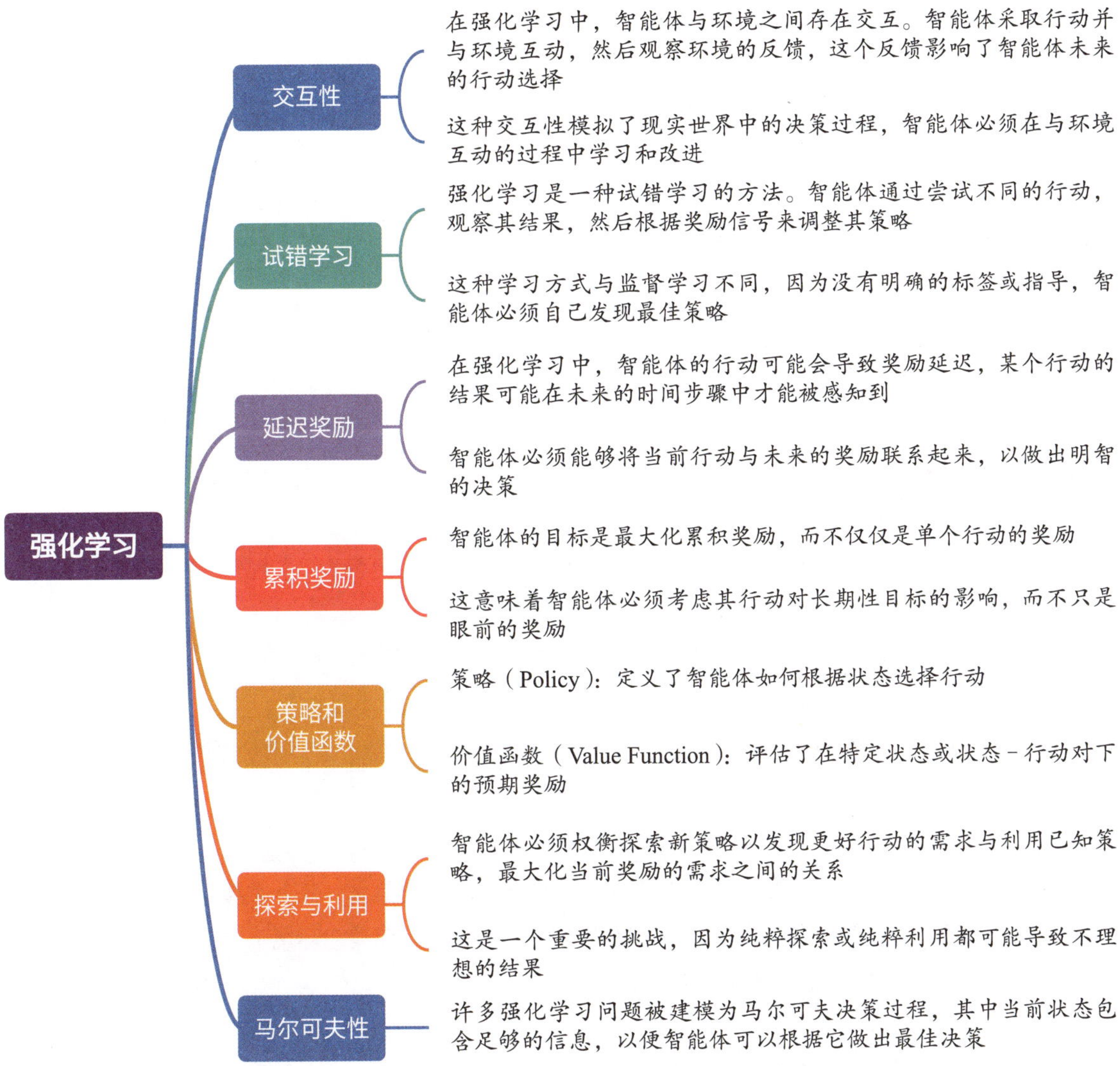

```
                    ┌─ 在强化学习中，智能体与环境之间存在交互。智能体采取行动并
              交互性 ┤   与环境互动，然后观察环境的反馈，这个反馈影响了智能体未来
                    │   的行动选择
                    └─ 这种交互性模拟了现实世界中的决策过程，智能体必须在与环境
                        互动的过程中学习和改进

                    ┌─ 强化学习是一种试错学习的方法。智能体通过尝试不同的行动，
              试错学习┤   观察其结果，然后根据奖励信号来调整其策略
                    └─ 这种学习方式与监督学习不同，因为没有明确的标签或指导，智
                        能体必须自己发现最佳策略

                    ┌─ 在强化学习中，智能体的行动可能会导致奖励延迟，某个行动的
              延迟奖励┤   结果可能在未来的时间步骤中才能被感知到
                    └─ 智能体必须能够将当前行动与未来的奖励联系起来，以做出明智
                        的决策

  强化学习 ┤         ┌─ 智能体的目标是最大化累积奖励，而不仅仅是单个行动的奖励
              累积奖励┤
                    └─ 这意味着智能体必须考虑其行动对长期性目标的影响，而不只是
                        眼前的奖励

              策略和 ┌─ 策略（Policy）：定义了智能体如何根据状态选择行动
              价值函数┤
                    └─ 价值函数（Value Function）：评估了在特定状态或状态-行动对下
                        的预期奖励

                    ┌─ 智能体必须权衡探索新策略以发现更好行动的需求与利用已知策
              探索与利用┤   略，最大化当前奖励的需求之间的关系
                    └─ 这是一个重要的挑战，因为纯粹探索或纯粹利用都可能导致不理
                        想的结果

              马尔可夫性── 许多强化学习问题被建模为马尔可夫决策过程，其中当前状态包
                          含足够的信息，以便智能体可以根据它做出最佳决策
```

图 13-1 强化学习的核心特点

13.1.2 强化学习与其他机器学习方法的区别

强化学习与其他机器学习方法有一些区别，主要集中在图13-2所示的几个方面。

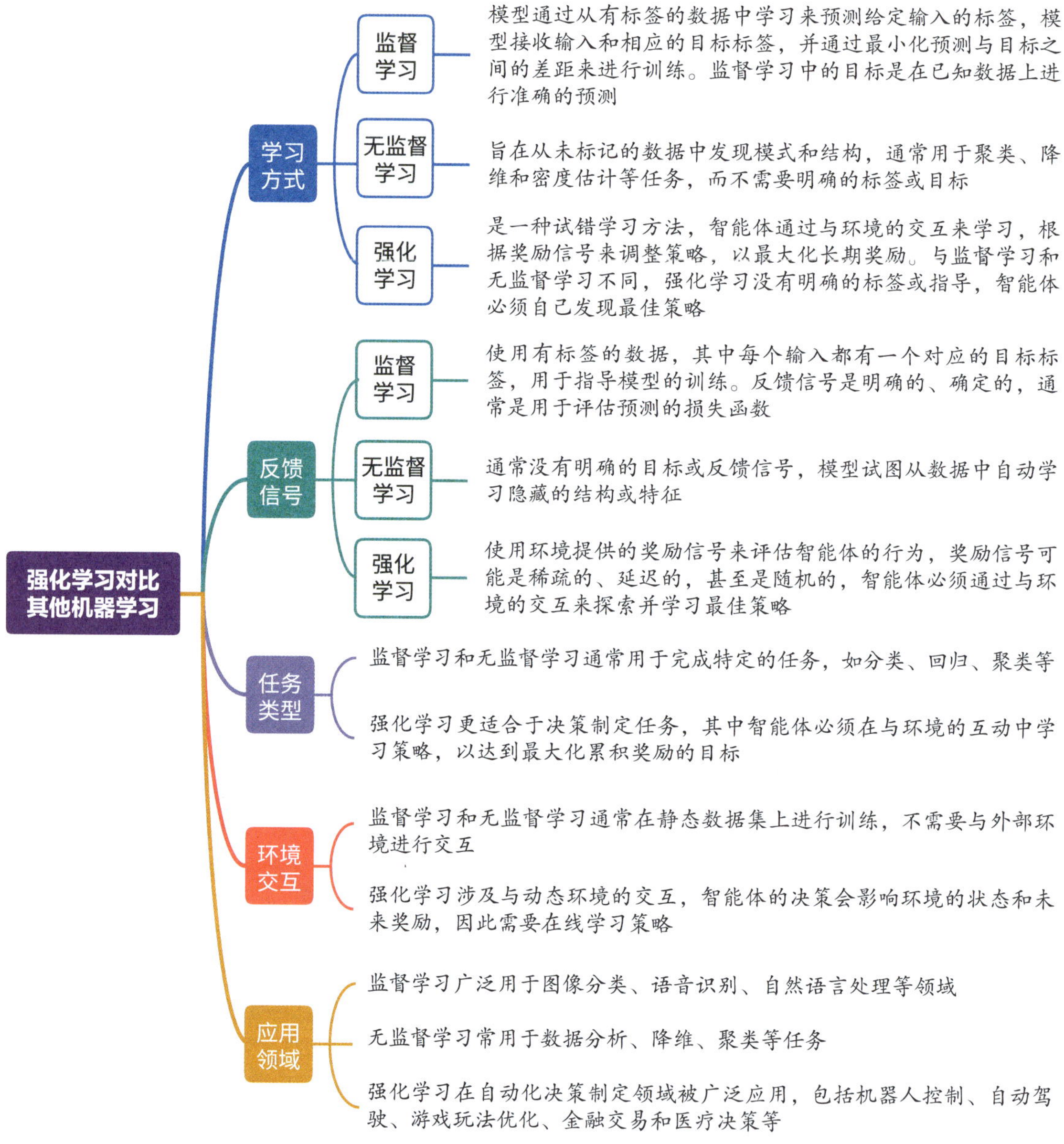

强化学习对比其他机器学习

- **学习方式**
  - 监督学习：模型通过从有标签的数据中学习来预测给定输入的标签，模型接收输入和相应的目标标签，并通过最小化预测与目标之间的差距来进行训练。监督学习中的目标是在已知数据上进行准确的预测
  - 无监督学习：旨在从未标记的数据中发现模式和结构，通常用于聚类、降维和密度估计等任务，而不需要明确的标签或目标
  - 强化学习：是一种试错学习方法，智能体通过与环境的交互来学习，根据奖励信号来调整策略，以最大化长期奖励。与监督学习和无监督学习不同，强化学习没有明确的标签或指导，智能体必须自己发现最佳策略

- **反馈信号**
  - 监督学习：使用有标签的数据，其中每个输入都有一个对应的目标标签，用于指导模型的训练。反馈信号是明确的、确定的，通常是用于评估预测的损失函数
  - 无监督学习：通常没有明确的目标或反馈信号，模型试图从数据中自动学习隐藏的结构或特征
  - 强化学习：使用环境提供的奖励信号来评估智能体的行为，奖励信号可能是稀疏的、延迟的，甚至是随机的，智能体必须通过与环境的交互来探索并学习最佳策略

- **任务类型**
  - 监督学习和无监督学习通常用于完成特定的任务，如分类、回归、聚类等
  - 强化学习更适合于决策制定任务，其中智能体必须在与环境的互动中学习策略，以达到最大化累积奖励的目标

- **环境交互**
  - 监督学习和无监督学习通常在静态数据集上进行训练，不需要与外部环境进行交互
  - 强化学习涉及与动态环境的交互，智能体的决策会影响环境的状态和未来奖励，因此需要在线学习策略

- **应用领域**
  - 监督学习广泛用于图像分类、语音识别、自然语言处理等领域
  - 无监督学习常用于数据分析、降维、聚类等任务
  - 强化学习在自动化决策制定领域被广泛应用，包括机器人控制、自动驾驶、游戏玩法优化、金融交易和医疗决策等

图13-2 强化学习与其他机器学习的区别

总之，强化学习与监督学习和无监督学习在学习方式、反馈信号、任务类型、环境交互和应用领域等方面都存在显著差异。强化学习的独特之处在于其能够处理动态环境下的决策制定问题，并通过与环境的互动来学习最优策略。

13.1.3 微积分在强化学习中的作用

微积分在强化学习中的作用主要体现在以下几个方面：

1. 策略梯度方法

在强化学习中，策略梯度方法用于优化策略函数（即选择行动的概率分布）。通过对策略的参数进行微分，可以计算出梯度，从而得出如何调整参数以提高预期回报。

例如，使用REINFORCE算法，我们可以通过将回报与策略参数的梯度相乘来更新策略。这一过程依赖于对回报的微分，以计算出每个行动对总回报的贡献。

2. 价值函数的更新

在价值函数方法中，微积分用于计算价值函数的梯度。价值函数用于评估在特定状态下的预期回报。当使用如时序差分学习（TD学习）方法时，微积分帮助我们更新状态值或动作值的估计，计算当前估计与实际回报之间的差异（即TD误差）。

3. 策略优化

在更复杂的强化学习框架中，如"演员—评论家"方法，微积分用于同时优化策略（演员）和价值函数（评论家）。这要求对策略和价值函数进行联合微分，以确保两者的更新能相互促进。

4. 函数逼近

在处理高维状态空间时，常常使用神经网络等函数逼近器。微积分在这里的作用是计算损失函数的梯度，帮助我们优化模型参数。

通过反向传播算法，微积分使神经网络能够有效地学习到合适的策略或价值函数。

5. 连续状态和行动空间

在一些强化学习问题中，状态和行动是连续的。微积分允许我们使用连续优化方法（如最优化的Lagrange乘数法），为复杂决策提供解决方案。

通过这些方式，微积分为强化学习提供了必要的数学工具，使智能体能够有效地学习和优化其行为。

13.2 马尔可夫决策过程

马尔可夫决策过程（Markov Decision Process，MDP）是强化学习中的一个核心数学框架，用于建模决策问题，尤其是那些涉及不确定性和序列决策的问题。MDP提供了一种形式化的方法，可以用来描述和解决如何在一个特定环境中采取行动以最大化累积奖励的问题。

13.2.1 MDP的核心思想

MDP的核心思想是提供了一种形式化的框架，用于描述决策问题中的不确定性和序列决策，同时满足了马尔可夫性质。MDP的核心思想如图13-3所示。

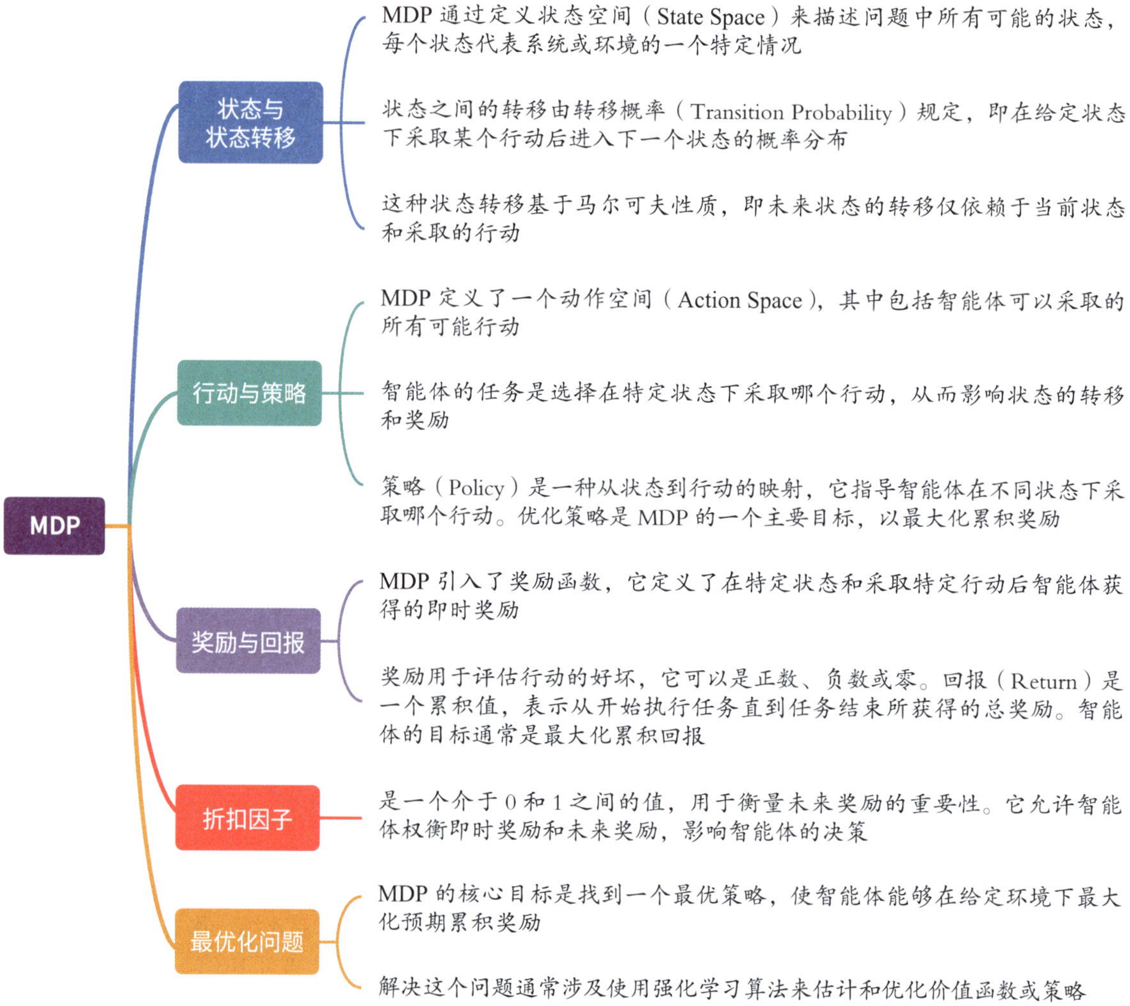

MDP 的核心思想

状态与状态转移
- MDP 通过定义状态空间（State Space）来描述问题中所有可能的状态，每个状态代表系统或环境的一个特定情况
- 状态之间的转移由转移概率（Transition Probability）规定，即在给定状态下采取某个行动后进入下一个状态的概率分布
- 这种状态转移基于马尔可夫性质，即未来状态的转移仅依赖于当前状态和采取的行动

行动与策略
- MDP 定义了一个动作空间（Action Space），其中包括智能体可以采取的所有可能行动
- 智能体的任务是选择在特定状态下采取哪个行动，从而影响状态的转移和奖励
- 策略（Policy）是一种从状态到行动的映射，它指导智能体在不同状态下采取哪个行动。优化策略是 MDP 的一个主要目标，以最大化累积奖励

奖励与回报
- MDP 引入了奖励函数，它定义了在特定状态和采取特定行动后智能体获得的即时奖励
- 奖励用于评估行动的好坏，它可以是正数、负数或零。回报（Return）是一个累积值，表示从开始执行任务直到任务结束所获得的总奖励。智能体的目标通常是最大化累积回报

折扣因子
- 是一个介于 0 和 1 之间的值，用于衡量未来奖励的重要性。它允许智能体权衡即时奖励和未来奖励，影响智能体的决策

最优化问题
- MDP 的核心目标是找到一个最优策略，使智能体能够在给定环境下最大化预期累积奖励
- 解决这个问题通常涉及使用强化学习算法来估计和优化价值函数或策略

图 13-3　MDP 的核心思想

13.2.2 MDP的形式化定义

MDP 的目标是找到一个最优策略，使智能体能够在给定环境下最大化预期累积奖励。解决最优化问题通常涉及使用强化学习算法来估计和优化价值函数或策略，以找到最佳决策规则。一个 MDP 包括以下要素。

◆ **状态空间（State Space）**：一个有限集合 S，其中包含所有可能的状态。状态用 s 表示，例如，$s \in S$。

◆ **动作空间（Action Space）**：一个有限集合 A，其中包含所有可能的行动。行动用 a 表示，例如，$a \in A$。

◆ **状态转移概率（Transition Probability）**：$P(s'|s, a)$ 表示在状态 s 下采取行动 a 后，系统将以概率 $P(s'|s, a)$ 转移到下一个状态 s'。这些概率描述了环境的动态性。

◆ **奖励函数（Reward Function）**：$R(s, a, s')$ 表示在状态 s 下采取行动 a 并进入状态 s' 后获得的即时奖励。奖励通常是一个实数值。

◆ **折扣因子**（Discount Factor）：γ（$0 \leqslant \gamma \leqslant 1$）是一个介于0和1之间的折扣因子，用于衡量未来奖励的重要性。γ越接近1，越强调长期奖励；γ越接近0，越强调即时奖励。

◆ **策略**（Policy）：策略$\pi(a|s)$定义了在状态s下采取行动a的概率分布。策略是智能体的行为规则，它决定了在不同状态下采取哪个行动。

在MDP中，微积分的主要作用如图13-4所示。

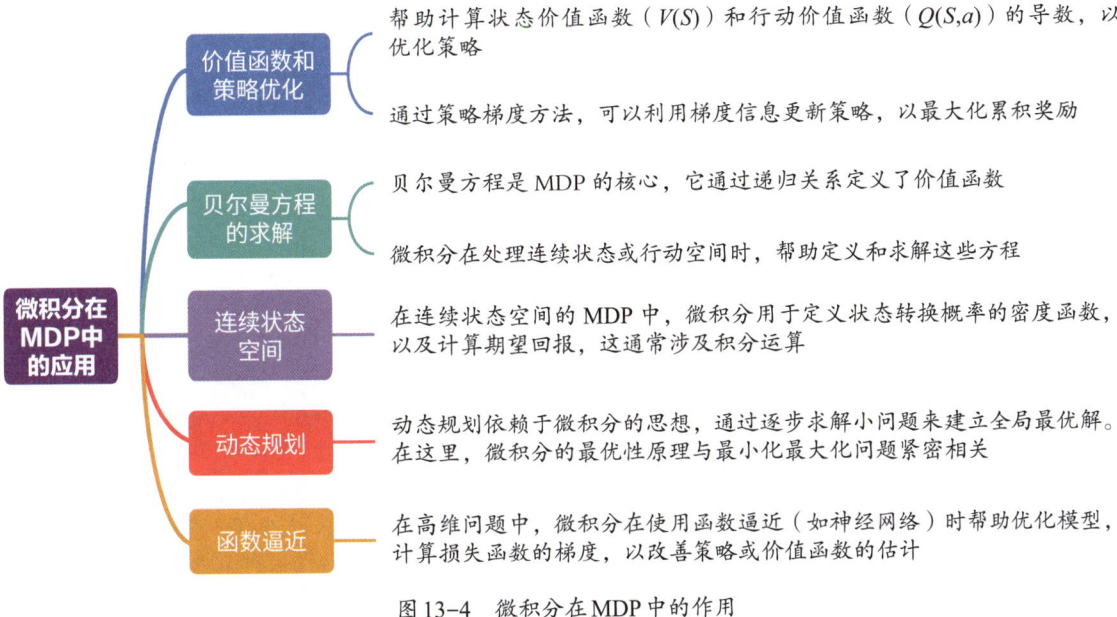

图13-4　微积分在MDP中的作用

实例13-1　实现一个MDP（源码路径：codes\13\Md.py）

在本实例中，微积分的作用体现在通过价值迭代求解贝尔曼方程，从而优化价值函数。我们可以根据需要调整状态和动作空间，以及通过奖励函数来探索不同的MDP设置。

```python
import numpy as np
import matplotlib.pyplot as plt

# 定义状态和动作空间
states = np.array([0, 1, 2, 3])     # 状态空间 S
actions = np.array([0, 1])          # 动作空间 A

# 状态转移概率 P(s'|s,a)
P = {
    0: {0: [0.8, 0.2, 0.0, 0.0], 1: [0.0, 0.8, 0.2, 0.0]},
    1: {0: [0.0, 0.8, 0.2, 0.0], 1: [0.0, 0.0, 0.8, 0.2]},
    2: {0: [0.0, 0.0, 0.8, 0.2], 1: [0.0, 0.0, 0.0, 1.0]},
    3: {0: [0.0, 0.0, 0.0, 1.0], 1: [0.0, 0.0, 0.0, 1.0]},
}

# 奖励函数 R(s, a, s')
R = {
```

```python
    (0, 0): 0, (0, 1): 1,
    (1, 0): 0, (1, 1): 1,
    (2, 0): 0, (2, 1): 1,
    (3, 0): 0, (3, 1): 0,
}

# 折扣因子
gamma = 0.9

# 初始化价值函数
V = np.zeros(len(states))

# 贝尔曼方程迭代求解
def value_iteration():
    global V
    threshold = 0.01
    while True:
        delta = 0
        for s in states:
            v = V[s]
            V[s] = max(sum(P[s][a][s_next] * (R.get((s, a), 0) + gamma * V[s_next])
                            for s_next in states) for a in actions)
            delta = max(delta, abs(v - V[s]))
        if delta < threshold:
            break

value_iteration()

# 可视化价值函数
plt.figure(figsize=(10, 5))
plt.plot(states, V, marker='o')
plt.title("Value Function V(s) after Iteration")
plt.xlabel("State")
plt.ylabel("Value")
plt.xticks(states)
plt.grid()
plt.show()
```

对上述代码的具体说明如下所示。

- **状态和动作定义**：定义了状态空间和动作空间。
- **状态转移概率和奖励函数**：使用字典来定义状态转移概率和奖励。
- **折扣因子**：设置一个折扣因子来平衡即时奖励和未来奖励。
- **价值迭代**：实现了贝尔曼方程的迭代求解，直到价值函数收敛。
- **可视化**：使用Matplotlib绘制收敛后的价值函数，如图13-5所示。

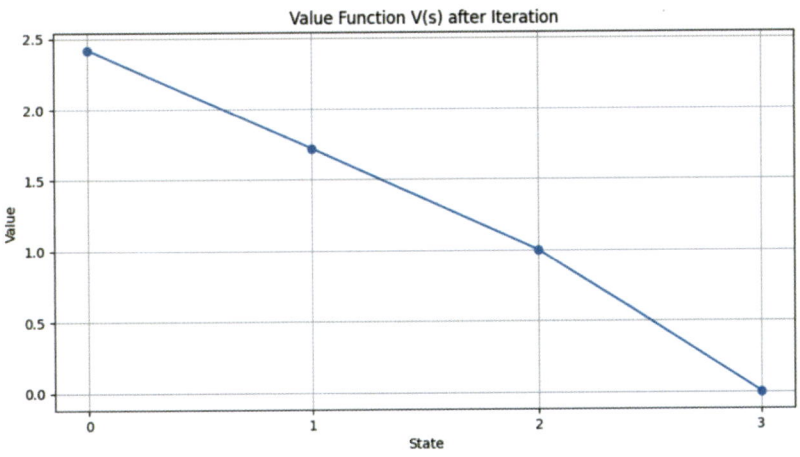

图 13-5　收敛后的价值函数

13.2.3　贝尔曼方程

贝尔曼方程是 MDP 中的核心概念，用于描述状态价值函数和行动价值函数之间的递归关系。它提供了一种方法来计算在某一状态下采取某一行动所能获得的期望回报。

1. 贝尔曼方程的形式

贝尔曼方程的形式如下。

（1）状态价值函数

$$V(s) = \max_{a} \left(R(s,a) + \gamma \sum_{s'} P(s'|s,a) V(s') \right)$$

其中，$R(s,a)$ 是在状态 s 下采取行动 a 的即时奖励，γ 是折扣因子，$P(s'|s,a)$ 是在状态 s 下采取行动 a 后转移到状态 s' 的概率。

（2）行动价值函数

$$Q(s,a) = R(s,a) + \gamma \sum_{s'} P(s'|s,a) V(s')$$

这个方程描述了在状态 s 下采取行动 a 的期望回报。

2. 微积分的作用

微积分在贝尔曼方程中的作用主要体现在优化策略和计算期望值的过程中，尤其是在处理连续状态和行动空间时。

（1）计算期望值

在贝尔曼方程中，计算期望回报时需要对可能的后续状态进行加权求和。在连续情况下，这通常涉及积分。例如，贝尔曼方程的状态价值函数 $V(s)$ 可以用积分形式表示为：

$$V(s) = \max_{a} \left(R(s,a) + \gamma \int P(s'|s,a) V(s') ds' \right)$$

在这里，$P(s'|s,a)$ 是状态转移的概率密度函数，$V(s')$ 是后续状态的价值。这个表达式中的积分反映了对所有可能后续状态的期望回报的计算。

（2）策略优化

在策略梯度方法中，我们利用微积分计算策略的梯度，以优化策略。对于给定状态 s，策略 π(a|s)的优化可以通过如下梯度更新进行：

$$\nabla J(\theta) = \sum_s V(s) \nabla \pi(a|s;\theta)$$

在这里，θ是策略参数，J(θ)是目标函数。这里的梯度 ∇ 是通过微分计算得到的，表明了在当前状态下如何调整策略参数以提高预期累积奖励。

（3）连续状态和动作空间的求解

在处理连续状态或动作空间的MDP时，贝尔曼方程需要通过微积分来求解。例如，使用动态规划求解连续状态空间的价值函数时需要解如下微分方程：

$$\frac{dV(s)}{ds} = \max_a \left(\frac{dR(s,a)}{ds} + \gamma \sum_{s'} P(s'|s,a) \frac{dV(s')}{ds'} ds' \right)$$

这个方程使用了微分运算，允许我们对状态的变化率进行建模。

总之，通过微积分，贝尔曼方程能够处理复杂的决策过程，计算期望回报并优化策略。微积分的工具帮助我们在高维和连续空间中找到最优策略，从而有效地进行决策。

实例13-2　股票买卖决策系统（源码路径：codes\13\data.py和qiang.py）

本实例使用强化学习方法来优化在股票环境中的买卖策略，并通过可视化来展示奖励曲线以及买入卖出点。通过不断训练，模型将尝试找到最优的策略以最大化累积奖励。

01 实例文件data.py用于从Tushare获取浪潮信息（601360.SH）的股价信息，将获取2021-01-01到2023-09-20的股价信息并保存到文件stock_data.csv中。具体实现代码如下所示。

```python
import tushare as ts
# 设置tushare的token
ts.set_token('')

# 获取浪潮信息股票数据
start_date = '2021-01-01'
end_date = '2023-09-20'
symbol = '601360.SH'   # 浪潮信息的股票代码
df = ts.pro_bar(ts_code=symbol, start_date=start_date, end_date=end_date)

# 保存数据到CSV文件
df.to_csv('stock_data.csv', index=False)
```

02 编写文件qiang.py，功能是使用强化学习方法优化在股票环境中的买卖策略，并通过可视化来展示奖励曲线以及买入卖出点。文件qiang.py的具体实现代码如下所示。

```python
import torch
import torch.nn as nn
import torch.optim as optim
import numpy as np
import pandas as pd
```

```python
import matplotlib.pyplot as plt

plt.rcParams["axes.unicode_minus"] = False   # 解决图像中的 "-" 负号的乱码问题
plt.rcParams['font.sans-serif'] = ['kaiti']

# 创建一个简化的股价环境
class StockEnvironment:
    def __init__(self, data):
        self.data = data
        self.current_step = 0
        self.initial_balance = 10000  # 初始资金
        self.balance = self.initial_balance
        self.stock_holding = 0
        self.max_steps = len(data) - 1
        self.buy_points = []
        self.sell_points = []

    def reset(self):
        self.current_step = 0
        self.balance = self.initial_balance
        self.stock_holding = 0
        self.buy_points = []
        self.sell_points = []
        return self._get_state()

    def _get_state(self):
        return np.array([
            self.data['close'][self.current_step],
            self.balance,
            self.stock_holding
        ])

    def step(self, action):
        if action == 0:   # 买入
            if self.balance > self.data['close'][self.current_step]:
                self.stock_holding += 1
                self.balance -= self.data['close'][self.current_step]
                self.buy_points.append(self.current_step)
        elif action == 1:  # 卖出
            if self.stock_holding > 0:
                self.stock_holding -= 1
                self.balance += self.data['close'][self.current_step]
                self.sell_points.append(self.current_step)

        self.current_step += 1
```

```python
        # 计算奖励
        if self.current_step == self.max_steps:
            done = True
            reward = self.balance + self.stock_holding * self.data['close']
                [self.current_step]
        else:
            done = False
            reward = 0

        return self._get_state(), reward, done

# 创建一个简单的强化学习模型
class QNetwork(nn.Module):
    def __init__(self, input_size, output_size):
        super(QNetwork, self).__init__()
        self.fc1 = nn.Linear(input_size, 64)
        self.fc2 = nn.Linear(64, output_size)

    def forward(self, x):
        x = torch.relu(self.fc1(x))
        return self.fc2(x)

# 定义贝尔曼方程近似
def bellman_approximation(current_state, next_state, reward, gamma, model,
                          target_model):
    target = reward + gamma * torch.max(target_model(next_state))
    return target - model(current_state).gather(0, torch.tensor([0]))

# 计算微分(收益变化率)
def calculate_gradient(reward, previous_reward):
    return reward - previous_reward

# 训练强化学习模型
def train_rl_model(data, num_episodes, batch_size, model):
    input_size = 3   # 输入状态的维度
    output_size = 2  # 行动的数量:0代表买入,1代表卖出
    gamma = 0.99     # 折扣因子
    learning_rate = 0.001

    target_model = QNetwork(input_size, output_size)
    target_model.load_state_dict(model.state_dict())
    target_model.eval()

    optimizer = optim.Adam(model.parameters(), lr=learning_rate)
    criterion = nn.MSELoss()
```

```python
    episode_rewards = []
    previous_reward = 0   # 上一个奖励

    for episode in range(num_episodes):
        env = StockEnvironment(data)
        state = env.reset()
        total_reward = 0

        while True:
            action = np.random.randint(output_size)
            next_state, reward, done = env.step(action)

            target = bellman_approximation(
                torch.tensor(state, dtype=torch.float32),
                torch.tensor(next_state, dtype=torch.float32),
                reward, gamma, model, target_model
            ).unsqueeze(0)   # 添加 unsqueeze(0) 来匹配形状

            output = model(torch.tensor(state, dtype=torch.float32).unsqueeze(0))
            loss = criterion(output[0][action], target)

            optimizer.zero_grad()
            loss.backward()
            optimizer.step()

            total_reward += reward
            state = next_state

            # 计算微分
            reward_gradient = calculate_gradient(reward, previous_reward)
            previous_reward = reward   # 更新上一个奖励

            if done:
                episode_rewards.append(total_reward)
                break

        # 更新目标网络
        if episode % 10 == 0:
            target_model.load_state_dict(model.state_dict())

        if episode % 50 == 0:
            print(f"Episode {episode}/{num_episodes}, Total Reward: {total_reward}, Reward Gradient: {reward_gradient:.2f}")

    return model, episode_rewards
```

```python
if __name__ == "__main__":
    # 加载股价数据
    data = pd.read_csv('stock_data.csv')

    # 创建强化学习模型对象
    input_size = 3
    output_size = 2
    model = QNetwork(input_size, output_size)

    # 训练强化学习模型
    num_episodes = 100
    batch_size = 32
    trained_model, episode_rewards = train_rl_model(data, num_episodes,
                                        batch_size, model)

    # 可视化奖励和买卖点
    plt.figure(figsize=(12, 6))
    plt.title('强化学习奖励和买卖点')
    plt.plot(episode_rewards, label='Total Reward', color='blue')
    plt.xlabel('Episode')
    plt.ylabel('Total Reward')
    plt.grid(True)

    # 记录买卖点
    buy_sell_points = []    # 存储买卖点
    env = StockEnvironment(data)
    state = env.reset()
    for i in range(len(episode_rewards)):
        action = model(torch.tensor(state, dtype=torch.float32).
                    unsqueeze(0)).argmax().item()
        if action == 0:     # 买入点
            buy_sell_points.append((i, episode_rewards[i], 'Buy'))
        elif action == 1:   # 卖出点
            buy_sell_points.append((i, episode_rewards[i], 'Sell'))

    # 在图中标记买卖点
    for point in buy_sell_points:
        episode, reward, action = point
        plt.axvline(x=episode, color='red' if action == 'Buy' else 'green',
linestyle='--', label=f'{action} Point')

    plt.legend()
    plt.show()
```

在本实例中，微积分的具体作用如下。

◆ **奖励变化率**：计算当前奖励与前一个奖励的差异（即一阶导数）。这一信息可以揭示当前行动对总奖励的影响，帮助模型学习更有效的策略。

◆ **优化策略**：通过监控奖励的变化，模型可以识别并调整其行为，优先选择那些能带来更高奖励的动作，从而逐步改进策略。

◆ **稳定性**：微积分提供了一种量化手段，帮助我们在训练过程中保持奖励的稳定性。了解奖励的变化趋势可以防止过拟合和不必要的波动。

执行后会输出如下训练结果，并通过Matplotlib绘制奖励曲线和标记买入卖出点可视化图，如图13-6所示。注意，为了节省执行时间，特意将num_episodes设置为100。为了提高精确率，建议大家将其设置成1000。

```
Episode 0/100, Total Reward: 10023.140000000005, Reward Gradient: 10023.14
Episode 50/100, Total Reward: 10245.090000000004, Reward Gradient: 10245.09
```

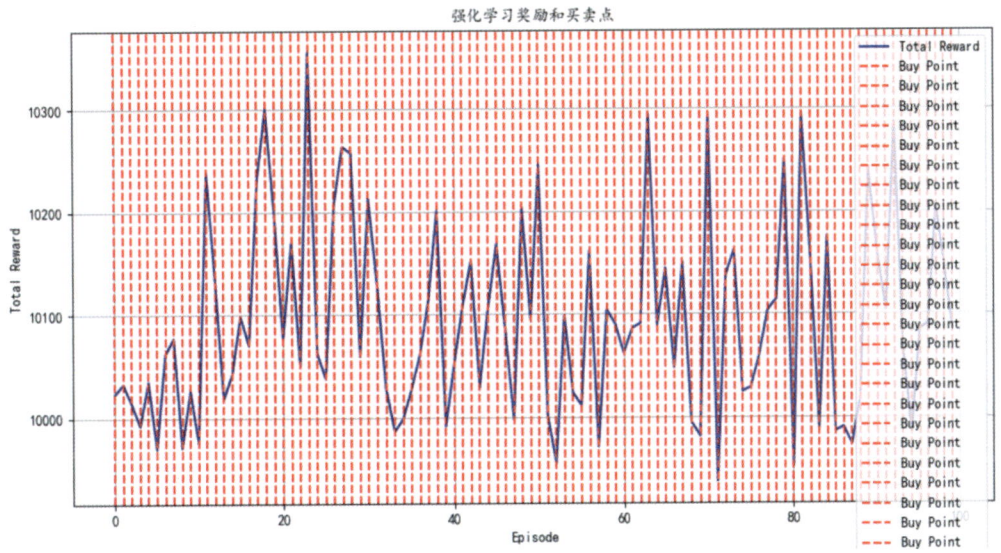

图 13-6　可视化买入卖出点图

13.3　蒙特卡洛方法

蒙特卡洛方法（Monte Carlo Method）是一种统计模拟方法，用于解决各种数学、物理、工程、金融等领域的问题，尤其是在涉及概率和随机性的情况下。蒙特卡洛方法的基本思想是通过随机抽样和统计分析来估计问题的解或性质，通常通过生成大量的随机样本来逼近真实情况。

13.3.1　蒙特卡洛预测的核心思想

蒙特卡洛预测方法通过随机采样和大量模拟来逼近问题的解，随着模拟次数的增加，估计结果会越来越接近真实值，这是一种灵活且强大的数值计算方法。蒙特卡洛方法的核心思想如图13-7所示。

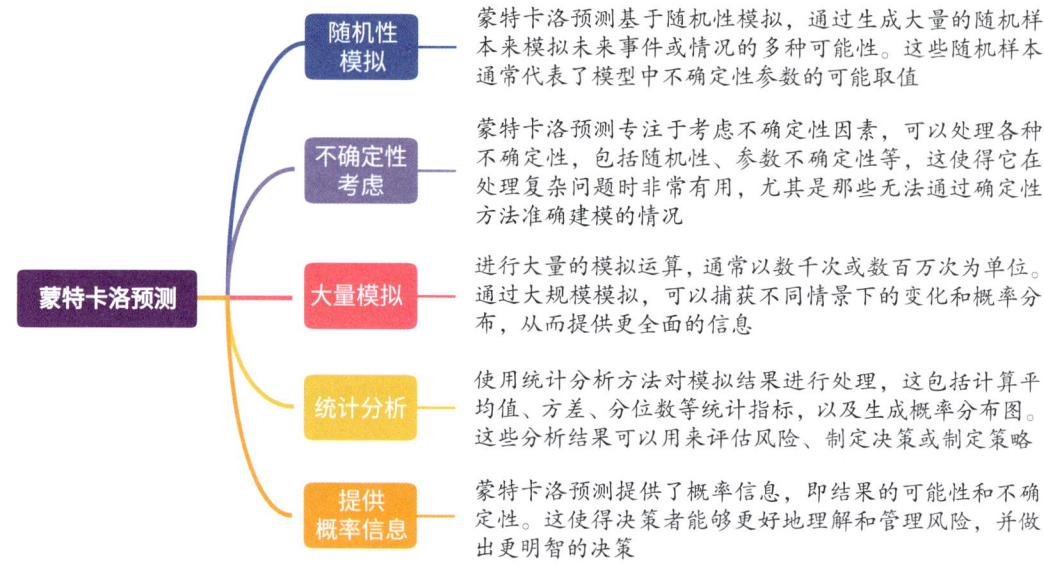

图 13-7 蒙特卡洛预测方法的核心思想

总的来说，蒙特卡洛预测的核心思想是通过大规模的随机模拟来探索问题的多个可能性，并通过统计分析来呈现概率性的结果。

在实际应用中，微积分在蒙特卡洛预测中的作用主要体现在以下几个方面。

1. 概率密度函数的估计

在蒙特卡洛方法中，微积分用于估计随机变量的概率密度函数。通过对样本数据的积分，该方法可以计算出不同区间内事件发生的概率。这有助于更好地理解模型的不确定性和风险。

2. 期望值和方差的计算

微积分是计算期望值和方差的基础。期望值通常通过对概率密度函数的积分来获得，表示随机变量可能取值的加权平均。而方差则反映了随机变量取值的离散程度。通过这些统计量，我们可以评估结果的稳定性和风险。

（1）期望值公式：

$$E[X] = \int_{-\infty}^{+\infty} x f(x) \mathrm{d}x$$

此公式是概率论中连续型随机变量期望值的定义式，其中 $f(x)$ 是概率密度函数。

蒙特卡洛近似公式：

$$E[X] \approx \frac{1}{N} \sum_{N}^{1} x_i$$

（2）方差公式：

$$Var[X] = \int_{-\infty}^{+\infty} (x - E[X])^2 f(x) \mathrm{d}x$$

该公式是理论定义公式，表示随机变量 X 与其期望值的偏离程度的平方的加权平均。

蒙特卡洛近似公式：

$$E[X] \approx \frac{1}{N-1}\sum_{i=1}^{N}(x_i - \bar{x})^2$$

3. 数值积分

蒙特卡洛方法常常依赖于数值积分来估算复杂函数的积分值，尤其是在那些无法解析的情况下。通过大量随机样本的生成，可以有效地逼近积分的值。这在估计高维积分或复杂场景下的期望时尤为重要。

4. 风险评估

微积分帮助我们评估风险和不确定性，通过计算不同情景下的期望损失或收益为决策提供量化依据，使决策者能够更好地管理潜在风险。

5. 敏感性分析

在蒙特卡洛预测中，微积分用于分析参数变化对结果的影响。这种敏感性分析可以通过计算偏导数来评估不同输入参数对输出结果的影响程度，从而帮助优化模型和决策。

实例13-3 使用蒙特卡洛方法估计状态值（源码路径：codes\13\Meng.py）

在本实例中，微积分用于计算每个状态的累积奖励（即状态的期望值）。通过蒙特卡洛方法采集大量样本，累积分布未来的奖励，并通过概率计算值的期望。这是微积分在强化学习中最重要的应用之一，可帮助我们评估不确定环境下的未来回报。

```python
import numpy as np
import matplotlib.pyplot as plt
import random

# 环境的设定
class SimpleEnv:
    def __init__(self):
        self.states = [0, 1, 2, 3, 4]
        self.actions = [0, 1]  # 0: left, 1: right
        self.transition_prob = {
            0: {0: (0, 0), 1: (1, 0)},
            1: {0: (0, -1), 1: (2, 1)},
            2: {0: (1, 0), 1: (3, 1)},
            3: {0: (2, -1), 1: (4, 10)},
            4: {0: (3, 0), 1: (4, 0)}
        }

    def step(self, state, action):
        next_state, reward = self.transition_prob[state][action]
        return next_state, reward


# 蒙特卡洛预测
def monte_carlo_prediction(env, num_episodes, gamma=0.9):
    V = np.zeros(len(env.states))   # 初始化每个状态的值
```

```python
        returns = {state: [] for state in env.states}  # 保存每个状态的回报

        for episode in range(num_episodes):
            # 生成一个随机的 episode
            state = random.choice(env.states)
            episode_data = []

            # 跑一个 episode
            while state != 4:  # 终止状态为 4
                action = random.choice(env.actions)
                next_state, reward = env.step(state, action)
                episode_data.append((state, reward))
                state = next_state

            # 计算每个状态的累计回报（微积分的应用：累计期望值）
            G = 0
            for t in reversed(range(len(episode_data))):
                state, reward = episode_data[t]
                G = reward + gamma * G  # 累计奖励

                # 如果这个状态首次访问
                if state not in [x[0] for x in episode_data[:t]]:
                    returns[state].append(G)
                    V[state] = np.mean(returns[state])  # 更新状态值估计

        return V

# 可视化
def plot_value_function(V):
    plt.figure(figsize=(10, 6))
    plt.bar(range(len(V)), V, color='skyblue')
    plt.xlabel('State')
    plt.ylabel('Value Estimate')
    plt.title('State Value Function Estimated by Monte Carlo')
    plt.grid(True)
    plt.show()

if __name__ == "__main__":
    # 创建环境
    env = SimpleEnv()
    # 运行蒙特卡洛预测
    num_episodes = 1000
    V = monte_carlo_prediction(env, num_episodes)
    # 可视化结果
    plot_value_function(V)
```

对上述代码的具体说明如下所示。

◆ **环境设计：** SimpleEnv 模拟了一个简单的环境，包含 5 个状态（0 到 4）。状态转移概率由 transition_prob 字典表示，0 代表左移，1 代表右移。奖励根据状态和动作返回。

◆ **蒙特卡洛预测：** 函数 monte_carlo_prediction 实现了蒙特卡洛方法，用于估算每个状态的值。通过反向回溯计算每个状态的累计回报，并使用折扣因子 gamma 计算未来奖励的折现值。这与微积分中的期望值计算有关。

◆ **微积分的应用：** 在每次回溯中，微积分用于累积未来的奖励（这相当于一种离散积分）。公式如下：

$$G = r_{t+1} + \gamma G$$

这里的 γ 是折扣因子，决定了未来奖励对当前价值估算的贡献。这个累积过程是蒙特卡洛预测的核心。

◆ **可视化：** plot_value_function 用于展示状态值估计的结果。每个柱子表示一个状态的值估计，值越高意味着在该状态下能获得的累积奖励越大，如图 13-8 所示。

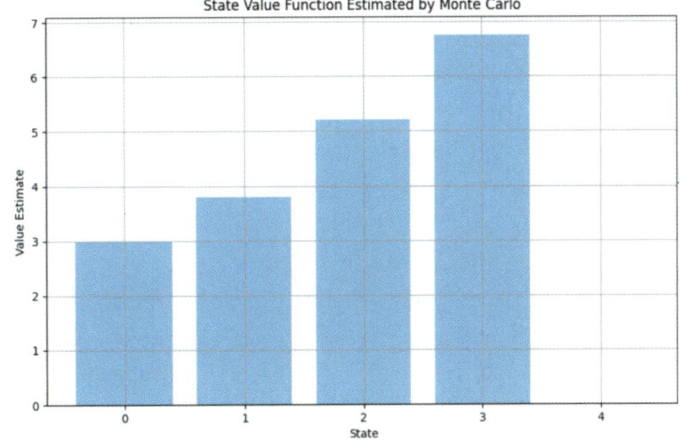

图 13-8　状态值估计的可视化图

13.3.2　探索与策略改进

在实际应用中，改进探索策略的方法有很多，其中常见的方法如下所示。

◆ **Softmax 策略：** Softmax 函数通过将动作的价值转化为概率分布来选择动作。微积分可以用于理解函数的性质以及计算梯度，从而帮助优化温度参数，平衡探索与利用。

◆ **UCB 算法：** UCB 策略利用置信区间来平衡探索和利用，其中置信区间的计算可能涉及积分，特别是在估计动作价值的概率分布时。通过优化置信界限，可以更有效地选择动作。

◆ **经验回放：** 在经验回放中，微积分帮助我们理解状态转移的概率分布，尤其是在计算长期回报的期望值时。通过积累和利用经验，可以提升策略的有效性。

◆ **自适应探索策略：** 一些自适应策略（如贝叶斯优化）利用概率分布的积分来评估不同动作的期望收益，从而动态调整探索策略。

📝 **实例13-4**　在老虎机中比较贪婪策略和 ε - 贪婪策略（源码路径：codes\13\Ucp.py）

置信上界（Upper Confidence Bound，UCB）算法是一种用于解决多臂老虎机问题（Multi-Armed Bandit Problem）的强化学习算法。多臂老虎机问题是一个经典的探索与利用问题，其中一个代理需要在有限的时间内决定选择哪个动作以最大化累积奖励。UCB 算法的核心思想是在探索和利用之间取得平衡，通过对每个动作的不确定性估计来决定动作的选择。UCB 算法的一般步骤如下。

01 初始化每个动作的估计值（通常为零）和选择次数（初始化为零）。

02 在每个时间步骤 t，计算每个动作的置信上界，用于估计该动作的真实价值可能的上限。

03 选择具有最高上置信界的动作，即 argmax(Upper Confidence Bound)。
04 执行所选的动作并观察获得的奖励。
05 更新所选动作的估计值和选择次数。
06 重复步骤 02 到步骤 05，直至达到预定的时间步数或回合数。

实例文件Ucp.py的具体实现代码如下所示。

```python
import numpy as np
import matplotlib.pyplot as plt
plt.rcParams["axes.unicode_minus"] = False  # 解决图像中的"-"负号的乱码问题
plt.rcParams['font.sans-serif'] = ['kaiti']
# 定义多臂老虎机问题
num_actions = 10  # 10 个老虎机
true_action_values = np.random.randn(num_actions)  # 随机生成每个老虎机的真实价值
num_steps = 1000  # 总步数

# 初始化动作值估计和动作选择次数
action_values = np.zeros(num_actions)  # 动作值估计
action_counts = np.zeros(num_actions)  # 动作选择次数
total_rewards = []  # 记录每步的累积奖励
# UCB 参数
c = 2.0  # 探索参数，可以根据需要调整
# 计算期望值的函数
def expected_value(action):
    return action_values[action] + c * np.sqrt(np.log(num_steps + 1) / (action_counts[action] + 1e-5))

# 强化学习主循环
for step in range(num_steps):
    # UCB 算法选择动作
    ucb_values = [expected_value(action) for action in range(num_actions)]
    action = np.argmax(ucb_values)
    # 模拟选择动作后获得的奖励
    reward = np.random.normal(true_action_values[action], 1.0)
    # 更新动作值估计和动作选择次数
    action_counts[action] += 1
    action_values[action] += (reward - action_values[action]) / action_counts[action]  # 使用增量平均更新法

    # 记录累积奖励
    total_rewards.append(reward)
# 打印总步数和总奖励
print("总步数:", num_steps)
print("总奖励:", sum(total_rewards))
# 绘制累积奖励曲线
plt.plot(np.cumsum(total_rewards) / np.arange(1, num_steps + 1), label="UCB
```

```
              with Expected Value")
plt.xlabel(" 步数 ")
plt.ylabel(" 累积奖励 ")
plt.title("UCB 算法的累积奖励（带期望值）")
plt.legend()
plt.show()
```

在上述代码中，微积分的概念主要体现在计算每个动作的期望奖励上，具体如下。

◆ **期望值计算**：我们通过对每个动作的奖励进行统计，结合当前的估计值和探索参数，计算出每个动作的期望奖励。这实际上是使用了概率论中的期望值概念，与微积分中的积分思想相似，都是在评估随机变量的平均效果。

◆ **增量更新**：在更新动作的估计值时，我们利用过去的奖励和选择次数，进行加权平均，这也与微积分中的连续变化相关联。

执行后会生成累积奖励曲线图，如图 13-9 所示，这张图显示了智能体在每个时间步骤中累积的奖励随时间的变化。

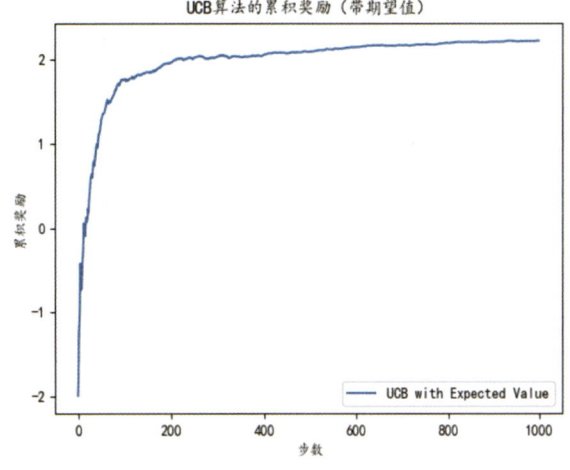

图 13-9 累积奖励曲线图

输出结果如下所示。

```
总步数：1000
总奖励：1358.9627909351584
```

13.4 Q 学习与贝尔曼方程

Q 学习（Q-learning）是一种基于贝尔曼方程的强化学习算法，用于学习在 MDP 中的最优策略。Q-learning 通过在 MDP 中进行尝试和学习，逐渐收敛到最优 Q 值函数，从而使智能体能够选择最优策略来实现其目标。

13.4.1 Q-learning 的动作值函数

Q-learning 是一种强化学习算法，用于学习动作值函数（Action-Value Function）$Q(s, a)$，也称 Q 函数或 Q 值函数。动作值函数 $Q(s, a)$ 表示在给定状态 s 下执行动作 a 所获得的期望回报（或累积奖励）。Q-learning 通过不断地更新和优化 Q 值来学习最优策略，使智能体可以在 MDP 环境中做出最优决策。

$Q(s, a)$ 表示在状态 s 下执行动作 a 的值，即在状态 s 下选择动作 a 的期望累积奖励。Q-learning 的主要思想是使用贝尔曼方程来迭代更新 Q 值，以逼近最优 Q 值函数。Q-learning 的 Q 值更新规则如下：

```
Q(s, a) ← Q(s, a) + α * [R(s, a) + γ * max(Q(s', a')) - Q(s, a)]
```

其中：
- $Q(s, a)$ 是当前状态—动作对 (s, a) 的 Q 值。
- α 是学习率，控制着每次更新的幅度。
- $R(s, a)$ 表示在状态 s 下执行动作 a 后获得的即时奖励。
- γ 是折扣因子，衡量未来奖励的重要性。
- $\max(Q(s', a'))$ 表示在下一个状态 s' 中选择最大 Q 值的动作 a'。
- $Q(s', a')$ 表示在状态 s' 下执行动作 a' 的 Q 值。

Q-learning 的目标是通过不断地执行动作、观察奖励并更新 Q 值，使 Q 值函数逼近最优 Q 值函数，从而使智能体可以根据 Q 值函数选择最佳的动作以实现其目标。这个过程通常需要大量的训练迭代，以确保 Q 值函数能够充分地收敛到最优值。一旦 Q 值函数收敛，智能体就可以使用它来制定最优策略，即选择在每个状态下具有最高 Q 值的动作，这种方式使智能体能够在不断的决策过程中最大化累积奖励。

微积分在 Q-learning 中的主要作用如图 13-10 所示。

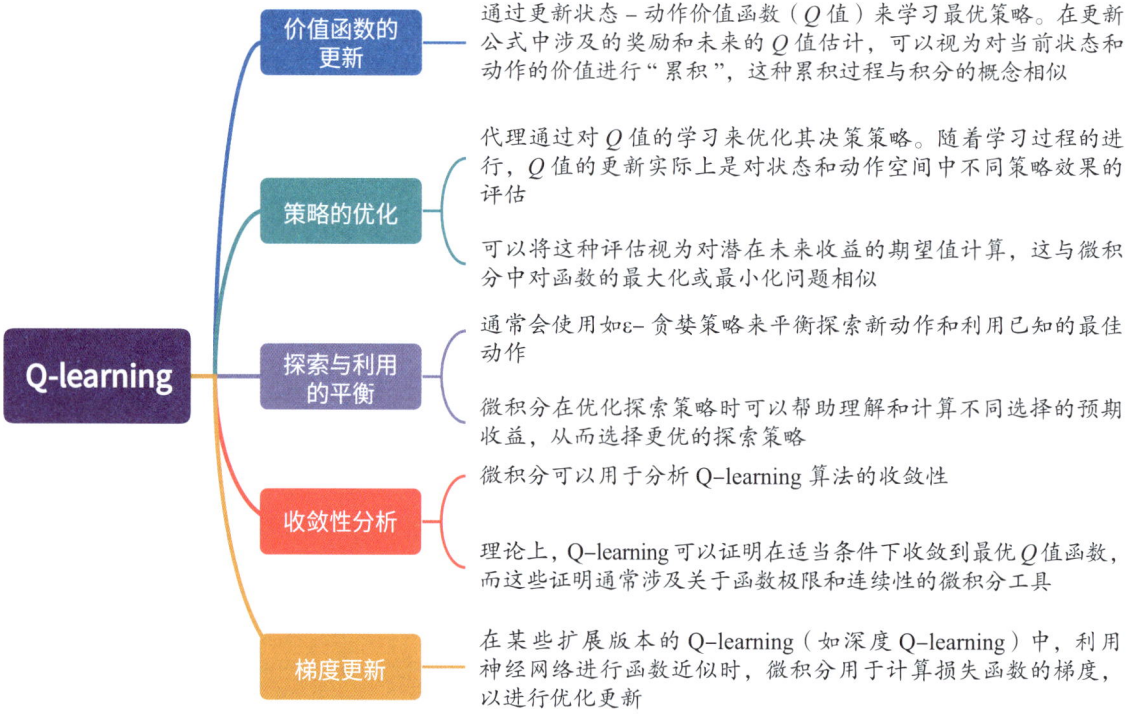

图 13-10　微积分在 Q-learning 中的主要作用

总的来说，在 Q-learning 中，微积分通过优化价值函数、评估策略效果、平衡探索与利用等方面，发挥着重要作用。

实例13-5　使用微积分优化 Q-learning 算法（源码路径：codes\13\Qlearn.py）

本实例定义了一个简单的网格世界环境，在这个环境中，智能体通过学习最优策略来最大化累积奖励。

```
import numpy as np
```

```python
import matplotlib.pyplot as plt

# 定义网格世界环境
class GridWorld:
    def __init__(self, size, start, goal):
        self.size = size
        self.start = start
        self.goal = goal
        self.state = start
        self.done = False

    def reset(self):
        self.state = self.start
        self.done = False
        return self.state

    def step(self, action):
        if self.done:
            raise ValueError("Episode has ended. Reset the environment.")

        # 进行动作
        if action == 0:  # 上
            self.state = (max(self.state[0] - 1, 0), self.state[1])
        elif action == 1:  # 下
            self.state = (min(self.state[0] + 1, self.size[0] - 1),
                          self.state[1])
        elif action == 2:  # 左
            self.state = (self.state[0], max(self.state[1] - 1, 0))
        elif action == 3:  # 右
            self.state = (self.state[0], min(self.state[1] + 1,
                          self.size[1] - 1))

        # 检查是否到达目标
        if self.state == self.goal:
            self.done = True
            return self.state, 1, self.done    # 到达目标，奖励为 1
        return self.state, 0, self.done        # 没有到达目标，奖励为 0

# Q-learning 算法
class QLearning:
    def __init__(self, env, alpha=0.1, gamma=0.99, epsilon=0.1):
        self.env = env
        self.alpha = alpha         # 学习率
        self.gamma = gamma         # 折扣因子
        self.epsilon = epsilon     # 探索率
```

```python
        self.q_table = np.zeros((*env.size, 4))    # 状态-动作值表

    def choose_action(self, state):
        if np.random.rand() < self.epsilon:
            return np.random.randint(4)    # 随机选择动作
        return np.argmax(self.q_table[state])    # 贪婪选择

    def learn(self, state, action, reward, next_state):
        # 更新Q值
        best_next_action = np.argmax(self.q_table[next_state])
        td_target = reward + self.gamma * self.q_table[next_state][best_next_action]
        td_delta = td_target - self.q_table[state][action]
        self.q_table[state][action] += self.alpha * td_delta
                                            # 微积分中的梯度更新

# 可视化学习过程
def visualize_q_table(q_table):
    plt.imshow(np.max(q_table, axis=-1), cmap='hot', interpolation='nearest')
    plt.colorbar(label='Q-Value')
    plt.title('Q-Value Heatmap')
    plt.xlabel('Column')
    plt.ylabel('Row')
    plt.show()

if __name__ == "__main__":
    size = (5, 5)    # 网格大小
    start = (0, 0)    # 起始状态
    goal = (4, 4)    # 目标状态
    env = GridWorld(size, start, goal)
    agent = QLearning(env)

    num_episodes = 500
    for episode in range(num_episodes):
        state = env.reset()
        done = False
        while not done:
            action = agent.choose_action(state)
            next_state, reward, done = env.step(action)
            agent.learn(state, action, reward, next_state)
            state = next_state

    # 可视化Q值表
    visualize_q_table(agent.q_table)

    print("学习完成，Q值表已可视化。")
```

对上述代码的具体说明如下所示。

◆ **环境定义**：GridWorld类定义了一个简单的5×5网格世界，智能体（Agent）从起始位置移动到目标位置。

◆ **Q-learning算法**：Q-learning类实现了Q-learning算法，包括选择动作、更新Q值等。

◆ **微积分应用**：在Q-learning方法中，使用了微积分的概念来更新Q值。TD目标计算了当前奖励和未来最优Q值的折扣总和，这个过程可以被视作对价值函数的优化。

◆ **可视化功能**：使用Matplotlib绘制Q值热图，展示不同状态下的Q值。如图13-11所示，热图越亮的地方表示Q值越高，代理在这些状态下选择相应动作的期望收益也越高。

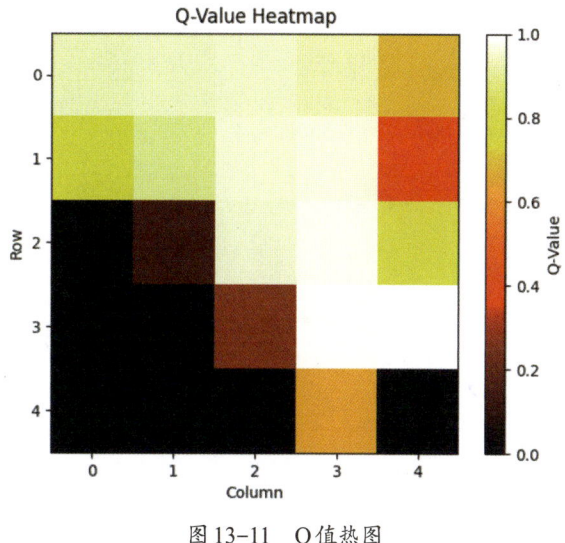

图13-11　Q值热图

13.4.2 强化学习中的Q-learning

Q-learning是强化学习中的一个重要算法，可用于解决MDP中的最优策略问题。通过学习Q值函数，并使用贝尔曼方程进行更新，Q-learning能够在不断的训练中逐渐学到最优策略，以实现任务的最大累积奖励。

在深度学习中，通常使用ε-贪婪策略等探索方法训练强化学习智能体，如深度Q网络（DQN）。

实例13-6　在深度学习模型中使用Q-learning和ε-贪婪策略（源码路径：codes\13\Tan.py）

在本实例中，微积分的作用主要体现在反向传播算法中，通过计算损失函数相对于Q值的导数，优化Q网络的参数。具体而言，使用loss.backward()方法计算损失对网络权重的梯度，这一过程依赖于微积分的链式法则。通过优化过程，网络能够更好地估计Q值，从而提高在环境中的决策能力。此外，微积分的作用也体现在目标Q值的计算中，确保智能体能够有效地评估未来的回报。

```python
import numpy as np
import torch
import torch.nn as nn
import torch.optim as optim
import matplotlib.pyplot as plt

# 检查是否有可用的GPU
device = torch.device("cuda" if torch.cuda.is_available() else "cpu")

# 创建一个简单的Q网络
class QNetwork(nn.Module):
    def __init__(self, state_size, action_size):
        super(QNetwork, self).__init__()
```

```python
        self.fc1 = nn.Linear(state_size, 24)
        self.fc2 = nn.Linear(24, 24)
        self.fc3 = nn.Linear(24, action_size)

    def forward(self, state):
        x = torch.relu(self.fc1(state))
        x = torch.relu(self.fc2(x))
        return self.fc3(x)

# 定义 ε - 贪婪策略
def epsilon_greedy_policy(q_values, epsilon):
    if np.random.rand() < epsilon:
        return np.random.randint(len(q_values))  # 随机选择动作
    else:
        return np.argmax(q_values)  # 选择 Q 值最大的动作

# 定义 Q-learning 算法
def q_learning(env, q_network, num_episodes, learning_rate, gamma, epsilon):
    optimizer = optim.Adam(q_network.parameters(), lr=learning_rate)
    criterion = nn.MSELoss()
    q_values_history = []

    for episode in range(num_episodes):
        state = env.reset()
        done = False

        while not done:
            state_one_hot = np.zeros(env.num_states)
            state_one_hot[state] = 1
            state_tensor = torch.FloatTensor([state_one_hot]).to(device)

            q_values = q_network(state_tensor)
            action = epsilon_greedy_policy(q_values.detach().cpu().numpy()
                                           [0], epsilon)

            next_state, reward, done, _ = env.step(action)

            next_state_one_hot = np.zeros(env.num_states)
            next_state_one_hot[next_state] = 1
            next_state_tensor = torch.FloatTensor([next_state_one_hot]).to(device)

            target_q_values = q_values.clone()
            if not done:
                target_q_values[0][action] = reward + gamma * torch.max(q_
                                            network(next_state_tensor))
            else:
```

```python
                target_q_values[0][action] = reward

            loss = criterion(q_values, target_q_values)
            optimizer.zero_grad()
            loss.backward()    # 计算损失的导数
            optimizer.step()

            # 记录 Q 值历史
            q_values_history.append(q_values.detach().cpu().numpy()[0])

            state = next_state

    return q_network, q_values_history

# 示例环境:一个简单的 Q-learning 任务
class SimpleEnvironment:
    def __init__(self):
        self.num_states = 4
        self.num_actions = 2
        self.transitions = np.array([[1, 0], [0, 1], [2, 3], [3, 2]])
                                                                    # 状态转移矩阵

    def reset(self):
        return 0

    def step(self, action):
        next_state = self.transitions[action, 0]
        reward = self.transitions[action, 1]
        done = (next_state == 3)
        return next_state, reward, done, {}

# 创建环境和 Q 网络
env = SimpleEnvironment()
q_network = QNetwork(env.num_states, env.num_actions).to(device)

# 训练 Q 网络
trained_q_network, q_values_history = q_learning(env, q_network, num_episodes=100, learning_rate=0.1, gamma=0.9, epsilon=0.1)

# 可视化 Q 值变化
plt.plot(np.array(q_values_history).reshape(-1, env.num_actions))
plt.title('Q-values Over Episodes')
plt.xlabel('Step')
plt.ylabel('Q-values')
plt.legend([f'Action {i}' for i in range(env.num_actions)])
plt.show()
```

```
# 测试学习后的Q网络
state = env.reset()
done = False
while not done:
    state_one_hot = np.zeros(env.num_states)
    state_one_hot[state] = 1
    state_tensor = torch.FloatTensor([state_one_hot]).to(device)
    
    q_values = trained_q_network(state_tensor)
    action = epsilon_greedy_policy(q_values.detach().cpu().numpy()[0],
                                    epsilon=0.0)  # 使用贪婪策略进行测试
    next_state, reward, done, _ = env.step(action)
    print(f"State: {state}, Action: {action}, Reward: {reward}, Next State:
        {next_state}")
    state = next_state
```

对上述代码的具体说明如下所示。

◆ **定义环境**：创建一个简单的环境类，定义状态、动作和状态转移规则。

◆ **Q网络构建**：定义一个神经网络类Q-Network，用于近似Q值函数，包含三层全连接层。

◆ **选择策略**：实现ε-贪婪策略函数，根据当前Q值选择动作，平衡探索与利用。

◆ **Q-learning算法**：在q_learning函数中，循环进行多个回合，在每个回合中根据当前状态选择动作，执行动作后获得奖励和下一个状态，计算目标Q值，更新Q网络的权重。

◆ **训练与测试**：训练Q网络后，使用贪婪策略测试学习效果，并输出每个状态的动作和奖励。

13.5 深度 Q 网络算法

深度Q网络（Deep Q-Network，DQN）是一种强化学习算法，用于解决离散动作空间下的MDP问题。DQN是深度强化学习领域的一个重要里程碑，其主要目标是通过深度神经网络来学习从状态到动作的映射，以最大化累积奖励。

13.5.1 DQN算法介绍

DQN是一种结合了深度学习与强化学习的算法，用于解决高维状态空间下的决策问题。DQN通过深度神经网络近似Q值函数，允许智能体在复杂环境中学习最优策略。其核心思想是使用神经网络来处理状态信息，并输出每个动作的Q值，从而实现选择动作的过程。DQN使用经验回放和目标网络等技巧来提高学习的稳定性和效率。

微积分在DQN中的作用主要体现在以下几个方面。

（1）损失函数的优化

DQN的损失函数通常定义为：

$$L(\theta) = E\left[\left(r + \gamma \max_{a'} Q_{\text{target}}(s', a'; \theta') - Q(s, a; \theta)\right)^2\right]$$

其中，$Q(s,a;\theta)$是当前Q网络的输出，$Q_{\text{target}}(s',a';\theta')$是目标Q网络的输出，$\gamma$是折扣因子，$r$是即时奖励，$s'$是下一个状态。通过对损失函数求导，模型使用梯度下降法更新网络参数θ。

（2）策略改进

通过微积分计算Q值的变化率，我们可以有效调整Q网络的参数，进而改进策略。

（3）优化收敛性

微积分提供了分析学习过程中的收敛性条件，确保Q值的估计能够逐步逼近真实值。

通过上述机制，微积分在DQN算法中起到了至关重要的作用，确保了模型能够高效、稳定地学习最优策略。

实例13-7 创建、训练和保存DQN神经网络模型（源码路径：codes\13\xun.py）

本实例实现了一个DQN代理，用于在OpenAI Gym中的CartPole环境中学习并执行任务。在这一过程中，微积分的作用主要体现在优化损失函数上。具体来说，DQN代理使用MSE损失函数来评估当前Q值与目标Q值之间的差距，通过对损失函数求导，计算梯度并更新神经网络的参数。这一过程确保了Q值能够逐步逼近真实值，从而优化策略的学习效果，提升代理在复杂环境中的决策能力。

```python
import gym
import numpy as np
import torch
import torch.nn as nn
import torch.optim as optim
import random
import matplotlib.pyplot as plt

# 创建 CartPole 环境
env = gym.make("CartPole-v1")
state_dim = env.observation_space.shape[0]
action_dim = env.action_space.n

# 定义 Q-Network
class QNetwork(nn.Module):
    def __init__(self, state_dim, action_dim):
        super(QNetwork, self).__init__()
        self.fc1 = nn.Linear(state_dim, 64)
        self.fc2 = nn.Linear(64, 64)
        self.fc3 = nn.Linear(64, action_dim)

    def forward(self, state):
        x = torch.relu(self.fc1(state))
        x = torch.relu(self.fc2(x))
```

```python
            q_values = self.fc3(x)
            return q_values

# 定义 DQN 代理
class DQNAgent:
    def __init__(self, state_dim, action_dim, learning_rate, gamma,
                 epsilon, epsilon_min, epsilon_decay):
        self.state_dim = state_dim
        self.action_dim = action_dim
        self.epsilon = epsilon
        self.epsilon_min = epsilon_min
        self.epsilon_decay = epsilon_decay
        self.gamma = gamma
        self.model = QNetwork(state_dim, action_dim)
        self.target_model = QNetwork(state_dim, action_dim)
        self.target_model.load_state_dict(self.model.state_dict())
        self.target_model.eval()
        self.optimizer = optim.Adam(self.model.parameters(), lr=learning_rate)
        self.loss_fn = nn.MSELoss()
        self.memory = []
        self.batch_size = 64

    def remember(self, state, action, reward, next_state, done):
        self.memory.append((
            np.array(state, dtype=np.float32).flatten(),
            action,
            reward,
            np.array(next_state, dtype=np.float32).flatten(),
            done
        ))

    def select_action(self, state):
        if np.random.rand() <= self.epsilon:
            return random.randrange(self.action_dim)
        state = torch.FloatTensor(state).unsqueeze(0)
        q_values = self.model(state)
        return torch.argmax(q_values).item()

    def train(self, batch):
        states, actions, rewards, next_states, dones = zip(*batch)

        states = torch.FloatTensor(np.array(states, dtype=np.float32))
        actions = torch.LongTensor(actions)
        rewards = torch.FloatTensor(rewards)
        next_states = torch.FloatTensor(np.array(next_states, dtype=np.float32))
        dones = torch.BoolTensor(dones)
```

```python
        q_values = self.model(states)
        q_values = q_values.gather(1, actions.unsqueeze(1)).squeeze(1)

        target_q_values = self.target_model(next_states).max(1)[0]
        target_q_values[dones] = 0
        target_q_values = rewards + self.gamma * target_q_values

        loss = self.loss_fn(q_values, target_q_values)
        self.optimizer.zero_grad()
        loss.backward()
        self.optimizer.step()

        if self.epsilon > self.epsilon_min:
            self.epsilon *= self.epsilon_decay
        return loss.item()

    def update_target_model(self):
        self.target_model.load_state_dict(self.model.state_dict())

# 定义超参数
learning_rate = 0.001
gamma = 0.99
epsilon = 1.0
epsilon_min = 0.01
epsilon_decay = 0.995
episodes = 100

# 创建 DQN 代理
agent = DQNAgent(state_dim, action_dim, learning_rate, gamma, epsilon,
                epsilon_min, epsilon_decay)

# 记录损失和奖励变化
losses = []
rewards = []

# 训练 DQN 代理
for episode in range(episodes):
    state, _ = env.reset()  # 解构返回值
    total_reward = 0
    done = False

    while not done:
        action = agent.select_action(state)
        next_state, reward, terminated, truncated, info = env.step(action)
        done = terminated
```

```python
            # 确保状态为 NumPy 数组
            agent.remember(np.array(state, dtype=np.float32), action, reward,
                           np.array(next_state, dtype=np.float32), done)

            state = next_state
            total_reward += reward
            if len(agent.memory) >= agent.batch_size:
                batch = random.sample(agent.memory, agent.batch_size)
                loss = agent.train(batch)
                losses.append(loss)    # 记录损失值
        rewards.append(total_reward)

        # 更新目标网络
        if episode % 10 == 0:
            agent.update_target_model()
        # 输出结果
        print(f"Episode: {episode + 1}, Total Reward: {total_reward}, Epsilon:
            {agent.epsilon:.4f}")

    # 可视化损失和奖励变化
    plt.figure(figsize=(12, 5))
    plt.subplot(1, 2, 1)
    plt.plot(losses)
    plt.title('Loss over Episodes')
    plt.xlabel('Episodes')
    plt.ylabel('Loss')

    plt.subplot(1, 2, 2)
    plt.plot(rewards)
    plt.title('Total Reward over Episodes')
    plt.xlabel('Episodes')
    plt.ylabel('Total Reward')

    plt.tight_layout()
    plt.show()

    env.close()
```

对上述代码的具体说明如下所示。

◆ **环境初始化**：使用gym创建了CartPole-v1环境，获取状态和动作的维度。

◆ **Q网络定义**：构建了一个带有两层隐藏层的神经网络，用于估计每个状态下的Q值（动作价值）。

◆ **DQN代理类定义**：初始化了模型和目标模型，后者用于稳定训练。实现了记忆存储（用于经验回放）、动作选择（根据ε-贪婪策略）以及模型训练。在训练时，使用经验回放中的批量数据，通过均方误差计算损失，并使用Adam优化器更新网络参数。

◆ **训练过程：** 在每一个回合，智能体在环境中执行动作，获取奖励和下一个状态，并将其存入记忆。当记忆达到一定大小时，从中采样数据进行训练，调整神经网络的权重。每隔10个回合，更新一次目标网络的参数。

◆ **可视化：** 在训练结束后，生成了损失和奖励随回合变化的可视化图，如图13-12所示。

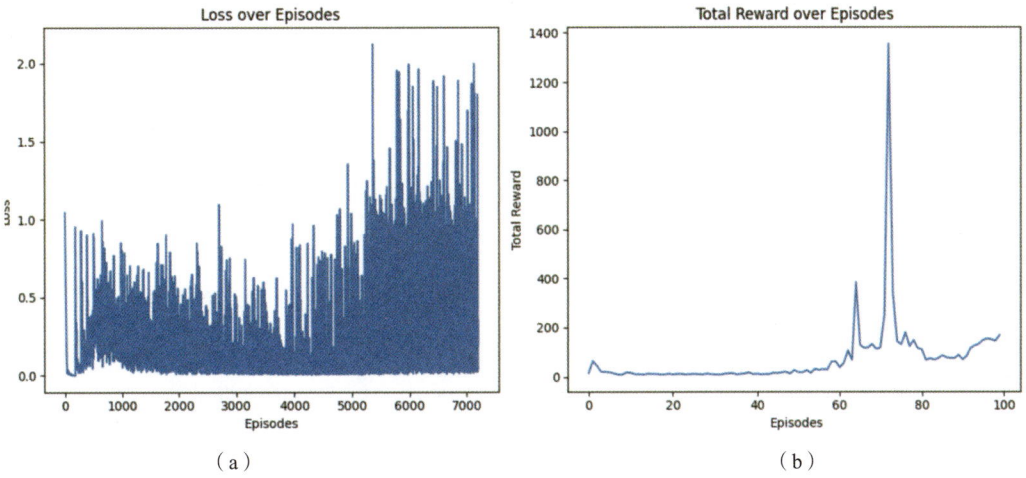

图 13-12　损失和奖励随回合变化的可视化图

13.5.2　双重深度Q网络算法

双重深度Q网络（Double Deep Q-Network，Double DQN）算法是对标准DQN算法的一种改进，旨在解决Q值高估问题。在标准DQN中，用于选择最佳动作的Q-Network可能会高估Q值，导致训练不稳定和策略低效。Double DQN引入了一种机制，通过使用两个独立的Q-Network来减小Q值高估的影响。Double DQN的工作原理如图13-13所示。

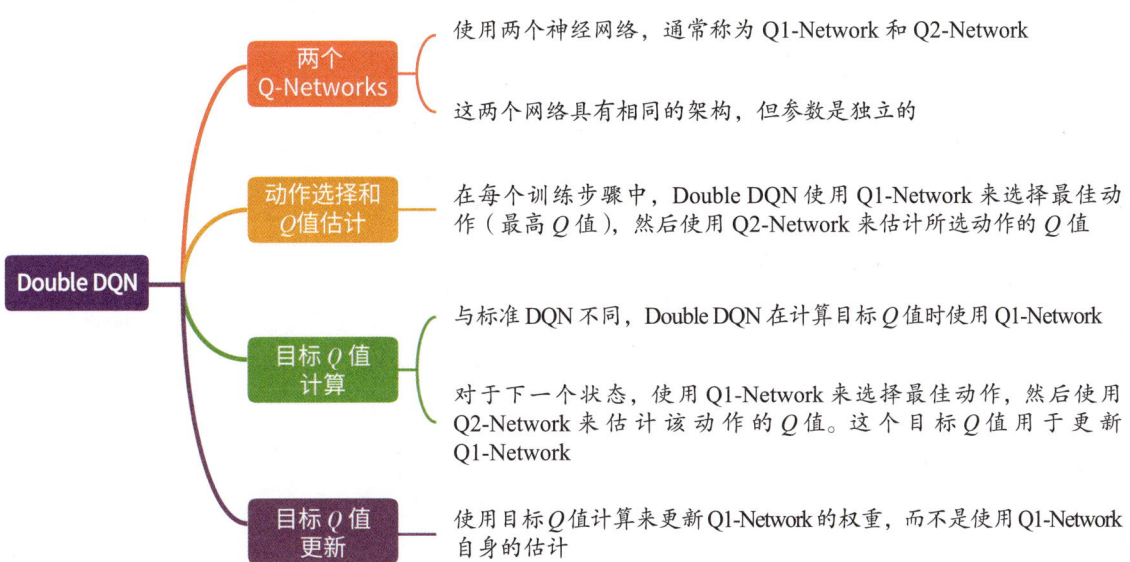

图 13-13　Double DQN 的工作原理

Double DQN的主要优点是它减小了 Q 值高估的影响,提高了训练的稳定性。这有助于模式在强化学习任务中更快地获得更好的策略。

在Double DQN中,微积分的作用主要体现在以下几个方面。

◆ **损失函数优化:** 通过微积分计算损失函数的导数,模型使用梯度下降法更新Q值网络的参数,从而缩小预测值与目标值之间的差距。

◆ **策略改进:** 微积分帮助计算Q值的变化率,使在每次参数更新时可以更有效地调整网络参数,以改善策略。

◆ **收敛性分析:** 微积分提供了理论基础,分析学习过程中的收敛性条件,确保Q值逐步逼近真实值,提升算法的稳定性和性能。

总之,微积分在Double DQN中通过优化损失函数、改进策略以及确保收敛性,使模型能够高效地学习最优策略。

实例13-8 创建Double DQN网络(源码路径:codes\13\DoubleDQN.py)

本实例使用OpenAI的Gym库和PyTorch框架构建一个简单的CartPole环境,通过微积分计算了损失函数的梯度,以更新网络参数。同时,基于微积分使用梯度信息来改进动作选择策略,提高学习效率。

```python
import gym
import numpy as np
import torch
import torch.nn as nn
import torch.optim as optim
import random
import matplotlib.pyplot as plt

# 创建CartPole环境
env = gym.make("CartPole-v1")
state_dim = env.observation_space.shape[0]
action_dim = env.action_space.n

# 定义Q-Network
class QNetwork(nn.Module):
    def __init__(self, state_dim, action_dim):
        super(QNetwork, self).__init__().__init__()
        self.fc1 = nn.Linear(state_dim, 64)
        self.fc2 = nn.Linear(64, 64)
        self.fc3 = nn.Linear(64, action_dim)

    def forward(self, state):
        x = torch.relu(self.fc1(state))
        x = torch.relu(self.fc2(x))
        return self.fc3(x)
```

```python
# 定义Double DQN代理
class DoubleDQNAgent:
    def __init__(self, state_dim, action_dim, learning_rate, gamma,
                 epsilon, epsilon_min, epsilon_decay):
        self.state_dim = state_dim
        self.action_dim = action_dim
        self.epsilon = epsilon
        self.epsilon_min = epsilon_min
        self.epsilon_decay = epsilon_decay
        self.gamma = gamma
        self.q1_network = QNetwork(state_dim, action_dim)
        self.q2_network = QNetwork(state_dim, action_dim)
        self.optimizer = optim.Adam(self.q1_network.parameters(),
                                    lr=learning_rate)
        self.loss_fn = nn.MSELoss()
        self.memory = []
        self.batch_size = 64

    def remember(self, state, action, reward, next_state, done):
        self.memory.append((state, action, reward, next_state, done))

    def select_action(self, state):
        if np.random.rand() <= self.epsilon:
            return random.randrange(self.action_dim)
        state = torch.FloatTensor(state).unsqueeze(0)
        q_values = self.q1_network(state)
        return torch.argmax(q_values).item()

    def train(self):
        if len(self.memory) < self.batch_size:
            return None

        batch = random.sample(self.memory, self.batch_size)
        states, actions, rewards, next_states, dones = zip(*batch)
        states = torch.FloatTensor(states)
        actions = torch.LongTensor(actions)
        rewards = torch.FloatTensor(rewards)
        next_states = torch.FloatTensor(next_states)
        dones = torch.BoolTensor(dones)
        # 计算Q值
        q1_values = self.q1_network(states).gather(1, actions.
                            unsqueeze(1)).squeeze(1)
        next_actions = self.q1_network(next_states).argmax(1)
        target_q_values = self.q2_network(next_states).gather(1, next_
                    actions.unsqueeze(1)).squeeze(1)
```

```python
        # 计算目标 Q 值
        target_q_values[dones] = 0
        expected_q_values = rewards + self.gamma * target_q_values

        # 计算损失并更新 Q1 网络
        loss = self.loss_fn(q1_values, expected_q_values.detach())
        self.optimizer.zero_grad()
        loss.backward()
        self.optimizer.step()
        return loss.item()

# 超参数设置
learning_rate = 0.001
gamma = 0.99
epsilon = 1.0
epsilon_min = 0.01
epsilon_decay = 0.995
episodes = 300

# 创建 Double DQN 代理
agent = DoubleDQNAgent(state_dim, action_dim, learning_rate, gamma,
                      epsilon, epsilon_min, epsilon_decay)
# 记录损失和奖励
losses = []
rewards = []

# 训练过程
for episode in range(episodes):
    state, _ = env.reset()
    total_reward = 0
    done = False
    while not done:
        action = agent.select_action(state)
        next_state, reward, terminated, truncated, info = env.step(action)
        done = terminated
        agent.remember(state, action, reward, next_state, done)
        state = next_state
        total_reward += reward
        loss = agent.train()
        if loss is not None:
            losses.append(loss)

    rewards.append(total_reward)
    agent.epsilon = max(agent.epsilon_min, agent.epsilon * epsilon_decay)
    if episode % 10 == 0:
        print(f"Episode: {episode}, Total Reward: {total_reward}, Epsilon:
```

```python
      {agent.epsilon:.4f}")

# 可视化损失和奖励
plt.figure(figsize=(12, 5))
plt.subplot(1, 2, 1)
plt.plot(losses)
plt.title('Loss over Episodes')
plt.xlabel('Episodes')
plt.ylabel('Loss')

plt.subplot(1, 2, 2)
plt.plot(rewards)
plt.title('Total Reward over Episodes')
plt.xlabel('Episodes')
plt.ylabel('Total Reward')

plt.tight_layout()
plt.show()

env.close()
```

对上述代码的具体说明如下所示。

◆ **环境创建**：使用OpenAI Gym创建CartPole环境。

◆ **Q-Network定义**：定义了一个三层全连接神经网络，用于估计Q值。

◆ **Double DQN代理**：实现了Double DQN的逻辑，包括使用两个网络来选择和估计动作的Q值。

◆ **训练过程**：通过与环境的交互收集经验，并使用微积分优化损失函数。

◆ **可视化**：绘制损失和总奖励随训练轮数变化的可视化图，直观展示模型的训练效果，如图13-14所示。

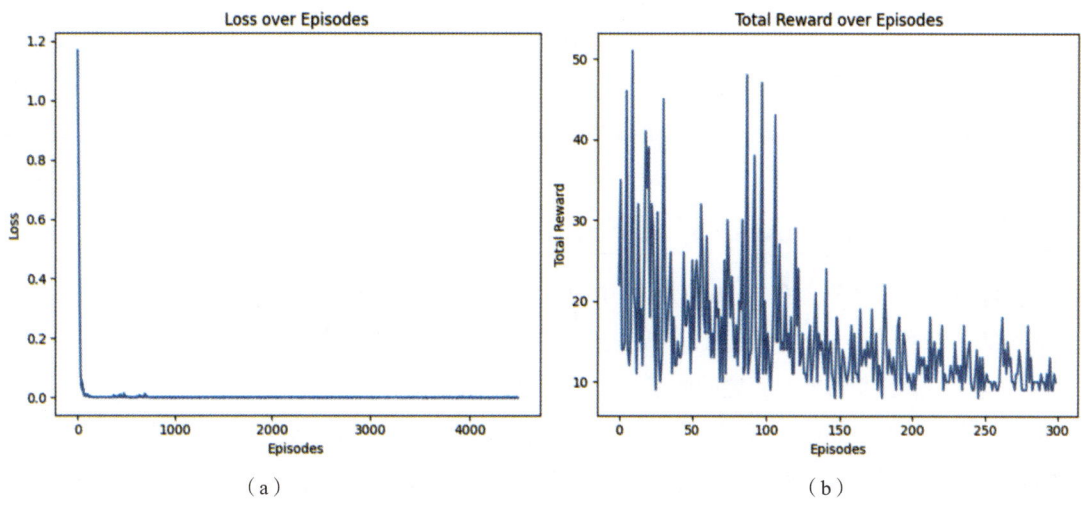

图13-14 损失和总奖励随训练轮数变化的可视化图

13.6 竞争深度 Q 网络算法

竞争深度Q网络（Dueling DQN）的核心思想是将Q值函数分解为两个部分：状态值函数（Value function）和优势函数（Advantage function）。这种分解允许代理更好地理解不同状态下的行动价值，从而提高学习效率和性能。

13.6.1 Dueling DQN 网络架构

Dueling DQN 网络架构的主要组成如图 13-15 所示。

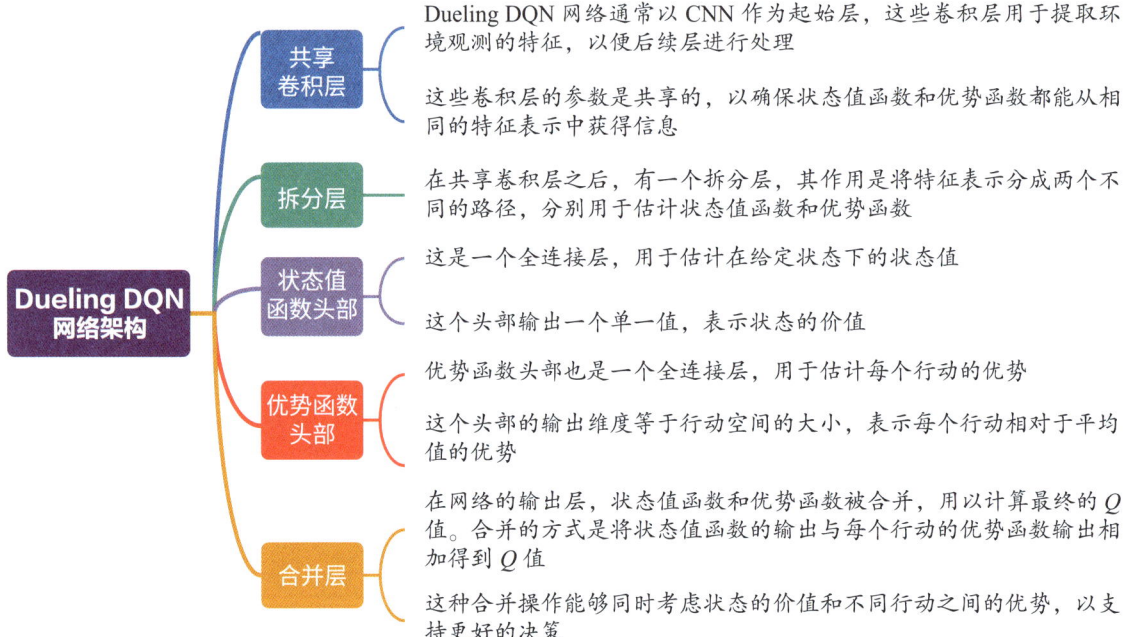

图 13-15　Dueling DQN 网络架构的主要组成

总之，Dueling DQN 网络架构通过分解Q值函数，使神经网络能够更好地理解状态和行动之间的关系，从而提高了学习效率和稳定性。这种架构在解决强化学习问题中表现出色，特别是在处理高方差和低效率问题时具有显著优势。

13.6.2 微积分在Dueling DQN中的作用

在实际应用中，微积分在Dueling DQN中的作用主要体现在以下几个方面。

◆ **损失函数优化：** 通过微积分计算损失函数的梯度，模型利用反向传播算法优化神经网络的参数，以缩小预测Q值和目标Q值之间的差距，从而提高学习效率。

◆ **价值分解：** Dueling DQN将Q值分解为状态值函数和优势函数，这一过程需要微积分帮助理解如何在参数更新时区分这两者的贡献，从而更有效地学习状态的价值。

◆ **策略改进**：微积分帮助我们计算Q值的变化率，使在每次参数更新时可以更精确地调整网络参数，提升策略的选择能力。

◆ **收敛性分析**：微积分提供理论支持，分析学习过程中的收敛性，确保模型逐步逼近最优策略，提高训练的稳定性和性能。

通过这些方式，微积分在Dueling DQN中确保了模型能够高效、稳定地学习最优策略。

实例13-9 使用微积分优化Dueling DQN模型（源码路径：codes\13\Dueling.py）

本实例通过微积分计算损失函数的导数来优化模型参数。Dueling DQN模型通过反向传播算法，利用梯度下降法更新网络权重，从而缩小预测的Q值与目标Q值之间的差距。这一过程确保模型能够有效地学习并改进策略，提升算法的稳定性和性能。此外，微积分还帮助分析模型的收敛性，使Q值逐步逼近真实值。

```python
# 创建 CartPole 环境
env = gym.make("CartPole-v1")
state_dim = env.observation_space.shape[0]
action_dim = env.action_space.n

# 定义 Dueling Q-Network
class DuelingQNetwork(nn.Module):
    def __init__(self, state_dim, action_dim):
        super(DuelingQNetwork, self).__init__()
        self.fc1 = nn.Linear(state_dim, 64)
        self.fc2 = nn.Linear(64, 64)
        self.value = nn.Linear(64, 1)   # 状态价值函数
        self.advantage = nn.Linear(64, action_dim)   # 优势函数

    def forward(self, state):
        x = torch.relu(self.fc1(state))
        value = self.value(x)
        advantage = self.advantage(x)
        q_values = value + (advantage - advantage.mean())   # Q值计算
        return q_values


# 定义 Dueling DQN 代理
class DQNAgent:
    def __init__(self, state_dim, action_dim, learning_rate, gamma,
                 epsilon, epsilon_min, epsilon_decay):
        self.state_dim = state_dim
        self.action_dim = action_dim
        self.epsilon = epsilon
        self.epsilon_min = epsilon_min
        self.epsilon_decay = epsilon_decay
        self.gamma = gamma
        self.model = DuelingQNetwork(state_dim, action_dim)
```

```python
        self.optimizer = optim.Adam(self.model.parameters(), lr=learning_rate)
        self.loss_fn = nn.MSELoss()
        self.memory = []
        self.batch_size = 64

    def remember(self, state, action, reward, next_state, done):
        self.memory.append((np.array(state, dtype=np.float32).flatten(),
                            action, reward,
                            np.array(next_state, dtype=np.float32).
                                flatten(), done))

    def select_action(self, state):
        if np.random.rand() <= self.epsilon:
            return random.randrange(self.action_dim)
        state = torch.FloatTensor(state).unsqueeze(0)
        q_values = self.model(state)
        return torch.argmax(q_values).item()

    def train(self, batch):
        states, actions, rewards, next_states, dones = zip(*batch)
        states = torch.FloatTensor(np.array(states))
        actions = torch.LongTensor(actions)
        rewards = torch.FloatTensor(rewards)
        next_states = torch.FloatTensor(np.array(next_states))
        dones = torch.BoolTensor(dones)

        q_values = self.model(states)
        q_values = q_values.gather(1, actions.unsqueeze(1)).squeeze(1)

        target_q_values = self.model(next_states).max(1)[0]
        target_q_values[dones] = 0
        target_q_values = rewards + self.gamma * target_q_values
        loss = self.loss_fn(q_values, target_q_values)
        self.optimizer.zero_grad()
        loss.backward()    # 使用微积分计算梯度
        self.optimizer.step()

        if self.epsilon > self.epsilon_min:
            self.epsilon *= self.epsilon_decay
        return loss.item()

# 超参数设置
learning_rate = 0.001
gamma = 0.99
epsilon = 1.0
epsilon_min = 0.01
epsilon_decay = 0.995
episodes = 100
# 创建 DQN 代理
```

```python
agent = DQNAgent(state_dim, action_dim, learning_rate, gamma, epsilon,
                 epsilon_min, epsilon_decay)

# 记录损失和奖励
losses = []
rewards = []

# 训练 DQN 代理
for episode in range(episodes):
    state, _ = env.reset()
    total_reward = 0
    done = False

    while not done:
        action = agent.select_action(state)
        next_state, reward, terminated, truncated, info = env.step(action)
        done = terminated
        agent.remember(state, action, reward, next_state, done)

        state = next_state
        total_reward += reward
        if len(agent.memory) >= agent.batch_size:
            batch = random.sample(agent.memory, agent.batch_size)
            loss = agent.train(batch)
            losses.append(loss)

    rewards.append(total_reward)
    print(f"Episode: {episode + 1}, Total Reward: {total_reward}, Epsilon:
        {agent.epsilon:.4f}")

# 可视化损失和奖励变化
plt.figure(figsize=(12, 5))
plt.subplot(1, 2, 1)
plt.plot(losses)
plt.title('Loss over Episodes')
plt.xlabel('Episodes')
plt.ylabel('Loss')

plt.subplot(1, 2, 2)
plt.plot(rewards)
plt.title('Total Reward over Episodes')
plt.xlabel('Episodes')
plt.ylabel('Total Reward')

plt.tight_layout()
plt.show()

env.close()
```

对上述代码的具体说明如下所示。

◆ **DuelingQNetwork：** 定义了一个 Dueling Q-Network，其中状态价值函数和优势函数是独立计算的。

◆ **DQNAgent：** 负责代理的行为，包括选择动作、记忆、训练等。

◆ **训练过程：** 在训练过程中使用微积分计算损失的梯度，以更新网络参数，确保网络能够有效学习。

◆ **可视化：** 使用 Matplotlib 可视化训练过程中的损失和总奖励变化，如图 13-16 所示。

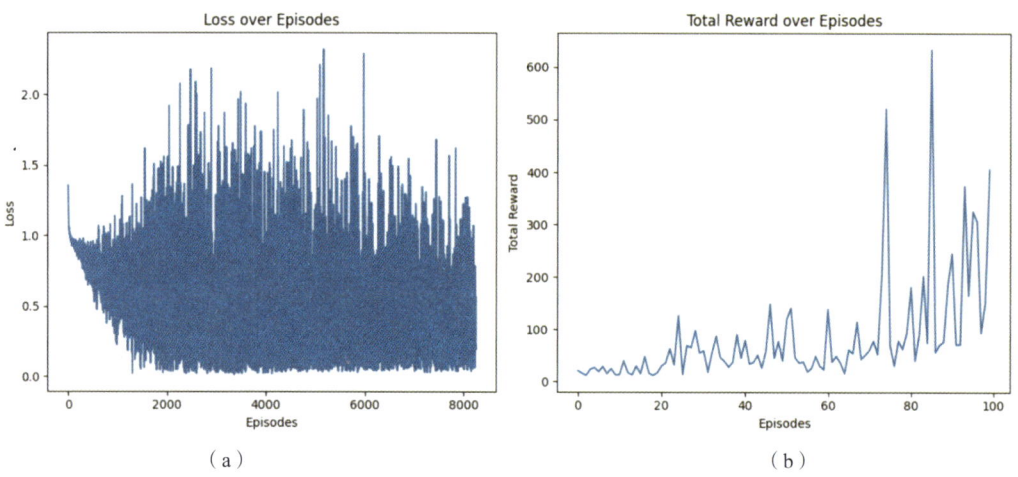

图 13-16　损失和总奖励变化的可视化图

13.7　课后练习

1. 基于 Q-learning 的强化学习模型

编写一个 Q-learning 算法，通过贝尔曼方程计算动作值函数，并使用梯度下降法优化 Q 值，实现以下功能：

◆ 创建一个简单的环境（如网格世界）并定义状态、动作及奖励函数。

◆ 使用 Q-learning 算法通过不断探索和更新 Q 值来找到最优策略。

◆ 可视化每一轮训练过程中 Q 值的变化，并分析不同学习率、折扣因子对学习过程的影响。

◆ 使用微积分分析梯度对 Q-learning 过程中 Q 值更新的影响。

2. 基于 DQN 优化强化学习

构建一个基于 DQN 的强化学习模型，要求：

◆ 使用一个简单的环境（如 CartPole）进行训练，利用神经网络表示 Q 值函数。

◆ 使用反向传播和梯度下降法更新网络权重，通过最小化损失函数（如 MSE）来优化 Q 值估计。

◆ 可视化训练过程中的损失和奖励变化，分析梯度对 DQN 训练过程的影响。

◆ 探讨不同的超参数（如学习率、折扣因子、经验回放大小等）对模型收敛速度和性能的影响，并通过微积分分析其优化效果。